Fratzscher/Brodjanskij/Michalek · Exergie

Fratzscher/Brodjanskij/Michalek · Exergie

Prof. Dr.-Ing. habil. WOLFGANG FRATZSCHER,
Prof. Dr. VIKTOR MICHAILOWITSCH BRODJANSKIJ und
Dr.-Ing. KLAUS MICHALEK

Exergie

Theorie und Anwendung

Mit 173 Bildern,
39 Tabellen
und einem Anhang

VEB Deutscher Verlag für Grundstoffindustrie · Leipzig
Distributed by Springer-Verlag · Wien–New York

Annotation

Fratzscher, Wolfgang:
Exergie: Theorie u. Anwendung/von Wolfgang Fratzscher; Viktor Michailowitsch Brodjanskij
u. Klaus Michalek. — 1. Aufl. — Leipzig: Dt. Verl. für Grundstoffind., 1986. — 348 S.:
173 Abb., 39 Tab., 185 Lit.
NE: Brodjanskij, Viktor Michailovič:
       Michalek, Klaus:

Die vorliegende Monographie soll den Leser
befähigen, exergetische Analysen einfacher und
komplexer verfahrenstechnischer und energetischer
Systeme ausführen und Konsequenzen hinsichtlich
der Verbesserung der energetischen Güte dieser
Systeme ableiten zu können. Dazu werden die
thermodynamischen Grundlagen des Exergiebegriffes
und umfassend die Berechnung der Stoffstromexergie
behandelt. Eine Untersuchung exergetischer
Beurteilungskoeffizienten leitet über zu Abschnitten,
in denen beispielhaft die exergetische Analyse
einfacher und komplexer technischer Systeme aus
den Bereichen der stoffwandelnden Industrie und der
Energiewirtschaft dargestellt wird. Ein Abschnitt über
die thermoökonomische Modellierung und
Optimierung technischer Systeme schließt die
Monographie ab. Damit werden neben den Energie-
und Verfahrenstechnikern auch weitere an der
rationellen Energieanwendung interessierte
Disziplinen, wie z. B. die Wirtschaftswissenschaftler,
angesprochen.

ISBN-13:978-3-7091-9524-6   e-ISBN-13:978-3-7091-9523-9
DOI: 10.1007/978-3-7091-9523-9

1. Auflage
© VEB Deutscher Verlag für Grundstoffindustrie,
Leipzig 1986
Softcover reprint of the hardcover 1st edition 1986
Distributed by Springer-Verlag Wien—New York
VLN 152-915/63/86
Gesamtherstellung: VEB Druckerei
»Thomas Müntzer« Bad Langensalza
Lektor: Dipl.-Min. Barbara Bufe
Redaktionsschluß: 10. 10. 1984
LSV 3205

Vorwort

In der heutigen Zeit ist es, insbesondere aufgrund der Entwicklung in den letzten zwei Jahrzehnten, nicht mehr erforderlich, das Gewicht und die Aktualität des Problems der Bereitstellung von Energie zur Befriedigung der gesellschaftlichen und individuellen Bedürfnisse aufzuzeigen. Im Vergleich zur Jahrhundertwende hat sich die Einstellung zu diesem Problem grundsätzlich geändert. Damals hielt es WILHELM OSTWALD noch für notwendig, sein in Großbothen bei Leipzig erworbenes Anwesen »Haus Energie« zu benennen, mit der eindeutigen Zielstellung, damit zur Popularisierung des Energiebegriffes beizutragen.

Bei fast allen Teilproblemen, die mit der Befriedigung der energetischen Bedürfnisse zusammenhängen, wird bisher relativ einseitig allein von den Aussagen des Energieprinzips ausgegangen, unabhängig davon, ob es sich um Probleme der Einschätzung von Energieressourcen, um die Bewertung von alternativen Energiequellen, um Überlegungen zu den Technologien der Energieumwandlung und -versorgung oder um den großen Komplex der rationellen Energieanwendung mit der Abschätzung der vielfältigen Möglichkeiten zur Einsparung von Energie handelt. Mit der Einbeziehung des II. Hauptsatzes der Thermodynamik, dem Entropiesatz, der historisch älter als der I. Hauptsatz ist, eröffnen sich neue Dimensionen bei der Bewertung der Umwandelbarkeit und Substituierbarkeit der Energie und wird eine einheitliche Definition und eine exakte Lokalisierung der Ursachen von Verlusten erst möglich. In der modernen Fachliteratur wird im zunehmenden Maße auf diesen Sachverhalt hingewiesen. Die vergleichsweise geringe Berücksichtigung der Aussagen des Entropiesatzes in der Vergangenheit hat viele Ursachen. Eine davon ist sicher auf die Tatsache zurückzuführen, daß in der Vergangenheit schier unerschöpfliche Energiequellen bereit zu stehen schienen und von dieser Seite keine Begrenzung des wirtschaftlichen Wachstums erwartet wurde, obwohl schon 1790 GEORG FORSTER in den »Ansichten vom Niederrhein« die möglichen Auswirkungen begrenzter Energievorräte auf ein industrielles Gebiet geschildert hat. Eine andere Ursache mag darin liegen, daß es häufig nicht unmittelbar offensichtlich ist, in welchem Umfang qualitative Aussagen des Entropiesatzes quantitativ die Energiebilanz beeinflussen. Während die erste der genannten Ursachen durch die wirtschaftliche

Entwicklung überholt worden ist, kann die zweite Ursache durch die Anwendung des Exergiebegriffes beseitigt werden, der die Aussagen von I. und II. Hauptsatz der Thermodynamik in einer Bilanz zusammenfaßt. Auch der Exergiebegriff besitzt, historisch gesehen, weit zurückliegende Wurzeln, eine intensive Auseinandersetzung mit den erforderlichen theoretischen Grundlagen und mit seiner Anwendung erfolgte aber erst in der zweiten Hälfte dieses Jahrhunderts. Diese Entwicklung hat dazu geführt, daß der Exergiebegriff »in die Lehrbücher der Technischen Thermodynamik eingegangen ist«. Seine Anwendung in der Praxis der Energieversorgung und -anwendung entspricht aber bei weitem noch nicht den Möglichkeiten. Das scheint an den Schwierigkeiten zu liegen, die im konkreten Fall bei der numerischen Auswertung auftreten, und an der Unkenntnis, welche Schlußfolgerungen im einzelnen aus exergetischen Analysen zu ziehen sind. Diesen Zustand will das Buch überwinden helfen. Dazu werden die Ergebnisse theoretischer Überlegungen und vielfältiger praktischer Anwendungen vermittelt.

Im einzelnen wird dazu, nach einigen Bemerkungen zur methodischen und historischen Einordnung, zunächst qualitativ und quantitativ auf die theoretischen Grundlagen des Exergiebegriffes und der Exergiebilanz eingegangen (Abschnitte 1. und 2.). Anschließend werden für technisch bedeutsame Stoffsysteme die Berechnungsgleichungen der Stoffstromexergie abgeleitet, wobei die unterschiedlichsten Ausgangssituationen in der Bereitstellung von primären Zustandsdaten und mögliche Zuordnungen technisch sinnvoller Umgebungsdefinitionen berücksichtigt werden (Abschnitt 3.). Die ausschließliche Orientierung auf die Stoffstromexergie resultiert aus der überragenden Bedeutung stationär durchströmter Systeme für die technische Anwendung. Da es nicht möglich ist, einen für alle denkbaren Anwendungsfälle technisch sinnvollen Umgebungszustand zu definieren, wird in diesem und auch in dem folgenden Abschnitt der Variation des Umgebungszustandes besondere Aufmerksamkeit geschenkt. Im Abschnitt 4. wird die exergetische Bilanzierung und Bewertung von Prozessen (als technischen Grundelementen) und Systemen behandelt. Es werden mögliche Definitionen exergetischer Bewertungskriterien angegeben und ihr Verhalten sowie ihr Zusammenhang mit anderen, insbesondere energetischen Gütezahlen untersucht.

Die exergetische Analyse technischer Grundprozesse und von Systemen der Energie- und Stoffwandlung ist Inhalt der Abschnitte 5. und 6. Ziel dieser Abschnitte ist die Vorstellung der Methode der exergetischen Analyse anhand konkreter Beispiele. Dadurch werden darüber hinaus typische exergetische Quantitäten der technisch bedeutsamen Energieformen in der praktischen Anwendung illustriert. Außerdem sollen Ansatzpunkte zur Ableitung von Schlußfolgerungen aus exergetischen Analysen aufgezeigt werden, indem jeweils die möglichen Verbesserungen der exergetischen Güte diskutiert werden. Zum Abschluß werden einige Grundzüge der thermoökonomischen Modellierung und Optimierung technischer Prozesse und Verfahren abgeleitet, die unter Benutzung des Exergiebegriffes technisch wichtige Schlußfolgerungen zulassen. In diesem Zusammenhang ist zu betonen, daß durch diese Modelle technisch bedeutsame Eigenschaften technischer Systeme veranschaulicht werden sollen und somit die verwendeten ökonomischen Kategorien lediglich die Funktion eines allgemein vergleichbaren Maßstabes besitzen.

Der überwiegende Teil der in dem vorliegenden Buch enthaltenen Ergebnisse und auch die Art der Darstellung gehen auf Arbeiten zurück, die am Moskauer

Energetischen Institut unter Leitung von Prof. Dr. V. M. BRODJANSKIJ, an der Technischen Hochschule »Carl Schorlemmer« Leuna-Merseburg und an der Technischen Universität Dresden erstellt wurden. Die Arbeiten wurden auch durch wissenschaftliche Kontakte zu Prof. Dr. J. SZARGUT, Polytechnisches Institut Gliwice (VR Polen), beeinflußt. Unter Benutzung dieser gemeinsamen Substanz ist die vorliegende deutschsprachige Fassung erarbeitet worden. Eine russische Fassung wird unter der Federführung von V. M. BRODJANSKIJ erarbeitet und im Verlag Energoatomisdat in Moskau erscheinen. Für die verständnisvolle Zusammenarbeit möchten die Autoren dem Verlag recht herzlich danken.

Für die Autoren
WOLFGANG FRATZSCHER

Inhaltsverzeichnis

Symbolverzeichnis

A	Fläche	y	Molanteile in der Gasphase
a	Aktivität	z	Jahresfestkostensatz
B	Anergie oder Virialkoeffizient	α	Wärmeübergangskoeffizient oder thermischer Ausdehnungskoeffizient oder dimensionslose Größe
c	spezifische Wärmekapazität oder Geschwindigkeit		
d	Durchmesser	β, γ	Beiwerte oder dimensionslose Größen
E	Exergie		
F	freie Energie	Δ	Operator zur Differenzbildung für die nachfolgende Größenart
f	Aktivitätskoeffizient		
G	freie Enthalpie	ε	Emissionsverhältnis oder Leistungsziffer oder Primärexergieaufwand
H	Enthalpie		
K	Jahreskosten oder Konstanten		
k	Wärmedurchgangskoeffizient	η	Wirkungsgrad
M	Molmasse	ϑ	dimensionslose Temperatur
m	Masse	$\varkappa$	Isentropenexponent oder dimensionslose Kosten
n	Stoffmenge oder Polytropenexponent		
P	Leistung	λ	Wärmeleitkoeffizient oder Rohrreibungsbeiwert
p	Druck	μ	chemisches Potential oder Gütegrad des äußeren Verhaltens
Q	Wärme		
R	Gaskonstante	ν	stöchiometrischer Koeffizient oder Gütegrad
S	Entropie		
T	absolute Temperatur	ξ	Massenanteil
t	Temperatur in °C	Π	Strukturkoeffizient
U	innere Energie	π	Druckverhältnis
V	Volumen	ϱ	Dichte
W	Arbeit, Raumänderungsarbeit oder Energie allgemein	σ	Verlustgrad oder Strahlungskoeffizient
W_t	technische Arbeit	τ	Zeit oder Temperaturverhältnis oder technologischer Gütegrad
x	Molanteile		

τ_b	Benutzungsdauer	M	Mischung
τ_e	exergetische Temperatur (dimensionslos)	m	Mittelung
φ	relative Feuchtigkeit	O	Ausgang (Output)
φ^*	Fugazitätskoeffizient	o	Bezugszustand oder zeigt in Verbindung mit Komponentennumerierung an, daß man sich auf den Zustand des reinen Stoffes bezieht
ω	Wassergehalt feuchter Luft		

Indizes

		p	druckabhängig
ä	äußeres System	R	Reaktion
B	Bildungsgröße	S	fester Stoff oder System oder Strom
ch	chemisch		
E	Exzeßgröße	t	thermisch
G	Gas	tm	thermomechanisch
I	Eingang (Input)	u	Umgebung
i	inneres System	V	Dampf, gasförmig oder Verlust oder variabel
i, j, k, l, m, n	Laufindizes oder Komponentenbezeichnungen		
id	ideal	VL	Phasenübergang vom Gas zur Flüssigkeit
konz	konzentrationsabhängig	X	Berechnungszustand
L	Flüssigkeit	Z	Zwischenzustand
LV	Phasenübergang von der Flüssigkeit zum Gasgebiet	$'$	siedend flüssig
		$''$	trocken gesättigter Dampf

Anmerkungen
- In dieser Liste sind nur sich wiederholende Symbolverwendungen und Indizes ausgewiesen. Selten verwendete Symbole werden an der Stelle ihres Auftretens erläutert und definiert.
- Für alle extensiven allgemeinen Größen Z gilt
  Z Absolutwert
  z spezifischer Wert (bezogen auf die Masseneinheit)
  $\bar{z}$ molarer Wert (bezogen auf die Molmenge)
- Ein Punkt über einer Größe kennzeichnet deren zeitbezogenen Wert bzw. den Differentialquotienten nach der Zeit.

Einführung

Die moderne technische Entwicklung ist durch eine enorme Zunahme des Primär-
energieverbrauches gekennzeichnet. Eine Analyse der Bedürfnisse, wie Wohnen,
Arbeiten, Kleiden, Information, Transport, Schutz der Umwelt usw., zeigt, daß
die Lösung der hiermit verbundenen Probleme stets nur unter einem erhöhten
Energieeinsatz möglich erscheint. Diese Situation zwingt dazu, sich mit den Problemkreisen der Energieerzeugung, der Energieverteilung und der Energieanwendung
mit wissenschaftlicher Gründlichkeit auseinanderzusetzen. Hierzu liefert die Thermodynamik als eine allgemeine Energielehre die Grundlage. Durch die zunehmende
Komplexität und Kompliziertheit der entsprechenden technischen Systeme ist eine
Weiterentwicklung der klassischen thermodynamischen Methoden erforderlich.

Die Thermodynamik kennt die *Methode der Kreisprozesse* und die *Methode der
thermodynamischen Potentiale.*

Die Methode der Kreisprozesse geht auf CARNOT, CLAUSIUS und NERNST zurück
und wurde vordergründig in der Technischen Thermodynamik angewandt. Sie
beruht auf dem ersten und zweiten Hauptsatz und erlaubt die Analyse eines
technischen Systems mit Hilfe geeigneter Vergleichsprozesse, die einen Zusammenhang zwischen den äußeren Energieströmen und den inneren Parametern liefern
und eine Aussage unter Zuhilfenahme geeigneter Energieumwandlungskoeffizienten
(thermischer Wirkungsgrad, Wärme- oder Kälteverhältnisse) über die energetische
Güte hinsichtlich der inneren und äußeren Verluste gestatten. Der große Nachteil
dieser Methode besteht darin, daß ad hoc ein geeigneter Vergleichsprozeß in Form
eines Kreisprozesses gewählt werden muß. Von der Wahl dieses Kreisprozesses,
die willkürlich vorgenommen werden kann, hängt der Erfolg bei der Lösung eines
Problems ab.

Die Methode der thermodynamischen Potentiale geht auf GIBBS zurück und wird
vordergründig in der chemischen Thermodynamik angewandt. Sie beruht gleichfalls
auf den Aussagen der Hauptsätze und ist aber erst anwendbar, wenn Vorstellungen
über die thermische und kalorische Zustandsgleichung existieren, mit deren Hilfe
Zusammenhänge zwischen den verschiedenen Eigenschaften des betrachteten Systems
aufgestellt werden können. Insbesondere ist es dann möglich, Aussagen über die

Arbeitsfähigkeit von Stoff- und Energieströmen in einem technischen System zu machen und damit zu einer Einschätzung der energetischen Güte zu kommen, unabhängig von Kompliziertheit des Systems und ohne Zuhilfenahme eines willkürlichen Vergleichsprozesses.

Im Verlaufe der technischen Entwicklung wurden die klassischen Energieumwandlungssysteme immer komplexer. Es wurden neue Energieumwandlungsverfahren zur technischen Reife geführt (Kernkraftwerke, MHD-Verfahren, Kopplung von Gasturbine und Dampfturbine usw., aber auch Wärmetransformationsprozesse, Gasverflüssigungs- und Gastrennanlagen, kryotechnische Verfahren, elektrochemische Elemente, Fotobatterien, Thermoelemente), die das Anwendungsgebiet der Technischen Thermodynamik erweiterten. Für viele dieser Prozesse lassen sich nicht ohne weiteres sinnvolle Vergleichsprozesse zur Einschätzung der energetischen Güte definieren. Zum anderen erwächst immer deutlicher die Notwendigkeit, Stoffwandlungsverfahren unter energetischen Gesichtspunkten zu untersuchen, mit dem Ziel, in Auswertung der *naturgesetzlichen Einheit von Stoff- und Energiewandlung* durch geeignete Kombinationen mit energetischen Systemen eine Verbesserung der Energiekennziffern zu erreichen (sogenannte integrierte Systeme wie Ammoniaksynthese, Tieftemperaturgaszerlegung u. ä.). Für derartige Untersuchungen ist gleichfalls die Methode der Kreisprozesse prinzipiell ungeeignet.

Aus all diesen Gründen hat sich in der letzten Zeit die Methode der thermodynamischen Potentiale im zunehmenden Maße zur Analyse von Energieumwandlungsprozessen durchgesetzt. Auch die im vorliegenden Buch vorgestellte Methode der exergetischen Analyse ordnet sich in diesen Problemkreis ein. Für die Lösung technischer Aufgaben ist es sinnvoll, eine solche thermodynamische Funktion oder ein Potential zu benutzen, das die Arbeitsfähigkeit von Stoffströmen und Energien bei *gegebenen äußeren Bedingungen* bewerten kann. Diese Zielstellung läßt sich mit den allgemein bekannten thermodynamischen Potentialen nicht erreichen, da diese sich nur auf die inneren Parameter des Systems beziehen. Für die technische Analyse ist aber darüber hinaus die Kenntnis der Qualität und Quantität der über die Systemgrenze tretenden Stoff- und Energieströme in bezug auf die Eigenschaften des äußeren Systems erforderlich, um Aussagen über eine zweckmäßige Systemgestaltung und die Ausnutzbarkeit der Stoff- und Energieströme insgesamt zu erhalten. Das erfordert eine den technischen Aufgabenstellungen angepaßte thermodynamische Definition des äußeren Systems — *der Umgebung* — als Bezugspunkt für die gesuchte Potentialfunktion. Diese *Potentialfunktion* ist die *Exergie*, die dem *technischen Energiebegriff* nahekommt. Der Exergiebegriff unterscheidet sich vom physikalischen Energiebegriff, da er sich nur auf einen Teil der Energie bezieht, nämlich den, der die *Umwandelbarkeit*, die *Ausnutzbarkeit* der Energie bei gegebenen konstanten Umgebungsparametern kennzeichnet.

Der Begriff »Exergie« wurde 1956 von RANT [0.1] auf Vorschlag von PLANK eingeführt. Er setzt sich aus den Worten erg(on) — Arbeit, Kraft und ex — aus, heraus — zusammen. Dieser Begriff hat sich weltweit durchgesetzt, da er sinngemäß kurz ist und analogen Begriffsbildungen entspricht und in alle Sprachen als Internationalismus aufgenommen werden kann.

Die Auseinandersetzung mit der exergetischen Methode oder auch mit gewissen Teilproblemen ist fast so alt wie die Thermodynamik selbst. Zum ersten Mal spielte der Begriff der »availability« im hier gebrauchten Sinn in Arbeiten von TAIT [0.2],

MAXWELL [0.3] und THOMSON [0.4] eine Rolle. In der französischen Literatur beschäftigten sich GOUY [0.5] und JOUQUET [0.6] mit Problemen der maximalen Arbeit eines geschlossenen Systems. Mit dem gleichen Problem setzte sich GIBBS [0.7] auseinander, während STODOLA [0.8] im Zusammenhang mit der Untersuchung technischer Probleme den Begriff der »freien technischen Enthalpie« einführte. Während die theoretischen Ergebnisse dieser frühen Arbeiten aufgrund des gering entwickelten Standes keinen großen Widerhall fanden, wird auch jetzt noch der *Exergieverlust infolge von Nichtumkehrbarkeiten* als die Beziehung von GOUY und STODOLA bezeichnet, was historisch genaugenommen, nicht ganz exakt ist.

Weitere wesentliche Grundlagen der exergetischen Methode mit jeweils konkreten technischen Anwendungsbeispielen wurden um die dreißiger Jahre dieses Jahrhunderts ausgearbeitet. Diese Phase ist in der angelsächsischen Literatur mit den Namen KEENAN [0.9], in der französischen mit KEESOM [0.10] und DARRIEUS [0.11] und in der deutschen mit BOŠNJAKOVIĆ [0.12] verbunden. Für die sowjetische Literatur sind die Namen KIRPITSCHEW [0.13], SCHUKOWSKI [0.14], WUKALOWITSCH und NOVIKOW [0.15] und GOCHSTEJN [0.16] zu nennen, die sich mit Elementen der exergetischen Methode in Verbindung mit der Anwendung von Vergleichsprozessen beschäftigten. In Anwendung auf die Kältetechnik sind die Namen MARTINOWSKIJ [0.17], MELZER [0.18] und KAPITZA [0.19] aufzuführen.

Mit Beginn der fünfziger Jahre vergrößerte sich die Zahl der Arbeiten, die sich mit theoretischen Problemen und praktischen Anwendungen des Exergiebegriffes beschäftigten, außerordentlich. Bild 0.1 veranschaulicht diese Tendenz weltweit. Es ist verständlich, daß neben Fachartikeln erste Monographien erschienen, die sich sowohl mit methodischen Fragen als auch mit praktischen Anwendungen auseinandersetzten (MARCHAL 1957 Frankreich [0.20], FRATZSCHER 1962 DDR [0.21], SZARGUT und PETELA 1965 VR Polen [0.22], BRODJANSKIJ 1966 und 1973 UdSSR [0.23], [0.24], RADCENCO 1977 VR Rumänien [0.25], AHERN 1980 USA [0.26]).

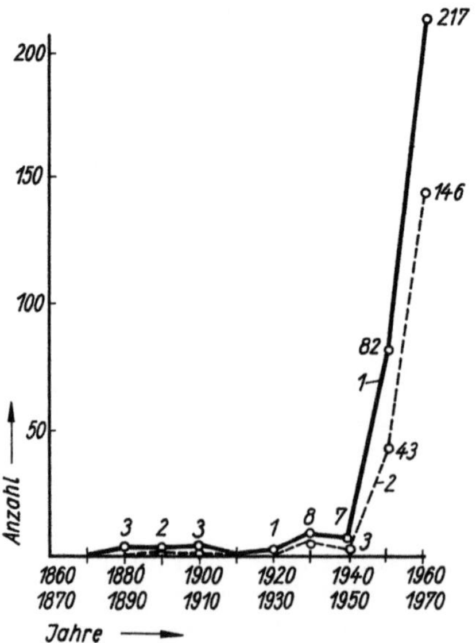

Bild 0.1. Anzahl der Publikationen zur Exergie von 1879 bis 1970
1 Gesamtanzahl
2 Publikationen zur praktischen Anwendung der Methode

Alle modernen Lehrbücher der technischen Thermodynamik beziehen in mehr oder weniger ausgeprägtem Maße Positionen zum Exergiebegriff. Beispielhaft sei auf die Bücher von BAEHR [0.27], ELSNER [0.28] und KIRILLIN [0.29] verwiesen.

In jüngster Zeit haben exergetische Untersuchungen, vor allem im angelsächsischen Sprachraum, zusätzliche Bedeutung durch die Auseinandersetzung mit alternativen Energiequellen, Energiesparmaßnahmen und modernen Verfahren der Kohleverarbeitung gewonnen [0.30]. Eine ausführliche Übersicht über die Entwicklungen der theoretischen Vorstellungen über die Exergie und ihre Anwendungen wurden von FRATZSCHER und BEYER [0.31] gegeben. Neben Problemen der thermodynamischen Grundlagen der Exergie widmete man sich intensiv Bewertungsfragen. Außerdem spielten die Bereitstellung von Zustandswerten der Exergie in Form von Diagrammen und Berechnungsprogrammen eine gewichtige Rolle. In diesem Zusammenhang mußte man sich, insbesondere bei chemischen Reaktionen, mit der Definition des Umgebungszustandes auseinandersetzen. Über die Untersuchung von speziellen Prozessen wurde der Zugang zu vielfältigen Anwendungsmöglichkeiten gefunden. Beispiele hierfür finden sich in den Bereichen der klassischen Wärmetechnik, der modernen Energietechnik, der Klima- und Kältetechnik, der Tieftemperaturtechnik und der Verfahrenstechnik der chemischen Industrie, der Baustoffindustrie, der Metallurgie und in anderen Industriezweigen.

Eine besondere Aufmerksamkeit wurde den Möglichkeiten der Anwendung des Exergiebegriffs für die Lösung technisch-ökonomischer Aufgaben geschenkt. Obwohl grundsätzlich zwischen thermodynamischen und ökonomischen Kategorien unterschieden werden muß, kann der Exergiebegriff mit Vorteil bei Optimierungsrechnungen und in Verbindung mit Problemen der Kostenaufteilung bei der Koppelproduktion angewandt werden [0.32], [0.33]. Grundsätzliche Überlegungen in dieser Richtung wurden von GRUBBSTRÖM angestellt [0.34].

Zusammenfassend kann eingeschätzt werden, daß die theoretischen Grundlagen des Exergiebegriffes bis auf einige Ausnahmen als geklärt angesehen werden können. Die Anwendung der exergetischen Methode in der industriellen Praxis ist aber noch unzureichend ausgeprägt, obwohl ihr mit der steigenden Bedeutung der Energie eine hohe Wertigkeit zukommt. Von SOMA wurde in diesem Zusammenhang der Begriff *»Exergy Management«* geprägt [0.35]. Er versteht darunter die Auseinandersetzung mit der Energiewirtschaft eines beliebigen Industriezweiges nicht nur unter Berücksichtigung der Aussagen des Energiesatzes, sondern explizit auch unter Anwendung des Entropiesatzes. Ansatzpunkte in dieser Richtung sind vereinzelt vorhanden. Einige kapitalistische Engineering-Firmen fertigen Exergieanalysen als Bestandteile des Projektes an. In sozialistischen Ländern, insbesondere in der UdSSR, gibt es Ansätze zu Verordnungen und Standards, in denen die exergetische Analyse von industriellen Anlagen bestimmter Dimension gefordert werden soll. Diese noch unzureichende Situation ist sicher z. T. einer unzureichenden Information anzulasten. Einen Beitrag zur Information über die Exergie und ihre Anwendungsmöglichkeiten sollen die folgenden Abschnitte liefern.

Literatur- und Quellenverzeichnis zur Einleitung

[0.1] RANT, Z.: Exergie — ein neues Wort für »Technische Arbeitsfähigkeit«. Forsch. Ing. Wesen 22 (1956) No. 1, S. 36—37

[0.2] Tait, P. G.: Sketch of thermodynamics. Edinburgh: University Press 1868

[0.3] Maxwell, J. C.: Theory of heat (1st Edn), London: Longmans Green 1871

[0.4] Thomson, W.: On the restoration of mechanical energy from an unequally heated space. Phil. Mag. 5 (1853) (Serie IV), S. 102—105. Mathematical and physical papers, Sir William Thomson 1 (1882), S. 554, Cambridge: University Press

[0.5] Gouy, M.: Sur les transformation et l' équilibre en thermodynamique. Comptes Rendus, Paris 108 (1889), S. 509
Gouy, M.: Sur l' energie utisable. Jl. Phy. 8 (1889) (2. Serie), S. 501

[0.6] Jouquet, E.: Le Théorème de M. Gouy et quelques-unes de ses applications. Revue de Mécanique, Mars 1907

[0.7] Gibbs, J. W.: On the equilibrium of heterogeneous substances. Trans. Com. Acad. Sci. 1875 III, S. 131

[0.8] Stodola, A.: Die Kreisprozesse der Gasmaschine. ZVDI 1898, S. 1088
Stodola, A.: Dampfturbinen. Berlin: Springer Verlag 1910

[0.9] Keenan, J. H.: Steam chart for second law analysis. Mech. Eng. 54 (1932), S. 195—204
Кинан, Дж.: Термодинамика. Москва: Госэнергоиздат 1963

[0.10] Keesom, W. H.: Sur l'économie du procédé à casade pour la liquéfaction des gaz. Commun. Univ. Leiden Camm. Onn. Lab. No. 76a, 1933

[0.11] Darrieus, M. G.: Definition du rendement thermodynamique des turbines a vapeur. Revue Generale de l' Électricité, 1930, S. 963

[0.12] Bošnjaković, F.: Kampf den Nichtumkehrbarkeiten. Archiv für Wärmewirtschaft und Dampfkesselwesen 19 (1938) 1, S. 1—2
Bošnjaković, F.: Technische Thermodynamik. Dresden und Leipzig: Verlag Theodor Steinkopff 1972

[0.13] Кирпичев, М. В.: Энергетический баланс тепловых установок. Известия АН СССР, ОТН, 1949, № 12

[0.14] Жуковский, В. С.: Техническая термодинамика. Москва—Ленинград: Госэнергоиздат 1940

[0.15] Вукалович, М. П., и И. И. Новиков: Техническая термодинамика. Москва—Ленинград: Госэнергоиздат 1956

[0.16] Гохштейн, Д. П.: Современные методы термодинамического анализа энергетических установок. Москва: Энергия 1969

[0.17] Мартыновский, В. С.: Термодинамические характеристики циклов тепловых и холодильных машин. Москва—Ленинград: Госэнергоиздат 1952

[0.18] Мартыновский, В. С., и Л. З. Мельцер: О степени термодинамического совершенства теплоэнергетических и холодильных установок. Холодильная техника (1955) № 1, 42—44
Мельцер, Л. З.: Методы термодинамической оценки теоретических и действительных циклов холодильных машин. — В кн.: Холодильная техника и технология. Киев, 1968, № 6, 27—32

[0.19] Капица, П. Л.: Торбоустандер для получения низких температур и его применение для ожижения воздуха. ЖТФ 9 (1939) вып. 2, 99—123

[0.20] Marchal, R.: La thermodynamique et le théorème de l'énergie utilisable. Paris: Dunod 1956

[0.21] Fratzscher, W.: Einführung des Exergiebegriffes in die Technische Thermodynamik. — Anhang zu Wukalowitsch, M. P., u. I. I. Nowikow: Technische Thermodynamik. Leipzig: VEB Deutscher Verlag für Grundstoffindustrie 1962

[0.22] Szargut, J., u. R. Petela: Egzergia, Warszawa: Wydawnictwa naukowo-techniczne 1965
Шаргут, Я., и Р. Петела: Эксергия. Москва: Энергия 1968

[0.23] Бродянский, В. М.: Термодинамический анализ низкотемпературных процессов (конспект лекций). Москва: МЭИ 1966

[0.24] Бродянский, В. М.: Эксергетический метод термодинамического анализа. Москва: Энергия 1973

[0.25] RADCENCO, V.: Termoginemicá si masini termiće. Bucuresti: Editara didactică si pedagoqică 1976

[0.26] AHERN, J. E.: The exergy method of energy system analysis. New York: John Wiley and sons 1980

[0.27] BAEHR, H. D.: Thermodynamik. Berlin, Heidelberg, New York: Springer Verlag 1978

[0.28] ELSNER, N.: Grundlagen der Technischen Thermodynamik. Berlin: Akademie-Verlag 1982

[0.29] Кириллин, В. А., В. В. Сычев и А. Е. Шейндлин: Техническая термодинамика. Москва: Энергия 1968

[0.30] 2 nd World Congress of Chemical Engineering. Montreal, Canada, 4./9. oct. 1981

[0.31] FRATZSCHER, W., u. J. BEYER: Stand und Tendenzen bei der Anwendung und Weiterentwicklung des Exergiebegriffs. Chemische Technik 33 (1981) 1, S. 1—10

[0.32] TRIBUS, M., and R. EVANS: Thermoeconomic design under conditions of variable price structure. First International Symposium on Water Desalination, Washington, oct. 1965, SWD/78

[0.33] EVANS, R., and M. TRIBUS: Thermo-economics of saline water conversion. Ind. and Eng. Chemistry, Process Design and Development 4 (1965), S. 195—206

[0.34] GRUBBSTRÖM, R. W.: Towards a theoretical basis for energy economics. Technical report NPS-54-80-015 naval postgraduale school. Monterey, California 1980

[0.35] SOMA, J.: Enter Exergy Management. Plant Energy Management march 1982, p. 14

1 Bedeutung des II. Hauptsatzes der Thermodynamik für die energetische Analyse technischer Systeme

1.1. Einheit von Stoff- und Energiewandlung

Nach den einführenden Bemerkungen sollen im folgenden Methoden der energetischen Bewertung technischer Systeme entwickelt werden. Dazu ist es erforderlich, zunächst etwas zum Charakter und den Eigenschaften der technischen Systeme zusammenzustellen, die Gegenstand der folgenden Untersuchung sein sollen, wobei in erster Linie deren energetisches Gewicht maßgebend ist.

Argumentationen zur Bedeutung der Energie sind in der heutigen Zeit nicht mehr vonnöten. Es sei nur darauf verwiesen, daß das Energiebedürfnis in den RGW-Staaten eine Bereitstellung von etwa 155 GJ/a und Einwohner erfordert, was einen mittleren Primärenergiestrom von etwa 5 kW/Einwohner darstellt. Schon in der ersten Umwandlungsstufe, bei der Bereitstellung von Gebrauchsenergie, gehen davon etwa 40% bei energetischer Bewertung oder 60% bei exergetischer Bewertung unwiederbringlich verloren. Die Bereitstellung von Niedertemperaturwärme schneidet, exergetisch gesehen, noch viel schlechter ab. Bei der Umwandlung von Gebrauchs- in Nutzenergie, der eigentlichen Energieanwendung, liegen die Verluste mindestens in der gleichen Größenordnung, wenn auch die Vielfalt der Technologien, die für die Energieanwendung maßgebend sind, so groß ist, daß ein Durchschnittswert wenig repräsentativ erscheint. Aber schon aus diesen wenigen Angaben zu Größenordnungen wird das volkswirtschaftliche Gewicht der Energie und damit die Bedeutung der energetischen Analyse offensichtlich.

Gegenstand der energetischen Analyse müssen demnach die verschiedensten Energiesysteme und die stoffwandelnden Technologien sein, da diese die größten Energieverbraucher darstellen. So verbrauchen die chemische Industrie und die Metallurgie der DDR als Beispiel etwa 22% des Primärenergieeinsatzes. In diesen Industriezweigen spricht man deshalb von der Energie als dem wichtigsten »Rohstoff«.

Energetische und verfahrenstechnische Systeme bestehen im wesentlichen aus den gleichen Grundprozessen oder Prozeßeinheiten, wie z. B. Wärmeübertrager, Verbrennungseinrichtungen oder Reaktoren, Verdichter und Pumpen, Stoffaustausch-apparate, Rohrleitungen usw., in denen auch die gleichen Mikroprozesse ablaufen, die als Transportphänomene von Stoff, Energie und Impuls bezeichnet werden. Deshalb bietet sich auch vom Gegenstand her eine gemeinsame Behandlung an.

Diese Grundlagen führen dazu, daß jede Stoffwandlung naturgesetzlich mit einer Energiewandlung verknüpft ist und umgekehrt [1.1]. Am augenfälligsten wird dieser Sachverhalt bei den Kohlenstoffträgern, die sowohl Ausgangspunkt für wichtige Energieträger als auch Chemierohstoffe darstellen. Es nimmt deshalb nicht wunder, daß bei derartigen Technologien gerade in jüngster Zeit eine Betrachtungsweise, die dieser Einheit Rechnung trägt, sich schon weitergehend durchgesetzt hat.

Bei den energetischen Systemen, unabhängig davon, ob es sich um konventionelle oder moderne (z. B. nukleare) Energieumwandlungsverfahren handelt, äußert sich die erforderliche Stoffwandlung, die Gesellschaft belastend, in Abprodukten (SO_2, Asche, radioaktive Abfälle), deren Verminderung oder Beseitigung die Einbeziehung stoffwirtschaftlicher Verfahren erfordert. Andererseits werden kommunale und industrielle Abfälle mit Hilfe energetischer Systeme unschädlich gemacht (Müllverbrennung). Außerdem hängt durch die zunehmende stoffliche Vielfalt der technisch interessanten Energieträger und deren erforderliche Reinheiten jedes Energiesystem von entsprechenden Stoffwandlungssystemen ab, die zu einer Komplizierung führen.

Die Bedeutung der Energie für verfahrenstechnische Systeme ist z. B. ursächlich darauf zurückzuführen, daß die Existenz des Gleichgewichtes einer chemischen Reaktion durch das Minimum einer Potentialfunktion mit den Eigenschaften einer Energie erklärt ist. Ähnlich ist die Situation bei den Grundoperationen der mechanischen und thermischen Verfahrenstechnik, die sich z. B. prinzipiell in *Ent- und Vermischungsprozesse* unterteilen lassen. Bei den Entmischungsprozessen, wie z. B. der Destillation, muß über eine geeignete Gegenphase ein Triebkraftgefälle aufgebaut werden, was aber eine entsprechende Energiezufuhr erfordert. Vermischungsprozesse verlaufen zwar von selbst, weisen aber damit eine entsprechende Entropieproduktion auf, was aufgrund der Abweichung von der Revensibilität einen bestimmten Energieverlust bedeutet. Verbesserungen der energetischen Güte stoffwirtschaftlicher Anlagen sind deshalb nur zu erzielen, wenn geeignete Energiesysteme entweder direkt integriert oder mit ihnen kombiniert werden [1.2], wie beispielhaft die integrierten Anlagen (Olefinerzeugung, Ammoniaksynthese) zeigen. Der hohe Energieverbrauch der stoffwandelnden Industrie ist demnach naturgesetzlich begründet und nicht Ausdruck einer mangelnden technischen Reife.

Die Vielzahl der in einem stoffwandelnden Betrieb, insbesondere der chemischen Industrie, zu realisierenden Prozesse und ihre unterschiedlichen Anforderungen an die Energieträgereigenschaften haben dazu geführt, daß die betriebliche Energiewirtschaft nicht nur aus dem Elektroenergienetz und den Netzen verschiedener Dampfdruckstufen besteht, sondern daß dazu noch Energieträger samt ihrer Erzeugungs- und Verteilungsanlagen wie z. B. Heißwasser, Kühlwasser, technische Gase, Druckluft, Kälte und Kälteträger gehören [1.3]. Die dabei prinzipiell vorhandenen Kombinationsmöglichkeiten und die vielfältige Substituierbarkeit der Energieträger eröffnen zur Beeinflussung der energetischen Güte einen qualitativ neuen Freiheitsgrad in der Strukturoptimierung. Ähnliche Tendenzen zeichnen sich auch bei den modernen Energiesystemen ab, die z. B. durch die Einbeziehung der Wärmetransformationsprozesse im allgemeinen und der Wärmepumpenprozesse im speziellen eine Vielzahl von strukturellen Realisierungsmöglichkeiten eröffnen. Diese Situation hat dazu geführt, daß für diese Vielzahl von technisch interessanten Realisierungsvarianten eine energetische Analyse mit Hilfe der Vergleichsprozeßmethode überhaupt nicht mehr möglich erscheint. Bezieht man darüber hinaus die Energieanwendung bei den stoffwirtschaftlichen Verfahren selbst ein, so ist bei diesen aufgrund der Stoffaustauschprozesse über die Systemgrenze hinweg vom Charakter her eine Anwendung der Vergleichsprozeßmethode nicht möglich. Eine umfassend anwendbare Methode, die sowohl für energetische wie verfahrenstechnische Systeme vergleichbare Ergebnisse liefert und den modernen Entwicklungsstand der zunehmenden Integration und Kombination, die aufgrund der Einheit von Stoff- und Energiewandlung möglich erscheinen, Rechnung trägt, kann deshalb nur auf der Basis der Methode der thermodynamischen Potentiale aufgebaut werden. Unter technischen Gesichtspunkten bietet der Exergiebegriff hierfür geeignete Voraussetzungen.

1.2.　　　Qualität der Energieformen

Ausgangspunkt jeder energetischen Analyse ist die Energiebilanz. Für thermodynamische Systeme ist die Energiebilanz durch den I. Hauptsatz der Thermodynamik gegeben. In der Energiebilanz werden alle Energieformen, also auch die technisch interessanten, lediglich nach ihrer Quantität bewertet. Das widerspricht der täglichen und natürlich auch der technischen Erfahrung, nach der Hoch- und Niedertemperaturwärme, Elektroenergie, chemische Energie in Brenn- und Kraftstoffen und Kälte nicht nur einen unterschiedlichen spezifischen Preis, sondern auch unterschiedliche Gebrauchswerte besitzen. Das ist primär auf das Wirken von Gesetzmäßigkeiten zurückzuführen, die durch den II. Hauptsatz der Thermodynamik, den Entropiesatz, wiedergegeben werden.

Der II. Hauptsatz besagt, daß die verschiedenen Energieformen *nur in bestimmten Richtungen von selbst transformierbar* sind und in einer *vorgegebenen thermodynamischen Umgebung* nur in einem für die jeweilige Energieform *charakteristischen Umfang in andere Formen umwandelbar* sind. So besagt die bekannte Formulierung des II. Hauptsatzes von CLAUSIUS, daß zwar mit Hochtemperaturwärme Bedürfnisse an Niedertemperaturwärme befriedigt werden können, der umgekehrte Vorgang aber ohne Zuhilfenahme zusätzlicher Systeme nicht möglich ist. Aus der PLANCK-schen Formulierung läßt sich ablesen, daß zwar Elektroenergie vollständig in Wärme umgewandelt werden kann, wie jede elektrische Heizung zeigt, Umgebungswärme aber nur mit Hilfe eines perpetuum mobile II. Art in Arbeit umgewandelt werden kann. In diesen Eigenschaften drückt sich die Qualität der verschiedenen Energieformen aus [1.4].

Die Transformierbarkeit und Umwandelbarkeit der verschiedenen Energieformen ist für technische Betrachtungen von grundsätzlicher Bedeutung, und zwar in zweierlei Richtungen. Zunächst ist die theoretische Grenze der Umwandelbarkeit von fundamentaler Bedeutung, wie die klassische Arbeit von CARNOT für das Beispiel der Umwandlung von Wärme in Arbeit ausdrucksvoll gezeigt hat. Zum anderen ist eine bestimmte Umwandlung und Transformation jeweils mit feststehenden technischen Systemen, wie dem Wärmeübertrager, dem Motor, dem Kraftwerk, der Kältemaschine, dem Wärmetransformator u. a., verbunden, die bestimmte technische Einsatzbedingungen erfordern. Aus diesen Gründen hat sich *in der Technik* auch eine *andere Terminologie der Energieformen* herausgebildet, *als* sie *in der Physik* üblich und notwendig ist.

Die Umwandelbarkeit verschiedener Energieformen ist in Tabelle 1.1 angegeben. Danach unterscheidet man speziell drei Gruppen von Energien: *unbegrenzt, begrenzt* und *gar nicht umwandelbare* Energien. Zu den unbegrenzt umwandelbaren Energien zählt die Arbeit, mithin die mechanische und elektrische Energie. Begrenzt umwandelbar sind die stoffgebundenen Energien und die Wärme und Kälte. Gar nicht umwandelbar ist die innere Energie der Umgebung oder kurz Umgebungsenergie, wie sich z. B. aus der PLANCKschen Formulierung des II. Hauptsatzes ableiten läßt.

Die für die Energien benutzten Bezeichnungen betonen den technischen Aspekt. In bezug auf die Entropie läßt sich im gleichen Sinn zwischen *entropiefreier* und *entropiebehafteten* Energien unterscheiden. Entropiefrei ist die Arbeit, während Wärme und stoffgebundene Energie stets entropiebehaftet sind. Schließlich sind in gleicher Weise in bezug auf die statistische Interpretation *geordnete* und *ungeordnete* Energieformen zu unterscheiden, wobei man Arbeit als geordnete Energie, dagegen Wärme sowie stoffgebundene Energie als ungeordnete Formen interpretiert.

Der Vollständigkeit halber sei noch darauf hingewiesen, daß in Tabelle 1.1 sowohl Energien aufgeführt sind, die im thermodynamischen Sinn Zustandscharakter haben, als auch solche, die Prozeßgrößen darstellen. Für die thermodynamische

Tabelle 1.1
Umwandelbarkeit der einzelnen Energieformen

Energieform	Umwandelbarkeit
Energie der Lage (potentielle Energie)	unbegrenzt umwandelbar
kinetische Energie	unbegrenzt umwandelbar
stoffgebundene Energie	
• mechanische Energie	begrenzt umwandelbar
• thermische Energie	begrenzt umwandelbar
• chemische Energie	begrenzt umwandelbar
• Kernenergie	(un)begrenzt umwandelbar
stofffreie Energie	
• Wärme	begrenzt umwandelbar
• Kälte	begrenzt umwandelbar
• Arbeit	unbegrenzt umwandelbar
• elektrische Energie	unbegrenzt umwandelbar
Umgebungsenergie	nicht umwandelbar

Analyse und für die Bewertung ist dieser Umstand natürlich von wesentlicher Bedeutung. Zustandsaussagen kennzeichnen jeweils theoretische Grenzwerte, wie die maximal gewinnbare Arbeit oder die minimal aufzuwendende Arbeit. Prozeßgrößen geben z. B. die Möglichkeit der Einschätzung der gewählten Technologie.

Die Unterteilung der stoffgebundenen Energien in Tabelle 1.1 ist relativ willkürlich. Sie lehnt sich an die Vorstellung der Ausnutzung bestimmter Triebkräfte an. Unter *mechanischer* Energie soll die mögliche Ausnutzung eines Druckgefälles, unter *thermischer* Energie die eines Temperaturgefälles verstanden werden. Im folgenden werden diesen beiden Anteile als *thermomechanische* Energie zusammengefaßt. Die *Konzentrationsenergie* bezieht sich auf die Ausnützung von Konzentrationsdifferenzen, und die *chemische* Energie ist mit einer entsprechenden Reaktion verbunden. Die *Kernenergie* ist zwar entropiebehaftet [1.5], der Effekt ist aber für technische Berechnungen vernachlässigbar, da Kernenergie mit Wärme von unendlich hoher Temperatur genügend genau gleichgesetzt werden kann.

Die Quantifizierung der Umwandelbarkeit gelingt mit dem Entropiebegriff. Im Spezialfall ist dies auch möglich durch die Angabe der entsprechenden intensiven Zustandsparameter wie Druck, Temperatur, Konzentration und chemisches Potential. Nachteilig ist aber bei all diesen Darstellungen, daß zur Verdeutlichung der unmittelbaren energetischen Konsequenzen weitere Berechnungen erforderlich sind. Bei der Anwendung der Methode der Kreisprozesse werden hierzu geeignete reversible Vergleichsprozesse konstruiert, die mit den schon diskutierten Willkürlichkeiten behaftet sind. Die Abnahmeregeln von Kältemaschinen zeigen diesen Sachverhalt deutlich [1.6]. Dieser Nachteil fällt weg, wenn die Umwandelbarkeit mit einem Potential, wie der Exergie, erfaßt wird. Die Exergie ist in der Lage, sowohl den *quantitativen* Aspekt entsprechend dem I. Hauptsatz als auch den *qualitativen* nach dem II. Hauptsatz zum Ausdruck zu bringen.

Man spricht deshalb auch in bezug auf die Exergie von dem Energiebegriff der Technik, da die Exergie nur die technisch relevanten Anteile der Energie enthält. So besitzt z. B. die in der Umgebung gespeicherte Energie keine Exergie. Damit ist ein natürlicher Bezugspunkt für energetische Untersuchungen gegeben, der die Umwandelbarkeit und Substituierbarkeit der einzelnen Energieformen aufgrund der technischen Möglichkeiten einschätzen läßt. Der Wert von Energiequellen, die Bedeutung von Anfallenergien und natürlich die Einschätzung einer beliebigen Energieumwandlung ist so in bezug auf die konkreten, für die technische Auslegung maßgebenden Bedingungen möglich [1.7].

1.3. Bedeutung der Nichtumkehrbarkeiten

Die in dem technischen System ablaufenden Vorgänge sind im thermodynamischen Sinn »natürliche« Prozesse, d. h. mit bestimmten Nichtumkehrbarkeiten oder Irreversibilitäten behaftet. Die Nichtumkehrbarkeit ist verbunden mit dem *Auftreten von Potentialgradienten*. So entsteht z. B. eine Nichtumkehrbarkeit beim Massenstrom infolge eines Druckgradienten, beim Wärmestrom infolge eines Temperaturgradienten, beim Komponentenstrom infolge eines Konzentrationsgradienten usw.

Der projektierende Ingenieur — Energie- oder Verfahrenstechniker — ist an der Realisierung großer Potentialgradienten interessiert, erhöht sich doch mit ihnen der zu realisierende Stoff- oder Energiestrom, wird also eine hohe Effektivität des jeweiligen technischen Systems erreicht. Dieser Gesichtspunkt äußert sich z. B. in der Favorisierung des Gegenstromprinzips in der Technik, da der Gegenstrom im Vergleich zum Gleichstrom ein größeres mittleres Potentialgefälle zu realisieren in der Lage ist.

Mit den Nichtumkehrbarkeiten ist aber noch ein weiterer für die Technik wesentlicher Effekt verbunden. Er wird offensichtlich, wenn man z. B. ein Temperaturgefälle vergleichsweise einmal irreversibel mit Hilfe eines Wärmeübertragungsprozesses überbrückt und zum anderen reversibel mit Hilfe geeigneter CARNOT-Prozesse (Bild 1.1). Ähnliches läßt sich beim Überbrücken eines Druckgefälles mittels Drossel und reversibel arbeitender Expansionsmaschine zeigen u. ä. Dieser Vergleich zeigt in allen Fällen, daß bei der *reversiblen Überbrückung* des Potentialgefälles *Arbeit* erzeugt werden kann, die bei der irreversiblen Überbrückung nicht in Erscheinung tritt. Da die reversible Prozeßführung der gedankliche Grenzwert ist, muß diese Tatsache als ein entsprechender Verlust den irreversiblen Prozessen angelastet werden. Dieser Zusammenhang läßt sich auch verdeutlichen, wenn für einen irreversiblen Prozeß dessen reversible Umkehrung betrachtet wird. Für den Fall eines Wärmeübertragungsprozesses wäre das z. B. ein geeigneter Wärmepumpenprozeß, für die Drosselung eine Kompression u. ä. Daraus läßt sich verdeutlichen, daß zur Realisierung der Umkehrung natürlicher, d. h. von selbst verlaufender Prozesse stets ein Arbeitsaufwand erforderlich ist, der offensichtlich beim natürlichen Prozeß als entsprechender Arbeitsgewinn nicht in Erscheinung tritt, also diesem mithin als Verlust angerechnet werden muß. Verallgemeinernd läßt sich sagen, daß jede *Nichtumkehrbarkeit* mit einem Arbeitsverlust oder besser einem *Verlust an Arbeitsfähigkeit* verbunden ist. Das hat natürlich eine große energetische Bedeutung, obwohl dieser Verlust in der Energiebilanz des nichtumkehrbaren Prozesses nicht direkt als Verlust zum Ausdruck kommt [1.8].

Zur quantitativen Bedeutung dieses Verlustes kann auf die bei jedem natürlichen Prozeß vorhandene Entropiezunahme zurückgegriffen werden. Das ist aber insge-

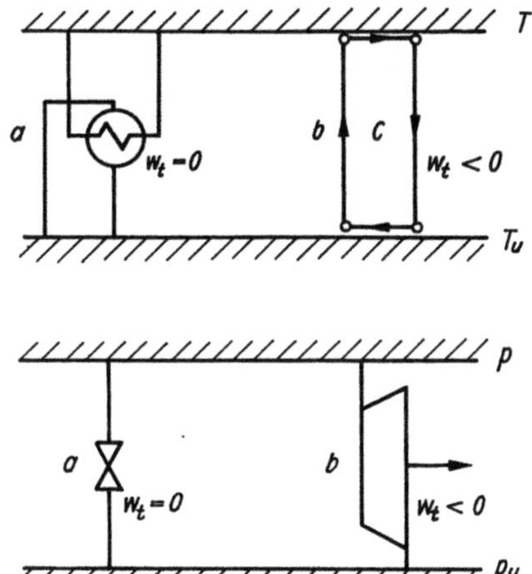

Bild 1.1. Prinzipielle Möglichkeiten zum Ausgleich von

a Temperaturdifferenzen
b Druckdifferenzen

samt noch unbefriedigend, weil der Verlust damit noch nicht im Energiemaßstab erfaßt ist. Zur Beantwortung dieser Fragen stehen wiederum die beiden grundsätzlichen Methoden der Thermodynamik zur Verfügung. Zum einen kann über einen geeigneten Vergleichsprozeß, als reversibler Grenzfall, der Verlust des tatsächlichen Prozesses bestimmt werden, zum anderen können geeignete Potentialfunktionen abgeleitet werden. Im ersten Fall ist die Kenntnis der Entropiebilanz nicht erforderlich, andererseits die Willkürlichkeit in der Definition des Vergleichsprozesses zu berücksichtigen. Für viele Prozesse erscheint ein sinnvoller Vergleichsprozeß gar nicht definierbar. Die Lösung auf dem zweiten Weg ist mit der Gleichung von GOUY und STODOLA möglich. Durch Multiplikation der *nichtumkehrbaren Entropiezunahme* mit der *Umgebungstemperatur* entsteht eine energetische Größe, die sich in Verbindung mit der Exergie als *Exergieverlust* deuten läßt. Sie läßt sich entweder als ein Arbeitsverlust des tatsächlichen Prozesses gegenüber dem reversiblen auffassen oder auch z. B. als Umgebungswärme, die nach Abschnitt 1.2. keinen Arbeitswert besitzt. Der Vorteil dieser Methode besteht in der *allgemeinen Anwendbarkeit* und damit auch *Vergleichbarkeit* der Ergebnisse, da auf keinen Vergleichsprozeß zurückgegriffen werden muß.

Aus diesen Überlegungen läßt sich ableiten, daß eine Verbesserung der energetischen Güte eines technischen Systems prinzipiell durch eine Verminderung der Nichtumkehrbarkeiten zu erreichen ist. BOŠNJAKOVIĆ hat dies in der Aufforderung »*Kampf den Nichtumkehrbarkeiten*« zusammengefaßt [1.9].

Die Forderung ist natürlich zu relativieren. Eine Verminderung der Nichtumkehrbarkeit bedeutet auch eine Verminderung der Triebkräfte der Prozesse. Damit verbunden ist eine Abnahme der spezifischen Leistungszahlen, was bei einer vorgegebenen absoluten Leistung bedeutet, daß die jeweilige technische Anlage entsprechend größer gebaut werden muß. Die Nichtumkehrbarkeiten wirken sich demnach auf *Energieverbrauch* und *Anlagengröße unterschiedlich* aus. Faßt man den Energieverbrauch als laufende Aufwendungen und die Anlagengröße als einmaligen Aufwand auf, so läßt sich offensichtlich, z. B. mit Hilfe eines *Minimums der Kosten*, stets eine *optimale Nichtumkehrbarkeit* angeben. Diese optimale Nichtumkehrbarkeit hängt offensichtlich von dem Verhältnis der laufenden zu den einmaligen Aufwänden ab. Zunehmende Rohenergiepreise bedeuten einen erhöhten laufenden Aufwand und verschieben das Optimum zu geringeren Nichtumkehrbarkeiten. Die Forderung von BOŠNJAKOVIĆ ist also auf dieses Optimum der Nichtumkehrbarkeiten zu beziehen, wobei dieses kein feststehender Wert ist, sondern von der ökonomischen Entwicklung abhängt.

1.4. Exergie als Potentialfunktion

Die vorstehenden Abschnitte haben verdeutlicht, daß zu einer umfassenden energetischen Analyse eines technischen Systems die Aussagen des Entropiesatzes zu berücksichtigen sind, denn nur mit seiner Hilfe lassen sich die verschiedenen Energieformen vergleichen, und *nur so* gelingt eine *umfassende Definition von Energieverlusten*. Zur Quantifizierung dieser Aussagen gibt es unterschiedliche Möglichkeiten, wobei die Methode der thermodynamischen Potentiale eine *allgemeine Anwendbarkeit* ohne jegliche Einschränkung *garantiert*. Das wird auch nochmals unterstrichen, wenn man sich überlegt, daß *jedes technische System* im Grunde genommen die Aufgabe hat, einen *Ordnungszustand* zu realisieren, *der unter* den *natürlichen Bedingungen* unserer Umwelt *nicht gegeben* ist. Dazu muß ein *Entropieexport* über die jeweiligen Systemgrenzen gewährleistet werden, der größer als die durch Nichtumkehrbarkeiten verursachte Entropieproduktion ist. Das ist nur durch Arbeitszufuhr oder allgemeine Zufuhr an arbeitsfähiger Energie möglich. Das kennzeichnet die besondere Rolle der Arbeit unter allen Energieformen und damit die Bedeutung des Entropiesatzes für die in technischen Systemen stattfindenden Energieumwandlungen. FUCHS hat dies einmal so ausgedrückt: ». . . Unter Zahlung des erforderlichen Preises an die Entropie in der Währung der Arbeit hat der Mensch Artefakten geschaffen, deren Ordnungsstruktur durch seine Absichten bestimmt wird . . .« [1.10]

Und SOMMERFELD sagte einmal: »In der riesigen Fabrik der Naturprozesse nimmt das Entropieprinzip die Stelle des Direktors ein, denn es schreibt die Art und den Ablauf des ganzen Geschäftsganges vor. Das Energieprinzip spielt nur die Rolle des Buchhalters, indem es Soll und Haben ins Gleichgewicht bringt.« [1.11]

Die Exergie, die früher auch als »*technische Arbeitsfähigkeit*« bezeichnet wurde, ist eine Größe, die über Eigenschaften verfügt, die solche Überlegungen zu quantifizieren gestatten. Sie bestimmt sich aus der Arbeit, die aus der Wechselwirkung zweier thermodynamischer Systeme — dem zu untersuchenden System und seiner Umgebung — folgt. Das ist ein prinzipieller Unterschied zur Definition anderer, sonst üblicher Potentiale. Aus technisch-pragmatischen Gründen werden der *Umgebung Reservoireigenschaften* zugeordnet. Damit kann das *Resultat der Wechselwirkung* als eine *Eigenschaft des betrachteten Systems*, im konkreten Fall als Zustandsgröße, angesehen werden.

Die Exergie ist identisch mit der maximal gewinnbaren Arbeit beim Ausgleich des Systems mit der Umgebung. Daraus lassen sich Berechnungsgleichungen der Exergie ableiten, die sowohl mit der Potentialmethode als auch mit der Methode der Vergleichsprozesse gewonnen werden können. Es ist möglich, auch Prozeßgrößen wie Wärme und Kälte im Exergiemaßstab abzubilden, wobei sie natürlich ihren Charakter als Prozeßgrößen behalten.

Von Bedeutung ist die Erfassung der Entropieproduktion als Exergieverlust. Zur Ermittlung und Verfolgung der *Nichtumkehrbarkeiten* sind entweder *experimentelle Angaben* oder Rechnungen mit Hilfe der *Thermodynamik irreversibler Prozesse* erforderlich.

Mit einem durch die Exergie gekennzeichneten Begriffsvorrat ist allgemein die Aufstellung einer Exergiebilanz möglich, die für alle technischen Systeme eine Beurteilung und Bewertung der energetischen Güte in dem einleitend deutlich gemachten Sinn durchzuführen gestattet. Bei der Aufstellung von Exergiebilanzen stellen sich erfahrungsgemäß zwei Problemkreise als besonders schwierig dar. Das sind:

- die *Berechnung der Exergie* für komplexe Stoffsysteme und Stoffströme und
- die *Interpretation* der erhaltenen Ergebnisse.

Der erste Problemkreis kann durch entsprechende theoretische Überlegungen aufbereitet, der zweite mit Hinweisen auf Anwendungsbeispiele illustriert werden. Zu beiden Problemkreisen wird deshalb in den folgenden Abschnitten ausführlich Stellung bezogen.

Literatur- und Quellenverzeichnis zu Abschnitt 1.

[1.1] FRATZSCHER, W.: Einheit von Stoff- und Energieumwandlung in verfahrenstechnischen Systemen. Wiss. Zeitschrift der TH Leuna-Merseburg 14 (1972) 1, S. 35—43

[1.2] FRATZSCHER, W.: Energetische Bedeutung der Integration und Kombination von Verfahrensstufen und Verfahren. Wiss. Zeitschrift der TH Leuna-Merseburg 15 (1973) 2, S. 106—109

[1.3] FRATZSCHER, W.: Zur Struktur der betrieblichen Energiewirtschaft eines Chemiebetriebes. Energieanwendung 25 (1976) 7, S. 202—205

[1.4] FRATZSCHER, W.: Die Qualität der Energie. wissenschaft und fortschritt 32 (1982) 9, S. 326—329

[1.5] PRUSCHEK, R.: Die Exergie der Kernbrennstoffe. Brennstoff-Wärme-Kraft 22 (1970) 9, S. 429—434

[1.6] Kältemaschinen-Regeln, Berechnungsunterlagen und Regeln für Leistungsversuche an Kältemaschinen und Kälteanlagen. Karlsruhe: Verlag C. F. Müller 1958

[1.7] FRATZSCHER, W.: Die Bedeutung der Exergie für die Energiewirtschaft. Wiss. Zeitschrift der TH Leuna-Merseburg 7 (1965) 2, S. 75ff

[1.8] FRATZSCHER, W.: Die Energie in der Stoffwirtschaft und der II. Hauptsatz der Thermodynamik. Wiss. Zeitschrift der TH Leuna-Merseburg 25 (1983) 1, S. 57—73

[1.9] BOŠNJAKOVIĆ, F.: Kampf den Nichtumkehrbarkeiten. Archiv für Wärmewirtschaft und Dampfkesselwesen 19 (1938) 1, S. 1—2

[1.10] FUCHS, K.: Zur Physik der Artefakten. Spectrum (1980) 9, S. 22

[1.11] SOMMERFELD, A.: Thermodynamik und Statistik, 2. Aufl. Leipzig: Akademische Verlagsgesellschaft Geest & Portig 1962

2   Exergie und Exergiebilanz

2.1.   Exergie als maximale Arbeitsfähigkeit

Wie im vorstehenden Abschnitt qualitativ verdeutlicht, wird unter Exergie die *maximale Arbeit* verstanden, die ein System leisten kann, wenn es reversibel (sonst ist die Arbeitsleistung nicht maximal) mit der Umgebung in ein Gleichgewicht gebracht wird. Die Bedingung der Reversibilität ermöglicht die Umkehrung dieser Definition. So stellt die Exergie auch die *minimale Arbeit* dar, die erforderlich ist, um ein System mit bestimmten thermodynamischen Parametern aus einer Umgebung heraus zu erzeugen. Ausgehend von diesen Positionen sollen im folgenden unter Benutzung der grundlegenden thermodynamischen Gesetzmäßigkeiten Berechnungsgleichungen für die Exergie für unterschiedliche Systemeigenschaften abgeleitet werden.

2.1.1.   Exergie einer Stoffmenge

Zur Berechnung der Exergie einer Stoffmenge wird die maximale Arbeit bestimmt, die sich aus der *Kopplung zweier Systeme* ergibt, wie sie in Bild 2.1 dargestellt sind.

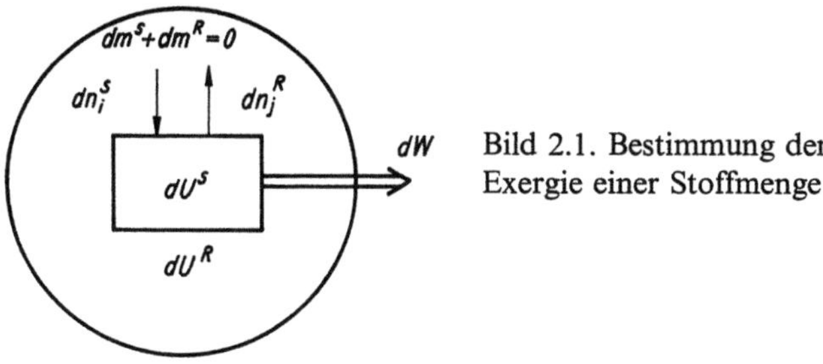

Bild 2.1. Bestimmung der Exergie einer Stoffmenge

Werden für das *eine System Reservoireigenschaften* angenommen, so ist die maximale Arbeit ausschließlich eine Funktion der Eigenschaften des anderen Systems [2.1]. Die beiden Systeme sind *insgesamt stoff- und wärmeisoliert*, über die gemeinsame Systemgrenze kann *nur Arbeit* ausgetauscht werden. Die Gesamtmasse beider Teilsysteme bleibt konstant. Zwischen den beiden Teilsystemen können energetische Wechselwirkungen und ein Austausch von Stoffkomponenten infolge physikalischer oder chemischer Prozesse stattfinden. Weiter sollen sich die Eigenschaften der beiden Teilsysteme durch Druck und Temperatur im Sinne eines thermomechanischen Gleichgewichtes und bezüglich der Stoffkomponenten durch das chemische Potential eindeutig beschreiben lassen.

Unter diesen Bedingungen ergibt sich die *maximale Arbeit* aus der *Änderung der inneren Energie bei reversibler Einstellung des Gleichgewichtes* zwischen den beiden Teilsystemen. Das entspricht dem Minimum der freien Energie bzw. dem Minimum der inneren Energie bei konstanter Gesamtentropie [2.2]. Diese maximale Arbeit muß entsprechend der Definition gleich der Exergie des Systems sein:

$$dW = dU^S + dU^R \equiv dE_m \qquad E_m = \int_1^2 - dW$$

Das negative Vorzeichen der Exergie in Gl. (2.1) ergibt sich aufgrund der Annahme, daß die abgegebene Arbeit gleich der Exergie beim Übergang vom Systemzustand in den Gleichgewichtszustand gesetzt wird. Damit ist diese Vorzeichenfestsetzung identisch mit der, die man erhält, wenn die Exergie aus einer Integration vom Umgebungszustand als Gleichgewichtszustand in den Systemzustand bestimmt wird. Der Index m soll darauf hinweisen, daß es sich um die Exergie einer im System S enthaltenen Stoffmenge handelt.

Mit der thermodynamischen Fundamentalgleichung

$$dU = T\,dS - p\,dV + \sum_i \mu_i\,dn_i \tag{2.2}$$

wird aus Gl. (2.1)

$$dE_m = T^S dS^S - p^S dV^S + \sum_i \mu_i^S\,dn_i^S + T^R\,dS^R - p^R\,dV^R + \sum_j \mu_j^R\,dn_j^R$$

wobei, entsprechend den Voraussetzungen, sein muß

$$dS^S + dS^R = 0 \tag{2.3}$$

$$dV^S + dV^R = 0 \tag{2.4}$$

$$dm^S = -dm^R = \sum_i M_i\,dn_i = - \sum_j M_j\,dn_j \tag{2.5}$$

Aus dem Absatz

$$G^R = g^R m^R = \sum_j \mu_j^R n_j^R$$

erhält man wegen der Reservoireigenschaften

$$g^R\,dm^R = \sum_j \mu_j^R\,dn_j^R$$

und mit der Massenbilanz (Gl. (2.5))

$$g^R\,dm^S = - \sum_j \mu_j^R\,dn_j^R \tag{2.6}$$

Unter Benutzung dieser Bedingungen lassen sich eine Reihe von Berechnungsgleichungen der Exergie ableiten, auf die je nach den äußeren Gegebenheiten zurückgegriffen werden kann. Man erhält:

$$\mathrm{d}E_\mathrm{m} = (T^\mathrm{S} - T^\mathrm{R})\,\mathrm{d}S^\mathrm{S} - (p^\mathrm{S} - p^\mathrm{R})\,\mathrm{d}V^\mathrm{S} + \sum_\mathrm{j} \frac{\mu_\mathrm{i}^\mathrm{S}}{M_\mathrm{i}}\,\mathrm{d}m_\mathrm{i}^\mathrm{S} - g^\mathrm{R}\,\mathrm{d}m^\mathrm{S} \tag{2.7a}$$

$$\mathrm{d}E_\mathrm{m} = \mathrm{d}U^\mathrm{S} - T^\mathrm{R}\,\mathrm{d}S^\mathrm{S} + p^\mathrm{R}\,\mathrm{d}V^\mathrm{S} - g^\mathrm{R}\,\mathrm{d}m^\mathrm{S} \tag{2.7b}$$

$$\mathrm{d}E_\mathrm{m} = \frac{T^\mathrm{S} - T^\mathrm{R}}{T^\mathrm{S}}\,\mathrm{d}U^\mathrm{S} - \left(\frac{T_\mathrm{R}}{T^\mathrm{S}}\,p^\mathrm{S} - p^\mathrm{R}\right)\mathrm{d}V^\mathrm{S} + \frac{T_\mathrm{R}}{T_\mathrm{S}}\sum_\mathrm{i}\frac{\mu_\mathrm{i}^\mathrm{S}}{M_\mathrm{i}}\,\mathrm{d}m_\mathrm{i}^\mathrm{S} - g^\mathrm{R}\,\mathrm{d}m^\mathrm{S} \tag{2.7c}$$

Die Integration der Gln. (2.7) erfolgt vom Anfangszustand *1* des Systems *S* bis zum Endzustand *2*. Der Endzustand ist mit dem Zustand des Systems *R* identisch, für das Reservoireigenschaften zugrunde gelegt worden sind. Dieses System stellt mithin die *Umgebung* des Systems dar, dessen *intensive Zustandsgrößen* durch den Übergang *nicht beeinflußt* werden. So liefert die Integration von Gl. (2.7b)

$$E_\mathrm{m} = (U_1^\mathrm{S} - U_2^\mathrm{S}) - T^\mathrm{R}(S_1^\mathrm{S} - S_2^\mathrm{S}) + p^\mathrm{R}(V_1^\mathrm{S} - V_2^\mathrm{S}) - g^\mathrm{R}(m_1^\mathrm{S} - m_2^\mathrm{S}) \tag{2.8}$$

da die Exergie im Gleichgewichtszustand beider Teilsysteme definitionsgemäß Null sein und der Anfangszustand deshalb nicht mehr indiziert werden muß.

Für diesen Zustand muß gelten

$$U_2^\mathrm{S} + p^\mathrm{R}V_2^\mathrm{S} - T^\mathrm{R}S_2^\mathrm{S} = G_2^\mathrm{S} = g^\mathrm{R}m_2^\mathrm{S}$$

und damit wird aus Gl. (2.8) schließlich

$$E_\mathrm{m} = U_1^\mathrm{S} - T^\mathrm{R}S_1^\mathrm{S} + p^\mathrm{R}V_1^\mathrm{S} - g^\mathrm{R}m_\mathrm{S} = U - T_\mathrm{u}S + p_\mathrm{u}V - g_\mathrm{u}m \tag{2.9}$$

$$E_\mathrm{m} = U_1^\mathrm{S} - T^\mathrm{R}S_1^\mathrm{S} + p^\mathrm{R}V_1^\mathrm{S} - \sum_\mathrm{i}\mu_\mathrm{iu}n_\mathrm{i} = U - T_\mathrm{u}S + p_\mathrm{u}V - \sum_\mathrm{j}\mu_\mathrm{ju}n_\mathrm{j} \tag{2.10}$$

wenn die Indizierung im Zustand *1* weggelassen wird und das Reservoir *R* als Umgebung *U* des Systems *S* aufzufassen ist. Mit der Definitionsgleichung der freien Enthalpie ergibt sich als *spezifischer Wert der Exergie*

$$e_\mathrm{m} = (u - u_\mathrm{u}) - T_\mathrm{u}(s - s_\mathrm{u}) + p_\mathrm{u}(v - v_\mathrm{u}) \tag{2.11}$$

oder

$$e_\mathrm{m} = (h - h_\mathrm{u}) - T_\mathrm{u}(s - s_\mathrm{u}) - v(p - p_\mathrm{u}) \tag{2.12}$$

In der älteren Literatur werden diese Funktionen verschiedentlich als »*maximale Arbeit*« bezeichnet. In Verbindung mit Gl. (2.10) schlug EVANS den Begriff »*essergy*« vor. Wegen der relativ geringen Bedeutung abgeschlossener Systeme für die technische Anwendung erscheint aber eine weitere Begriffsbildung nicht erforderlich.

2.1.2.   Exergie eines Stoffstromes

Wird ein Stoffstrom stationär von einem Systemzustand *S* in ein zweites System *R*, das Reservoireigenschaften besitzt, überführt, so kann die maximale Arbeit gleichfalls nur bei Reversibilität dieses Prozesses gewonnen werden (Bild 2.2).

Ist das System *insgesamt adiabat isoliert*, so gilt:

$$\mathrm{d}W_t = \mathrm{d}H^S + \mathrm{d}H^R \equiv \mathrm{d}E \tag{2.13}$$

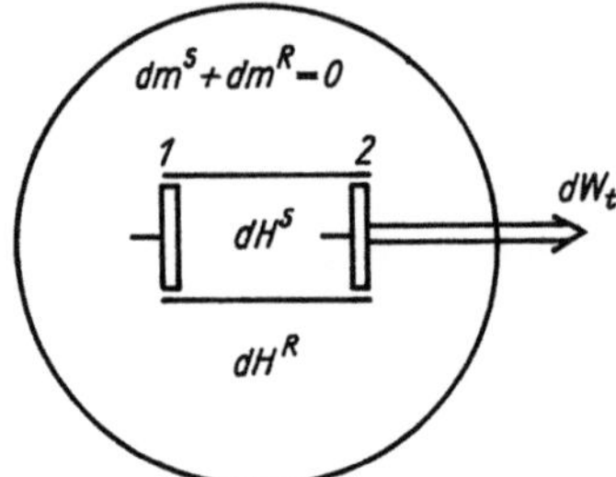

Bild 2.2. Bestimmung der Exergie eines Stoffstromes

Die Randbedingungen lauten:

$$\mathrm{d}m^S + \mathrm{d}m^R = 0 \tag{2.14}$$

$$\mathrm{d}S^S + \mathrm{d}S^R = 0 \tag{2.15}$$

Mit der thermodynamischen Fundamentalgleichung

$$\mathrm{d}H = T\,\mathrm{d}S + V\,\mathrm{d}p + \sum_i \mu_i\,\mathrm{d}n_i \tag{2.16}$$

läßt sich für die Gl. (2.13) schreiben:

$$\mathrm{d}E = T^S\,\mathrm{d}S^S + V^S\,\mathrm{d}p^S + \sum_i \mu_i^S\,\mathrm{d}n_i^S + T^R\,\mathrm{d}S^R + V^R\,\mathrm{d}p^R + \sum_j \mu_j^R\,\mathrm{d}n_j^R$$

Mit den Gln. (2.14), (2.15) und der Gl. (2.6) lassen sich verschiedene Berechnungsgleichungen für die Exergie ableiten ($\mathrm{d}p^R = 0$)

$$\mathrm{d}E = (T^S - T^R)\,\mathrm{d}S^S + V^S\,\mathrm{d}p^S + \sum_i \frac{\mu_i}{M_i}\,\mathrm{d}m_i^S - g^R\,\mathrm{d}m^S \tag{2.17}$$

$$\mathrm{d}E = \mathrm{d}H^S - T^R\,\mathrm{d}S^S - g^R\,\mathrm{d}m^S \tag{2.18}$$

$$\mathrm{d}E = \frac{T^S - T^R}{T^S}\,\mathrm{d}H_S + \frac{T^R}{T^S}\,V^S\,\mathrm{d}p^S + \sum_i \frac{\mu_i}{M_i}\,\mathrm{d}m_i^S - g^R\,\mathrm{d}m^S \tag{2.19}$$

Damit wird deutlich, daß auch die Exergie eines Stoffstromes ausschließlich von den Zustandsparametern des Systems S abhängt. Verzichtet man unter dieser Voraussetzung auf die Indizierung und setzt das System R gleich der Umgebung U des Systems, so erhält man z. B. aus der Integration von Gl. (2.18)

$$E = \int\limits_{S}^{U} - \mathrm{d}E = H - T_u S - m_S g_u \tag{2.20}$$

da bei Übereinstimmung von Stoffstrom und Umgebung gelten muß:

$$H_2^S - T^R S_2^S = g^R m_2^S$$

Aus Gl. (2.20) läßt sich die *spezifische Exergie* eines Stoffstromes angeben zu

$$e = h - T_u s - g_u \tag{2.21}$$

und mit der Definitionsgleichung der freien Enthalpie

$$g_u = h_u - T_u s_u$$

folgt daraus

$$e = (h - h_u) - T_u(s - s_u) \tag{2.22}$$

Für eine differentielle Änderung läßt sich die Exergie eines Stoffstromes damit aus dem Ansatz

$$\mathrm{d}e = \mathrm{d}h - T_u\,\mathrm{d}s \tag{2.22a}$$

ermitteln. Dieser Begriff wurde früher als *technische Arbeitsfähigkeit* bezeichnet. Im Englischen war und ist die Bezeichnung *availibility* üblich, in der französischen Literatur *l'energie utilisable* und im Russischen *работоспособность*. Da in der Technik zum überwiegenden Teil offene, stationäre durchströmte Systeme zu untersuchen sind, hat die mit der Gl. (2.22) dargestellte Funktion eine fundamentale Bedeutung für die Analyse technischer Systeme.

Ihre Berechnung für die unterschiedlichsten Stoffsysteme ist Gegenstand des Abschnittes 3.

2.1.3.   Umgebungsdefinition

Im Unterschied zu anderen thermodynamischen Potentialen erfolgte die Ermittlung der Exergie aus der Wechselwirkung zweier Systeme S und R. Dabei wurden zur Ableitung der Gln. (2.11), (2.12) und (2.22) dem System R *Reservoireigenschaften* zugeordnet, deshalb spricht man diesbezüglich von der Umgebung des Systems S. Das ist aber nichts anderes als ein *zusätzliches Postulat*, das besagt, daß die intensiven Zustandsparameter dieses Systems R nicht durch die Wechselwirkung mit dem betrachteten System S beeinflußt werden. Im thermodynamischen Sinn bedarf dieses Postulat einer näheren Analyse [2.4].

Im Falle eines *endlichen*, wenn auch sehr großen Systems ($m^R \gg m^S$) bedeutet diese Annahme *prinzipiell eine Verletzung der zugrunde gelegten Bilanzgleichungen*. Für eine *unendlich* große Umgebung ($m^R \to \infty$) *verliert* demgegenüber die Anwendung des *Gleichgewichtsbegriffes* auf das System R und damit die Definition entsprechender intensiver Zustandsgrößen ihren Sinn [2.5].

Die Probleme werden offensichtlich, wenn die Ermittlung der Exergie z. B. eines Stoffstromes nach Gl. (2.18) für eine endliche Umgebung und ohne Berücksichtigung der Reservoireigenschaften vorgenommen wird. Sie ist dann bestimmt bis auf ein *Restglied* der Art

$$R = m_u(\mathrm{d}g_u + s_u\,\mathrm{d}T_u)$$

Daraus erkennt man, daß es bei einer endlichen Umgebung genügt, die Änderungen der intensiven Parameter Null zu setzen ($\mathrm{d}g_\mathrm{u} = \mathrm{d}T_\mathrm{u} = 0$), also Reservoireigenschaften zu fordern. Bei der unendlich großen Umgebung ist neben den prinzipiellen Bedenken dieser Ausdruck zunächst mathematisch unbestimmt. Der Nachweis $R = 0$ erfordert deshalb außerdem eine Grenzwertbetrachtung.

Für die Untersuchung technischer Systeme kann im allgemeinen angenommen werden, daß die Umgebung sehr viel größer als das betrachtete System ist, so daß *quantitativ* diese Annahme *stets gerechtfertigt* ist. Man muß sich jedoch des Charakters dieser Annahme als ein in jedem Fall zusätzliches Postulat klar sein, um einerseits im konkreten Fall eine technisch sinnvolle Umgebung definieren zu können und andererseits keine unsinnigen Anwendungen der exergetischen Analyse zu diskutieren, die dann lediglich noch eine mathematische, aber keine technische Bedeutung besitzen.

Da die Exergie die maximale Arbeit angibt, die aus einer Stoffmenge oder einem Stoffstrom gewonnen werden kann, muß gefordert werden, daß die *Umgebung selbst im Gleichgewicht* vorliegt. Wenn diese Forderung theoretisch für irdische Verhältnisse untersetzt wird, so hat das Ergebnis in stofflicher Hinsicht mit der *natürlichen Umgebung*, deren Eigenschaften für die technischen Systeme relevant sind, nichts mehr gemein [2.1]. Während für die Atmosphäre und die Hydrosphäre im Mittel und für technische Systeme auch ausreichend lokalisiert noch ein Gleichgewicht angenommen werden kann, ist dies für die Geosphäre nicht möglich und technisch grundsätzlich nicht sinnvoll, weil auf diese Weise z. B. bestimmte Standorteigenschaften technischer Systeme prinzipiell unterdrückt werden. Die natürliche Umgebung ist durch ein *System gehemmter Gleichgewichte* gekennzeichnet. Dieses Problem kann prinzipiell auf zweierlei Weise gelöst werden. Entweder definiert man eine *fiktive Gleichgewichtsumgebung*, womit zwar den thermodynamischen Forderungen Rechnung getragen, aber im allgemeinen eine Verkomplizierung des technischen Sachverhaltes erreicht wird. Andererseits ist es möglich, eine den tatsächlichen Bedingungen *angepaßte Umgebung* zu definieren, wobei die mögliche *maximale Arbeitsleistung* gegenüber dem vollständigen Gleichgewicht *eingeschränkt* sein kann. Das ist immer dann möglich, wenn die Anwendung der Exergieberechnung zu keinen thermodynamischen Widersprüchen in den Exergiebilanzen führt (s. Abschnitt 2.2.).

In diesem Zusammenhang schlägt BRODJANSKIJ vor, eine annähernd *im Gleichgewicht befindliche Umgebung* anzunehmen (Atmosphäre, Hydrosphäre), in der sich *Objekte mit Reservoireigenschaften* befinden, die gleichfalls mit dem betrachteten System in Wechselwirkung stehen (Roh- und Hilfsstoffquellen, Abproduktsenken u. ä.) [2.7].

In ähnlicher Weise läßt sich der Vorschlag von FRATZSCHER und GRUHN [2.8] interpretieren, die in diesem Zusammenhang konsequenterweise vom *gehemmten Gleichgewicht* sprechen. Außerdem weisen sie, wie auch andere Autoren, auf die Möglichkeit hin, zur Erhöhung der technischen Aussagekraft das *Umgebungsmodell an bestimmte Eigenschaften des zu untersuchenden technischen Systems anzupassen.*

Das theoretische Problem bei derartigen Umgebungsdefinitionen besteht darin, wie schon angedeutet, daß das System R im Falle des *Nichtgleichgewichtes unendlich viel Arbeit* zu leisten vermag, wenn schon nicht durch das Verbot von Ausgleichsprozessen in der Umgebung, dann aber über die Vermittlung durch das System S.

Deshalb müssen auch derartige denkbare Prozesse ausgeschlossen werden. Aus diesem Grunde ist sowohl die *Umgebung* (das System R) als auch das *System S* in *entsprechende Teilsysteme* zu untergliedern, die *für sich im Gleichgewichtszustand* sind, aber nicht miteinander, wobei dies vordergründig nur für die stofflichen Komponenten gilt. Dabei ist die Anzahl der Teilsysteme (Komponenten) der Umgebung nicht unabhängig von der Teilsystembildung im System festlegbar, damit eindeutige stoffliche Wechselwirkungen festgelegt werden können [2.9]. Die Anwendung derartiger Umgebungsdefinitionen führt zur Berechnung der chemischen Exergie über *Bezugssubstanzen* (s. Abschnitt 3.4.).

Bei den meisten technischen Anwendungen der exergetischen Analyse werden die Umgebungsparameter als konstant angesehen. Dadurch besitzt die Exergie von Stoffen die Eigenschaften einer Zustandsgröße und speziell einer Potentialfunktion. In der Literatur ist aber auch verschiedentlich über Untersuchungen zum Exergiebegriff bei *veränderlichen Umgebungsparametern* berichtet worden, insbesondere sind Abhängigkeiten von der Zeit und der Höhe diskutiert worden [2.10], [2.11]. Die Exergie *verliert* dann die *Eigenschaft einer Potentialfunktion*. Es sind *Quellterme* zu berücksichtigen, deren Nutzung über Speicherprozesse in der Heizungs- und Klimatechnik, z. B. im Zusammenhang mit dem Tages- oder Jahresgang der Temperatur, interessant ist. Hierbei wird tatsächlich Energie mit Hilfe des Ungleichgewichtes der Umgebung ausgenutzt.

Die Notwendigkeit der Umgebungsdefinition ist charakteristisch für den Exergiebegriff. Daraus können Mißverständnisse und Anwendungsfehler entstehen. Deshalb muß man sich beim Umgang mit dem Exergiebegriff der diskutierten Zusammenhänge klar sein. In den folgenden Abschnitten wird an vielen Stellen auf das Problem der Umgebungsdefinition bei konkreten Beispielen eingegangen. Damit werden die allgemeinen Zusammenhänge illustriert, und es lassen sich auch für bestimmte Aufgabenstellungen praktikable Vorschläge ableiten, die häufig relativ einfach sind, da z. B. auf die stofflichen Probleme nicht eingegangen werden muß.

2.1.4. Exergie als Potentialfunktion

Wie schon verdeutlicht, stellt die Exergie einer Stoffmenge oder eines Stoffstromes ein energetisches Potential dar [2.12]. Diese Annahme gilt für konstante Umgebungsparameter. Aus diesem Grunde bezeichnet man diese Exergie auch häufig als eine *Zustandsgröße zweiter Art*, da neben den üblichen darüber hinausgehende Forderungen zu erheben sind. Bei Erfüllung dieser Forderungen gelten für die Exergie alle mathematischen Konsequenzen, die für Zustandsgrößen allgemein gültig sind. Insbesondere kann sie formal in ein *System von Potentialfunktionen* eingeordnet werden, wie es von den üblichen Potentialfunktionen bekannt ist.

In Analogie zur thermodynamischen Fundamentalgleichung (Gl. (2.2))

$$dU = T\,dS - p\,dV + \sum_i \mu_i\,dn_i$$

kann für die Exergie einer Stoffmenge geschrieben werden (Gl. (2.7a)):

$$dU^* = (T - T_u)\,dS - (p - p_u)\,dV + \sum_i (\mu - \mu_u)_i\,dn_i \tag{2.23}$$

da die Exergie aus der Wechselwirkung System—Umgebung resultiert und die Potentiale p, T und μ_i in die entsprechende Potentialdifferenz zur Umgebung transformiert werden können. Die Schreibweise von Gl. (2.23) setzt voraus, daß Stoff und Umgebung qualitativ aus den gleichen stofflichen Bestandteilen bestehen. Ist ein Stoff i nicht Bestandteil der Umgebung, so müssen die entsprechenden Beziehungen aus den Abschnitten 2.1.1. und 2.1.2. in Verbindung mit den Vorstellungen über ein gehemmtes Gleichgewicht betrachtet werden (s. Abschnitt 3.4.). Durch LEGENDRE-Transformation können aus dem Potential dU alle übrigen, diesen Variablenkombinationen entsprechenden Potentiale generiert werden [2.13]. Es sind dies

$$dP_1 = (T - T_u)\,dS + (p - p_u)\,dV + \sum_i n_i\,d(\mu - \mu_u)_i = dP_2 + dP_3 \tag{2.24}$$

$$dH^* = (T - T_u)\,dS + V\,d(p - p_u) + \sum_i (\mu - \mu_u)_i\,dn_i = dE \tag{2.25}$$

$$dP_2 = (T - T_u)\,dS + V\,d(p - p_u) + \sum_i n_i\,d(\mu - \mu_u)_i = d((T - T_u)\,S) \tag{2.26}$$

$$dF^* = -S\,d(T - T_u) - (p - p_u)\,dV + \sum_i (\mu - \mu_u)_i\,dn_i \tag{2.27}$$

$$dP_3 = -S\,d(T - T_u) - (p - p_u)\,dV - \sum_i n_i(\mu - \mu_u)_i = -d((p - p_u)\,V) \tag{2.28}$$

$$dG^* = -S\,d(T - T_u) + V\,d(p - p_u) + \sum_i (\mu - \mu_u)_i\,dn_i \tag{2.29}$$

$$0 = -S\,d(T - T_u) + V\,d(p - p_u) - \sum_i n_i\,d(\mu - \mu_u)_i$$

Die Potentiale dU^* (Gl. (2.23)) und dH^* (Gl. (2.25)) sind unter den hier gemachten Voraussetzungen mit den bereits abgeleiteten Potentialen der Exergie einer Stoffmenge (Abschnitt 2.1.1.) und eines Stoffstromes (Abschnitt 2.1.2.) identisch. Die Potentiale dF^* und dG^* sind die analogen Exergiedarstellungen der freien Energie und der freien Enthalpie, sie können als nutzbare freie Energie und Enthalpie angesehen werden. Der Bezugspunkt für diese Potentiale liegt natürlicherweise in der Umgebung.

Die Potentiale dP_1, dP_2 und dP_3 sind bisher kaum untersucht worden. Sie sind in der Lage, für spezielle Bedingungen die ausnutzbaren Anteile einzelner Energieformen zu kennzeichnen, wie z. B. der Wärme, der Druckänderungsarbeit, der Verdrängungsarbeit, der chemischen Arbeit usw. KALITZIN zeigte, daß das Potential dP_2 zur Bewertung verschiedener Prozesse unter bestimmten Randbedingungen zu den gleichen Ergebnissen wie die exergetische Methode führt [2.14].
Für den Zusammenhang der Potentiale gilt

$$dP_1 = dP_2 + dP_3 \tag{2.30}$$

und

$$\begin{aligned} dF^* + dP_2 &= dE_m & dG^* + dP_2 &= dE \\ dF^* + dP_3 &= dG^* & dF^* + dP_1 &= dE \end{aligned} \tag{2.31}$$

womit eine Verbindung zwischen den Exergiepotentialen und der nutzbaren freien Energie und Enthalpie hergestellt ist. Das Potential nach Gl. (2.30) ist identisch Null, da es die exergetische Analogie zur GIBBS-DUHEMschen Gleichung darstellt. Die damit verbundene Aussage kann zur Interpretation der anderen Potentiale herangezogen werden, wie dies schon aus den Gln. (2.24) bis (2.30) zu erkennen ist.

2.2.   Grundgleichung der Exergie

Unter der Grundgleichung der Exergie versteht man die *Exergiebilanz* für ein bestimmtes System. Sie drückt die *Wechselwirkung der verschiedenen Exergieformen* für einen bestimmten Prozeß aus. Insbesondere wird es möglich, den Zusammenhang zwischen verschiedenen Exergien mit Zustands- und Prozeßcharakter für vorgegebene Prozeßverläufe zu untersuchen. Das ist maßgebend für die Einschätzung des Prozesses, auf dieser Basis ist eine Bewertung möglich und darüber hinaus gelingen Veranschaulichungen der energetischen und exergetischen Effekte in Zustandsdiagrammen. Aufgrund des Charakters der Exergie enthält die Exergiebilanz die Aussage beider Hauptsätze der Thermodynamik. Ihre Ableitung ist möglich entweder über eine Verknüpfung beider Hauptsätze mit Hilfe der Zustandsgröße Exergie oder über eine formale Zusammenfassung beider Hauptsätze, indem der 2. Hauptsatz durch Multiplikation mit T_u in einen Energiemaßstab transformiert wird. An dieser Stelle soll der zweite Weg eingeschlagen werden.

2.2.1.   Allgemeine Exergiebilanz eines Systems

Es soll die Exergiebilanz für das in Bild 2.3 gekennzeichnete System aufgestellt werden. Vernachlässigt werden die *kinetische Energie*, die *Energie der Lage* und die *Energie von äußeren Kraftfeldern*. Auch auf die *Oberflächenenergie* u. ä. Energieformen soll verzichtet werden; zum einen, weil diese Energieformen im Rahmen der zu untersuchenden technischen Systeme im allgemeinen nur eine unbedeutende Rolle spielen, zum anderen sind diese Energieformen unbeschränkt umwandelbar, also entropiefrei, und können als zusätzliche Arbeitskoordinaten in gleicher Weise wie die Arbeit in die Exergiebilanz aufgenommen werden, so daß ihre Berücksichtigung ohne qualitativ neue Probleme möglich ist.

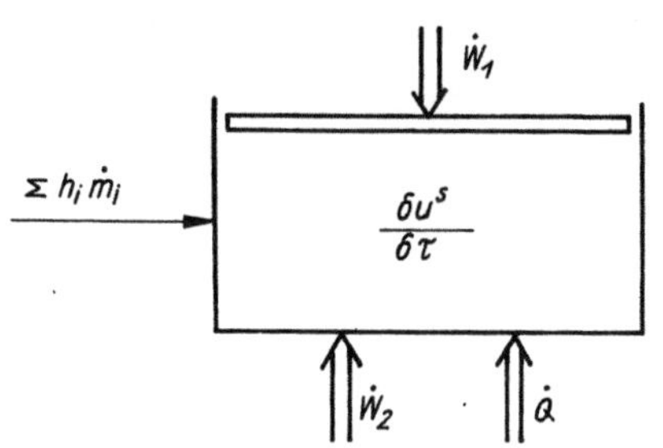

Bild 2.3. Allgemeine Energiebilanz eines Systems

Die *Vorzeichenfestlegung* entspricht dem *Systemstandpunkt* der Technischen Thermodynamik. Bild 2.3 kennzeichnet ein offenes System, in dem nichtstationäre Prozesse stattfinden können. Der I. Hauptsatz läßt sich in der Form angeben

$$\mathrm{d}\left(\frac{\partial U}{\partial \tau}\right) = \sum_i h_i \, \mathrm{d}\dot{m}_i + \mathrm{d}\dot{Q} + \mathrm{d}\dot{W}_t \qquad (2.32)^{1)}$$

und der II. Hauptsatz als

$$\mathrm{d}\left(\frac{\partial S}{\partial \tau}\right) = \sum_i s_i \, \mathrm{d}\dot{m}_i + \frac{\mathrm{d}\dot{Q}}{T} + \mathrm{d}\dot{S}_{irr} \qquad (2.33)$$

multipliziert man Gl. (2.33) mit T_u und zieht Gl. (2.33) von Gl. (2.32) ab, so läßt sich nach einigen Umformungen schreiben:

$$\mathrm{d}\left(\frac{\partial E_m}{\partial \tau}\right) = \sum_i e_i \, \mathrm{d}\dot{m}_i + \frac{T - T_u}{T} \, \mathrm{d}\dot{Q} + \mathrm{d}\dot{W}_t - T_u \, \mathrm{d}\dot{S}_{irr} \qquad (2.34)$$

Dabei ist gesetzt worden

$$\mathrm{d}E_m = \mathrm{d}U - T_u \, \mathrm{d}S + p_u \, \mathrm{d}V - \sum_i g_{iu} \, \mathrm{d}m_i$$

nach Gl. (2.7b) und

$$e_i = (h_i - h_{iu}) - T_u(s_i - s_{iu})$$

nach Gl. (2.22).

Gl. (2.34) stellt schon die allgemeine Exergiebilanz des in Bild 2.3 dargestellten Systems dar. Im Vergleich zur Energiebilanz werden die Stoffmengen und Stoffströme durch die entsprechenden Exergieterme erfaßt. Aufgrund der Definition der Exergie ist es offensichtlich, daß die technische Arbeit in voller Größe in die Exergiebilanz eingeht. Die Wärmen dagegen werden mit einem CARNOT-Faktor multipliziert, so daß nur ihr Arbeitswert in der Exergiebilanz auftaucht. Von den qualitativen Überlegungen her ist dieses verständlich. Interessant ist das Glied $T_u \, \mathrm{d}\dot{S}_{irr}$, das ein Energiemaß der nichtumkehrbaren Entropieproduktion darstellt. Durch die Multiplikation mit T_u kann es de facto als eine Wärme von Umgebungstemperatur aufgefaßt werden. Eine solche Wärme ist aber exergetisch wertlos, so daß dieser Ausdruck als Exergieverlust angesehen werden kann. Auf die einzelnen Terme von Gl. (2.34) wird im folgenden noch näher einzugehen sein.

Die Exergiebilanz Gl. (2.34) verdeutlicht, daß die *Umgebungstemperatur* von allen Umgebungsparametern offensichtlich die *größte Bedeutung* besitzt. Für die meisten energie- und verfahrenstechnischen Systeme kann diese relativ problemlos festgelegt werden. Damit sind auch die Exergieverluste vollständig quantifizierbar, so daß auf dieser Basis bestimmte energetische Einschätzungen vorgenommen werden können. Für viele energetische Systeme ist damit schon eine vollständige Exergie-

---

1) Die Definition der technischen Arbeit $\mathrm{d}\dot{W}_t$ ist in Gl. (2.32) abweichend von der üblichen. Da im folgenden fast ausschließlich stationär durchströmte offene Systeme betrachtet werden, fällt dieser Unterschied zur üblichen Definition weg, so daß an dieser Stelle keine nähere Diskussion erfolgen soll.

analyse möglich, z. B. wenn auf die stofflichen Wechselwirkungen verzichtet werden kann.

Für technische Untersuchungen sind eine Reihe von speziellen Formen der allgemeinen Exergiebilanz interessant. So ergibt sich z. B. für *Speicher* ($\mathrm{d}\dot{W}_\mathrm{t} = 0$) aus Gl. (2.34)

$$\mathrm{d}\left(\frac{\partial E_\mathrm{m}}{\partial \tau}\right) = \sum_i e_i\,\mathrm{d}\dot{m}_i + \frac{T - T_\mathrm{u}}{T}\,\mathrm{d}\dot{Q} - T_\mathrm{u}\,\mathrm{d}\dot{S}_\mathrm{irr} \tag{2.35}$$

Für *massendichte Systeme* ($\mathrm{d}\dot{m}_i = 0$) folgt

$$\mathrm{d}\left(\frac{\partial E_\mathrm{m}}{\partial \tau}\right) = \frac{T - T_\mathrm{u}}{T}\,\mathrm{d}\dot{Q} + \mathrm{d}\dot{W}_\mathrm{t} - T_\mathrm{u}\,\mathrm{d}\dot{S}_\mathrm{irr} \tag{2.36a}$$

oder integriert von Zustand *1* nach Zustand *2*

$$E_{\mathrm{m}2} - E_{\mathrm{m}1} = \int_1^2 \frac{T - T_\mathrm{u}}{T}\,\dot{Q}\,\mathrm{d}\tau + W_{\mathrm{t}_{12}} - T_\mathrm{u}\,\Delta S_\mathrm{irr} \tag{2.36b}$$

Von besonderer Bedeutung für die technische Praxis sind die *stationär durchströmten offenen Systeme*. Dabei sind alle zeitlichen Ableitungen Null

$$\frac{\partial E_\mathrm{m}}{\partial \tau} = \frac{\partial V}{\partial \tau} = 0$$

und es ergibt sich:

$$\frac{T - T_\mathrm{u}}{T}\,\mathrm{d}\dot{Q} + \mathrm{d}\dot{W}_\mathrm{t} = -\sum_i e_i\,\mathrm{d}\dot{m}_i + T_\mathrm{u}\,\mathrm{d}\dot{S}_\mathrm{irr} \tag{2.37a}$$

Gewöhnlich bezieht man sich auf einen oder mehrere zu bilanzierende Ströme, die das System durchlaufen, so daß geschrieben wird:

$$\frac{T - T_\mathrm{u}}{T}\,\mathrm{d}\dot{Q} + \mathrm{d}\dot{W}_\mathrm{t} = \mathrm{d}\dot{E} - \sum_k e_i\,\mathrm{d}\dot{m}_i + T_\mathrm{u}\,\mathrm{d}\dot{S}_\mathrm{irr} \tag{2.37b}$$

Schließlich ergibt sich für den wichtigen Sonderfall, daß während des Prozesses kein Massenaustausch über die Systemgrenze außer dem zu bilanzierenden Strom stattfindet ($\mathrm{d}\dot{m}_i = 0$)

$$\frac{T - T_\mathrm{u}}{T}\,\mathrm{d}\dot{Q} + \mathrm{d}\dot{W}_\mathrm{t} = \mathrm{d}\dot{E} + T_\mathrm{u}\,\mathrm{d}\dot{S}_\mathrm{irr} \tag{2.38}$$

Die Integration zwischen zwei Zuständen ergibt:

$$\int_1^2 \frac{T - T_\mathrm{u}}{T}\,\mathrm{d}\dot{Q} + \dot{W}_{\mathrm{t}12} = (\dot{E}_2 - \dot{E}_1) + T_\mathrm{u}\,\Delta \dot{S}_\mathrm{irr} \tag{2.38a}$$

Da unter den gemachten Voraussetzungen gilt

$$\dot{E}_2 - \dot{E}_1 = \dot{m}(e_2 - e_1)$$

kann die Gl. (2.38a) durch $\dot{m}$ dividiert werden.

Man erhält

$$\int_{1}^{2} \frac{T - T_u}{T}\, \mathrm{d}q + w_{t12} = (e_2 - e_1) + T_u\, \Delta s_{irr} \tag{2.38b}$$

da

$$\frac{\dot{Q}}{\dot{m}} = q \qquad \frac{\dot{W}_{t12}}{\dot{m}} = w_{t12} \qquad \frac{\Delta \dot{S}_{irr}}{\dot{m}} = \Delta s_{irr}$$

Die Gln. (2.38) kennzeichnen die für die technischen Anwendungen wichtigsten Exergiebilanzen, da die wichtigsten technischen Systeme unter den diesen Gleichungen zugrunde gelegten Voraussetzungen ablaufen.

Wichtige Sonderfälle ergeben sich für adiabate Systeme und für Systeme ohne Arbeitsaustausch.

Mit $\mathrm{d}q = 0$ wird bei adiabaten Prozessen

$$w_{t12} = (e_2 - e_1) + T_u\, \Delta s_{irr} \tag{2.39}$$

Für die Unterbindung des Arbeitsaustausches gilt mit $w_{t12} = 0$

$$\int_{1}^{2} \frac{T - T_u}{T}\, \mathrm{d}q = e_2 - e_1 + T_u\, \Delta s_{irr} \tag{2.40}$$

Wenn die Strömung reibungsfrei verläuft, sind diese Prozesse durch isobare Zustandsänderungen gekennzeichnet.

Ein weiterer wichtiger Sonderfall liegt dann vor, wenn das System einen thermodynamischen Kreisprozeß durchläuft. Für die Exergie als Zustandsgröße gilt

$$\oint \mathrm{d}e = 0$$

und die technische Arbeit wird mit der Raumänderungsarbeit identisch

$$w_t = w = w^0$$

die als Kreisprozeßarbeit bezeichnet werden kann. Die *Exergiebilanz von Kreisprozessen* lautet dann

$$\oint \frac{T - T_u}{T}\, \mathrm{d}q + w^0 = T_u \sum \Delta s_{irr} \tag{2.41}$$

wobei im konkreten Fall die ausgetauschten Wärmen zweckmäßig nach Zu- und Abfuhr geordnet werden, um z. B. in einfacher Form Rechts- und Linksprozesse kennzeichnen zu können. Die Summation über den Nichtumkehrbarkeitsterm soll darauf hinweisen, daß in diesem Fall normalerweise eine Anzahl von nichtumkehrbaren Prozessen zu berücksichtigen ist, z. B. beim inneren und äußeren Verhalten des Kreisprozesses.

Exergetische Untersuchungen sind auch für *reversible Prozesse* von Interesse, z. B. um bei diesen die verschiedenen Umwandlungsmöglichkeiten einzelner Energieformen zu verfolgen. Die Grundgleichungen der Exergie für diese Prozesse folgen aus den vorstehenden Beziehungen für $d\dot{S}_{irr} = 0$.

Im einzelnen ergibt sich für Gl. (2.38 b)

$$\int_1^2 \frac{T - T_u}{T} \, dq + w_{t12} = e_2 - e_1 \tag{2.42}$$

die z. B. der Untersuchung einzelner Zustandsänderungen zugrunde gelegt werden kann. Für Kreisprozesse wird aus Gl. (2.41)

$$\oint \frac{T - T_u}{T} \, dq + w^0 = 0$$

oder

$$\left(\int \frac{T - T_u}{T} \, dq \right)_{zu} + w^0 = \left(\int \frac{T - T_u}{T} \, dq \right)_{ab} \tag{2.43}$$

Die Zeiger zu und ab sollen auf Wärmezu- und -abfuhr weisen. Mit Gl. (2.43) können z. B. mehrstufige Kreisprozesse untersucht werden.

Zum Abschluß sei der Vollständigkeit halber darauf hingewiesen, daß bei der exergetischen Bilanzierung für praktische Anwendungen gewöhnlich zwischen Zu- und Abfuhr oder In- und Output unterschieden wird, unabhängig davon, um welche Exergieform es sich im einzelnen handelt. Aufgrund der vorstehenden Überlegungen wird lediglich das Verlustglied getrennt ausgewiesen, so daß die Exergiebilanz konkreter technischer Systeme gewöhnlich die Form besitzt

$$\dot{E}^I = \dot{E}^O + \Delta\dot{E}_V \tag{2.44}$$

wobei sich im einzelnen darunter alle oben diskutierten Terme verbergen können.

2.2.2. Eigenschaften exergetischer Bilanzgrößen

Im folgenden sollen einige grundsätzliche Eigenschaften der in der Exergiebilanz enthaltenen Terme dargestellt werden, da diese zur Kennzeichnung des Verhaltens der einzelnen Größen und zur weiteren Diskussion der Exergiebilanz für spezielle Systeme erforderlich sind. Wie aus dem Charakter der Exergiebilanz deutlich wird, sind dabei *Prozeßgrößen* und *Zustandsgrößen* zu untersuchen. Zu den Prozeßgrößen zählen die Arbeit, der Arbeitswert der Wärme und das Verlustglied. Im folgenden soll auf den Arbeitswert der Wärme und das Verlustglied eingegangen werden. Die Arbeit selbst geht in voller Größe in die Exergiebilanz ein, so daß an dieser Stelle keine neuen Gesichtspunkte zu behandeln sind. Als Zustandsgröße ist auf die Exergie der Stoffmenge und von Stoffströmen einzugehen.

2.2.2.1. Arbeitswert oder Exergie der Wärme

Entsprechend der Definition der Exergie werden vom System ausgetauschte Wärmen in der Exergiebilanz durch ihren Arbeitswert erfaßt

$$e_{\mathrm{q}} = \int_{1}^{2} \frac{T - T_{\mathrm{u}}}{T}\, \mathrm{d}q \tag{2.45}$$

die auch als Exergie der Wärme oder kurz Wärmeexergie bezeichnet werden. Es handelt sich um eine Prozeßgröße, die sich anschaulich im T,s-Diagramm darstellen läßt (Bild 2.4). Sie läßt sich interpretieren als die Arbeit von differentiellen CARNOT-Prozessen, die zwischen T und T_{u} arbeiten. Bei einer Wärmezufuhr stellt der Arbeitswert der Wärme die erforderliche Arbeit von Wärmepumpen dar, bei einer Wärmeabgabe die Nutzarbeit von rechtsläufigen Kreisprozessen. Besonders einfach werden die Zusammenhänge, wenn isotherme Zustandsänderungen betrachtet werden.

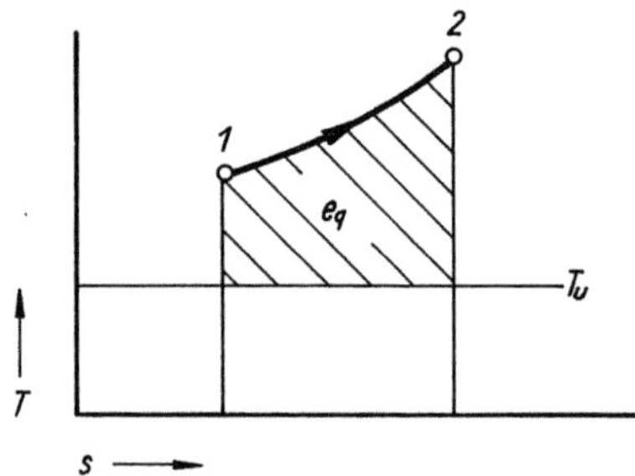

Bild 2.4. Arbeitswert der Wärme

Aus Gl. (2.45) wird dann

$$e_{\mathrm{q}} = \frac{T - T_{\mathrm{u}}}{T}\, q_{12} = q_{12} - T_{\mathrm{u}}(s_2 - s_1) \tag{2.46}$$

Die rechte Seite von Gl. (2.46) gilt für den Fall der Reversibilität, den das Bild 2.4 anschaulich widerspiegelt. Der 2. Term der rechten Seite von Gl. (2.46) charakterisiert den Teil der Wärme, der als Umgebungsenergie aufgefaßt werden kann und der bei einer vorgegebenen Umgebung mit der Temperatur T_{u} mit keinem Mittel in Arbeit umgewandelt werden kann. Insbesondere wird deutlich, daß im theoretischen Grenzfall für $T_{\mathrm{u}} \to 0$ Arbeitswert der Wärme und Wärme selbst übereinstimmen, da in diesem Fall eine vollständige Umwandlung der Wärme in Arbeit möglich erscheint.

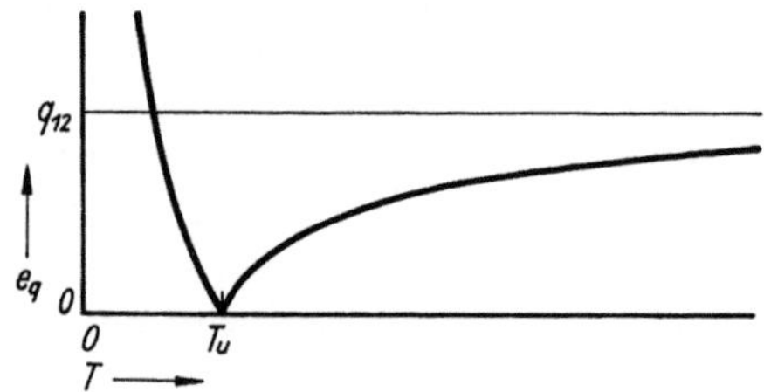

Bild 2.5. Arbeitswert der Wärme als Temperaturfunktion

Trägt man die Wärmeexergie für q_{12} = const über der Temperatur auf, so ergibt sich der in Bild 2.5 dargestellte Verlauf. Dabei ist berücksichtigt worden, daß entsprechend dem Potentialcharakter der Exergie einer Wärmezufuhr oberhalb der Umgebungstemperatur ein Wärmeentzug unterhalb der Umgebungstemperatur entspricht. Daraus wird deutlich, daß

$$\lim_{T \to \infty} e_q = q_{12}$$

und

$$\lim_{T \to 0} e_q \to \infty$$

ist, in Übereinstimmung mit der Tatsache, daß *Wärme von unendlich hoher Temperatur* identisch mit *Arbeit* ist. Andererseits erfordert ein *Wärmeentzug beim absoluten Nullpunkt* der Temperatur *unendlich hohe Aufwendungen*.

Für viele technische Berechnungen ist es zweckmäßig, die Integration in Gl. (2.45) durch eine geeignete *Mitteltemperatur* zu ersetzen

$$\int_1^2 \frac{T - T_u}{T}\, dq = \frac{T_{m12} - T_u}{T_{m12}}\, q_{12} \tag{2.47}$$

Die Definitionsgleichung (2.47) führt zu der Bestimmungsgleichung

$$T_{m12} = \frac{q_{12}}{\displaystyle\int_1^2 \frac{dq}{T}}$$

was unter Berücksichtigung des II. Hauptsatzes in der Form

$$\int_1^2 \frac{dq}{T} = \Delta s - \Delta s_{irr} \tag{2.48}$$

zu dem Ansatz führt

$$T_{m12} = \frac{q_{12}}{\Delta s - \Delta s_{irr}} \tag{2.49}$$

Die so definierte Mitteltemperatur ist eine *prozeßorientierte Größe*, die zunächst nichts mit dem thermodynamischen Temperaturbegriff gemein hat. Sie kann trotzdem bei speziellen Untersuchungen von Nutzen sein. Für reversible Verhältnisse ($\Delta s_{irr} = 0$) ergibt sich

$$T_{m12} = \frac{q_{12}}{\Delta s} \tag{2.49a}$$

was sich z. B. im T,s-Diagramm leicht veranschaulichen läßt. Die meisten technisch interessanten Wärmeaustauschprozesse verlaufen unter der Bedingung p = const. Dafür wird aus Gl. (2.49a)

$$T_{m12} = \frac{\Delta h}{\Delta s} \tag{2.49b}$$

was im konkreten Fall zu einer Mitteltemperatur mit echten Zustandseigenschaften führt. Für ein ideales Gas wird aus dieser Gleichung schließlich

$$T_{m12} = \frac{T_2 - T_1}{\ln \dfrac{T_2}{T_1}} \qquad (2.49\,c)$$

Unter diesen Bedingungen entspricht diese Temperatur dem logarithmischen Mittel zwischen Anfangs- und Endtemperatur. Diese Zusammenhänge machen deutlich, daß bei der Definition der Mitteltemperatur die konkreten Bedingungen exakt berücksichtigt werden müssen.

Es sei angemerkt, daß für viele exergetische Untersuchungen die Mitteltemperatur in bezug auf die Umgebungstemperatur interessant ist, also z. B. $T_2 = T$ und $T_1 = T_u$ gesetzt wird.

Es ist deutlich geworden, daß für exergetische Untersuchungen der CARNOT-Faktor eine selbständige Bedeutung besitzt. Man kann ihn als eine *dimensionslose exergetische Temperatur* τ_e bezeichnen.

$$\tau_e = \frac{T - T_u}{T} \qquad (2.50)$$

Damit lassen sich die Gln. (2.45) und (2.47) in der einfachen Form schreiben

$$e_q = \int\limits_1^2 \tau_e \, dq = \tau_{em} q_{12} \qquad (2.47\,a)$$

Der Verlauf der exergetischen Temperatur für $T_u = 300$ K ist in Bild 2.6 angegeben. Für $T \to 0$ wird $\tau_e = -\infty$, und für $T \to \infty$ wird $\tau_e = 1$. Für $T = T_u$ ergibt sich natürlich $\tau_e = 0$. Durch die Diskussion zum Arbeitswert der Wärme ist ein derartiger Verlauf verständlich. Einige konkrete Zahlenangaben in Tabelle 2.1 und in Bild 2.7 für Phasenumwandlungspunkte bestimmter Stoffe sollen der weiteren Veranschaulichung der exergetischen Temperatur dienen.

Zum Abschluß sei noch auf die Erfassung der Strahlungswärme in Exergiebilanzen hingewiesen. Beschränkt man sich lediglich auf die Erfassung der Wärmeenergie, gilt auch in diesem Fall Gl. (2.45). Sollen dagegen die Eigenschaften der im Strahlungstausch stehenden Flächen explizit erfaßt werden, lassen sich für diese Wärmeaustauschprozesse spezielle Berechnungsgleichungen ableiten, die in Abschnitt 5.3.2. nachgelesen werden können.

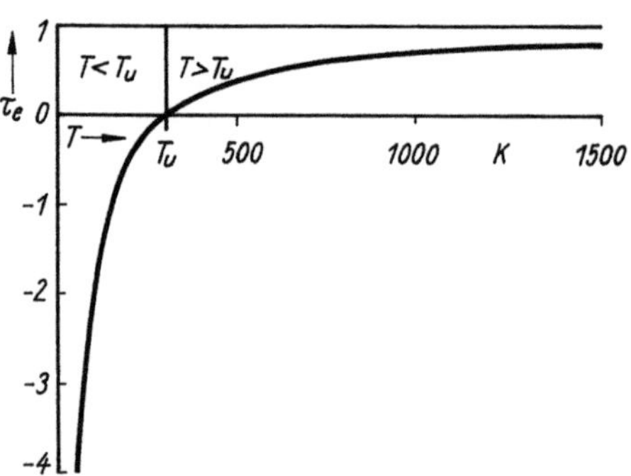

Bild 2.6. Abhängigkeit der exergetischen Temperatur τ_e von der absoluten Temperatur T

Bezeichnung	T in K	$\tau_e (T_u = 300\ \text{K})$	
Erstarrungspunkt von Gold	1336,15	0,775	Tabelle 2.1. Temperaturangaben für einige Phasenänderungen
Erstarrungspunkt von Silber	1233,65	0,757	
Siedepunkt von Schwefel	717,75	0,582	
Siedepunkt von Wasser (1 atm)[1]	373,15	0,196	
Tripelpunkt von Wasser	273,16	− 0,098	
Siedepunkt von Ammoniak (1 atm)[1]	293,8	− 0,251	
Siedepunkt von Sauerstoff (1 atm)[1]	90,19	− 2,326	
Siedepunkt von Stickstoff (1 atm)[1]	77,39	− 2,876	
Siedepunkt von Wasserstoff (1 atm)[1]	20,39	− 13,713	
Siedepunkt von Helium (1 atm)[1]	4,22	− 70,090	
Siedepunkt von Helium (16,2 Pa)	1,0	−299,0	

[1] 0,10133 MPa

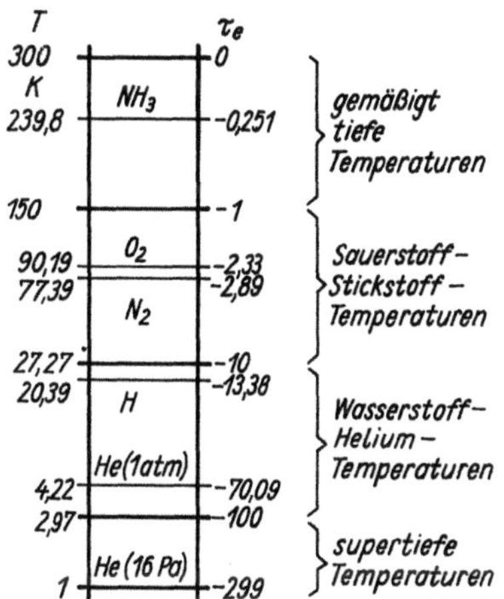

Bild 2.7. Einteilung der Temperaturzonen im Tieftemperaturgebiet

2.2.2.2. Exergieverlust, Gleichung von GOUY und STODOLA

In der Exergiebilanz taucht ein Term auf

$$\Delta e_v = T_u \, \Delta s_{irr} \tag{2.51}$$

der, wie schon angedeutet, als Exergieverlust angesehen werden kann. Er ist direkt proportional der nichtumkehrbaren Entropiezunahme. Der Proportionalitätsfaktor ist die Umgebungstemperatur T_u. Damit stellt er ein energetisches Maß der Wirkung der Nichtumkehrbarkeiten dar. Läßt sich auf irgendeine Weise die nichtumkehrbare Entropiezunahme Δs_{irr} im T,s-Diagramm konstruieren, ergibt sich dieser Term als entsprechende Fläche unter der Umgebungstemperatur (Bild 2.8). Die energetische Wirkung von Nichtumkehrbarkeiten läßt sich so als eine Erzeugung von Umgebungswärme auffassen, die in exergetischer Hinsicht keinen Wert besitzt, da sie ohnehin in unendlicher Menge zur Verfügung steht und nur unter Zuhilfenahme eines

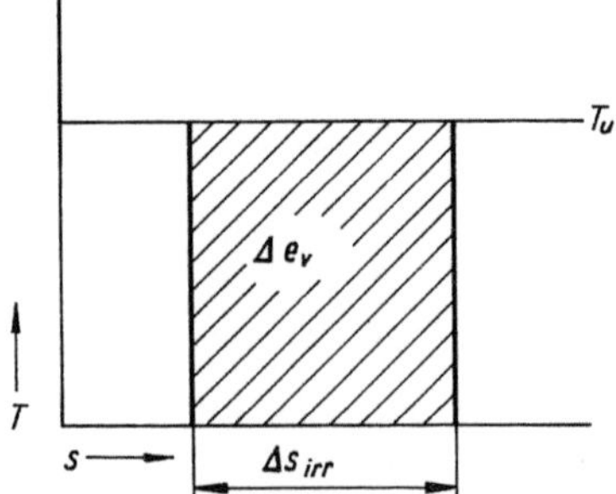

Bild 2.8. Darstellung der Exergieverluste als Wärme bei Umgebungstemperatur bzw. Anergiezunahme

perpetuum mobile II. Art in Arbeit umgewandelt werden kann. Das Auftreten eines solchen Energieterms stellt mithin eine Verminderung der Arbeitsfähigkeit des Systems dar und kann deshalb als Exergieverlust aufgefaßt werden.

Das wird auch deutlich, wenn ein reversibler und ein irreversibler Prozeß betrachtet werden, die sich z. B. lediglich in der Arbeitsleistung unterscheiden. Für den irreversiblen Prozeß gilt dann nach Gl. (2.38 b)

$$w_{t12\,irr} = - \int_1^2 \frac{T - T_u}{T}\, dq + \Delta e + T_u\, \Delta s_{irr} \tag{2.52}$$

und für den reversiblen Prozeß dementsprechend

$$w_{t12\,rev} = - \int_1^2 \frac{T - T_u}{T}\, dq + \Delta e \tag{2.53}$$

Subtrahiert man Gl. (2.53) von Gl. (2.52), so wird

$$w_{t12\,irr} - w_{t12\,rev} = T_u\, \Delta s_{irr} = \Delta e_v \tag{2.54}$$

Nach Gl. (2.54) läßt sich der *Exergieverlust* als ein Arbeitsterm auffassen, der entweder bei irreversiblen Prozessen als *Mehraufwand* zur Verfügung gestellt werden muß oder bei Umkehrung der Prozeßrichtung als *Minderleistung* auftritt. In jedem Fall kann damit als energetisches Maß der Nichtumkehrbarkeiten ein Arbeitsverlust definiert werden, der völlig zu Recht als ein entsprechender Exergieverlust angesehen werden kann.

Danach ist mit Gl. (2.51) eine allgemeingültige Verlustdefinition im Energiemaßstab gefunden worden, die für alle technischen Prozesse anwendbar ist. Als Verlustursachen werden die Nichtumkehrbarkeiten definiert, die z. B. bei einem *Massenstrom als Druckdifferenz*, einem *Komponentenstrom als Konzentrationsdifferenz*, einem *Wärmestrom als Temperaturdifferenz* und einer *chemischen Reaktion als Differenz der chemischen Potentiale* usw. auftreten können. Deshalb besteht an dieser Stelle auch die Möglichkeit, die Exergiebilanz mit den Aussagen der Thermodynamik irreversibler Prozesse zu verknüpfen [2.15], was von verschiedenen Autoren zur Illustration der technischen Zusammenhänge schon getan worden ist. Eine Verfolgung dieser Richtung würde den Rahmen der vorliegenden Arbeit sprengen.

Als Verluste werden demnach die Abweichungen von der Reversibilität betrachtet, was ohne weiteres legitim ist, da der reversible Prozeß zwischen zwei Zuständen nach dem II. Hauptsatz der bestmögliche Prozeß überhaupt ist. Gl. (2.51) besitzt demnach für die exergetische Analyse technischer Systeme fundamentale Bedeutung. Sie wird deshalb in der Fachliteratur, historisch nicht ganz gerechtfertigt, als die Gleichung von GOUY und STODOLA bezeichnet. Von wesentlicher praktischer Bedeutung ist die Tatsache, daß zu ihrer Ermittlung lediglich die Angabe der Umgebungstemperatur erforderlich ist. Das beweist einmal mehr, daß die Umgebungstemperatur eine ungleich höhere Bedeutung als die anderen Umgebungsparameter besitzt.

Dem Exergieverlust kann tatsächlich keine der in der Energietechnik sonst üblichen Verlustdefinitionen gleichgesetzt werden. Diese besitzen sämtlich eine sehr beschränkte Aussagekraft, die keine allgemeingültigen Vergleiche und Bewertungsstrategien zuläßt. Deutlich wird dies im Vergleich zur Abwärme, die in der Praxis häufig als ein Maß für die energetische Güte eines Verfahrens angesehen wird. So weist z. B. jeder reversible Kreisprozeß eine erhebliche Abwärme auf, erscheint danach verbesserungswürdig, obwohl er bereits die bestmögliche Lösung repräsentiert. Demgegenüber besitzt jeder adiabate Prozeß per definitionem keine Abwärme, obwohl er im konkreten Fall (z. B. bei der Drosselung) stets energetisch günstiger gestaltet werden könnte. Noch schwieriger liegen die Verhältnisse bei verfahrenstechnischen Prozessen, bei denen häufig mangels geeigneter Vergleichsprozesse überhaupt keine geeigneten Verlustangaben ermittelt werden können.

Die Definition eines absoluten Verlustgliedes in Verbindung mit der Exergiebilanz ermöglicht nicht nur eine Analyse und Bewertung technischer Systeme mit Absolutwerten, sondern es ist auch eine spezifische Bewertung auf der Basis von Gütekriterien, wie Wirkungs- und Gütegraden, möglich, die einen Vergleich verschiedener technischer Systeme untereinander gestattet. Eine ausführliche Diskussion der auf der Grundlage der Exergiebilanz denkbaren und technisch sinnvollen Vorschläge erfolgt in Abschnitt 4. Deshalb soll an dieser Stelle nicht näher auf diesen Problemkreis eingegangen werden.

2.2.2.3. Anteile der Stoffexergie

Die Exergie eines Stoffstromes, die im folgenden betrachtet werden soll, bestimmt sich aus der Wechselwirkung von System und Umgebung. Es ist möglich, die Exergie in einzelne Anteile aufzuspalten, auf die beim konkreten Beispiel Bezug genommen werden kann. Mit einer solchen Vorgehensweise kann in einfacherer und die wesentlichen Zusammenhänge deutlicher darstellbaren Weise die Exergiebilanz aufgestellt und diskutiert werden. Damit beschränkt man sich auf die Erfassung der für den jeweiligen Prozeß wesentlichen Wechselwirkungen und definiert, im Grunde genommen, eine spezielle Umgebung.

Die Unterteilung der Stoffexergie ist nach vielerlei Gesichtspunkten möglich. Eine allgemeingültige Unterteilung läßt sich aus der Eigenschaft der Exergie als Potential oder Zustandsgröße ableiten. Für eine solche Größe muß allgemein gelten

$$\mathrm{d}e = \left(\frac{\partial e}{\partial p}\right)_{T,\,x_i} \mathrm{d}p + \left(\frac{\partial e}{\partial T}\right)_{p,\,x_i} \mathrm{d}T + \sum_{i=1}^{k} \left(\frac{\partial e}{\partial x_i}\right)_{p,\,T,\,x_j \neq x_i} \mathrm{d}x_i \qquad (2.55)$$

womit die Konstanz der Zustandsparameter der Umgebung stillschweigend vorausgesetzt ist. Der Wert der Exergie als Zustandsgröße folgt dann aus der Integration von Gl. (2.55) vom Umgebungszustand zum aktuellen Berechnungszustand.

Für das Integral kann formal geschrieben werden

$$e = \int\limits_{p_u, T_u, x_{ju}}^{p, T, x_i} de \tag{2.56}$$

Zu berücksichtigen bei der Integration ist. u. U. der stoffliche Unterschied zwischen System und Umgebung, der z. B. eine Überführung mit Bezugssubstanzen erforderlich macht. Der *Integrationsweg* ist an sich *beliebig*. Zur rechentechnischen Vereinfachung bietet sich nach der Struktur der Gl. (2.55) die Integration entlang isobarer, isothermer Zustandsänderungen und solcher konstanter Konzentration oder Zusammensetzung an. Gl. (2.56) läßt sich zur Verdeutlichung dann in der Form angeben

$$e = \left[\int\limits_{p_u, T_u}^{p, T} \left(\left(\frac{\partial e}{\partial p}\right)_{T, x_i} dp + \left(\frac{\partial e}{\partial T}\right)_{p, x_i} dT\right)\right]_{x_i} + \left[\int\limits_{x_i = 1}^{x_i} \sum_{i=1}^{k} \left(\frac{\partial e}{\partial x_i}\right)_{p, T, x_k \neq x_i} dx_i\right]_{p_u, T_u}$$

$$+ \left[\sum_{i=1}^{k} e_i - \sum_{j=1}^{n} e_j\right]_{p_u, T_u, x_i = x_j = 1} + \left[\int\limits_{x_{ju}}^{x_j = 1} \sum_{j=1}^{n} \left(\frac{\partial e}{\partial x_j}\right)_{p, T, x_n \neq x_j} dx_j\right]_{p_u, T_u} \tag{2.56 a}$$

mit

$$\sum_{i=1}^{k} M_i x_i = \sum_{j=1}^{n} M_j x_j$$

Der erste Term in Gl. (2.56a) kann als thermomechanischer Anteil der Exergie bezeichnet werden oder kurz als thermomechanische Exergie. Wie die Struktur dieses Anteils zeigt, ist eine weitere Aufspaltung in einen Temperatur- und Druckanteil, also in einen thermischen und einen mechanischen Anteil, ohne weiteres möglich. Wie in den folgenden Abschnitten deutlich wird, ist diese feinere Unterteilung für die zu betrachtenden technischen Systeme selten erforderlich. Unterscheiden sich Stoffstrom und Umgebung stofflich, so kann der 3. Term in Gl. (2.56a) als chemische Exergie bezeichnet werden, wobei i die stoffliche Zusammensetzung des Systems und j die der Umgebung kennzeichnet. Dieser Term kennzeichnet die Reaktionsexergie, bezogen auf die reinen Komponenten, bei Umgebungsbedingungen. Ihre Berechnung setzt die Definition von Bezugssubstanzen voraus. Als Konzentrationsexergie können der 2. und 4. Term der Gl. (2.56a) bezeichnet werden. Der 2. Term bezieht sich auf die Komponenten des Stoffstroms, der 4. Term auf die der Umgebung, die zur Durchführung der chemischen Reaktion mit Bezugssubstanzen erforderlich sind. Unterscheiden sich Stoffstrom und Umgebung nicht stofflich sondern lediglich quantitativ in den Konzentrationsangaben, kann als Konzentrationsexergie ein Ausdruck bezeichnet werden, der aus der Zusammenfassung des 2. und des 4. Terms entsteht, da in diesem Fall $i = j$ und $k = n$ ist.

Die so definierten Exergieanteile sind zusammenfassend in Tabelle 2.2 aufgeführt. In Erweiterung der bisherigen Diskussion sei der Vollständigkeit halber auf die po-

Tabelle 2.2. Exergieanteile

Art	Berechnungsgleichung für e_i	Bemerkung
potentielle Exergie kinetische Exergie	$\varrho g h$ $\dfrac{\varrho}{2} c^2$	geordnete Energieformen, kennzeichnen das Gesamtsystem hinsichtlich Lage und Bewegung in der Umgebung
thermomechanische Exergie	$\left[\displaystyle\int_{p_u,T_u}^{p,T} de\right]_{x_i}$	Ausdruck der ungeordneten Bewegung der Moleküle, Kennzeichnung der Abweichung von Druck und Temperatur vom Umgebungsniveau
Konzentrationsexergie chemische Exergie	$\left[\displaystyle\int_{x_i=1}^{x_i} de\right]_{p_u,T_u} + \left[\displaystyle\int_{x_{ju}}^{x_j=1} de\right]_{p_u,T_u}$ $\left[\displaystyle\int_{x_j=1}^{x_i=1} de\right]_{p_u,T_u}$	Ausdruck der Mischungseffekte zwischen verschiedenen Molekülen, Kennzeichnung des Konzentrationsgefälles zur Umgebung Ausdruck der Änderung der chemischen Zusammensetzung, Kennzeichnung des Überganges von den zu berechnenden Stoffen auf die Bezugssubstanzen der Umgebung
Kernexergie	$\left[\displaystyle\int_{1}^{m_2/m_1} de\right]_{p_u,T_u,x_{ju}} = \left(\dfrac{m_2}{m_1} - 1\right) c_L^2$	Ausdruck der Umwandlung von Masse in Energie durch Kernreaktionen

tentielle und kinetische Exergie hingewiesen, die u. U. als äußere Zustandsgrößen des Systems von Interesse sein können. Als mechanische Energieformen bereitet ihre Aufnahme in die Exergiebilanz keine zusätzlichen Probleme. Außerdem sei noch auf die Kernexergie hingewiesen, die im Zusammenhang von Kernreaktionen in technischen Systemen Bedeutung erlangen kann. An anderer Stelle wurde bereits darauf hingewiesen (s. Abschnitt 1.2.). Die Kernenergie ist eine fast unbeschränkt umwandelbare Energie (der Entropieterm ist relativ gering), so daß dieser Exergieanteil im konkreten Anwendungsfall im Vergleich zu den anderen Anteilen überwiegt [2.16]. Bei der exergetischen Analyse technischer Prozesse zeigt sich, daß die vorgestellte Unterteilung der Exergie ihre Bedeutung nicht nur aus der Gl. (2.56a) ableitet, sondern auch bestimmten technischen Fragestellungen angepaßt ist. Der thermische Anteil der Exergie ist der maßgebendste bei Wärmeübertragungsprozessen, die den wichtigsten Grundprozeß der Energie- und Verfahrenstechnik darstellen. Der thermomechanische Anteil der Exergie und sein Verhalten sind maßgebend für Verdichtungs- und Entspannungsprozesse, die gewöhnlich adiabat verlaufen. Diese Prozesse nehmen gleichfalls eine gewichtige Stellung in den zu betrachtenden

Industriezweigen ein. Der Konzentrationsanteil ist für die Gestaltung von Mischungs- und Trennprozessen von Interesse. Insbesondere ermöglicht die Konzentrationsexergie eine Darstellung der minimalen Trennarbeit, die für die Stofftrennprozesse den reversiblen Grenzfall charakterisiert. Die chemische Exergie ist naturgemäß bei der Bilanzierung verfahrenstechnischer Systeme von Bedeutung und stellt dann gewöhnlich auch den größten Anteil der Exergie. Die Durchführung exergetischer Analysen mit jeweils nur bestimmten Exergieanteilen ermöglicht, die für den Prozeß wesentlichen Effekte auch in quantitativer Hinsicht ausreichend zu verdeutlichen. Die im untersuchten Prozeß unveränderlichen Exergieanteile stellen Transitbeträge dar (s. Abschnitt 4.), die u. U. zur Einschätzung des technologischen Niveaus von Interesse sind, aber die Sensibilität der gewünschten Aussagen vermindern. Wie schon einleitend angesprochen und aus Gl. (2.56a) ablesbar, beinhaltet die Beschränkung auf bestimmte Exergieanteile eine entsprechende Umgebungsdefinition. Die chemische Exergie wird zu Null, wenn der Stoffstrom nur Bezugssubstanzen enthält; die Konzentrationsexergie verschwindet, wenn die Zusammensetzung von System und Umgebung übereinstimmen usw. Diese Zusammenhänge sind zu beachten, wenn exergetische Analysen von einzelnen Elementen zu Systemanalysen zusammengefaßt oder Vergleiche zwischen verschiedenen Analysen angestellt werden sollen. In der einschlägigen Fachliteratur wird auf diesen Umstand häufig nicht explizit hingewiesen.

Es ist schließlich noch auf einen weiteren Gesichtspunkt hinzuweisen, der gleichfalls für eine Bildung sinnvoller Exergieanteile spricht und die hier vorgeschlagene Aufteilung unterstützt. Im Zusammenhang mit der verallgemeinerten Auswertung exergetischer Analysen durch dimensionslose Gütekriterien ist häufig ein Nutzeffekt zu definieren, der durch einen bestimmten Exergieanteil repräsentiert wird. Auf die minimale Trennarbeit als Ausdruck der Konzentrationsexergie wurde schon hingewiesen. Ein weiteres Beispiel ist die Definition des thermischen Exergieanteils als Nutzen und des mechanischen als Aufwand im Zusammenhang mit der Erzeugung tiefer Temperaturen durch den JOULE-THOMSON-Effekt, wie dies von BRODJANSKIJ vorgeschlagen wurde [2.17]. Auch bei der Beurteilung von Mischprozessen, z. B. in Strahlapparaten, können ähnliche Vorschläge sinnvoll sein. Im Grunde genommen ist bei den meisten exergetischen Analysen von einer derartigen Betrachtung von Exergieanteilen Gebrauch gemacht worden. Es wurde also nicht das globale Differential nach Gl. (2.55), sondern eine Partialfunktion betrachtet. Die erste Systematik dieser Anteile stammt von SZARGUT [2.18], die mit dem hier diskutierten Vorschlag übereinstimmt.

2.2.2.4. Differentialgleichungen der Exergie

Die in den Abschnitt 2.1.1. und 2.1.2. abgeleiteten Bestimmungsgleichungen der Exergie einer Stoffmenge und eines Stoffstromes ordnen sich in das System der thermodynamischen Differentialgleichungen ein und lassen die Definition einer Vielzahl von praktischen Differentialausdrücken zu, die für die Berechnung der Exergie aus den verschiedensten Datenkombinationen heraus und z. B. auch für den *Entwurf von Zustandsdiagrammen* und damit für die Qualität des funktionellen

Zusammenhanges von Bedeutung sind. Auf einige wichtige Zusammenhänge soll im folgenden eingegangen werden.

Aus den Gln. (2.7a), (2.7b), (2.7c) des Abschnittes 2.1.1. lassen sich für das Exergiedifferential einer Stoffmenge z. B. folgende Beziehungen angeben:

$$de_{\mathrm{m}} = du - T_{\mathrm{u}}\,ds + p_{\mathrm{u}}\,dv \tag{2.57a}$$

$$de_{\mathrm{m}} = dh - v\,dp - (p - p_{\mathrm{u}})\,dv - T_{\mathrm{u}}\,ds = de - v\,dp - (p - p_{\mathrm{u}})\,dv \tag{2.57b}$$

$$de_{\mathrm{m}} = \frac{T - T_{\mathrm{u}}}{T}\,du - \left(\frac{T_{\mathrm{u}}}{T}\,p - p_{\mathrm{u}}\right)dv + \frac{T_{\mathrm{u}}}{T}\,\frac{\sum \mu_{\mathrm{i}}\,dx_{\mathrm{i}}}{\sum M_{\mathrm{i}} x_{\mathrm{i}}} \tag{2.57c}$$

Aus einem Koeffizientenvergleich mit Differentialansätzen in der Art von Gl. (2.55) lassen sich die partiellen Differentiale definieren. Die zu bestimmenden Abhängigkeiten bleiben noch übersichtlich für die Annahme $dx_{\mathrm{i}} = 0$, d. h. für Stoffe konstanter Zusammensetzung, da für sie als homogene, einphasige Systeme gilt

$$e_{\mathrm{m}} = e_{\mathrm{m}}(x, y)$$

und

$$de_{\mathrm{m}} = \left(\frac{\partial e_{\mathrm{m}}}{\partial x}\right)_{y} dx + \left(\frac{\partial e_{\mathrm{m}}}{\partial y}\right)_{x} dy \tag{2.58}$$

Mit anderen Worten, das System wird vollständig durch zwei unabhängige Parameter beschrieben.

Werden außerdem noch die bekannten thermodynamischen Differentialbeziehungen [2.19]

$$du = T\,ds - p\,dv \tag{2.59}$$

$$du = c_{\mathrm{v}}\,dT + \left(T\left(\frac{\partial p}{\partial T}\right)_{v} - p\right)dv \tag{2.60}$$

$$ds = c_{\mathrm{p}}\,\frac{dT}{T} - \left(\frac{\partial v}{\partial T}\right)_{p} dp = c_{\mathrm{v}}\,\frac{dT}{T} + \left(\frac{\partial p}{\partial T}\right)_{v} dT \tag{2.61}$$

$$c_{\mathrm{v}} = c_{\mathrm{p}} - T\left(\frac{\partial p}{\partial T}\right)_{v}\left(\frac{\partial v}{\partial T}\right)_{p} \tag{2.62}$$

sowie die allgemeine Form der thermischen Zustandsgleichung

$$\left(\frac{\partial p}{\partial v}\right)_{T}\left(\frac{\partial v}{\partial T}\right)_{p}\left(\frac{\partial T}{\partial p}\right)_{v} = -1 \tag{2.63}$$

verwendet, so lassen sich die in Tabelle 2.3 zusammengestellten Differentialausdrücke ableiten, die nach der in Gl. (2.58) gekennzeichneten Form das totale Differential der Exergie einer Stoffmenge ergeben. Die partiellen Differentialquotienten geben außerdem den Anstieg spezieller Zustandsänderungen in Zustandsdiagrammen mit der Exergie als einer Koordinate an. Auf diese Ausdrücke kann deshalb zurückgegriffen werden, wenn bestimmte Energieaustauschprozesse in derartigen Zustandsdiagrammen geometrisch veranschaulicht werden sollen [2.20]. Zur weiteren Ver-

Tabelle 2.3. Partielle Differentialquotienten der Exergie einer Stoffmenge ($dn_i = 0$)

	$dp = 0$	$dv = 0$	$dT = 0$	$du = 0$	$ds = 0$
$\dfrac{\partial e_m}{\partial p}$	∞	$\dfrac{T-T_u}{T}c_v\left(\dfrac{\partial T}{\partial p}\right)_v$	$(T-T_u)\left(\dfrac{\partial v}{\partial T}\right)_p+(p_u-p)\left(\dfrac{\partial v}{\partial p}\right)_T$	$\left(\dfrac{T_u}{T}p-p_u\right)\times \dfrac{T\left(\dfrac{\partial v}{\partial T}\right)_p}{\left(\dfrac{c_p}{c_v}-1\right)p-\dfrac{c_p}{c_v}T\left(\dfrac{\partial p}{\partial T}\right)_v}$	$(p-p_u)\dfrac{c_v}{c_p}\left(\dfrac{\partial v}{\partial p}\right)_T$
$\dfrac{\partial e_m}{\partial v}$	$c_v\left(\dfrac{\partial T}{\partial v}\right)_p+T\left(\dfrac{\partial p}{\partial T}\right)_v-(p-p_u)$	∞	$(T-T_u)\left(\dfrac{\partial p}{\partial T}\right)_v-(p-p_u)$	$-\left(\dfrac{T_u}{T}p-p_u\right)$	$-(p-p_u)$
$\dfrac{\partial e_m}{\partial T}$	$\dfrac{T-T_u}{T}c_p-(p-p_u)\left(\dfrac{\partial v}{\partial T}\right)_p$	$\dfrac{T-T_u}{T}c_v$	∞	$\left(\dfrac{T_u}{T}p-p_u\right)\dfrac{c_v}{p-T\left(\dfrac{\partial p}{\partial T}\right)_v}$	$(p-p_u)\dfrac{c_v}{T}\left(\dfrac{\partial T}{\partial p}\right)_v$
$\dfrac{\partial e_m}{\partial u}$	$\dfrac{T-T_u}{T}-\dfrac{\dfrac{T_u}{T}p-p_u}{c_p\left(\dfrac{\partial T}{\partial v}\right)_p-p}$	$\dfrac{T-T_u}{T}$	$\dfrac{T-T_u}{T}-\dfrac{\dfrac{T_u}{T}p-p_u}{T\left(\dfrac{\partial p}{\partial T}\right)_v-p}$	∞	$\dfrac{p-p_u}{p}$
$\dfrac{\partial e_m}{\partial s}$	$T-T_u-(p-p_u)\dfrac{T}{c_p}\left(\dfrac{\partial v}{\partial T}\right)_p$	$T-T_u$	$T-T_u-(p-p_u)\left(\dfrac{\partial T}{\partial p}\right)_v$	$\dfrac{p_u}{p}T-T_u$	∞

anschaulichung sind in Tabelle 2.4 die gleichen Differentialquotienten für bestimmte Stoffsysteme und Zustandsgebiete zusammengestellt, und zwar für

- das ideale Gas mit $pv = RT$, $\qquad c_p - c_v = R$ $\hfill$ (2.64)
- die inkompressible Flüssigkeit mit

$$\left(\frac{\partial v}{\partial p}\right)_T = 0, \qquad \left(\frac{\partial T}{\partial p}\right)_v \to \infty, \qquad c_p = c_v$$

- das Zweiphasengebiet mit $dh = T\,ds$, $\qquad dT = dp = 0$ $\hfill$ (2.66)

Aus den Differentialquotienten für das ideale Gas wird deutlich, daß sich *Druck- und Temperaturpotential ähnlich* verhalten (s. Abschnitt 2.2.2.5.). Das ist darauf zurückzuführen, daß für die Umwandlung von Wärme in Arbeit das Potentialgefälle $T - T_u$, für die Raumänderungsarbeit in ähnlicher Weise das Druckgefälle $p - p_u$ zur Verfügung steht. Für die inkompressible Flüssigkeit wachsen viele Differentialquotienten über alle Grenzen. Wie aber auch die später vorzunehmenden Berechnungen zeigen, ist diese Modellannahme für viele praktische Aufgabenstellungen völlig ausreichend. Besonders einfache Zusammenhänge ergeben sich für das Zweiphasengebiet, die auch in der geometrischen Darstellung in Zustandsdiagrammen durch Geraden, d. h. lineare Funktionen, zum Ausdruck kommen.

Für die technischen Anwendungen ist die Exergie eines Stoffstromes von ungleich größerer Bedeutung als die einer Stoffmenge, da vordergründig stationär durchströmte offene Systeme zu untersuchen sind. Die Definitionsgleichungen dieses Potentials sind in Abschnitt 2.1.2. enthalten (Gln. (2.17), (2.18), (2.19). Aus ihnen können folgende Formulierungen entnommen werden:

$$de = dh - T_u\,ds \hfill (2.67\,a)$$

$$de = \frac{T - T_u}{T}\,dh + \frac{T_u}{T}\,v\,dp + \frac{T_u}{T}\frac{\Sigma\,\mu_i\,dx_i}{\Sigma\,M_i x_i} \hfill (2.67\,b)$$

Beschränkt man sich auch hier auf Systeme, die durch zwei unabhängige Variable vollständig beschrieben werden können ($dx_i = 0$), so gilt auch für dieses Differential Gl. (2.58). Neben den Gln. (2.59) bis (2.63) ist für die Darstellung der thermodynamisch interessanten Differentialquotienten noch erforderlich [2.19]:

$$dh = T\,ds + v\,dp \hfill (2.68)$$

$$dh = c_p\,dT + \left[v - T\left(\frac{\partial v}{\partial T}\right)_p\right]dp \hfill (2.69)$$

Das Ergebnis ist in Tabelle 2.5 zusammengefaßt. Die Ausdrücke sind durchweg einfacher als die der Tabelle 2.3, was auf den *unterschiedlichen Einfluß des Druckpotentiales* zurückzuführen ist. Im vorliegenden Fall ist das gesamte Druckpotential vollständig nutzbar.

Aus der Tabelle 2.5 wird deutlich, daß die Darstellung von Isentropen in e,h-Diagrammen $\left(\left(\frac{\partial e}{\partial h}\right)_s = 1\right)$, Isenthalpen in e,s-Diagrammen $\left(\left(\frac{\partial e}{\partial s}\right)_h = -T_u\right)$ und Isenexergen in h,s-Diagrammen $\left(\left(\frac{\partial h}{\partial s}\right)_e = T_u\right)$ sehr einfach ist, da es sich jeweils

Tabelle 2.4. Partielle Differentialquotienten der Exergie einer Stoffmenge ($\mathrm{d}n_\mathrm{i} = 0$) für ideales Gas ($R = c_\mathrm{p} - c_\mathrm{v}$, 1. Unterzeile), für eine Phasenänderung ($\mathrm{d}p = 0$, $\mathrm{d}T = 0{,}2$. Unterzeile), für eine inkompressible Flüssigkeit (3. Unterzeile)

	$\mathrm{d}p = 0$	$\mathrm{d}v = 0$	$\mathrm{d}T = 0$	$\mathrm{d}u = 0$	$\mathrm{d}s = 0$
$\dfrac{\partial e_\mathrm{m}}{\partial p}$	∞	$(T - T_\mathrm{u})\dfrac{c_\mathrm{v}}{p}$	$\left(\dfrac{T - T_\mathrm{u}}{T}\right) - \left(\dfrac{p - p_\mathrm{u}}{p}\right)\dfrac{RT}{p}$	$-\left(\dfrac{T_\mathrm{u}}{T}p - p_\mathrm{u}\right)\dfrac{RT}{p^2}$	$-(p - p_\mathrm{u})\,c_\mathrm{v}\left(1 - \dfrac{c_\mathrm{v}}{c_\mathrm{p}}\right)\dfrac{T}{p^2}$
	∞	∞	∞	∞	∞
	∞	0	$(T - T_\mathrm{u})\left(\dfrac{\partial v}{\partial T}\right)_\mathrm{p}$	0	0
$\dfrac{\partial e_\mathrm{m}}{\partial v}$	$\dfrac{c_\mathrm{v}}{c_\mathrm{p} - c_\mathrm{v}}\,p + p_\mathrm{u}$	∞	$-\left(\dfrac{T_\mathrm{u}}{T}p - p_\mathrm{u}\right)$	$-\left(\dfrac{T_\mathrm{u}}{T}p - p_\mathrm{u}\right)$	$-(p - p_\mathrm{u})$
	∞	∞	∞	$-\left(\dfrac{T_\mathrm{u}}{T}p - p_\mathrm{u}\right)$	$-(p - p_\mathrm{u})$
	∞	∞	∞	$-\left(\dfrac{T_\mathrm{u}}{T}p - p_\mathrm{u}\right)$	$-(p - p_\mathrm{u})$
$\dfrac{\partial e_\mathrm{m}}{\partial T}$	$\dfrac{T - T_\mathrm{u}}{T}\,c_\mathrm{p} - \dfrac{p - p_\mathrm{u}}{p}\,R$	$\dfrac{T - T_\mathrm{u}}{T}\,c_\mathrm{v}$	∞	∞	$(p - p_\mathrm{u})\dfrac{c_\mathrm{v}}{R}$
	∞	∞	∞	∞	∞
	$\dfrac{T - T_\mathrm{u}}{T}\,c_\mathrm{p} - (p - p_\mathrm{u})\left(\dfrac{\partial v}{\partial T}\right)_\mathrm{p}$	$\dfrac{T - T_\mathrm{u}}{T}\,c_\mathrm{v}$	∞	0	0

$\dfrac{\partial e_m}{\partial u}$	$\dfrac{T-T_u}{T} - \dfrac{\left(\dfrac{T_u}{T}p - p_u\right)\dfrac{R}{c_v}}{p}$	$\dfrac{T-T_u}{T}$	∞	∞	$\dfrac{p-p_u}{p}$
	$\dfrac{T-T_u}{T} - \left(\dfrac{T_u}{T}p - p_u\right)\left(\dfrac{\partial v}{\partial u}\right)_p$	$\dfrac{T-T_u}{T}$	$\dfrac{T-T_u}{T} - \left(\dfrac{T_u}{T}p - p_u\right)\left(\dfrac{\partial v}{\partial u}\right)_p$	∞	$\dfrac{p-p_u}{p}$
	$\dfrac{T-T_u}{T} - \dfrac{\dfrac{T_u}{T}p - p_u}{c_p\left/\left(\dfrac{\partial v}{\partial T}\right)_p\right. - p_u}$	$\dfrac{T-T_u}{T}$	$\dfrac{T-T_u}{T}$	∞	$\dfrac{p-p_u}{p}$
$\dfrac{\partial e_m}{\partial s}$	$\left(\dfrac{T-T_u}{T} - \dfrac{p-p_u}{p}\dfrac{R}{c_p}\right)_T$	$T-T_u$	$\left(\dfrac{T-T_u}{T} - \dfrac{p-p_u}{p}\right)_T$	$\dfrac{p_u}{p}T - T_u$	∞
	$T-T_u + (p-p_u)\left(\dfrac{\partial v}{\partial s}\right)_p$	$T-T_u$	$T-T_u + (p-p_u)\left(\dfrac{\partial v}{\partial s}\right)_p$	$\dfrac{p_u}{p}T - T_u$	∞
	$T-T_u - (p-p_u)\dfrac{T}{c_p}\left(\dfrac{\partial v}{\partial T}\right)_p$	$T-T_u$	$T-T_u$	$\dfrac{p_u}{p}T - T_u$	∞

Tabelle 2.5. Partielle Differentialquotienten der Exergie eines Stoffstromes ($\mathrm{d}n_i = 0$)

	$\mathrm{d}p = 0$	$\mathrm{d}v = 0$	$\mathrm{d}T = 0$	$\mathrm{d}h = 0$	$\mathrm{d}s = 0$
$\dfrac{\partial e}{\partial p}$	∞	$\dfrac{T - T_\mathrm{u}}{T}\, c_\mathrm{v}\left(\dfrac{\partial T}{\partial p}\right)_\mathrm{v}$	$v - (T - T_\mathrm{u})\left(\dfrac{\partial v}{\partial T}\right)_\mathrm{p}$	$\dfrac{T_\mathrm{u}}{T}\, v$	v
$\dfrac{\partial e}{\partial v}$	$\dfrac{T - T_\mathrm{u}}{T}\, c_\mathrm{p}\left(\dfrac{\partial T}{\partial v}\right)_\mathrm{p}$	∞	$\left[v - (T - T_\mathrm{u})\left(\dfrac{\partial v}{\partial T}\right)_\mathrm{p}\right]\left(\dfrac{\partial p}{\partial v}\right)_\mathrm{T}$	$\dfrac{T_\mathrm{u} v\left(\dfrac{\partial p}{\partial T}\right)_\mathrm{v}}{\dfrac{c_\mathrm{v}}{c_\mathrm{p}}\left[v - T\left(\dfrac{\partial v}{\partial T}\right)_\mathrm{p}\right] - v}$	$-p$
$\dfrac{\partial e}{\partial T}$	$\dfrac{T - T_\mathrm{u}}{T}\, c_\mathrm{p}$	$\dfrac{T - T_\mathrm{u}}{T}\, c_\mathrm{v}$	∞	$\dfrac{T_\mathrm{u}}{T}\, \dfrac{v c_\mathrm{p}}{T\left(\dfrac{\partial v}{\partial T}\right)_\mathrm{p} - v}$	$\dfrac{v}{T}\, c_\mathrm{p}\left(\dfrac{\partial T}{\partial v}\right)_\mathrm{p}$
$\dfrac{\partial e}{\partial h}$	$\dfrac{T - T_\mathrm{u}}{T}$	$\dfrac{T - T_\mathrm{u}}{T} + \dfrac{T_\mathrm{u}}{T}\, \dfrac{v}{v + \left(\dfrac{\partial T}{\partial p}\right)_\mathrm{v} c_\mathrm{v}}$	$\dfrac{T - T_\mathrm{u}}{T}\left(1 + \dfrac{T_\mathrm{u}}{T}\, \dfrac{v}{v - T(\partial v/\partial T)_\mathrm{p}}\right)$	∞	1
$\dfrac{\partial e}{\partial s}$	$T - T_\mathrm{u}$	$T\left(1 + \dfrac{v}{c_\mathrm{v}}\left(\dfrac{\partial p}{\partial T}\right)_\mathrm{v}\right) - T_\mathrm{u}$	$T - T_\mathrm{u} - v\left(\dfrac{\partial T}{\partial v}\right)_\mathrm{p}$	$-T_\mathrm{u}$	∞

um Geraden handelt. Dieser Sachverhalt kann zu einer gemeinsamen Behandlung aller drei Diagrammtypen und beliebig schiefwinkliger Zustandsdiagramme benutzt werden [2.21]. Aus diesen Zusammenhängen läßt sich auch ableiten, daß offensichtlich ein $e,T_u s$-Diagramm eine Reihe von Vorteilen aufweisen wird [2.22].

Das Verhalten einzelner Zustandsänderungen in derartigen Diagrammen kann durch die anderen Differentialquotienten beschrieben werden. Das ist z. B. für e,T- und $e,\lg p$-Diagramme interessant, die die exergetischen Eigenschaften bestimmter Stoffe und Stoffsysteme anschaulich für überschlägige Abschätzungen darstellen [2.21]. Eine in diese Richtung weitergehende Diskussion erlaubt Tabelle 2.6, die die partiellen Differentialquotienten für den Sonderfall des idealen Gases (Gl. (2.64)), der inkompressiblen Flüssigkeit (Gl. (2.65)) und des Zweiphasengebietes (Gl. (2.66)) enthält. Da insbesondere auf diese Zusammenhänge ausführlich in Abschnitt 3. eingegangen wird, soll an dieser Stelle eine weitergehende Diskussion entfallen.

Zum Abschluß sei nochmals betont, daß stets konstante Umgebungsparameter vorauszusetzen sind. Von der Notwendigkeit dieser Annahme kann man sich mathematisch durch die angegebenen Differentialausdrücke überzeugen, die ihre Zustandseigenschaften nur unter dieser Bedingung erhalten.

2.2.2.5. Verhalten des thermomechanischen Anteils der Exergie

Der Unterschied zwischen der Exergie einer Stoffmenge und eines Stoffstromes wird am offensichtlichsten durch das Verhalten der thermomechanischen Anteile. Diese Darstellung ist auch schon in der älteren Literatur zu finden [2.23], wegen der grundsätzlichen Bedeutung muß aber auf diesen Sachverhalt eingegangen werden, zumal die Exergie einer Stoffmenge in den folgenden Abschnitten nicht explizit betrachtet wird.

Unter den genannten Voraussetzungen folgt für die Exergie einer Stoffmenge aus Gl. (2.7c) bezogen auf die Masseneinheit

$$\mathrm{d}e_{\mathrm{mtm}} = \frac{T - T_u}{T}\,\mathrm{d}u - \left(\frac{T_u}{T}\,p - p_u\right)\mathrm{d}v \tag{2.70}$$

Die Vorzeichenfestlegung entspricht einer Integration vom Umgebungszustand zum Berechnungszustand.

Mit der Differentialgleichung der inneren Energie

$$\mathrm{d}u = c_v\,\mathrm{d}T + \left(\frac{\partial u}{\partial v}\right)_T\,\mathrm{d}v \tag{2.71}$$

wird aus Gl. (2.70)

$$\mathrm{d}e_{\mathrm{mtm}} = \frac{T - T_u}{T}\,c_v\,\mathrm{d}T + \frac{T - T_u}{T}\left(\frac{\partial u}{\partial v}\right)_T\,\mathrm{d}v - \left(\frac{T_u}{T}\,p - p_u\right)\mathrm{d}v$$

·Aufgrund des Potentialcharakters der Exergie kann ein beliebiger Integrationsweg gewählt werden. Zweckmäßig ist die Integration entlang der Isochoren $v = \mathrm{const}$ und der Isothermen $T_u = \mathrm{const}$.

Tabelle 2.6. Partielle Differentialquotienten der Exergie eines Stoffstromes ($dn_i = 0$) für ideales Gas ($R = c_p - c_v$, 1. Unterzeile), für eine Phasenänderung ($dp = 0$, $dT = 0$, 2. Unterzeile), für eine inkompressible Flüssigkeit (3. Unterzeile)

	$dp = 0$	$dv = 0$	$dT = 0$	$dh = 0$	$ds = 0$
$\dfrac{\partial e}{\partial p}$	∞	$\dfrac{T - T_u}{T} c_v \dfrac{T}{p}$	$\dfrac{T_u}{T} v$	$\dfrac{T_u}{T} v$	v
	∞	∞	∞	$\dfrac{T_u}{T} v$	v
	∞	0	$v - (T - T_u)\left(\dfrac{\partial v}{\partial T}\right)_p$	$\dfrac{T_u}{T} v$	v
$\dfrac{\partial e}{\partial v}$	$(T - T_u)\dfrac{c_p}{v}$	∞	$-\dfrac{T_u}{T} p$	$-\dfrac{T_u}{T} p$	$-p$
	∞	∞	∞	∞	$-p$
	$\dfrac{T - T_u}{T} \dfrac{c_p}{(\partial v/\partial T)_p}$	∞	∞	∞	$-p$
$\dfrac{\partial e}{\partial T}$	$\dfrac{T - T_u}{T} c_p$	$\dfrac{T - T_u}{T} c_v$	∞	∞	c_p
	∞	∞	∞	∞	
	$\dfrac{T - T_u}{T} c_p$	$\dfrac{T - T_u}{T} c_v$	∞	$\dfrac{T_u}{T} \dfrac{v c_p}{T(\partial v/\partial T)_p - v}$	$\dfrac{v}{T} \dfrac{c_p}{(\partial v/\partial T)_p}$

$\dfrac{\partial e}{\partial h}$	$\dfrac{T-T_u}{T}$	$\dfrac{T-T_u}{T}+\dfrac{T_u}{T}\dfrac{R}{c_p}$	∞	∞	1
	$\dfrac{T-T_u}{T}$	$\dfrac{T-T_u}{T}$	$\dfrac{T-T_u}{T}$	∞	1
	$\dfrac{T-T_u}{T}$	1	$\dfrac{T-T_u}{T}\left(1+\dfrac{T_u}{T}\dfrac{v}{v-T\left(\dfrac{\partial v}{\partial T}\right)_p}\right)$	∞	1
$\dfrac{\partial e}{\partial s}$	$T-T_u$	$\dfrac{c_p}{c_v}T-T_u$	$-T_u$	$-T_u$	∞
	$T-T_u$	$T-T_u$	$T-T_u$	$-T_u$	∞
	$T-T_u$	∞	$T-T_u\dfrac{v}{(\partial v/\partial T)_p}$	$-T_u$	∞

Damit wird

$$e_{mtm} = \int\limits_{T_u, v}^{T, v} \frac{T - T_u}{T} \, c_v \, dT - \int\limits_{T_u, v_u}^{T_u, v} (p - p_u) \, dv$$

Mit Hilfe geeigneter Mittelwerte T_m und p_m zwischen Berechnungs- und Umgebungszustand kann dafür geschrieben werden:

$$e_{mtm} = \frac{T_m - T_u}{T_m} \, c_{vm}(T - T_u) - (p_m - p_u)(v - v_u) \tag{2.72}$$

Der erste Term ist wegen des gleichen Verhaltens von T_m und T stets positiv. Der zweite Term ist stets negativ, da die Vorzeichen von dp und dv entgegengesetzt sind. Damit ist die *thermomechanische Exergie einer Stoffmenge stets positiv*

$$e_{mtm} \geqq 0 \tag{2.73}$$

Das bedeutet, daß jede Abweichung der intensiven Parameter eines abgeschlossenen Systems von den Umgebungsparametern zu positiven Werten der thermomechanischen Exergie führt. Für das ideale Gas läßt sich diese Aussage leicht veranschaulichen. Aus Gl. (2.72) wird mit der Zustandsgleichung des idealen Gases die molare Exergie

$$\bar{e}_{mtm} = \bar{c}_v \left(T - T_u - T_u \ln \frac{T}{T_u} \right) + \bar{R} T_u \left(\frac{v}{v_u} - 1 - \ln \frac{v}{v_u} \right) \tag{2.74a}$$

oder

$$\bar{e}_{mtm} = \bar{c}_v \left(T - T_u - T_u \ln \frac{T}{T_u} \right) + \bar{R} T_u \left(\frac{p_u}{p} - 1 - \ln \frac{p_u}{p} \right) \tag{2.74b}$$

Die Ergebnisse sind in Bild 2.9 veranschaulicht. Ihre physikalische Erklärung im einzelnen ist naheliegend. Für das ideale Gas läßt sich die Gl. (2.73) einfach als Extremalaufgabe beweisen.

Bei Beschränkung auf den thermomechanischen Anteil der Exergie eines Stoffstromes und in spezifischer Schreibweise ergibt sich aus Gl. (2.19)

$$de_{tm} = \frac{T - T_u}{T} \, dh + \frac{T_u}{T} \, v \, dp \tag{2.75}$$

unter Beachtung des Integrationsweges bei der Vorzeichenfestlegung. Mit der Differentialgleichung der Enthalpie

$$dh = c_p \, dT + \left(\frac{\partial h}{\partial p} \right)_T dp \tag{2.76}$$

wird daraus

$$de_{tm} = \frac{T - T_u}{T} \, c_p \, dT + \frac{T - T_u}{T} \left(\frac{\partial h}{\partial p} \right)_T dp + \frac{T_u}{T} \, v \, dp$$

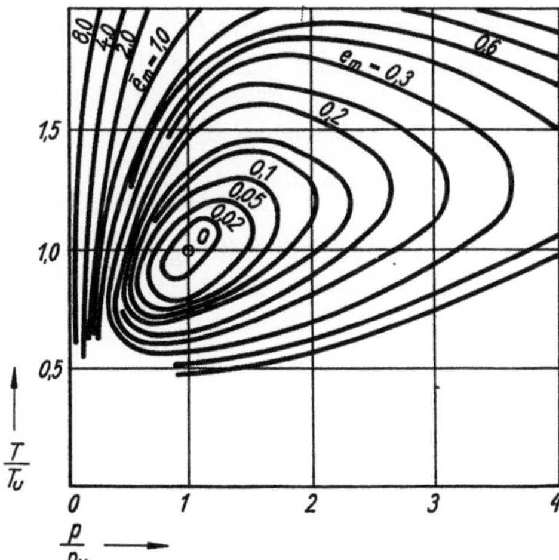

Bild 2.9. Linien e_m = const für ein ideales Gas ($\varkappa = 1{,}4$)

Der Integrationsweg ist zweckmäßig entlang einer Isobaren p = const und der Isothermen T_u = const zu wählen. Mit der Einführung geeigneter Mittelwerte läßt sich schreiben

$$e_\mathrm{tm} = \frac{T_\mathrm{m} - T_\mathrm{u}}{T_\mathrm{m}}\, c_\mathrm{pm}(T - T_\mathrm{u}) + v_\mathrm{m}(p - p_\mathrm{u}) \tag{2.77}$$

Der erste Term in Gl. (2.77) ist stets positiv, der zweite kann positives oder negatives Vorzeichen annehmen, deshalb gilt

$$e_\mathrm{tm} \gtrless 0 \tag{2.78}$$

Eine negative thermomechanische Exergie eines Stoffstromes bedeutet, daß dieser nicht von selbst in die Umgebung abgegeben werden kann, bzw. es kann aus einem Übergang vom Umgebungszustand zum Systemzustand Arbeit gewonnen werden. Mit anderen Worten: Es ist Arbeit aufzuwenden, um einen Stoffstrom mit derartigen Zustandsparametern in die Umgebung abzuführen. Negative Exergien sind physikalisch denkbar (z. B. bei Vakuumanlagen) und auch von technischem Interesse. Zur Veranschaulichung ist in Bild 2.10 das Exergieverhalten idealer Gase entsprechend der Beziehung

$$\bar{e}_\mathrm{tm} = \bar{c}_\mathrm{p}\left(T - T_\mathrm{u} - T_\mathrm{u}\ln\frac{T}{T_\mathrm{u}}\right) + \bar{R}T_\mathrm{u}\ln\frac{p}{p_\mathrm{u}} \tag{2.79}$$

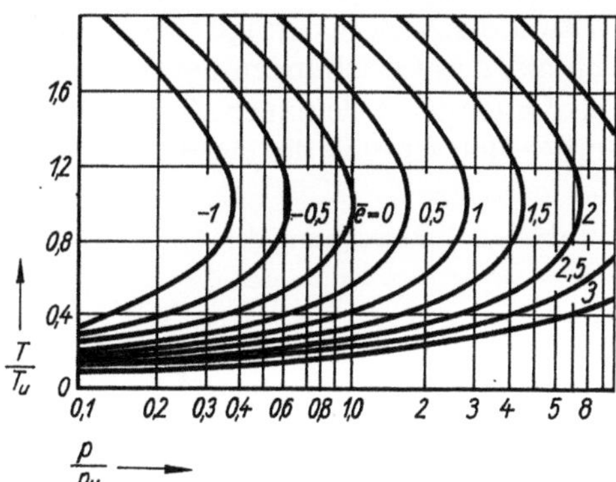

Bild 2.10. Linien e = const für ein ideales Gas ($\varkappa = 1{,}4$)

wiedergegeben. Für $T \to \infty$ geht der CARNOT-Faktor gegen Eins, und die thermische Exergie wird gleich der Enthalpie, in Übereinstimmung mit der Aussage, daß Wärme von unendlich hoher Temperatur und Arbeit identisch sind. Für $T \to 0$ geht der CARNOT-Faktor gegen unendlich, da sich aber auch die spezifische Wärmekapazität nach einem Potenzgesetz gegen Null nähert, existiert ein *endlicher Grenzwert* [2.24]. Auch bei sehr hohen und niedrigen Drücken existieren endliche Grenzwerte der Exergie, da diese Zustandsbereiche nicht mit der Zustandsgleichung des idealen Gases in Übereinstimmung mit den experimentellen Befunden beschrieben werden können.

2.3. Allgemeines Exergieprinzip

Im Ergebnis der bisherigen Untersuchungen läßt sich festhalten, daß prinzipiell zu unterscheiden ist zwischen Energien, die beliebig und in voller Größe in andere Energieformen umgewandelt werden können, und Energien, die unter den bestehenden Bedingungen (Umgebung) nicht umwandelbar sind. Die erstgenannten Energien bezeichnet man als Exergie. Für die letztgenannten ist von RANT die Bezeichnung *Anergie* vorgeschlagen worden, wobei die Vorsilbe a die Verneinung ausdrücken soll [2.25]. Danach stellt die Umgebungsenergie vollständig Anergie dar. Verallgemeinernd kann gesagt werden, daß jede beliebige Energieform W aus Exergie E und Anergie B zusammengesetzt ist.

$$W = E + B \tag{2.80}$$

Alle geordneten Energieformen wie mechanische und elektrische Energie und auch die mechanische Arbeit stellen reine Exergien dar $(B = 0)$. Die Umgebungsenergie und das Exergieverlustglied in der Exergiebilanz sind reine Anergien $(E = 0)$. Andere Energieformen wie z. B. Wärme bei Temperaturen, die von der Umgebungstemperatur abweichen, die innere Energie und Enthalpie von Stoffen, die sich nicht mit der Umgebung im Gleichgewicht befinden, die Energie chemischer Reaktionen usw., bestehen sowohl aus Exergie als auch aus Anergie.

Der Betrag an Exergie der jeweiligen Energieform ist in den vorstehenden Abschnitten berechnet worden. Er wird durch die Aussagen des II. Hauptsatzes der Thermodynamik festgelegt. Ist außerdem die Energie vorgegeben, ist damit auch die Größe der Anergie festgelegt. In Tabelle 2.7 sind die Anergiebeträge verschiedener Energieformen zusammengestellt, wie sie sich aus den Gleichungen der Abschnitte 2.1. und 2.2. ergeben. Mit der Ermittlung der Exergie ist demnach die Größe der Anergie bestimmt. Insofern ist eine selbständige Betrachtung der Anergie nicht er-

Tabelle 2.7. Berechnung der Anergie

Energieform	Anergie
Wärme	$\dfrac{T_u}{T} Q$
innere Energie	$T_u \Delta S + p_u \Delta V$
Enthalpie	$T_u \Delta S$

forderlich. Andererseits bedeutet die Bereitstellung einer Wärme von bestimmter Temperatur oder einer Stoffmenge oder eines Stoffstromes mit bestimmten Zustandsparametern in einer vorgegebenen Umgebung stets, daß eine entsprechend diesen Zustandsparametern vorgegebene Energie bereitzustellen ist, die sich aus bestimmten Anteilen der Exergie und Anergie zusammensetzt. Zur Erzeugung von Anergie bestehen grundsätzlich zwei Möglichkeiten: entweder wird sie der Umgebung entnommen oder auf irreversible Weise erzeugt.

Zur Illustration ist dieser Sachverhalt für eine Wärmebereitstellung bei der Temperatur T in Bild 2.11 veranschaulicht. Im Bildteil a ist gezeigt, wie z. B. mit Hilfe eines Wärmepumpenprozesses unter Zufuhr der Arbeit W und Nutzung der Umgebungsenergie eine Wärme bei der Temperatur T bereitgestellt werden kann, die sich aus der Exergie $E = W = \dfrac{T - T_\mathrm{u}}{T} Q$ und der Anergie $B = \dfrac{T_\mathrm{u}}{T} Q$ zusammensetzt. Dieser Prozeß ist prinzipiell reversibel denkbar. In Bildteil b ist demgegenüber die Energieumwandlung in einer elektrischen Heizung dargestellt. Die gesamte Exergiezufuhr beträgt $E = W$, ist also gleich der elektrischen Heizleistung. Die Umwandlung dieser geordneten Energie in die ungeordnete Energieform Wärme ist ein irreversibler Prozeß, bei dem ein Exergieverlust auftritt, der $\Delta E_\mathrm{v} = T_\mathrm{u} \Delta S_\mathrm{irr} = \dfrac{T_\mathrm{u}}{T} Q = \dfrac{T_\mathrm{u}}{T} W$ beträgt. Dieser Prozeß ist mit erheblichen Exergieverlusten verbunden, besitzt aber den Vorteil der apparativen Einfachheit.

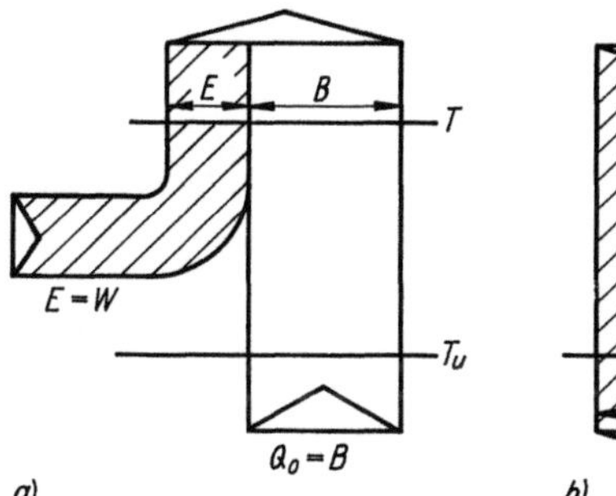

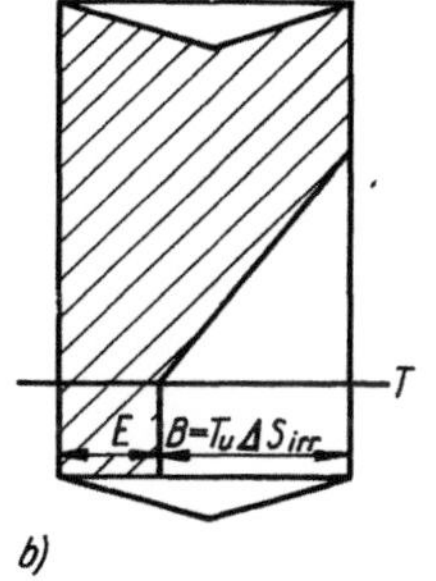

Bild 2.11. Grundsätzliche Möglichkeiten der Wärmebereitstellung
a) reversibler Prozeß
b) irreversibler Prozeß

Die Darstellung in Bild 2.11 entspricht den üblichen SANKEY-Diagrammen, die den Energiefluß in einem technischen System charakterisieren. Zur Erweiterung der Information sind in die Energieflußbilder der Exergiefluß und der Anergiefluß eingezeichnet worden. In Bild 2.12 ist in analoger Weise der Energiefluß in einem Rechtsprozeß, der zwischen T und T_u arbeitet, dargestellt. Mit den eingeführten Begriffen läßt sich sagen, daß in diesem Fall eine Entmischung von Exergie und Anergie stattgefunden hat, während der Prozeß nach Bild 2.11a eine Vermischung darstellt. Es ist deshalb vorgeschlagen worden, einen Prozeß nach Bild 2.12 als *Disproportionierung* und nach Bild 2.11a als *Synproportionierung* zu bezeichnen [2.26]. Diese Begriffe besitzen einen höheren Verallgemeinerungsgrad als die Bezeichnungen Rechts- und Linksprozesse, was durch den angestellten Vergleich augenscheinlich wird. Aus diesen Gründen werden für verschiedene Anwendungsfälle die SANKEY-Diagramme als eine gemeinsame Darstellung des Exergie- und Energieflusses verwendet. Für die meisten technischen Probleme ist aber die Beschränkung.auf die Darstellung des Exergieflusses völlig ausreichend, wie auch die Beispiele in Abschnitt 6. zeigen. Damit sind alle technisch relevanten Fragestellungen und insbesondere Art und Größe der Exergieverluste aufzeigbar. Ganz abgesehen davon, daß für komplizierte technische Systeme eine geeignete graphische Darstellung des Energieflusses ohnehin schwierig ist.

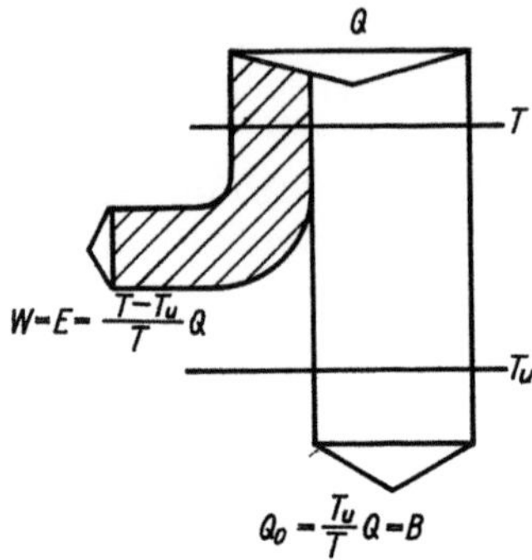

Bild 2.12. Reversible Erzeugung von Arbeit aus Wärme

Mit den eingeführten Begriffen der Exergie und Anergie lassen sich schließlich die beiden Hauptsätze der Thermodynamik formulieren. Für ein abgeschlossenes und wärmedichtes System ($\mathrm{d}q = \mathrm{d}w_\mathrm{t} = 0$) folgt aus der allgemeinen Exergiebilanz (Gl. (2.38)):

$$\mathrm{d}e = -T_\mathrm{u}\,\mathrm{d}s_\mathrm{irr} \tag{2.81}$$

Da nach dem II. Hauptsatz gilt

$$\mathrm{d}s_\mathrm{irr} \geqq 0 \tag{2.82}$$

läßt sich Gl. (2.81) auch in der Form angeben

$$\mathrm{d}e \leqq 0 \tag{2.83}$$

die auch die Aussage

$$\mathrm{d}h = 0 \tag{2.84}$$

enthält. Diese Überlegungen in Verbindung mit Gl. (2.51) können als das *Prinzip der Verminderung der Exergie* angesprochen werden. Es läßt sich formulieren:

- *in jedem abgeschlossenen System nimmt die Exergie stets ab*, im Grenzfall der Reversibilität bleibt sie konstant, oder

- *in jedem abgeschlossenen System nimmt die Anergie stets zu*, im Grenzfall der Reversibilität bleibt sie konstant.

Es sind auch andere Formulierungen denkbar, worauf BAEHR aufmerksam macht [2.27]. Zum Beispiel:

- *Bei allen natürlichen Prozessen verwandelt sich Exergie in Anergie.* Bei reversiblen Prozessen findet eine solche Umwandlung nicht statt.

In bezug auf ein Perpetuum mobile II. Art kann auch formuliert werden:

- *Es ist unmöglich, Anergie in Exergie zu verwandeln.*

Für die Exergie existiert demnach bei natürlichen Prozessen kein Erhaltungssatz, ein solcher ist nur in dem Grenzfall der Reversibilität erfüllt. Diese Aussage beinhaltet nicht nur den II. Hauptsatz der Thermodynamik, sondern auch den I. Hauptsatz, denn in bezug auf Gl. (2.80) läßt sich das Energieprinzip auch in der Weise formulieren:

- *Die Summe von Exergie und Anergie bleibt für abgeschlossene Systeme konstant.*

Damit ist auch der Energieerhaltungssatz explizit in der vorliegenden Terminologie ausgedrückt.

Literatur- und Quellenverzeichnis zu Abschnitt 2.

[2.1] AHRENDTS, J.: Die Exergie chemisch reaktionsfähiger Systeme. VDI-Forschungsheft 579, Düsseldorf: VDI-Verlag 1977

[2.2] GIBBS, J. W.: On the equilibrium of heterogeneous substances. In GIBBS, J. W.: The scientific papers, Bd. 1. New York: Dover Publ. 1961

[2.3] EVANS, R. B.: A proof that exergy is the only consistent measure of potential work. Ph. O. Thesis, Thayer School of Engineering, Dartmouth College Hannover, N.H., 1969

[2.4] PRINZ, R.: Grundlagen der Exergieberechnung für die thermodynamische Bewertung von Stoff- und Energieumwandlungen. Dissertation. TH Leuna-Merseburg 1976

[2.5] Плоткин, И. Р.: Ж. эксп. теор. физ. 20 (1950) 1051

[2.6] BOŠNJAKOVIĆ, F.: Bezugszustand der Exergie eines reagierenden Systems. Forsch. Ing.-Wes. Bd. 29 (1963) Nr. 5, S. 151—152

[2.7] Бродянский, В. М.: Эксергетический метод термодинамического анализа. Москва: Энергия 1973, 16

[2.8] FRATZSCHER, W., u. G. GRUHN: Die Bedeutung der Bestimmung des Umgebungszustandes für exergetische Untersuchungen. Brennstoff—Wärme—Kraft 17 (1965) 7, S. 337—341

[2.9] RIECKERT, L.: Zur Frage des Bezugspunktes der Exergie chemisch reaktionsfähiger Systeme. Brennstoff-Wärme-Kraft 33 (1981) Nr. 7/8, S. 334—335

[2.10] KALITZIN, G.: Exergie eines Körpers bei Umgebung mit veränderlichen Parametern. Wiss. Zeitschrift TH Magdeburg 6 (1962) 1, S. 73—74

[2.11] FIALA, W.: Zur Exergie in einer Umgebung mit veränderlicher Temperatur. Brennstoff—Wärme—Kraft 33 (1981) 6, S. 287—289

[2.12] KALITZIN, G.: Die Exergie als thermodynamisches Potential. Wiss. Zeitschrift der TH Magdeburg 6 (1963) 4, S. 545—551

[2.13] MOEBUS, W.: Beitrag zur thermodynamischen Analyse und Bewertung chemischer Prozesse. Dissertation TU Dresden 1967

[2.14] KALITZIN, G.: Die thermodynamische Funktion ζ. Wiss. Zeitschrift der TH Magdeburg 6 (1963) 4, S. 541—543

[2.15] FONYÓ, Z., and E. RÉV: General Interpretation of the Thermodynamic Efficiency for Seperation Prozesses. Hungarian Journal of Industrial Chemistry, Vesprem 10 (1982) 1, S. 89—106

[2.16] EISERMANN, W.: Der Exergiebegriff bei chemischen Reaktionen und kerntechnischen Umwandlungen. Brennstoff—Wärme—Kraft 31 (1970) 7, S. 298—304

[2.17] Бродянский, В. М.: Эксергетический метод термодинамического анализа. Москва: Энергия 1972, 154

[2.18] SZARGUT, J.: International Progress in Second Law Analysis. Energy 5 (1980) 709—718, Pergamon Press Ltd.

[2.19] ELSNER, N.: Grundlagen der technischen Thermodynamik. Berlin: Akademie-Verlag 1974

[2.20] GRUHN, G., u. E. KEINER: Untersuchung von Zustandsdiagrammen mit der Exergie. Wiss. Zeitschrift d. HfV Dresden 7 (1959/60), 2, S. 325—341

[2.21] FRATZSCHER, W.: Einführung des Exergiebegriffes in die Technische Thermodynamik. In: WUKALOWITSCH, NOWIKOW: Technische Thermodynamik. Leipzig: Fachbuchverlag 1962

[2.22] ELSNER, N., u. G. GRUHN: Einige Untersuchungen zur Geometrie und den thermodynamischen Eigenschaften des $e, T_0 s$-Diagramms. Wiss. Zeitschrift TU Dresden 11 (1962) 5, S. 1062—1072

[2.23] MARCHAL, R.: La thermodynamique et le théorème de L'énergie utilisable. Paris: Dunod 1956

[2.24] SZARGUT, J., u. R. PETELA: Egzergia. Warszawa: Wydawnictwa naukowo-techniczne 1965

[2.25] RANT, Z.: Thermodynamische Bewertung chemischer Prozesse. Chemieingenieurtechnik 41 (1969) 16, S. 891—897

[2.26] HEBECKER, D.: Zur Klassifikation von Kreisprozessen der Energietransformation. Wiss. Zeitschrift der TH Leuna-Merseburg, 25 (1983), S. 485—492

[2.27] BAEHR, H. D.: Thermodynamik. Berlin, Heidelberg, New York: Springer Verlag 1978

3 Berechnung der Exergie von Stoffströmen

3.1. Zusammenhang zwischen den Berechnungsmodellen

Für thermodynamische und energiewirtschaftliche Untersuchungen technischer Prozesse ist die Modellierung mittels offener, stationär durchströmter Systeme am bedeutungsvollsten. Aus diesem Grunde sollen die Berechnungsgleichungen zur Ermittlung der Exergie von Stoffströmen abgeleitet werden. Damit können für die Aufstellung von Exergiebilanzen die Exergiebeträge bestimmt werden, die an die Stoffströme gebunden sind, die die Bilanzgrenzen überschreiten.

Die Bestimmung der Exergie setzt die Definition der Umgebung voraus. Im Abschnitt 2. sind die Grundlagen einer Umgebungsdefinition und die bei Verbindung mit der Umgebung mögliche Klassifikation der Stoffexergie umfassend dargestellt worden. Entsprechend der technischen Bedeutung werden im folgenden die Exergie reiner Stoffe, von Gemischen und von chemisch reagierenden Systemen behandelt. Es ist zu übersehen, daß nur im letzten Fall die vollständige Gesamtheit der Umgebungsparameter zu berücksichtigen ist. Im ersten Fall müssen für die Umgebung Druck und Temperatur vorgegeben werden. Die Exergie der reinen Stoffe ist deshalb durch die thermomechanische Exergie charakterisiert. Bei Gemischen ist neben dieser Exergie noch die Konzentrationsexergie berücksichtigt. Die Umgebung ist durch Druck, Temperatur und Konzentration vorzugeben. Bei chemisch reagierenden Systemen bildet neben den genannten beiden Exergiearten die durch die Reaktion bedingte chemische Exergie den Schwerpunkt der Berechnung. Die Berechnung der Exergie setzt außerdem die Kenntnis der Zustandseigenschaften des zu betrachtenden Systems voraus. Entsprechend der Vielfalt der technisch interessierenden Stoffsysteme liegen hierbei für die jeweiligen Anwendungsfälle sehr unterschiedliche Situationen im Hinblick auf die in der Literatur vorhandenen Primärinformationen vor. Es wurden deshalb im folgenden für das gleiche Stoffsystem verschiedenartige Berechnungsgleichungen und Näherungsgleichungen angegeben.

Die Exergie von Stoffströmen kann negative Werte aufweisen. Dieser Umstand wird manchmal als Schwierigkeit angesehen oder gibt zu Mißdeutungen Anlaß. Da die Definition der Exergie an die Richtung des Stoffstromes gebunden ist, bedeutet eine negative Exergie nichts anderes, als daß ein von selbst verlaufender Stoffstrom von dem System zur Umgebung nicht möglich ist. Die negative Exergie kennzeichnet die Arbeit, die erforderlich ist, um diesen Stoffstrom entgegen einem natürlichen Potentialgefälle in die Umgebung zu überführen.

Abschließend sei noch darauf verwiesen, daß Berechnungsgleichungen zur Ermittlung der Stoffexergie für geschlossene Systeme (maximale Arbeit) nicht abgeleitet werden. Unter Benutzung der Ergebnisse des vorliegenden Abschnitts kann diese nach den Überlegungen des Abschnittes 2.1.1. auch quantitativ bestimmt werden.

3.2. Exergie reiner Stoffe

Unter reinen Stoffen werden homogene Stoffsysteme verstanden, die entweder nur aus einem Element oder einer Verbindung bestehen oder aus solchen Stoffgemischen, deren thermodynamische Eigenschaften durch eine konstante oder mittlere Zusammensetzung ausreichend genau beschrieben werden können. Die Umgebung ist dann entweder durch den gleichen einheitlichen Stoff oder die gleiche Zusammensetzung des behandelten Stoffgemisches gegeben.

Die Berechnung der Exergie erfolgt aufgrund der Beziehung

$$de = dh - T_u\,ds \tag{3.1}$$

oder unter Benutzung der thermodynamischen Differentialgleichungen

$$de = c_p \frac{T - T_u}{T}\,dT - \left[(T - T_u)\left(\frac{\partial v}{\partial T}\right)_p - v\right]dp \tag{3.2}$$

Bei Kenntnis der Enthalpie- und Entropiewerte ist die Berechnung der Exergie mit der integrierten Version der Gl. (3.1) einfach:

$$e = (h - h_u) - T_u(s - s_u) \tag{3.3}$$

Zur Auswertung der Gl. (3.2) müssen die thermische Zustandsgleichung und die spezifische Wärmekapazität bei $p = $ const bekannt sein. Da bei Konstanz der Umgebungsparameter die Exergie durch ein vollständiges Differential gekennzeichnet ist, ist der Integrationsweg zur Lösung der Gl. (3.2) beliebig; der Charakter der Gleichung legt die Verwendung von isothermen und isobaren Zustandsänderungen nahe.

3.2.1. Exergie idealer Gase

Die Zustandsgleichung des idealen Gases lautet

$$pv = RT \tag{3.4a}$$

und daraus folgt

$$p \, \mathrm{d}v + v \, \mathrm{d}p = R \, \mathrm{d}T \quad \text{und} \quad \left(\frac{\partial v}{\partial T}\right)_{\mathrm{p}} = \frac{R}{p} \qquad (3.4\,\mathrm{b, c})$$

Das ideale Gas ist dadurch gekennzeichnet, daß die Eigenvolumina der Teilchen und deren Wechselwirkungskräfte untereinander vernachlässigt werden können.

Für ein ideales Gas gilt deshalb Gl. (3.4) in allen Zustandsbereichen, insbesondere auch bis zum Nullpunkt der Temperaturskala. Alle realen Gase nähern sich dem Zustand des idealen Gases, wenn der Druck hinreichend klein (z. B. gegenüber dem kritischen Druck) ist, exakt für lim $p \to 0$. Wenn reale Gase nicht in der Nähe des Naßdampfgebietes vorliegen, kann die Zustandsgleichung des idealen Gases auch bei mäßigen Drücken angewandt werden. Das betrifft z. B. die Bestandteile der Luft in üblichen Zustandsbereichen, gilt aber auch für viele technische Gase. Aus diesem Grunde können die im folgenden abgeleiteten Beziehungen auch für viele technische Aufgaben Verwendung finden.

Mit Gl. (3.4) erhält man aus Gl. (3.2):

$$\mathrm{d}e = c_{\mathrm{p}} \frac{T - T_{\mathrm{u}}}{T} \, \mathrm{d}T + RT_{\mathrm{u}} \frac{\mathrm{d}p}{p} \qquad (3.5)$$

Für $c_{\mathrm{p}} = \mathrm{const}$ führt die Integration zu

$$e = c_{\mathrm{p}}(T - T_{\mathrm{u}}) - T_{\mathrm{u}} c_{\mathrm{p}} \ln \frac{T}{T_{\mathrm{u}}} + RT_{\mathrm{u}} \ln \frac{p}{p_{\mathrm{u}}} \qquad (3.6)$$

Gl. (3.6) kann auch aus Gl. (3.3) mit den kalorischen Zustandsgleichungen von Enthalpie und Entropie für das ideale Gas abgeleitet werden.

Für viele Aufgaben wird explizit die Enthalpie angewandt. Da für sie gilt

$$(h - h_{\mathrm{u}}) = c_{\mathrm{p}}(T - T_{\mathrm{u}})$$

läßt sich für Gl. (3.6) schreiben

$$e = \frac{T_{\mathrm{m}} - T_{\mathrm{u}}}{T_{\mathrm{m}}} (h - h_{\mathrm{u}}) + RT_{\mathrm{u}} \ln \frac{p}{p_{\mathrm{u}}} \qquad (3.7)$$

mit T_{m} als einer Mitteltemperatur. Für $c_{\mathrm{p}} = \mathrm{const}$ ergibt sich exakt (Gl. (2.49))

$$T_{\mathrm{m}} = \frac{T - T_{\mathrm{u}}}{\ln \dfrac{T}{T_{\mathrm{u}}}} \qquad (3.8)$$

mithin die *logarithmische Mitteltemperatur* zwischen T und T_{u}. Bei kleinen Temperaturunterschieden kann zur Vereinfachung *näherungsweise* die *arithmetische Mitteltemperatur* verwendet werden:

$$T_{\mathrm{m}} = \frac{T + T_{\mathrm{u}}}{2} \qquad (3.9)$$

Die Verwendung der Mitteltemperatur nach Gl. (3.9) linearisiert die Exergieberechnung, was im Zusammenhang mit auf der Exergie aufbauenden Optimierungen von Prozessen und Anlagen u. U. geschlossene Lösungen liefert.

Der Fehler, der bei Verwendung des arithmetischen Mittels bezogen auf den temperaturabhängigen Term in Gl. (3.7) gemacht wird, ist in Bild 3.1 angegeben. Interessant ist das Auftreten eines *Maximalfehlers* von 11,6% bei etwa 1000 °C. Bei üblichen Umgebungstemperaturen von 290 K kann bei einem zulässigen Fehler von $\pm 5\%$ von -50 °C bis 135 °C unter Verwendung der Näherung gerechnet werden. Wird Gl. (3.9) in Gl. (3.7) eingesetzt und die Zustandsgleichung der Enthalpie berücksichtigt, so ergibt sich

$$e = c_{\mathrm{p}} \frac{(T - T_{\mathrm{u}})^2}{2T_{\mathrm{u}}} + RT_{\mathrm{u}} \ln \frac{p}{p_{\mathrm{u}}} \tag{3.10}$$

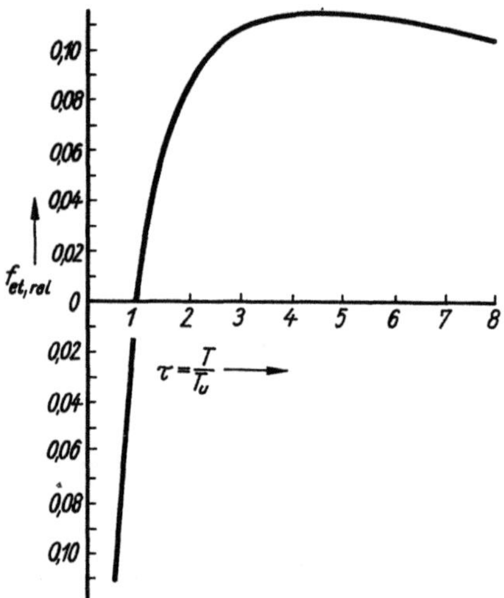

Bild 3.1. Relativer Fehler des temperaturabhängigen Exergieanteils ($f_{\mathrm{et;\,rel}}$) bei Verwendung der arithmetischen anstatt der logarithmischen Mitteltemperatur in Abhängigkeit vom Verhältnis der Stoffstromtemperatur zur Umgebungstemperatur ($\tau = T/T_{\mathrm{u}}$)

Das gleiche Ergebnis erhält man, wenn in Gl. (3.6) der Logarithmus in einer Reihe dargestellt und diese Reihe nach dem ersten Glied abgebrochen wird. Gl. (3.10) zeigt, daß die Exergie hinsichtlich der Temperatur in der Nähe der Umgebungstemperatur quadratischen Charakter besitzt.

Für isobare Prozesse, die außerdem noch in der Nähe des Umgebungsdruckes arbeiten, kann in den Gln. (3.6), (3.7) und (3.10) das Druckglied weggelassen werden. Insbesondere Gl. (3.7) macht deutlich, daß die Stoffexergie in diesem Falle identisch mit dem Arbeitswert der Wärme $e_{\mathrm{q}} = \dfrac{T_{\mathrm{m}} - T_{\mathrm{u}}}{T_{\mathrm{m}}}(h - h_{\mathrm{u}})$ ist, der bei isobarer Aufwärmung des Stoffstromes von T_{u} auf T zuzuführen ist (Abschnitt 2.). Eine verallgemeinerte Interpretation der Exergieberechnung des idealen Gases gelingt durch eine dimensionslose Darstellung [3.1].

Setzt man

$$\varepsilon = \frac{e}{RT_{\mathrm{u}}} \text{ als dimensionslose Exergie und}$$

$$\tau = \frac{T}{T_{\mathrm{u}}}; \ \pi = \frac{p}{p_{\mathrm{u}}} \text{ als dimensionslose thermische Parameter,}$$

so wird mit $c_p = \dfrac{\varkappa}{\varkappa - 1}\, R$ aus Gl. (3.6)

$$\varepsilon = \ln \pi + \frac{\varkappa}{\varkappa - 1}\, [(\tau - 1) - \ln \tau] \tag{3.11}$$

Damit sind auch die kalorischen Zustandsfunktionen *Enthalpie, Entropie und Anergie in dimensionslosen Ausdrücken* festgelegt. Es gilt

$$\varepsilon = \chi - \sigma = \chi - \beta \tag{3.12}$$

wobei

$$\chi = \frac{h - h_u}{RT_u} \quad \text{die dimensionslose Enthalpie}$$

$$\sigma = \frac{s - s_u}{R} \quad \text{die dimensionslose Entropie}$$

$$\beta = \frac{b}{RT_u} \quad \text{die dimensionslose Anergie ist.}$$

Diese Beziehungen können gleichfalls zur ersten Abschätzung der Exergie benutzt werden, wenn lediglich Vorstellungen über den molekularen Aufbau vorliegen und weitere Stoffdaten fehlen. Eine Ausnutzung von Gl. (3.11) ist möglich, wenn die $\varkappa$-Werte bekannt sind. Nach der kinetischen Gastheorie gilt

$$\varkappa = \frac{5}{3} \quad \text{für einatomige Gase}$$

$$\varkappa = \frac{7}{5} \quad \text{für Gase mit zweiatomigen und mehratomigen linearen Molekülen}$$

$$\varkappa = \frac{4}{3} \quad \text{für zwei- und mehratomige Gase mit gewinkelten Molekülen}$$

Mit diesen Werten lassen sich die dimensionslosen Beziehungen auswerten. Dimensionsbehaftete Werte erhält man unter Zuhilfenahme der Gaskonstante, die mit der Molmasse leicht aus der allgemeinen Gaskonstante bestimmt werden kann:

$$R = \frac{\bar{R}}{M}$$

In Bild 3.2 ist Gl. (3.11) ausgewertet. Das ε,τ-Diagramm vermittelt einen Eindruck über das Diagrammbild von e,T-Diagrammen spezieller idealer Gase. Durch die dimensionslose Darstellung ist das Bild 3.2 auch für beliebige Umgebungszustände gültig.

Die *Isobaren* sind äquidistante Kurven, die in Ordinatenrichtung verschoben sind. Für $\tau = 1$, d. h. in der Nähe der Umgebungstemperatur, zeigt sich der nach Gl. (3.10) zu erwartende quadratische Verlauf. Das Steigungsverhalten der Isobaren wird natürlich durch den Adiabatenexponenten $\varkappa$ bestimmt:

$$\left(\frac{\partial \varepsilon}{\partial \tau}\right)_\pi = \frac{\varkappa - 1}{\varkappa}\left(1 - \frac{1}{\tau}\right) \tag{3.13}$$

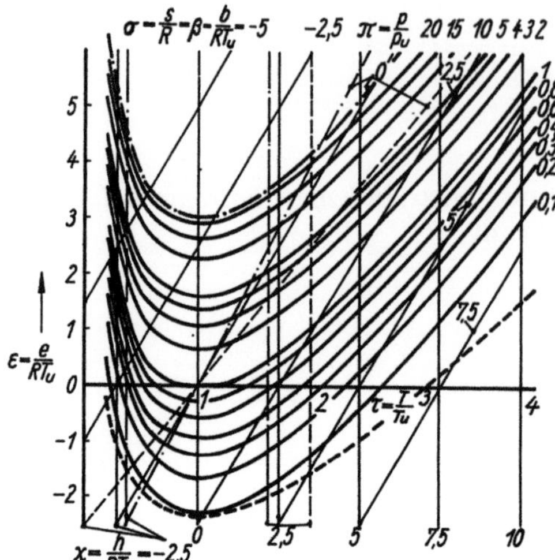

Bild 3.2. Dimensionsloses Exergie(ε)-Temperatur(τ)-Diagramm mit Isobaren π, Isenthalpen $\varkappa$, Isentropen σ und Isoanergen β eines idealen Gases für:

------------ $\varkappa = 7/5$

——————— $\varkappa = 5/3$

—·—·— $\varkappa = 4/3$

$s(p_u, T_u) = 0$

$h(T_u) = 0$

Die *Isenthalpen* fallen für ideale Gase mit den Isothermen zusammen $\left(\dfrac{\partial \varepsilon}{\partial \chi}\right)_\sigma = 1$.

Die *Isentropen* ergeben sich als parallel verlaufende Geraden, deren Anstieg mit höheren $\varkappa$-Werten abnimmt:

$$\left(\frac{\partial \varepsilon}{\partial \tau}\right)_\sigma = \frac{\varkappa}{\varkappa - 1} \tag{3.15}$$

Durch die *Bezugspunktfestlegung* ergibt sich für $\tau = 1$ $\varepsilon = -\sigma$ als charakteristischer Punkt der Isentropen. Mit dem ε,τ-Diagramm nach Bild 3.2 läßt sich das exergetische Verhalten idealer Gase vollständig diskutieren. Interessant, wie angedeutet, ist auch der Verlauf der Ableitungen. Im Bedarfsfalle lassen sich auf dieser Basis spezielle Berechnungsdiagramme oder Nomogramme entwickeln.

Die bisherigen Betrachtungen wurden unter der Annahme einer konstanten spezifischen Wärmekapazität durchgeführt. Diese Annahme kann z. B. bei der Betrachtung größerer Zustandsbereiche nicht immer aufrechterhalten werden. Nimmt man der Einfachheit halber eine *lineare Abhängigkeit der Wärmekapazität* von der Temperatur an, so gilt bekanntlich:

$$c_p = c_1 + c_2 T \tag{3.16}$$

Die Integration von Gl. (3.5) liefert damit

$$e = c_1 \left[(T - T_u) - T_u \ln \frac{T}{T_u} \right] + \frac{c_2}{2} (T - T_u)^2 + R T_u \ln \frac{p}{p_u} \tag{3.17}$$

Gl. (3.17) wird man verwenden, wenn der Einfluß der thermischen Parameter untersucht werden soll und keine weiteren Stoffwerte zur Verfügung stehen. Stehen z. B. Enthalpiewerte zur Verfügung, kann auch in diesem Fall zur Berechnung Gl. (3.7) verwendet werden, allerdings mit einer abweichend von Gl. (3.8) zu berechnenden Mitteltemperatur. Für *isobare Zustandsänderungen* gilt allgemein (Gl. (2.49))

$$T_m = \frac{\Delta h}{\Delta s}$$

mit dem Ansatz Gl. (3.16) wird daraus

$$T_\mathrm{m} = \frac{T - T_\mathrm{u} + \dfrac{c_2}{2c_1}\,(T^2 - T_\mathrm{u}^2)}{\ln \dfrac{T}{T_\mathrm{u}} + \dfrac{c_2}{c_1}\,(T - T_\mathrm{u})} \qquad (3.18)$$

Der bestehende Fehler für den temperaturabhängigen Term in Gl. (3.7), wenn entweder mit mittleren spezifischen Wärmekapazitäten gerechnet oder lediglich die Mitteltemperatur nach Gl. (3.8) und nicht nach Gl. (3.18) eingesetzt wird, ist in Bild 3.3 dargestellt. Dabei repräsentieren die Kurven $\alpha = 0{,}5$ und $\alpha = 0{,}05$ Stoffe mit einer starken Temperaturabhängigkeit der Wärmekapazität (Kohlenwasserstoffe), während $\alpha = 0{,}01$ etwa für Wasserstoff oder Luftbestandteile gilt. Im letzten Fall kann demnach, ohne größere Fehler zu machen, mit den üblichen Vernachlässigungen gearbeitet werden.

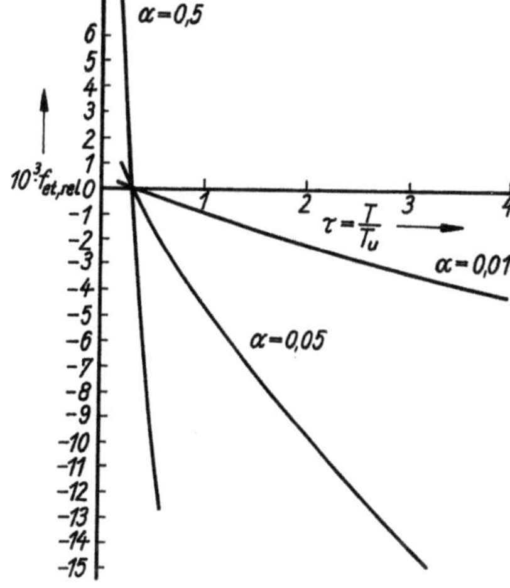

Bild 3.3. Relativer Fehler bei der Berechnung des temperaturabhängigen Exergieanteils nach Gl. (3.7), bei linearer Abhängigkeit der spezifischen Wärmekapazität von der Temperatur und Verwendung der logarithmischen Mitteltemperatur

$$\alpha = \frac{c_1 T_\mathrm{u}}{2 \cdot c_2}$$

3.2.2. Exergie realer Gase

Bei realen Gasen sind die zwischenmolekularen Wechselwirkungskräfte für das Verhalten maßgebend. Dadurch kommt es nicht nur zu einer quantitativen Abweichung vom Verhalten des idealen Gases, sondern auch zum Phasenwechsel. Zur Beschreibung der Eigenschaften realer Gase muß die Existenz der *flüssigen* und *gasförmigen Phase* und das zwischen ihnen liegende *Zweiphasengebiet* berücksichtigt werden.

Wie allgemein bekannt, gibt es keine Zustandsgleichung für reale Gase, die für die verschiedenen Stoffe und für die Gesamtheit der Zustandsbereiche hinreichend genaue Ergebnisse liefert. Die Integration der Gl. (3.2) oder auch die Ermittlung des Verlaufes entsprechender Ableitungen der Exergie kann deshalb nur für bestimmte

Stoffe oder in bezug auf bestimmte Zustandsgleichungen oder Zustandsbereiche erfolgen.

Wegen dieser Schwierigkeiten kann es auch für die Ermittlung der Exergie, wie für andere Zustandsgrößen, zweckmäßig sein, Zustandsdiagramme für technisch bedeutsame Stoffe aufzustellen. Im Anhang sind Zustandsdiagramme enthalten, die in einfacher Form die Exergiewerte ablesen lassen. Entsprechend der Ordinatenwahl lassen sich die Zustandsdiagramme in zwei Gruppen einteilen:

- kalorische bzw. *energetische Zustandsdiagramme* (auf beiden Koordinaten sind kalorische Zustandsfunktionen aufgetragen)
  h,s-Diagramme mit Linien $e = $ const (Bild 3.4)
  e,s-Diagramme (Bild 3.5)
  e,h-Diagramme (Bild 3.6)
  $e,T_\mathrm{u}s$-Diagramme (Bild 3.5)

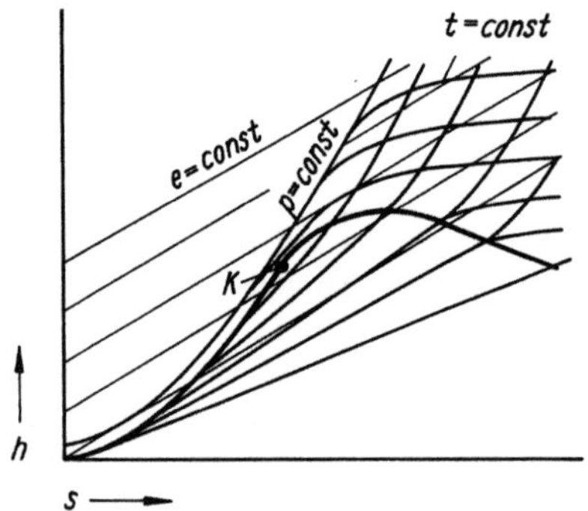

Bild 3.4. h,s-Diagramm für Wasserdampf

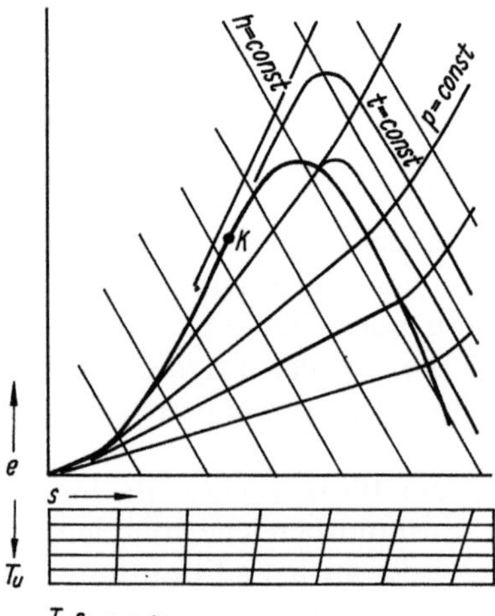

Bild 3.5. e,s-Diagramm für Wasserdampf, mit Randmaßstab $e,T_\mathrm{u}s$-Diagramm für veränderliches T_u

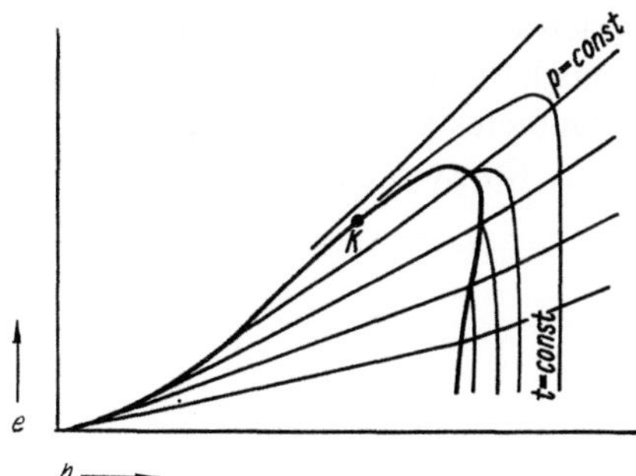

Bild 3.6. *e,h*-Diagramm für Wasserdampf

- *thermische Zustandsdiagramme* (auf einer der beiden Koordinaten ist eine thermische Zustandsgröße aufgetragen)
e,T- oder T,e-Diagramme (Bild 3.7)
$e,\lg p$- oder $\lg p,e$-Diagramme (Bild 3.8)

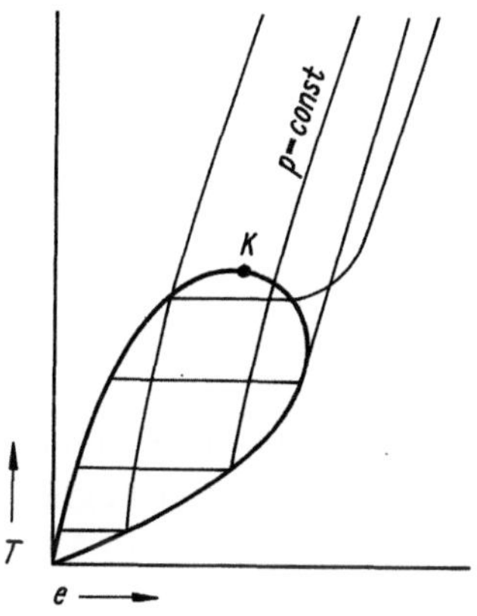

Bild 3.7. *T,e*-Diagramm für
Wasserdampf

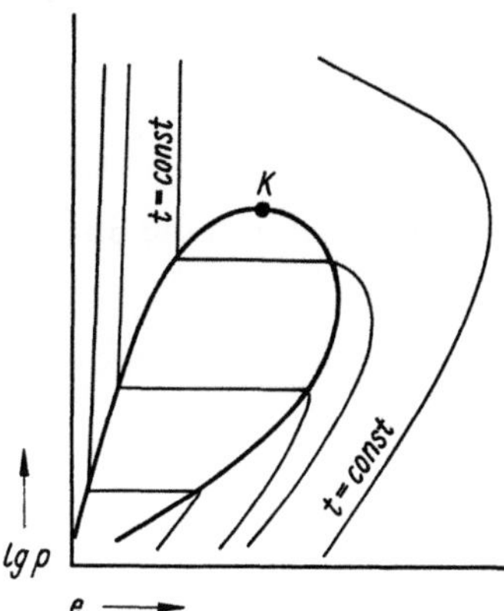

Bild 3.8. $\lg p,e$-Diagramm für
Wasserdampf

Für die Darstellung der qualitativen Verläufe in den Bildern 3.4 bis 3.8 ist Wasserdampf in Verbindung mit einer üblichen Umgebungsdefinition als Vorbild verwendet worden. Bei einer anderen Lage des Zweiphasengebietes zum Umgebungszustand ergeben sich qualitativ andere Verläufe, wie Bild 3.9 für zwei e,h-Diagramme zeigt.

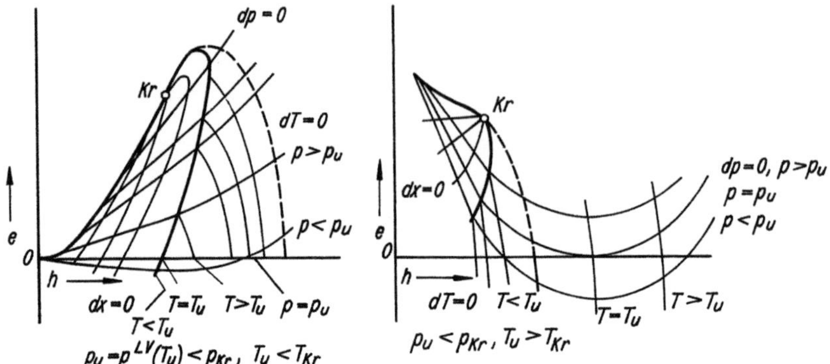

Bild 3.9. Qualitativ verschiedenes Aussehen von e,h-Diagrammen in Abhängigkeit von der Lage der Umgebungstemperatur im Vergleich zur kritischen Temperatur

Die Verwandtschaft der kalorischen Zustandsdiagramme untereinander ist sehr eng, da zwischen Exergie, Enthalpie und Entropie nach Gl. (3.1) lineare Abhängigkeiten vorliegen. Danach gilt:

$$\left(\frac{\partial e}{\partial h}\right)_{\mathrm{s}} = 1 \qquad \left(\frac{\partial e}{\partial s}\right)_{\mathrm{h}} = -T_{\mathrm{u}}$$

wonach die *Isenexergen, Isenthalpen* und *Isentropen* in den jeweiligen Zustandsdiagrammen *Geraden* mit den angegebenen Steigungen darstellen. Das ermöglicht prinzipiell die Anwendung von *Randmaßstäben* zur Berücksichtigung einer Variation der Umgebungstemperatur bei diesen Zustandsdiagrammen.

Besonders instruktiv gestalten sich diese Zusammenhänge im h,s-Diagramm [3.2] (auf die Darstellung der Exergie in diesem Diagramm verwies übrigens schon JOUGUET 1905). Da die Neigung der Isobaren in diesem Diagramm gleich der absoluten Temperatur ist, gilt

$$\left(\frac{\partial h}{\partial s}\right)_{\mathrm{p}} = T_{\mathrm{u}} \quad \text{für} \quad p = p_{\mathrm{u}} \quad \text{und} \quad T = T_{\mathrm{u}}$$

und nach Bild 3.10 kann die Exergie eines beliebigen Zustandes *1* durch die Strecke $\overline{12}$ bestimmt werden, da gilt

$$\overline{12} = \overline{13} - \overline{23}$$

Da

$$\overline{13} = h_1 - h_{\mathrm{u}}$$

ist und

$$\overline{23} = \overline{3U} \tan \alpha = (s_1 - s_{\mathrm{u}})\, T_{\mathrm{u}}$$

ist das Ergebnis der oben angeführten Gln. identisch mit der Beziehung (3.3). Die Tangente an die Umgebungsisobare ist mithin die Isenexerge $e = 0$ und wird sinnvollerweise als *Umgebungsgerade* bezeichnet. Da im Zweiphasengebiet die Isobaren selbst Geraden sind, fallen bei der Wahl eines entsprechenden Umgebungsdruckes die Umgebungsgerade und die Umgebungsisobare zusammen, die im gesamten Zweiphasengebiet durch die Bedingung $e = 0$ gekennzeichnet sind. Die Wahl des konkreten Umgebungszustandes kann deshalb von der siedenden Flüssigkeit bis zum trocken gesättigten Dampf verschoben werden, ohne daß die Exergiewerte quantitativ geändert werden.

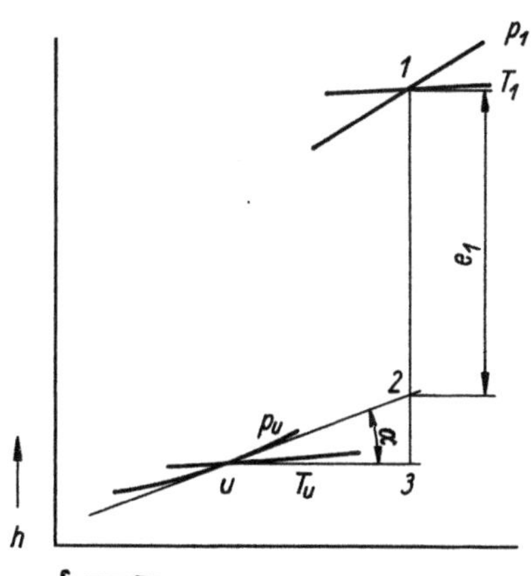

Bild 3.10. Darstellung der Exergie im h,s-Diagramm

Das $e,T_u s$-Diagramm nimmt eine gewisse Sonderstellung dadurch ein, daß Exergie und Anergie auf den Koordinaten dargestellt sind. Bei der Diskussion von Zustandsänderungen und Prozessen kann sowohl das Prinzip von der Verminderung der Exergie als auch das der Zunahme der Anergie qualitativ und quantitativ veranschaulicht werden. Auch für die praktische Handhabung besitzt das $e,T_u s$-Diagramm gegenüber einigen anderen den Vorteil, durch einen einfachen Randmaßstab eine Änderung der Umgebungstemperatur berücksichtigen zu können (Abschnitt 3.5.).

Zustandsdiagramme eignen sich natürlich auch gut zur Ermittlung von Exergieänderungen, aber auch anderen Größen wie dem Arbeitswert der Wärme und der Arbeit selbst.

Für viele technisch wichtige Stoffe liegen Zustandstabellen vor, in denen Enthalpie- und Entropiewerte als Funktionen der thermischen Zustandsgrößen angegeben sind. Unter diesen Voraussetzungen gestaltet sich die Exergieberechnung realer Gase unproblematisch, da nach Gl. (3.3) gilt:

$$e = [h - h(p_u, T_u)] - T_u[s - s(p_u, T_u)]$$

Häufiger ist jedoch, daß für bestimmte Stoffe nur der Wert der spezifischen Wärmekapazität, einige Angaben über das Zweiphasengebiet und bestimmte Aussagen zur thermischen Zustandsgleichung zur Verfügung stehen. Für einige Stoffe und Stoffgruppen, wie z. B. Kohlenwasserstoffe, liegen in der Literatur Angaben zur Enthalpie in Form von Zustandsdiagrammen oder Zustandstafeln vor. In diesen Fällen sind ausgehend von Gl. (3.2) entsprechende Berechnungsgleichungen abzuleiten. Integriert man über die Enthalpie- und Entropiewerte, so lauten diese Gleichungen:

$$h - h_\mathrm{u} = \int\limits_{T_\mathrm{u},\,p_\mathrm{u}}^{T,\,p} \left[c_\mathrm{p}\, dT - \left(T \left(\frac{\partial v}{\partial T} \right)_\mathrm{p} - v \right) dp \right] \tag{3.19 a}$$

$$s - s_\mathrm{u} = \int\limits_{T_\mathrm{u},\,p_\mathrm{u}}^{T,\,p} \left[\frac{c_\mathrm{p}}{T}\, dT - \left(\frac{\partial v}{\partial T} \right)_\mathrm{p} dp \right] \tag{3.19 b}$$

Wird die Integration bis zur Bestimmung der Exergie vollzogen, so ist eine Darstellung der Art $e = e(p, T)$ sinnvoll, deren Differentialausdruck lautet:

$$de = \left(\frac{\partial e}{\partial T} \right)_\mathrm{p} dT + \left(\frac{\partial e}{\partial p} \right)_\mathrm{T} dp \tag{3.20}$$

Ein Koeffizientenvergleich mit Gl. (3.2) liefert:

$$\left(\frac{\partial e}{\partial T} \right)_\mathrm{p} = \frac{T - T_\mathrm{u}}{T}\, c_\mathrm{p} \tag{3.21}$$

$$\left(\frac{\partial e}{\partial p} \right)_\mathrm{T} = - \left[(T - T_\mathrm{u}) \left(\frac{\partial v}{\partial T} \right)_\mathrm{p} - v \right] \tag{3.22}$$

Die Eigenschaften dieser Differentialausdrücke sind für das Verhalten der Exergie realer Gase maßgebend.

Im Zweiphasengebiet wird $c_\mathrm{p} \to \infty$ und $\left(\dfrac{\partial v}{\partial T} \right)_\mathrm{p} \to \infty$.

Es ist deshalb zweckmäßiger, statt der thermischen Größen die Phasenänderungsenthalpie (Verdampfungs- oder Kondensationsenthalpie) zur Berechnung zu verwenden

$$\Delta h^\mathrm{LV} = -\Delta h^\mathrm{VL}$$

deren Kenntnis leicht die zugehörige Entropieänderung ermitteln läßt

$$\Delta s^\mathrm{LV} = -\Delta s^\mathrm{VL} = \frac{\Delta h^\mathrm{LV}}{T^\mathrm{LV}} \tag{3.23}$$

Bei teilweiser Phasenänderung wird zweckmäßigerweise der Dampfgehalt oder Verdampfungsgrad x eingeführt. Unter Benutzung von Gl. (3.23) kann die Gl. (3.2) auf unterschiedlichen Wegen integriert werden. Für den Fall, daß der Umgebungszustand im flüssigen und der Berechnungszustand im gasförmigen Gebiet liegt, können z. B. die folgenden Berechnungsgleichungen angegeben werden:

$$e = \int\limits_{T_\mathrm{u},\,p_\mathrm{u}}^{T^\mathrm{LV},\,p_\mathrm{u}} \frac{T - T_\mathrm{u}}{T}\, c_\mathrm{pL}\, dT + \frac{T^\mathrm{LV} - T_\mathrm{u}}{T^\mathrm{LV}}\, \Delta h^\mathrm{LV}(p_\mathrm{u}) + \int\limits_{T^\mathrm{LV},\,p_\mathrm{u}}^{T,\,p_\mathrm{u}} \frac{T - T_\mathrm{u}}{T}\, c_\mathrm{pV}\, dT$$

$$- \int\limits_{T,\,p_\mathrm{u}}^{T,\,p} \left((T - T_\mathrm{u}) \left(\frac{\partial v_\mathrm{v}}{\partial T} \right)_\mathrm{p} - v_\mathrm{v} \right) dp \tag{3.24 a}$$

$$e = \int\limits_{T_u, p_u}^{T^{LV}, p_u} \frac{T - T_u}{T}\, c_{pL}\, dT + \frac{T^{LV} - T_u}{T^{LV}}\, \Delta h^{LV}(p_u)$$

$$- \int\limits_{T^{LV}, p_u}^{T^{LV}, p} \left((T^{LV} - T_u)\left(\frac{\partial v_v}{\partial T}\right)_p - v_v \right) dp + \int\limits_{T^{LV}, p}^{T, p} \frac{T - T_u}{T}\, c_{pV}\, dT \quad \text{für} \quad p < p_u \tag{3.24b}$$

$$e = \int\limits_{T_u, p_u}^{T_u, p} v_L\, dp + \int\limits_{T_u, p}^{T^{LV}, p} \frac{T - T_u}{T}\, c_{pL}\, dT + \frac{T^{LV} - T_u}{T^{LV}}\, \Delta h^{LV}(p)$$

$$+ \int\limits_{T^{LV}, p}^{T, p} \frac{T - T_u}{T}\, c_{pV}\, dT \quad \text{für} \quad p > p^{LV}(T_u) \tag{3.24c}$$

$$e = \int\limits_{T_u, p_u}^{T_u, p^{LV}(T_u)} v_L\, dp + \int\limits_{T_u, p^{LV}}^{T, p^{LV}} \frac{T - T_u}{T}\, c_{pV}\, dT$$

$$- \int\limits_{T, p^{LV}}^{T, p} \left((T - T_u)\left(\frac{\partial v_v}{\partial T}\right)_p - v_v \right) dp \quad \text{für} \quad p < p^{LV}(T_u) \tag{3.24d}$$

Die zugehörigen Integrationswege sind in Bild 3.11 in p,T-Diagrammen veranschaulicht, die auch die entsprechenden Bedingungen enthalten.

Liegen der Umgebungszustand im Gasgebiet und der Berechnungszustand im Flüssigkeitsgebiet, kehrt sich der Integrationsweg um. Einzelne Terme der Gl. (3.24) entfallen einfach, wenn nicht alle Zustandsbereiche für die jeweilige Aufgabenstellung interessant sind.

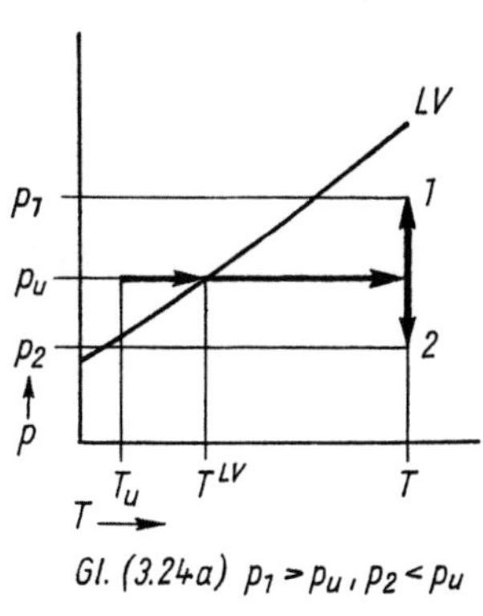

Gl. (3.24a) $p_1 > p_u$, $p_2 < p_u$

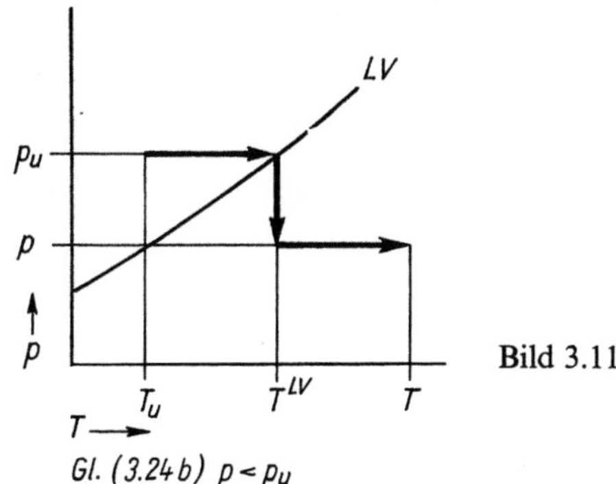

Gl. (3.24b) $p < p_u$

Bild 3.11

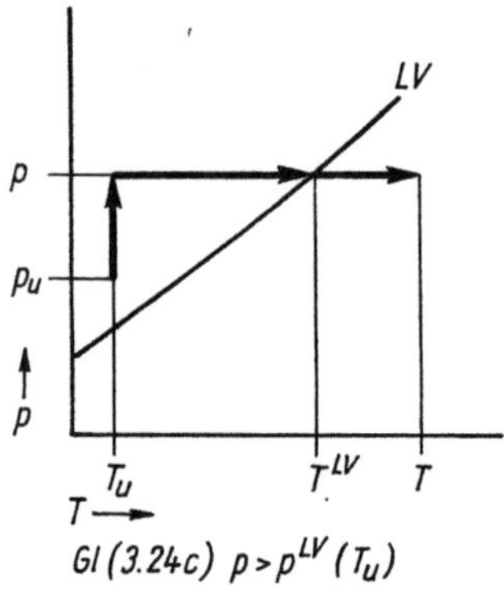

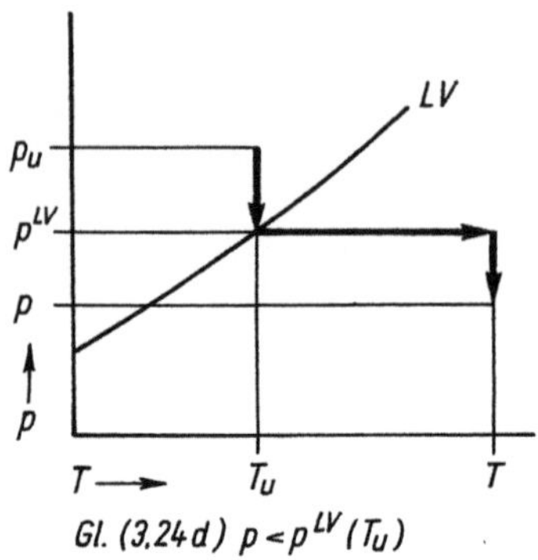

Bild 3.11. Integrationswege für die Berechnung der Exergie realer Gase nach den Gln. (3.24)

LV Dampfdruckkurve, entspricht Phasenübergang auf Integrationsweg (liefert in Gl. (3.24 d) keinen Anteil wegen $T^{LV} = T_u$)

Für bestimmte Aufgabenstellungen können vereinfachte und Näherungsbeziehungen abgeleitet werden. So kann durch Einführung einer Mitteltemperatur nach Gl. (3.8) die Integration der temperaturabhängigen Glieder vereinfacht werden. Zu beachten ist, daß Gl. (3.8) nur im Einphasengebiet und für konstante spezifische Wärmekapazität gilt (s. auch Gl. (3.18)).

Der Druckeinfluß läßt sich im Flüssigkeitsgebiet vereinfacht berechnen, da Flüssigkeiten in erster Näherung als inkompressibel angesehen werden können. Damit gilt

$$\int_{T_u, p_u}^{T_u, p} v_L \, dp = v_L(p - p_u) \tag{3.25}$$

Unter Berücksichtigung der Phasenänderung kann bei nicht zu hohen Drücken dieser Anteil vernachlässigt werden. Eine allgemein anwendbare Darstellung des Druckeinflusses gelingt unter Benutzung der Fugazitätsfunktion p^*. Mit der Umformung

$$e_p = \int_{T, p_u}^{T, p} (T - T_u)\left(\left(\frac{\partial v}{\partial T}\right)_p - v\right) dp = \frac{T - T_u}{T} \int_{T, p_u}^{T, p} \left(\frac{\partial h}{\partial p}\right)_T dp - \frac{T_u}{T} \int_{T, p_u}^{T, p} v \, dp$$

kann für diesen Ausdruck geschrieben werden:

$$e_p = \frac{T - T_u}{T} (h(p, T) - h(p_u, T)) - RT_u \ln \frac{p^*(T, p)}{p^*(T, p_u)} \tag{3.26}$$

Gl. (3.26) gilt ganz allgemein. Für unterschiedliche Zustandsgleichungen muß lediglich die Fugazität auf jeweils andere Art berechnet werden. Eine Näherungsauswertung ist mit einem verallgemeinerten Diagramm des Fugazitätskoeffizienten möglich (Bild 3.12). Für viele Aufgaben kann weiter der Enthalpieterm vernachlässigt werden. Bei genügend Abstand vom Zweiphasengebiet kann schließlich mit

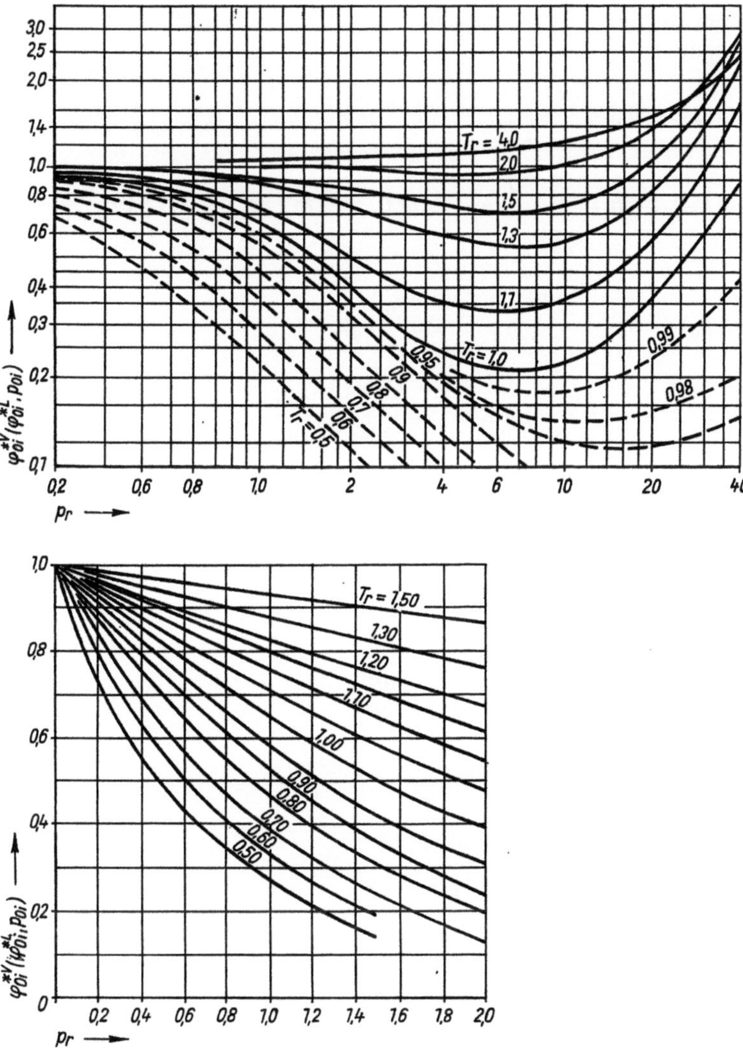

Bild 3.12. Generalisiertes Fugazitätskoeffizientendiagramm der reinen
Stoffe ($p_\mathrm{r} = p/p_\mathrm{kr}$, $T_\mathrm{r} = T/T_\mathrm{kr}$, $p^* = \varphi^* p$)

ausreichender Genauigkeit mit der Zustandsgleichung des idealen Gases gearbeitet
werden, so daß gilt:

$$e_\mathrm{p} = -RT_\mathrm{u} \ln \frac{p}{p_\mathrm{u}}$$
(3.27)

Mit Hilfe der Gln. (3.25) und (3.26) und unter Benutzung der Mitteltemperatur
nach Gl. (3.8) können die Gln. (3.24) im Sinne spezieller Berechnungsgleichungen

noch weiter, aufbereitet werden. Zur Konkretisierung und Veranschaulichung seien sie im folgenden angegeben:

$$e = \frac{T_{\mathrm{mu,LV}} - T_{\mathrm{u}}}{T_{\mathrm{mu,LV}}} \, (h'(p_{\mathrm{u}}) - h_{\mathrm{u}}) + \frac{T^{\mathrm{LV}} - T_{\mathrm{u}}}{T^{\mathrm{LV}}} \, \Delta h^{\mathrm{LV}}(p_{\mathrm{u}})$$

$$+ \frac{T_{\mathrm{mx,LV}} - T_{\mathrm{u}}}{T_{\mathrm{mx,LV}}} (h(T,p_{\mathrm{u}}) - h''(p_{\mathrm{u}})) - \frac{T - T_{\mathrm{u}}}{T} (h(T,p) - h(T,p_{\mathrm{u}})) + RT_{\mathrm{u}} \ln \frac{p^*(T,p)}{p_{\mathrm{u}}^*(T,p_{\mathrm{u}})}$$

$$\tag{3.28 a}$$

$$e = \frac{T_{\mathrm{mu,LV}} - T_{\mathrm{u}}}{T_{\mathrm{mu,LV}}} \, (h'(p_{\mathrm{u}}) - h_{\mathrm{u}}) + \frac{T^{\mathrm{LV}} - T_{\mathrm{u}}}{T^{\mathrm{LV}}} \, \Delta h^{\mathrm{LV}}(p_{\mathrm{u}})$$

$$- \frac{T^{\mathrm{LV}} - T_{\mathrm{u}}}{T^{\mathrm{LV}}} \, (h(T^{\mathrm{LV}},p) - h''(p_{\mathrm{u}})) + RT_{\mathrm{u}} \ln \frac{p^*(T^{\mathrm{LV}},p)}{p_{\mathrm{u}}^*(T^{\mathrm{LV}},p_{\mathrm{u}})}$$

$$+ \frac{T_{\mathrm{mx,LV}} - T_{\mathrm{u}}}{T_{\mathrm{mx,LV}}} \, (h(T,p) - h(T^{\mathrm{LV}},p)) \quad \text{für} \quad p < p_{\mathrm{u}} \tag{3.28 b}$$

$$e = v_{\mathrm{L}}(T_{\mathrm{u}}) \, (p - p_{\mathrm{u}}) + \frac{T_{\mathrm{mLV,u}} - T_{\mathrm{u}}}{T_{\mathrm{mLV,u}}} \, (h'(p) - h(T,p))$$

$$+ \frac{T^{\mathrm{LV}} - T_{\mathrm{u}}}{T^{\mathrm{LV}}} \, \Delta h^{\mathrm{LV}}(p) + \frac{T_{\mathrm{mx,LV}} - T_{\mathrm{u}}}{T_{\mathrm{mx,LV}}} \, (h - h''(p)) \quad \text{für} \quad p > p^{\mathrm{LV}}(T_{\mathrm{u}}) \tag{3.28 c}$$

$$e = v_{\mathrm{L}}(T_{\mathrm{u}}) \, (p^{\mathrm{LV}}(T_{\mathrm{u}}) - p_{\mathrm{u}}) + \frac{T_{\mathrm{mx,u}} - T_{\mathrm{u}}}{T_{\mathrm{mx,u}}} \, (h(T,p^{\mathrm{LV}}) - h''(T_{\mathrm{u}}))$$

$$- \frac{T - T_{\mathrm{u}}}{T} \, (h - h(T,p^{\mathrm{LV}})) + RT_{\mathrm{u}} \ln \frac{p^*(T,p)}{p^*(T,p^{\mathrm{LV}})} \quad \text{für} \quad p < p^{\mathrm{LV}}(T_{\mathrm{u}}) \tag{3.28 d}$$

Sonderfälle in der Berechnung ergeben sich für Zustandsbereiche oberhalb des kritischen Punktes oder eine Integration entlang überkritischer Isothermen und Isobaren. Gegenüber den vorstehenden Gleichungen und den zugehörigen Grundausdrücken entfallen hierbei die Terme, die sich auf das Zweiphasensystem beziehen. Die Berechnung wird aber trotzdem nicht einfacher, da die erforderliche Genauigkeit überkritischer Isobaren und Isothermen außerordentlich hoch ist. Zusammenfassend kann gesagt werden: Das Verhalten eines realen Gases kann in erster Näherung, zumindest für die Berechnung der Stoffexergien, durch einen inkompressiblen Flüssigkeitsbereich und einen gasförmigen Bereich, der durch die Zustandsgleichung des idealen Gases beschrieben wird, erfaßt werden. Der Flüssigkeitsbereich wird dann durch die Beziehung

$$\mathrm{d}e = \frac{T - T_{\mathrm{u}}}{T} \, \mathrm{d}h + \frac{T_{\mathrm{u}}}{T} \, v_{\mathrm{L}} \, \mathrm{d}p \quad \text{oder}$$

$$e = \frac{T_{\mathrm{m}} - T_{\mathrm{u}}}{T_{\mathrm{m}}} \, (h - h_{\mathrm{u}}) + \frac{T_{\mathrm{u}}}{T} \, v_{\mathrm{L}}(p - p_{\mathrm{u}}) \approx \frac{T_{\mathrm{m}} - T_{\mathrm{u}}}{T_{\mathrm{m}}} \, (h - h_{\mathrm{u}}) + \frac{T_{\mathrm{u}}}{T_{\mathrm{m}}} \, v_{\mathrm{Lm}}(p - p_{\mathrm{u}})$$

$$\tag{3.29}$$

beschrieben. Für das Gas- oder Heißdampfgebiet gilt:

$$\mathrm{d}e = \frac{T - T_\mathrm{u}}{T}\,\mathrm{d}h + \frac{T_\mathrm{u}}{T}\,v\,\mathrm{d}p$$

$$e = \frac{T_\mathrm{m} - T_\mathrm{u}}{T_\mathrm{m}}\,(h - h_\mathrm{u}) + RT_\mathrm{u}\,\ln\frac{p}{p_\mathrm{u}} \tag{3.30}$$

Beide Gleichungen sind einfach aus Gl. (3.2) abzuleiten, wenn berücksichtigt wird, daß

$$\mathrm{d}h = c_\mathrm{p}\,\mathrm{d}T$$

Außerdem ist natürlich die Kenntnis der Dampfdruckkurve zur Beschreibung des Zweiphasengebietes erforderlich. Liegen nur wenige Angaben hierzu vor, so müssen die fehlenden Werte z. B. mit der CLAUSIUS-CLAPEYRONschen Gleichung abgeschätzt werden.

In Tabelle 3.1 sind für das vorliegende Modell sämtliche Berechnungsgleichungen für beliebige Zuordnungen von Systemen (Berechnungszustand) und Lage des Umgebungszustandes zusammengestellt. Entsprechende Zusammenstellungen sind auch für andere Modelle mit anderen Zustandsgleichungen relativ leicht auszuarbeiten.

Zum Abschluß des Abschnittes soll noch auf einige Besonderheiten des Verhaltens der Exergie hingewiesen werden, deren qualitative Konsequenzen für die Einschätzung der Ergebnisse einer Exergieberechnung von Bedeutung sind. Sie lassen sich durch eine Diskussion des Verhaltens der Differentialausdrücke nach den Gln. (3.21) und (3.22) verdeutlichen.

Für die Temperaturabhängigkeit der Exergie folgt aus Gl. (3.21):

$$\left(\frac{\partial e}{\partial T}\right)_\mathrm{p} > 0 \qquad \text{für} \quad T > T_\mathrm{u}$$

$$\left(\frac{\partial e}{\partial T}\right)_\mathrm{p} < 0 \qquad \text{für} \quad T < T_\mathrm{u}$$

$$\left(\frac{\partial e}{\partial T}\right)_\mathrm{p} = 0 \qquad \text{für} \quad T = T_\mathrm{u}$$

$$\left(\frac{\partial e}{\partial T}\right)_\mathrm{p} = \left.\begin{array}{l} + \infty \quad \text{für} \quad T > T_\mathrm{u} \\ - \infty \quad \text{für} \quad T < T_\mathrm{u} \end{array}\right\} \text{im Zweiphasengebiet } (c_\mathrm{p} = \infty)$$

Das Verhalten dieses Differentialausdruckes ist, wie erwartet, in den einphasigen Bereichen das schon bei der Untersuchung des idealen Gases aufgezeigte (Bild 3.2). Die Isobaren im Zweiphasengebiet sind im e,T-Diagramm Geraden parallel zur e-Achse (s. Bild 3.7), wobei oberhalb der Umgebungstemperatur eine Verdampfung und unterhalb eine Kondensation zur Erhöhung der Exergie führt.

Tabelle 3.1. Näherungsweise Berechnung der Exergie bei bekannten Enthalpiewerten und Kenntnis des spezifischen Volumens für das Flüssigkeits-gebiet und der Molmasse für das Gasgebiet. Voraussetzungen sind: 1. inkompressible Flüssigkeit, 2. Modellierung des Gasgebietes als ideales Gas, 3. spezifische Wärmekapazität ist keine Temperaturfunktion.

Es gilt: $R = \dfrac{\bar{R}}{M}$, $\quad T_{mx,y} = \dfrac{T_x - T_y}{\ln \dfrac{T_x}{T_y}}$, $\quad h'(p_u) = h_u'$, $h''(p_u) = h_u''$, $h'(p) = h'$, $h''(p) = h''$, $v_{Lu} = v_L(T_u)$, $v_L = v_L(T)$

Bereich des Berechnungs-zustandes x	Bereich des Umgebungs-zustandes u	Gültigkeits-bereich	Berechnungsgleichung $e =$
Gas	Gas	$p \lessgtr p_u$	$\dfrac{T_{mx,u} - T_u}{T_{mx,u}}(h - h_u) + RT_u \ln\dfrac{p}{p_u}$
Gas	Zweiphasengebiet (einschließlich Grenzkurven)	$p \lessgtr p_u$	$\dfrac{T_{mx,u} - T_u}{T_{mx,u}}(h - h_u'') + RT_u \ln\dfrac{p}{p_u}$
		$p \gtreqless p_u$	$\dfrac{T_{mLV,u} - T_u}{T_{mLV,u}}(h' - h_u) + \dfrac{T^{LV} - T_u}{T^{LV}}(h'' - h') + \dfrac{T_{mx,LV} - T_u}{T_{mx,LV}}(h - h'')$ $+ v_{Lu}(p - p_u)$ für $T^{LV}(p)$
Gas	Flüssigkeit	$p \lessgtr p_u$	$\dfrac{T_{mLV,u} - T_u}{T_{mLV,u}}(h_u' - h_u) + \dfrac{T^{LV} - T_u}{T^{LV}}(h_u'' - h_u') + \dfrac{T_{mx,LV} - T_u}{T_{mx,LV}}(h - h_u'')$ $+ RT_u \ln\dfrac{p}{p_u}$ für $T^{LV}(p_u)$

		$T_u \lessgtr T^{LV}(p)$	$\dfrac{T_{mLV,u} - T_u}{T_{mLV,u}} (h' - h_u) + \dfrac{T^{LV} - T_u}{T^{LV}} (h''_u - h'_u) + \dfrac{T_{mx,LV} - T_u}{T_{mx,LV}} (h - h'')$ $+ v_{Lu}(p - p_u)$ für $T^{LV}(p)$
		$p < p_u$ $T_u \geqq T^{LV}(p)$	$\dfrac{T_{mx,u} - T_u}{T_{mx,u}} (h - h_u) + v_{Lu}(p^{LV} - p_u) + RT_u \ln \dfrac{p}{p^{LV}}$ für $p^{LV}(T_u)$
Zweiphasengebiet (einschließlich Grenzkurven)	Gas	$p \gtrless p_u$	$\dfrac{T_{mLV,u} - T_u}{T_{mLV,u}} (h'' - h_u) + \dfrac{T^{LV} - T_u}{T^{LV}} (1 - x) (h' - h'') + RT_u \ln \dfrac{p}{p_u}$ für $T^{LV}(p)$
Zweiphasengebiet (einschließlich Grenzkurven)	Zweiphasengebiet (einschließlich Grenzkurven)	$p \gtrless p_u$	$\dfrac{T_{mLV,u} - T_u}{T_{mLV,u}} (h' - h_u) + \dfrac{T^{LV} - T_u}{T^{LV}} x(h'' - h') + v_{Lu}(p - p_u)$ für $T^{LV}(p)$
			$\dfrac{T_{mLV1,LV2} - T_u}{T_{mLV1,LV2}} (h'' - h''_u) + \dfrac{T^{LV1} - T_u}{T^{LV1}} (1 - x) (h' - h'') + RT_u \ln \dfrac{p}{p_u}$ für $T^{LV1} = T^{LV}(p)$ und $T^{LV2} = T^{LV}(p_u)$
Zweiphasengebiet (einschließlich Grenzkurven)	Flüssigkeit	$p \lessgtr p_u$	$\dfrac{T_{mLV2,u} - T_u}{T_{mLV2,u}} (h'_u - h_u) + \dfrac{T^{LV2} - T_u}{T^{LV2}} (h''_u - h'_u)$ $+ \dfrac{T_{mLV1,LV2} - T_u}{T_{mLV1,LV2}} (h'' - h''_u) + \dfrac{T^{LV1} - T_u}{T^{LV1}} (1 - x) (h' - h'') + RT_u \ln \dfrac{p}{p_u}$ für $T^{LV1} = T^{LV}(p)$ und $T^{LV2} = T^{LV}(p_u)$

Tabelle 3.1 (Fortsetzung)

Bereich des Berechnungszustandes x	Bereich des Umgebungszustandes u	Gültigkeitsbereich	Berechnungsgleichung $e =$
Zweiphasengebiet (einschließlich Grenzkurven)	Flüssigkeit	$p \gtrless p_u$	$\dfrac{T_{mLV,u} - T_u}{T_{mLV,u}}(h' - h_u) + \dfrac{T^{LV} - T_u}{T^{LV}}x(h'' - h') + v_{Lu}(p - p_u)$ für $T^{LV}(p)$
Flüssigkeit	Gas	$p \gtrless p_u$	$-\dfrac{T_{mLV,x} - T_u}{T_{mLV,x}}(h' - h) - \dfrac{T^{LV} - T_u}{T^{LV}}(h'' - h') - \dfrac{T_{mx,LV} - T_u}{T_{mx,LV}}(h_u - h'')$ $+ RT_u \ln \dfrac{p}{p_u}$ für $T^{LV}(p)$
		$p \lessgtr p_u$ $T \leqq T^{LV}(p_u)$	$-\dfrac{T_{mLV,x} - T_u}{T_{mLV,x}}(h'_u - h) - \dfrac{T^{LV} - T_u}{T^{LV}}(h''_u - h'_u) - \dfrac{T_{mu,LV} - T_u}{T_{mu,LV}}(h_u - h''_u)$ $+ \dfrac{T_u}{T}v_L(p - p_u)$ für $T^{LV}(p_u)$
		$p > p_u$ $T \geqq T^{LV}(p_u)$	$-\dfrac{T_{mu,x} - T_u}{T_{mu,x}}(h_u - h) - \dfrac{T_u}{T}v_L(p^{LV} - p) + RT_u \ln \dfrac{p^{LV}}{p_u}$ für $p^{LV}(T)$

Flüssigkeit	Zweiphasengebiet (einschließlich Grenzkurven)	$p \gtrless p_\mathrm{u}$	$-\dfrac{T_{\mathrm{mLV2,x}} - T_\mathrm{u}}{T_{\mathrm{mLV2,x}}}\,(h' - h) - \dfrac{T^{\mathrm{LV2}} - T_\mathrm{u}}{T^{\mathrm{LV2}}}\,(h'' - h')$
			$-\dfrac{T_{\mathrm{mLV1,LV2}} - T_\mathrm{u}}{T_{\mathrm{mLV1,LV2}}}\,(h''_\mathrm{u} - h'') - \dfrac{T^{\mathrm{LV1}} - T_\mathrm{u}}{T^{\mathrm{LV1}}}\,(1 - x)\,(h'_\mathrm{u} - h''_\mathrm{u}) + RT_\mathrm{u}\ln\dfrac{p}{p_\mathrm{u}}$
			für $T^{\mathrm{LV1}} = T^{\mathrm{LV}}(p_\mathrm{u})$ und $T^{\mathrm{LV2}} = T^{\mathrm{LV}}(p)$
			$-\dfrac{T_{\mathrm{mLV,x}} - T_\mathrm{u}}{T_{\mathrm{mLV,x}}}\,(h'_\mathrm{u} - h) - \dfrac{T^{\mathrm{LV}} - T_\mathrm{u}}{T^{\mathrm{LV}}}\,x(h''_\mathrm{u} - h'_\mathrm{u}) + \dfrac{T_\mathrm{u}}{T}\,v_\mathrm{L}(p - p_\mathrm{u})$
			für $T^{\mathrm{LV}}(p_\mathrm{u})$
Flüssigkeit	Flüssigkeit	$p \lessgtr p_\mathrm{u}$	$\dfrac{T_{\mathrm{mx,u}} - T_\mathrm{u}}{T_{\mathrm{mx,u}}}\,(h - h_\mathrm{u}) + \dfrac{T_\mathrm{u}}{T}\,v_\mathrm{L}\,(p - p_\mathrm{u})$

Das Verhalten der Druckabhängigkeit der Exergie nach Gl. (3.22) hängt vom Ausdruck

$$\frac{v}{(T - T_\mathrm{u})\left(\dfrac{\partial v}{\partial T}\right)_\mathrm{p}}$$

ab, der oberhalb der Umgebungstemperatur für reale Gase sowohl größer als auch kleiner als Eins sein kann. Das bedeutet, daß eine isotherme Druckerhöhung sowohl eine Exergiesteigerung als auch eine Exergieabnahme nach sich ziehen kann. Der durch die Beziehung

$$v = (T - T_\mathrm{u})\left(\frac{\partial v}{\partial T}\right)_\mathrm{p} \tag{3.29}$$

gekennzeichnete Zusammenhang führt auf den Ansatz $\left(\dfrac{\partial e}{\partial p}\right)_\mathrm{T} = 0$ und trennt diese beiden Bereiche. Der durch Gl. (3.29) gegebene Sachverhalt kann deshalb als *Exergieinversion* bezeichnet werden [3.3]. Für $T_\mathrm{u} = 0$ geht Gl. (3.29) in die Inversions-

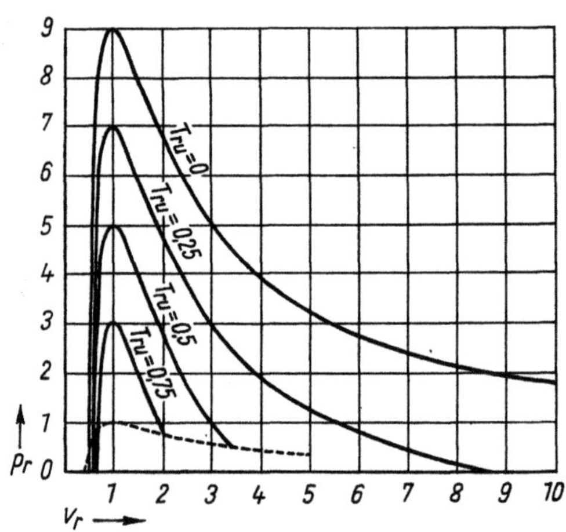

Bild 3.13. Inversionslinien der Exergie für ein VAN-DER-WAALS-Gas im $p_\mathrm{r},v_\mathrm{r}$-Diagramm
— — — — — Phasengrenzkurve

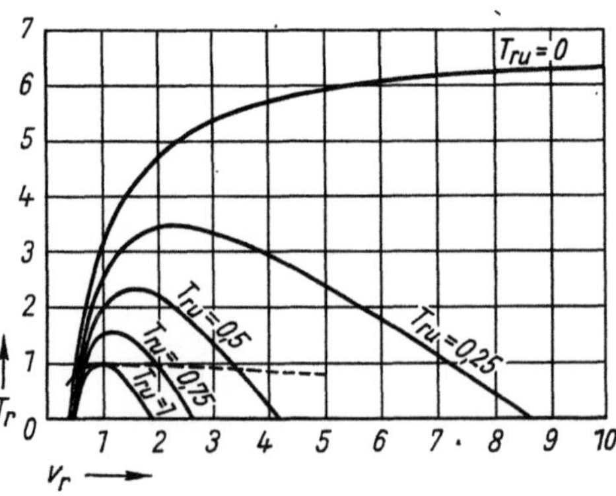

Bild 3.14. Inversionslinie der Exergie für ein VAN-DER-WAALS-Gas im $T_\mathrm{r},v_\mathrm{r}$-Diagramm
— — — — — Phasengrenzkurve

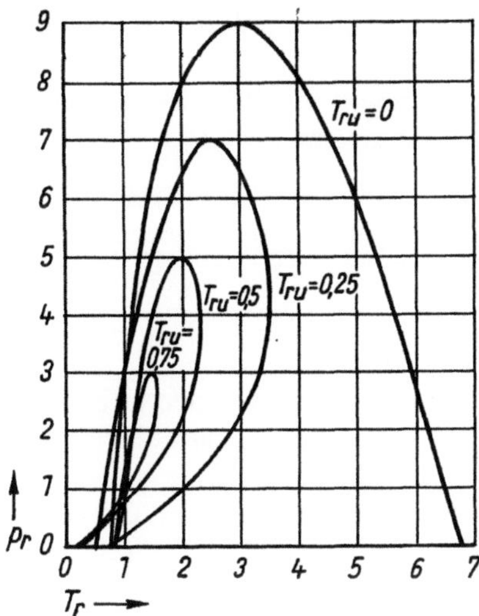

Bild 3.15. Inversionslinie der Exergie für ein VAN-DER-WAALS-Gas in p_r, T_r-Diagramm

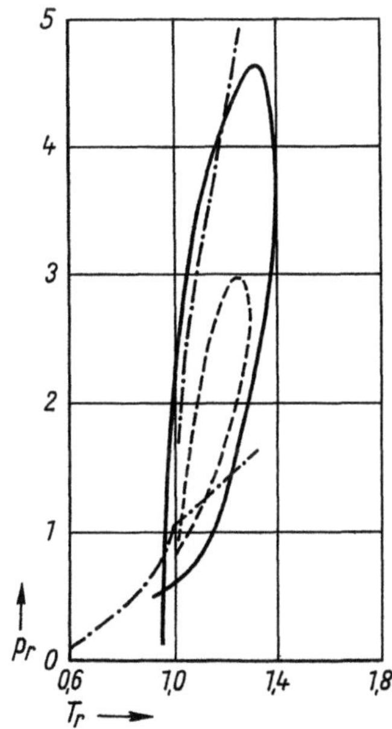

Bild 3.16. Inversionslinie der Exergie im p_r, T_r-Diagramm für:

- - - - - - - - - Ethan, $T_{ru} = 0,894$
————— Butan, $T_{ru} = 0,642$
—·—·—·—· Wasser, $T_{ru} = 0,42$; Dampfdruckkurve nach VAN DER WAALS

bedingung des JOULE-THOMSON-Effektes über, in völliger Übereinstimmung mit der allgemeinen Aussage, daß für $T_u \to 0$ exergetische und energetische Ergebnisse ineinander übergehen.

Für die Zustandsgleichung von VAN DER WAALS ist Gl. (3.29) in den Bildern 3.13 bis 3.16 quantitativ ausgewertet worden. Die VAN-DER-WAALSsche Zustandsgleichung liefert nur im Bereich $0 \leq T_u/T_{Kr} \leq \dfrac{9}{8}$ physikalisch sinnvolle Werte. Zum Vergleich ist in den Bildern 3.13 und 3.14 das Zweiphasengebiet eingezeichnet. Bild 3.15 zeigt, daß es zu Überschneidungen kommen kann, die durch den unterschiedlichen Einfluß des Joule-Thomson-Effektes und der Umgebung bedingt sind.

Für einige reale Gase ist der Verlauf der Exergieinversion in Bild 3.16 dargestellt, der den durch das van-der-Waals-Gas qualitativ bestimmten bestätigt.

3.2.3.   Exergie flüssiger Stoffe

Allgemein ist das Flüssigkeitsgebiet beim realen Gas dargestellt worden (Abschnitt 3.2.2.). In diesem Abschnitt wird nur der Sonderfall behandelt, daß sowohl Berechnungs- als auch Umgebungszustand im Flüssigkeitsgebiet liegen.

Charakteristisch für Flüssigkeiten in üblichen Zustandsbereichen sind die gegenüber Gasen um Größenordnungen kleineren spezifischen Volumina oder entsprechend höhere Dichten und die relativ geringe Druckabhängigkeit der Zustandsparameter. Diese Sachverhalte ermöglichen die Ableitung von zugehörigen *Näherungsgleichungen* zur Berechnung der Exergie. Ausgangspunkt ist Gl. (3.2), die mit Einführung des Enthalpiebegriffes liefert:

$$de = \frac{T - T_\mathrm{u}}{T}\, dh + \frac{T_\mathrm{u}}{T}\, v\, dp \qquad (3.31)$$

Die Integration liefert je nach dem zugrunde gelegten Integrationsweg

$$e = \int\limits_{p_\mathrm{u},\, h_\mathrm{u}}^{p_\mathrm{u},\, h} \cdot \frac{T - T_\mathrm{u}}{T}\, dh + T_\mathrm{u} \int\limits_{p_\mathrm{u},\, h}^{p,\, h} \frac{v}{T}\, dp$$

$$e = \frac{T_\mathrm{m} - T_\mathrm{u}}{T_\mathrm{m}}\, (h - h_\mathrm{u}) + \frac{T_\mathrm{u}}{T}\, v_\mathrm{m}(T)\, (p - p_\mathrm{u}) \qquad (3.32)$$

oder

$$e = \int\limits_{p,\, h_\mathrm{u}}^{p,\, h} \frac{T - T_\mathrm{u}}{T}\, dh + T_\mathrm{u} \int\limits_{p_\mathrm{u},\, h_\mathrm{u}}^{p,\, h_\mathrm{u}} \frac{v}{T}\, dp$$

$$e = \frac{T_\mathrm{m} - T_\mathrm{u}}{T_\mathrm{m}}\, (h - h_\mathrm{u}) + v_\mathrm{m}(T_\mathrm{u})\, (p - p_\mathrm{u}) \qquad (3.33)$$

Die Mittelungen können vereinfacht werden, wenn die Zwischenzustände p_u, h und p_u, T sowie p, h_u und p, T_u identisch sind.

Gl. (3.2) zur Ermittlung der Exergie kann auch mit geeigneten Zustandsgleichungen gelöst werden. Für Flüssigkeiten sind Ansätze der Art [3.4]

$$v = v_\mathrm{u}[1 + \alpha(T - T_\mathrm{u})]\,[1 - \chi(p - p_\mathrm{u})] \qquad (3.34)$$

als Zustandsgleichung darstellbar. Dabei bedeutet

$$\alpha = \frac{1}{v_u}\left(\frac{\partial v}{\partial T}\right)_p \quad \text{der thermische Ausdehnungskoeffizient}$$

$$\chi = -\frac{1}{v_u}\left(\frac{\partial v}{\partial p}\right)_T \quad \text{der Kompressibilitätskoeffizient}$$

Der Kompressibilitätskoeffizient ist sehr klein und kann mit ausreichender Genauigkeit als konstant angesehen werden. Der thermische Ausdehnungskoeffizient kann im Bedarfsfall über geeignete Temperaturfunktionen als Mittelwert eingeführt werden.

Wird Gl. (3.34) in Gl. (3.2) unter Beachtung dieser Annahmen eingesetzt, so folgt

$$e = \int\limits_{p,T_u}^{p,T} \frac{T - T_u}{T}\, c_p\, dT + v_u(p - p_u) - \frac{v_u \chi}{2}(p - p_u)^2 \tag{3.35}$$

Als weitere Vereinfachung läßt sich daraus für $\chi = 0$ und $c_p = \text{const}$ ableiten

$$e = c_p\left[(T - T_u) - T_u \ln\frac{T}{T_u}\right] + v_u(p - p_u) \tag{3.36}$$

mit der für viele praktische Fälle hinreichend genaue Ergebnisse erzielt werden können.

3.2.4. Exergie fester Stoffe

Stoffströme im festen Zustand kann man sich z. B. in disperser Form vorstellen. Die Exergien derartiger Stoffsysteme können mit den Beziehungen des Abschnittes 3.2.3. berechnet werden. Feste Stoffe weisen um Größenordnungen kleinere Werte des Kompressibilitätskoeffizienten und der thermischen Ausdehnung auf, so daß die Annahme der Inkompressibilität mit noch größerer Berechtigung als bei den Flüssigkeiten möglich ist.

Viele feste Stoffe weisen innerhalb des festen Zustandes *Phasenumwandlungen* infolge von Umwandlungen der Gitterstruktur auf. Derartige Phasenumwandlungen sind in der Exergieberechnung wie Änderungen des Aggregatzustandes zu berücksichtigen. Sind die Enthalpiewerte der Phasenumwandlungen $\Delta h^{\alpha_i,\,\alpha_{i+1}}$ bekannt, so lautet die Berechnungsgleichung der Exergie für einen Stoff mit Phasenumwandlungen, die zwischen Berechnungs- und Umgebungszustand liegen

$$e = \int\limits_{T_u}^{T^{\alpha_u,\alpha_1}} c_{\alpha_u}\, dT + \sum_{i=1}^{n-1} \int\limits_{T^{\alpha_{i-1},\alpha_i}}^{T^{\alpha_i,\alpha_{i+1}}} \frac{T - T_u}{T}\, c_{\alpha_i}\, dT + \int\limits_{T^{\alpha_{n-1},\alpha_n}}^{T} \frac{T - T_u}{T}\, c_{\alpha_n}\, dT$$

$$+ \sum_{i=1}^{n} \frac{T^{\alpha_{i-1},\alpha_i} - T_u}{T^{\alpha_{i-1},\alpha_i}}\, \Delta h^{\alpha_{i-1},\alpha_i} + \int\limits_{p_u,T}^{p,T} v\, dp \tag{3.37}$$

Das Druckglied ist in Gl. (3.37) als Integral angegeben, da der Berechnungs- oder auch Umgebungszustand im gasförmigen Bereich liegen kann. Das kann z. B. in Verbindung mit Sublimationsvorgängen erforderlich sein. Hinsichtlich aller denkbaren Zuordnungen von Berechnungs- und Umgebungszustand ist analog zu dem in Tabelle 3.1 deutlich gemachten Schema zu verfahren.

3.2.5.   Exergie im Plasmazustand

Unter Plasma versteht man ein *Gemisch von Molekülen, Atomen, Elektronen und Ionen* eines Stoffes. Im folgenden soll der Bereich des *Tieftemperaturplasmas* betrachtet werden. Die Bestandteile des Plasma sollen im vollständigen statistischen Gleichgewicht vorliegen und die Teilchengeschwindigkeiten einer MAXWELL-Verteilung folgen. Da nur niedere und mittlere Drücke betrachtet werden sollen, kann für die einzelnen Gaskomponenten die *Zustandsgleichung des idealen Gases* zugrunde gelegt werden.

Ausgangsgleichung der Exergieberechnung ist die Gl. (3.3), die zweckmäßigerweise für die vorliegende Betrachtung auf die Mengeneinheit zu beziehen ist

$$\bar{e} = (\bar{h} - \bar{h}_\mathrm{u}) - T_\mathrm{u}(\bar{s} - \bar{s}_\mathrm{u})$$

Die auf die Masseneinheit bezogene Exergie ergibt sich dann aus dem Ansatz

$$e = \frac{\bar{e}}{\sum\limits_{i=1}^{n} x_i M_i} \tag{3.38}$$

Als Umgebungszustand wird gewöhnlich der Standardzustand verwendet ($T_\mathrm{u} = 293$ K, $p_\mathrm{u} = 1$ atm $= 1{,}013 \cdot 10^5$ Pa), da bei der Berechnung auf entsprechende Tabellenwerte zurückzugreifen ist. Stofflich ist der Umgebungszustand die stabilste Modifikation, die bei üblichen Gasen stets die zweiatomige Verbindung ist. Bei manchen Stoffen liegt zwischen Umgebungszustand und Berechnungszustand eine Aggregatszustandsänderung, die entsprechend den Abschnitten 3.2.2. und 3.2.4. zu berücksichtigen ist. Mit der Annahme, alle Komponenten des Plasmagases als ideale Gase anzusehen, können die Enthalpien und Entropien nach folgenden Ansätzen ermittelt werden (s. Abschnitt 3.3.1.):

$$\bar{h} = \sum\limits_{i=1}^{n} x_i \bar{h}_i \tag{3.39 a}$$

$$\bar{h}_\mathrm{u} = \sum\limits_{i=1}^{n} x_{i\mathrm{u}} \bar{h}_{i\mathrm{u}} \tag{3.39 b}$$

und

$$\bar{s} = \sum\limits_{i=1}^{n} x_i \left[\bar{s}_i^0 - \bar{R}\left(\ln x_i + \ln \frac{p}{p^0} \right) \right] \tag{3.40 a}$$

$$\bar{s}_\mathrm{u} = \sum\limits_{i=1}^{n} x_{i\mathrm{u}} \left[\bar{s}_{i\mathrm{u}}^0 - \bar{R}\left(\ln x_{i\mathrm{u}} + \ln \frac{p_\mathrm{u}}{p^0} \right) \right] \tag{3.40 b}$$

Die Werte der molaren Enthalpie $\bar{h}_i$, $\bar{h}_{iu}$ und molaren Entropien $\bar{s}_i^0$ und $\bar{s}_{iu}^0$ sind aus Zustandstabellen zu entnehmen. Im allgemeinen wird $p_u = p^0$ gesetzt werden. Die Werte x_i der Molanteile müssen aus der Betrachtung der *thermischen Dissoziation* abgeleitet werden. Als eine chemische Reaktion gilt für diese die Gleichgewichtsbedingung [3.5]

$$\Sigma\, \nu_{1i}\mu_1 = 0 \tag{3.41}$$

dabei sind ν_{1i} der stöchiometrische Koeffizient der Molekül- oder Atomart in der i-ten Reaktion, μ_1 das chemische Potential. Für ideale Gase kann für Gl. (3.41) angegeben werden

$$\sum_1 \varphi_{1i} \ln x_1 - \ln x_i = \left[\mu_i^0 - \sum_1 \varphi_{1i}^0 \mu_1\right] \frac{1}{\bar{R}T} + \left(1 - \sum_1 \varphi_{1i}\right) \ln \frac{p}{p^0} \tag{3.42}$$

Darin bedeutet
φ_{1i} Anzahl der Atome $l(X_i)$ in der Verbindung $i(Y_i)$ entsprechend

$$Y_i = \sum_1 \varphi_{1i} X_1$$

Die Werte des chemischen Potentials können unter Benutzung der Definitionsgleichung

$$\mu_i^0 = \bar{h}_i^0 - T\bar{s}_i^0$$

mit Hilfe von Tabellenwerten bestimmt werden.

Außerdem steht die Gesamtbilanz als Normierungsbedingung

$$\Sigma\, x_i = 1 \tag{3.43}$$

und die Komponentenbilanz z. B. in der Form

$$\sum_i \varphi_{1i} x_i = b_1 n_R \tag{3.44}$$

zur Verfügung. Dabei ist b_1 die Zusammensetzung im Anfangszustand der Komponente R.

Das Gleichungssystem, bestehend aus den Gln. (3.42), (3.43) und (3.44), kann numerisch gelöst werden zur Ermittlung der Molanteile x_i. Die Ergebnisse einer solchen Berechnung sind in Bild 3.17 am Beispiel der Dissoziation von Schwefeldioxid dargestellt.

Mit den Werten der Molanteile x_i, den Gln. (3.39) und (3.40) kann nach Gl. (3.38) die Exergie berechnet werden. In Bild 3.18 ist das e,T-Diagramm einiger dissoziierender Gase angegeben, das den Einfluß der Stoffart erkennen läßt.

Für die Dissoziation von bimolekularen Gasen einer Atomart, die z. B. in der Plasmatechnik eine große Bedeutung besitzen, kann die Berechnung der Exergie mit Hilfe der Gleichgewichtskonstanten für den Zerfall erfolgen. Dieses Verfahren ist ohne größeren rechentechnischen Aufwand zu realisieren [3.6], [3.7].

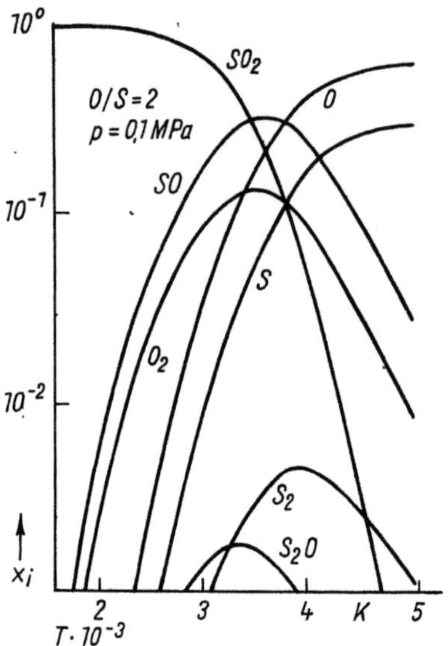

Bild 3.17. Gleichgewichtszusammensetzung des durch Dissoziation von Schwefeloxid entstehenden Stoffsystems in Abhängigkeit von der Temperatur

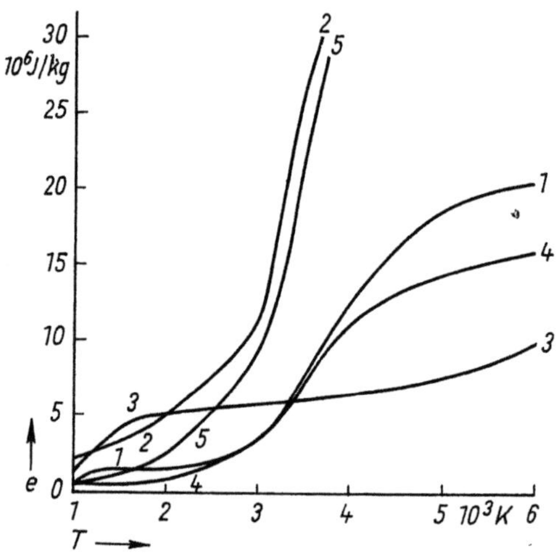

Bild 3.18. e,T-Diagramm einiger dissoziierender Stoffe für 10^5 Pa Umgebungszustand: $p_u = 10^5$ Pa, $T_u = 273$ K

die reinen nicht dissoziierten Stoffe:

1 SO_3 *4* HCl
2 NH_3 *5* H_2O
3 NF_3

Zweckmäßigerweise geht man von der Gl. (3.3) aus, die mit Einführung der Enthalpie lautet

$$\mathrm{d}\bar{e}^* = \frac{T - T_\mathrm{u}}{T}\,\mathrm{d}\bar{h}^* + \frac{T_\mathrm{u}}{T}\,\bar{v}^*\,\mathrm{d}p$$

Der Zeiger * weist auf die Verwendung des nichtdissoziierten Gases im Standardzustand als Bezugszustand bzw. Umgebungszustand hin.

Unter Berücksichtigung von Gl. (3.38) läßt sich die spezifische (massenbezogene) Exergie je nach dem Integrationsweg aus den Beziehungen bestimmen

$$e = \frac{1}{\sum\limits_{i=1}^{n} x_i M_i} \left[\int\limits_{T_u, p}^{T, p_u} \frac{T - T_u}{T}\, d\bar{h}^* + \frac{T_u}{T} \int\limits_{T, p_u}^{T, p} \bar{v}^*\, dp \right] \tag{3.45 a}$$

und

$$e = \frac{1}{\sum\limits_{i=1}^{n} x_i M_i} \left[\int\limits_{T_u, p}^{T, p} \frac{T - T_u}{T}\, d\bar{h}^* + \int\limits_{T_u, p_u}^{T_u, p} \bar{v}^*\, dp \right] \tag{3.45 b}$$

Zur Auswertung der Gln. (3.45) müssen der Ansatz $h^*(p, T)$ und die thermische Zustandsgleichung des Plasmagases bekannt sein.

Für die Enthalpie gilt

$$h^*(p, T) = \beta(x_A \bar{h}_A + x_M \bar{h}_M) \tag{3.46}$$

wobei die Enthalpien der Moleküle $\bar{h}_M$ und der Atome $\bar{h}_A$ tabelliert sind und als Polynome dargestellt werden können.

$$\bar{h}_M = \sum_{i=0}^{b} M_i T^i, \qquad \bar{h}_A = \sum_{i=1}^{b} A_i T^i \tag{3.47}$$

Für die Zustandsgleichung kann geschrieben werden

$$pv^* = \beta RT \tag{3.48}$$

wobei β die Volumenvergrößerung infolge Dissoziation kennzeichnet. Der *Volumenvergrößerungskoeffizient* ist definiert als

$$\beta = \frac{n}{n_0} = \frac{2}{1 + x_M} \tag{3.49}$$

Für ideale Gase ist der Volumenvergrößerungskoeffizient gleich dem Molvergrößerungskoeffizient. Für bimolekulare Gase ergibt sich der rechte Term in Gl. (3.49). Der Volumenvergrößerungskoeffizient ist eine Funktion der Gleichgewichtskonstanten, die unter Benutzung von Tabellenwerten in Form von Polynomen dargestellt werden kann.

Für viele Zwecke hat sich als geeignet erwiesen

$$\ln K_\varphi = K \ln T + \sum_{i=a}^{b} K_i T^i = D(T) \tag{3.50}$$

mit $a = -2$ und $b = 7$ [3.8].

Mit Gl. (3.50) kann die Gl. (3.49) in der Form angegeben werden:

$$\beta = 1 + (1 + 4p\, e^{-D(T)})^{-1/2} = \beta(p, T) \tag{3.49 a}$$

Gl. (3.49a) kennzeichnet die Zustandsabhängigkeit des Volumenvergrößerungskoeffizienten.

Mit den Gln. (3.49a), (3.47a, b) kann die Enthalpie nach Gl. (3.46) als Funktion des Zustandes bestimmt werden. Die Integration der Gln. (3.45) kann vorgenommen werden, wenn gesetzt wird

$$\mathrm{d}\bar{h}^* = \bar{c}_\mathrm{p}^* \,\mathrm{d}T$$

und die molare Wärmekapazität durch die Ableitung von Gl. (3.46) entsprechend

$$\bar{c}_\mathrm{p}^* = \left(\frac{\partial \bar{h}^*}{\partial T}\right)_\mathrm{p} \tag{3.51}$$

ermittelt wird. Es ist zu erkennen, daß der Enthalpieterm der Gl. (3.45) numerisch zu lösen ist.

Die Integration des 2. Integrals in Gl. (3.45) ist explizit möglich. Dieser Term entspricht der technischen Arbeit bei $T = \mathrm{const.}$ Es ergibt sich

$$\int\limits_{p_\mathrm{u}}^{p} \bar{v}^* \,\mathrm{d}p = \bar{R}T \ln \frac{p}{p_\mathrm{u}} + \bar{R}T \ln \frac{\beta(p_\mathrm{u}, T)\,(2 - \beta(p, T))}{\beta(p, T)\,(2 - \beta(p_\mathrm{u}, T))} \tag{3.52}$$

Die so aufbereiteten Gln. (3.45) erlauben eine Bestimmung der Exergie der im Plasmazustand dissoziierenden Gase.

In Bild 3.19 ist das h,s-Diagramm für Wasserstoff dargestellt. Dieses Bild erlaubt, den Einfluß von Druck und Temperatur unter den Bedingungen der Dissoziation abzuschätzen. Daraus wird der qualitativ andere Charakter des Plasmazustandes gegenüber dem Zustand des idealen Gases deutlich. Den Grad der Dissoziation macht der Molvergrößerungskoeffizient deutlich, der gleichfalls als Parameter in das Diagramm aufgenommen wurde. Der Vollständigkeit halber sind außerdem Isenexergen angegeben.

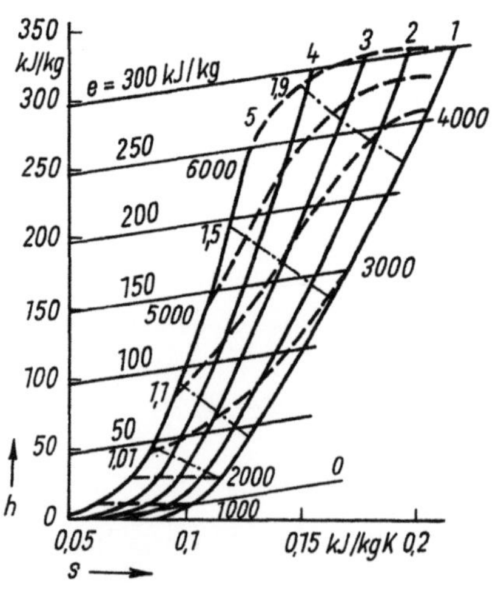

Bild 3.19. h,s-Diagramm für den Dissoziationsbereich von Wasserstoff mit Linien e, T, p und $\beta = \mathrm{const}$

Bezugs- und Umgebungszustand:
$p_\mathrm{u} = 10^5$ Pa, $T_\mathrm{u} = 273$ K, reiner molekularer Wasserstoff

————— $T = \mathrm{const}$ in K

·—·—·— $\beta = \mathrm{const}$

$1\ p = 10^3$ Pa $\quad 4\ p = 10^6$ Pa
$2\ p = 10^4$ Pa $\quad 5\ p = 10^7$ Pa
$3\ p = 10^5$ Pa

3.3.   Exergie von Mischsystemen

Liegt ein Stoffstrom mit unterschiedlichen chemischen Individuen vor, spricht man von einem Gemisch, einer Mischung oder einem Mischsystem. Zur Charakterisierung des Gemisches oder Mischsystems dient die Angabe der Konzentration der Individuen oder Komponenten. Die Verwendung der unterschiedlichen Konzentrationsmaße ist durch die jeweilige Aufgabenstellung gekennzeichnet. Nach den Wechselwirkungen, die zwischen den Komponenten der Mischung bestehen, unterscheidet man zwischen idealen und realen Mischsystemen. *Ideale Mischungen* weisen entweder keine Wechselwirkungen auf, sind demnach durch Gemische idealer Gase gegeben, oder ihre Wechselwirkungskräfte ändern sich nicht mit der Konzentration. Zur qualitativen Beschreibung *realer Mischungen* existieren unterschiedliche Möglichkeiten je nach der Notwendigkeit, das gesamte System oder nur einige Komponenten durch Realeigenschaften erfassen zu müssen.

Wie auch bei reinen Stoffen ist bei Mischungen der Begriff der Phase zu berücksichtigen. Dabei versteht man unter einer Phase einen homogenen Bezirk innerhalb des Mischsystems, der durch eine Phasengrenzfläche von den übrigen Bereichen abgetrennt ist. Durch die Anwesenheit verschiedenartiger Komponenten in Mischsystemen kann die Anzahl der koexistenten Phasen bei diesen größer sein als bei reinen Stoffen. Man spricht in diesem Zusammenhang von Mischphasen.

In dem vorliegenden Zusammenhang interessiert der Einfluß des Mischsystems, d. h. letzten Endes der Konzentration auf die Exergie. Wird dieser Einfluß bei konstanten äußeren Bedingungen untersucht ($p = \text{const}$, $T = \text{const}$), kann in diesem Zusammenhang von einer *Konzentrationsexergie* e_{konz} gesprochen werden, die sich im allgemeinen zusammensetzt aus (s. Abschnitt 2.2.2.3.)

$$e_{\text{konz}} = e_{\text{konz}}^{\text{id}} + e_{\text{konz}}^{\text{E}} \tag{3.53}$$

wobei sich $e_{\text{konz}}^{\text{id}}$ auf den Konzentrationseinfluß idealer Mischsysteme bezieht und $e_{\text{konz}}^{\text{E}}$ die Wechselwirkungen zwischen den Komponenten einer realen Mischung in Form einer Exzeßfunktion berücksichtigt. Es ist leicht zu erkennen, daß die Kenntnis der Konzentrationsexergie sowohl den Mischungsverlust als auch die minimale Trennarbeit eines Mischsystems zu bestimmen erlaubt. Bei der Berechnung der Exergie von Mischsystemen ist aus all diesen Gründen auch der Umgebungszustand außer durch Druck und Temperatur hinsichtlich der Zusammensetzung zu kennzeichnen. Unter Berücksichtigung solcher Zusammenhänge werden im folgenden Berechnungsmöglichkeiten für ideale und reale Mischsysteme angegeben. Eine besondere Darstellung erfordert die feuchte Luft, nicht nur aufgrund ihrer technischen Bedeutung, sondern auch als ein Beispiel für eine Modellierung, die aus einer Kombination von idealer und realer Betrachtung besteht.

3.3.1.   Exergie idealer Mischungen

Mit den Vorstellungen über ein ideales Mischsystem lassen sich Mischungen idealer Gase beschreiben, weil diese exakt keine Wechselwirkung untereinander aufweisen, solche Mischungen, bei denen die *Wechselwirkungskräfte* zu *vernachlässigen* sind, und Mischungen, deren Komponenten Wechselwirkungskräfte aufweisen, die sowohl untereinander als auch zwischen den Komponenten die gleiche Größenordnung aufweisen. Bei all diesen Mischsystemen besteht die Konzentrationsexergie nach Gl. (3.53) nur aus dem Idealanteil. Die Berechnung der Exergie erfolgt auf der Basis von Gl. (3.3). Kennzeichnet man ein Gemisch durch die Massenanteile

$$\xi_i = \frac{m_i}{m} \tag{3.54}$$

wobei aufgrund der Massen und Komponentenbilanz gelten muß

$$\sum_{i=1}^{n} \xi_i = 1 \tag{3.55}$$

so läßt sich die Enthalpie dieses Gemisches aus der Beziehung

$$h = \sum_{i=1}^{n} \xi_i h_{0i} \tag{3.56}$$

berechnen und die Entropie

$$s = \sum_{i=1}^{n} \xi_i s_{0i} + \Delta s_M \tag{3.57}$$

mit

$$\Delta s_M = \frac{\bar{R}}{\sum x_i M_i} \sum x_i \ln \frac{1}{x_i} = \sum \xi_i R_i \ln \left(\frac{M_i}{\xi_i} \sum \frac{\xi_i}{M_i} \right) \tag{3.58}$$

Die Entropien s_0 beziehen sich demzufolge auf den Gesamtdruck p des Systems. Definiert man die Exergie der reinen Komponente als

$$e_{0i} = (h_{0i} - h_{0iu}) - T_u(s_{0i} - s_{0iu}) \tag{3.59}$$

so ergibt sich die Exergie des Gemisches allgemein aus

$$e = \sum \xi_i e_{0i} + \bar{R} T_u \sum \frac{\xi_i}{M_i} \ln \frac{x_i}{x_{ui}} \tag{3.60}$$

$$\frac{x_i}{x_{ui}} = \frac{\xi_i \sum \frac{\xi_{ui}}{M_{ui}}}{\xi_{ui} \sum \frac{\xi_i}{M_i}}$$

da die Umgebung selbst als Gemisch vorliegen kann. Unterscheidet sich der Umgebungszustand hinsichtlich der Zusammensetzung nicht vom Berechnungszustand, so ist $\xi_i = \xi_{ui}$ und das Ergebnis von Gl. (3.60) identisch mit den Aussagen des Abschnittes 3.2. Liegen die Komponenten des Gemischs in der Umgebung als reine Stoffe getrennt beim Gesamtdruck vor, dann ist $\xi_{ui} = 1$ für jede Komponente. Die Umgebung ist dann durch ein gehemmtes Gleichgewicht zu kennzeichnen. Der Term

$$\bar{R} T_u \sum x_i \ln x_i$$

gibt dann die minimale Trennarbeit des Gemisches bezogen auf die Molmenge oder den Mischungsverlust bei irreversibler Mischung der reinen Komponenten an.

Bei unterschiedlicher Zusammensetzung von System und Umgebung ($\xi_i \neq \xi_{ui}$) stellt der Term

$$\frac{\bar{R}}{\sum x_i M_i} T_u \sum x_i \ln \frac{x_i}{x_{ui}} = e_{konz}^{id} = e_{konz}$$

bzw. der letzte Term von Gl. (3.60) die Konzentrationsexergie nach Gl. (3.53) dar, die im vorliegenden Fall nur aus dem Idealanteil besteht. Voraussetzung ist natürlich stets, daß alle Komponenten des Mischsystems in der Umgebung vertreten sind ($\xi_{ui} > 0$). Die Umgebung selbst kann darüber hinaus weitere Komponenten enthalten.

Als Alternative zur Gl. (3.60) kann die Exergie des Gemisches auch aus den partiellen Exergien der Komponenten in der Mischung bestimmt werden. Es gilt dann

$$e = \sum_{i=1}^{n} \xi_i e_i \qquad e_i = e_{0i} + \frac{\bar{R}}{M_i} T_u \ln \frac{x_i}{x_{ui}} \tag{3.61}$$

wobei sich die partiellen Exergien auf die Konzentrationen oder die Partialdrücke der Komponenten beziehen.

Für das ideale Gas gilt mit $c_p = \text{const}$

$$e_i = c_{pi} \left[(T - T_u) - T_u \ln \frac{T}{T_u} \right] + R_i T_u \ln \frac{p_i}{p_{ui}} \tag{3.62}$$

wobei für den Partialdruck nach DALTON gilt

$$\Sigma p_i = p \qquad \text{und} \qquad \Sigma p_{ui} = p_u$$
$$p_i = x_i p \qquad\qquad\qquad p_{ui} = x_{ui} p_u$$

3.3.2. Exergie feuchter Luft

Die Berechnung der Exergie feuchter Luft verwendet natürlich alle Vereinfachungen, die auch sonst bei den üblichen Prozessen der Klima- und Trockentechnik hinsichtlich der Erfassung der thermodynamischen Eigenschaften üblich sind. So wird die feuchte Luft im gasförmigen Bereich als *ideale Mischung* angesehen. Für die Bestandteile der Luft werden die Gesetzmäßigkeiten idealer Gase zugrunde gelegt. Die Luft wird de facto als *Zweistoffgemisch* behandelt, die eine Komponente stellt die trockene Luft mit einer mittleren und sich nicht ändernden Zusammensetzung dar, die andere Komponente ist reines Wasser. Bei Erreichen der entsprechenden Phasenumwandlungszustände ist die Kondensation bzw. Eisbildung des Wassers zu berücksichtigen. Hierzu werden temperaturunabhängige Umwandlungsenthalpien angenommen. Auch für den flüssigen und festen Zustand des Wassers werden konstante spezifische Wärmekapazitäten verwendet und die Löslichkeit der Komponenten in der flüssigen oder festen Phase vernachlässigt. Die Gesamtheit dieser Annahmen ermöglicht eine einfache Exergieberechnung. Da Trocknungsprozesse in den verschiedenen Zweigen der stoffwandelnden Industrie auch mit anderen Gasen als Luft und mit anderen zu verdampfenden Medien als Wasser betrieben werden, wird im folgenden eine allgemeinere Darstellung als die übliche angestrebt. Die trockene Gasphase wird mit G, die kondensierende Phase mit V für den dampfförmigen, L für den flüssigen und S für den festen Anteil indiziert. Um Verwechslungen mit dem Molanteil x zu vermeiden, wird der Wassergehalt mit ω bezeichnet und wie üblich definiert

$$\omega = \frac{m_V + m_L + m_S}{m_G} = \omega_V + \omega_L + \omega_G \tag{3.63}$$

Die Exergie der feuchten Luft bestimmt sich damit aus der Beziehung (bezogen auf $(1 + \omega)$ kg)

$$e_{1+\omega} = e_G + \omega_V e_V + \omega_L e_L + \omega_S e_S \tag{3.64}$$

Für die Lösung klimatechnischer Aufgaben wird der Umgebungszustand gewöhnlich im Bereich der ungesättigten Luft angenommen, wobei natürlich zwischen Winter- und Sommerbetrieb zu unterscheiden ist. Für trocknungstechnische Aufgaben kann aus technologischen Gründen auch die Wahl anderer Zustandsbereiche sinnvoller scheinen. Liegt der Berechnungszustand auch im ungesättigten Bereich, so sind die Partialdrücke für die Exergieberechnung zugrunde zu legen. Aus Gl. (3.64) wird

$$e_{1+\omega} = e_G + \omega_V e_V$$

mit den Eigenschaften des idealen Gases Gl. (3.62)

$$e_{1+\omega} = c_{pG}\left[(T - T_u) - T_u \ln \frac{T}{T_u}\right] + R_G T_u \ln \frac{p\left(\dfrac{M_V}{M_G} + \omega\right)}{p_u\left(\dfrac{M_V}{M_G} + \omega\right)}$$

$$+ \omega_V \left\{ c_{pV}\left[(T - T_u) - T_u \ln \frac{T}{T_u}\right] + R_V T_U \ln \frac{p\omega\left(\dfrac{M_V}{M_G} + \omega_u\right)}{p_q \omega_u \left(\dfrac{M_V}{M_G} + \omega\right)} \right\} \tag{3.65}$$

Während der Druckeinfluß auf die Enthalpie im allgemeinen vernachlässigt werden kann, ist der Einfluß auf die Exergie selbst bei klimatechnischen Prozessen kaum vernachlässigbar. Eine Vernachlässigung erscheint nur sinnvoll, wenn nur der Anteil der Exergieänderung durch Feuchteänderung betrachtet werden soll [3.9].

Gl. (3.65) gilt für den Fall, daß der Partialdruck des Dampfes kleiner ist als der Sättigungsdruck p^{LV}

$$p^{\mathrm{LV}} > p_{\mathrm{V}} = \frac{\omega}{\dfrac{M_{\mathrm{V}}}{M_{\mathrm{G}}} + \omega}\, p$$

Wird das Sättigungsgebiet erreicht, kommt es zum Austauen von Feuchtigkeit. Diese Phasenänderung muß bei der Exergieberechnung berücksichtigt werden. Liegt die ausgetaute Flüssigkeit unterhalb der Sättigungstemperatur vor, ist bei der Exergieberechnung ein thermomechanischer Anteil zu berücksichtigen. Ähnliche Überlegungen müssen angestellt werden, wenn es zur Eisbildung und Unterkühlung der festen Phase gegenüber dem Zweiphasengebiet kommt. Die entsprechenden Exergieterme in Gl. (3.64) nehmen folgende Gestalt an

$$e_{\mathrm{L}} = c_{\mathrm{pV}}\left[(T - T_{\mathrm{u}}) - T_{\mathrm{u}} \ln \frac{T}{T_{\mathrm{u}}}\right] - \frac{T - T_{\mathrm{u}}}{T} \Delta h^{\mathrm{LV}} + R_{\mathrm{V}} T_{\mathrm{u}} \ln \frac{\varphi^{\mathrm{LV}} p}{\varphi_{\mathrm{u}} p_{\mathrm{u}}}$$

$$= c_{\mathrm{pL}}\left[(T - T_{\mathrm{u}}) - T_{\mathrm{u}} \ln \frac{T}{T_{\mathrm{u}}}\right] + R_{\mathrm{V}} T_{\mathrm{u}} \ln \frac{1}{\varphi_{\mathrm{u}}} \tag{3.66}$$

$$e_{\mathrm{S}} = c_{\mathrm{pV}}\left[(T - T_{\mathrm{u}}) - T_{\mathrm{u}} \ln \frac{T}{T_{\mathrm{u}}}\right] - \frac{T - T_{\mathrm{u}}}{T} \Delta h^{\mathrm{SV}}$$

$$= c_{\mathrm{pS}}\left[(T - T_{\mathrm{u}}) - T_{\mathrm{u}} \ln \frac{T}{T_{\mathrm{u}}}\right] + R_{\mathrm{V}} T_{\mathrm{u}} \ln \frac{1}{\varphi_{\mathrm{u}}} + R_{\mathrm{V}} T_{\mathrm{u}} \ln \frac{\varphi^{\mathrm{SV}} p}{\varphi_{\mathrm{u}} p_{\mathrm{u}}} \tag{3.67}$$

Dabei sind e_{L} die Exergie des Wassers und e_{S} die des Eises bezogen auf den Wasserdampf, der unter dem entsprechenden Partialdruck p_{V} beim Umgebungszustand zur Verfügung steht.

Für den Sublimationsprozeß können analoge Beziehungen entwickelt werden.

Mit den Stoffdaten für Luft und Wasser können für die feuchte Luft Zahlenwertgleichungen angegeben werden (h, e in J/kg, T in K). Aufgrund der großen Bedeutung dieses Stoffpaares in der Technik sollen diese Gleichungen als Beispiel angegeben werden.

- feuchte Luft:

$$h_{1+\omega} = 10^3((1{,}00 + 1{,}86\omega)\,(T - 273{,}15) + 2501\omega)$$

$$e_{1+\omega} = 10^3\left((1{,}00 + 1{,}86\omega)\left(T - T_{\mathrm{u}} - T_{\mathrm{u}} \ln \frac{T}{T_{\mathrm{u}}}\right)\right.$$

$$\left. + (0{,}2871 + 0{,}4614\omega)\, T_{\mathrm{u}} \ln \frac{p(0{,}622 + \omega_{\mathrm{u}})}{p_{\mathrm{u}}(0{,}622 + \omega)} + \left(0{,}4614\omega T_{\mathrm{u}} \ln \frac{\omega}{\omega_{\mathrm{u}}}\right)\right)$$

$$\tag{3.68}$$

- Wassernebel:

$$h_{1+\omega} = 10^3((1{,}00 + 2{,}33\omega^{LV} + 4{,}19\omega)\,(T - 273{,}15) + 2501\omega^{LV})$$

$$e_{1+\omega} = 10^3 \left((1{,}00 - 2{,}33\omega^{LV} + 4{,}19\omega)\left(T - T_u - T_u \ln \frac{T}{T_u}\right) \right.$$

$$+ (0{,}2871 + 0{,}4614\omega^{LV})\,T_u \ln\left(\frac{p(0{,}622 + \omega_u)}{p_u(0{,}622 + \omega^{LV})}\right)$$

$$\left. + 0{,}4614\,T_u(\omega - \omega^{LV})\ln(0{,}3835 + 0{,}6165\omega_u) + 0{,}4614\omega T_u \ln \frac{\omega_u^{LV}}{\omega_u}\right)$$

$$\omega^{LV} = \frac{\dfrac{M_V}{M_G}\,p^{LV}(T)}{p - p^{LV}(T)} \tag{3.69}$$

$$h_{1+\omega} = 10^3((1{,}00 + 0{,}23\omega^{LV} + 2{,}09\omega)\,(T - 273{,}15) + 2835\omega^{LV} - 334\omega)$$

$$e_{1+\omega} = 10^3 \left((1{,}00 + 1{,}86\,\omega)\left(T - T_u - T_u \ln \frac{T}{T_u}\right) + (0{,}287\,14 + 0{,}4614\,\omega^{LV}) \right.$$

$$\left. T_u \ln \frac{p(0{,}622 + \omega_u)}{p_u(0{,}622 + \omega^{LV})} + 0{,}461\,4\omega^{LV} T_u \ln \frac{\omega^{LV}}{\omega_u} - \frac{T - T_u}{T}(\omega - \omega^{LV})\cdot 334\right) \tag{3.70}$$

Zur Veranschaulichung des Ergebnisses sind in Bild 3.20 Linien $e_{1+\omega} = \text{const}$, also Isenexergen qualitativ in einem $h_{1+\omega}$, ω-Diagramm dargestellt. Es ergeben sich geschlossene Linienzüge. Das Verhalten der Isenexergen läßt sich durch die Ableitung von Gl. (3.65) näher diskutieren. Setzt man

$$dh_{1+\omega} = (c_{pG} + \omega_V c_{pV})\,dT \tag{3.71}$$

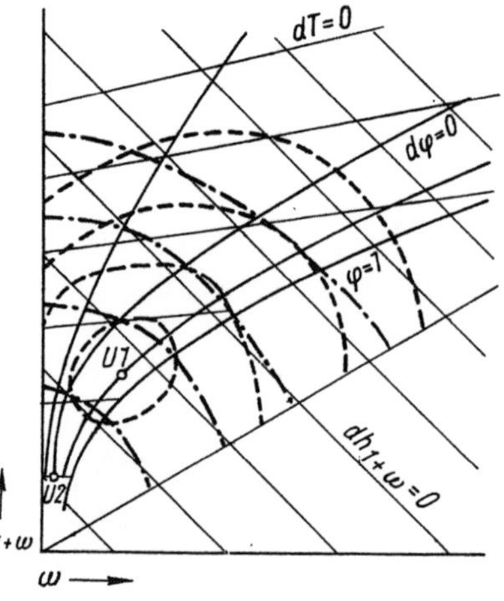

Bild 3.20. Qualitativer Verlauf der Isenexergen im MOLLIER-Diagramm feuchter Luft in Abhängigkeit vom Umgebungszustand

— — — — de = 0 für U1

—·—·—·— de = 0 für U2

so erhält man

$$\mathrm{d}e_{1+\omega} = \frac{T - T_\mathrm{u}}{T}\,\mathrm{d}h_{1+\omega} + (R_\mathrm{G} + \omega_\mathrm{v}R_\mathrm{V})\,T_\mathrm{u}\,\frac{\mathrm{d}p}{p} + R_\mathrm{V}T_\mathrm{u}\,\ln\left(\frac{\omega}{\dfrac{M_\mathrm{v}}{M_\mathrm{G}} + \omega}\right)\mathrm{d}\omega$$

Für die Darstellung im $h_{1+\omega}$, ω-Diagramm gilt $\mathrm{d}p = 0$, für die Isenexerge $\mathrm{d}e_{1+\omega} = 0$, daraus folgt

$$\left(\frac{\partial h_{1+\omega}}{\partial \omega}\right)_{e_{1+\omega}p} = \frac{T}{T - T_\mathrm{u}}\,R_\mathrm{V}T_\mathrm{u}\,\ln\frac{\omega}{\left(\dfrac{M_\mathrm{v}}{M_\mathrm{G}} + \omega\right)} \qquad (3.72)$$

Für jeden Wert von ω erhält man wegen $T \lessgtr T_\mathrm{u}$ zwei Tangenten an die Isenexerge. Für $T = T_\mathrm{u}$ verlaufen die Isenexergen senkrecht zu den Isenthalpen. Andererseits kann der Logarithmus in Gl. (3.72) in einer Reihe entwickelt werden. Bei Abbruch nach dem 1. Glied führt dies zu einer quadratischen Funktion, wonach zu einer vor-gegebenen Temperatur auch zwei Lösungen für den Wassergehalt existieren. Daraus läßt sich der geschlossene Linienzug der Isenexergen erklären.

Eine diagrammatische Darstellung der Exergie für Aufgaben der Klima- und Trockentechnik hat sich nicht durchgesetzt. Das ist darauf zurückzuführen, daß die Verdampfungsenthalpie des Wassers für das h,ω-Diagrammbild entscheidend ist, für die Exergieberechnung aber u. U. keine Bedeutung besitzt. Andererseits gilt das Diagramm nur für einen bestimmten Druck. Druckänderungen wirken sich auf die Enthalpiewerte nicht und auf die Sättigungswerte nur schwach aus. Auf die Exergie-berechnung können sie einen beträchtlichen Einfluß haben.

Aus diesen Gründen ist die rechnerische Ermittlung der Exergie der feuchten Luft der diagrammatischen vorzuziehen.

3.3.3. Exergie von Rauchgasen

Unter Rauchgasen werden Gase verstanden, die bei der *Verbrennung technischer Brennstoffe* mit atmosphärischer Luft entstehen. Sie stellen ein Gasgemisch aus den unverbrannten und inerten Luftbestandteilen und den bei der Verbrennungsreaktion entstehenden gasförmigen Verbrennungsprodukten dar. Bei vielen technischen Auf-gabenstellungen interessiert zwar nur die thermomechanische Exergie oder spezieller der temperaturabhängige Exergieanteil der Rauchgase, die in einfacher Form nach Abschnitt 3.2.1. berechnet werden können, bei bestimmten Prozessen und exergeti-schen Vergleichen ist aber auch der Gemischcharakter der Rauchgase zu berück-sichtigen. Die üblichen Zustandsparameter bei technischen Verbrennungsreaktionen erlauben, die Gasphase als ideale Gase darzustellen und die Rauchgase als eine ideale Mischung anzusehen. Je nach Wasserstoff- und Wassergehalt der Brennstoffe muß bei niedrigen Temperaturen mit der Auskondensation von Wasser gerechnet werden.

Bei schwefelhaltigen Brennstoffen kann es deshalb zum Auftreten von Schwefelsäure in der flüssigen Phase kommen. Bei hohen Temperaturen ($T > 1500\,\text{K}$) muß die thermische Dissoziation der Komponenten des Rauchgases berücksichtigt werden [3.11], [3.12] (s. Abschnitt 3.2.5.). Der Einfluß der Dissoziation läßt sich aus Bild 3.21 abschätzen, in dem der Molvergrößerungskoeffizient für die Rauchgase technisch bedeutsamer Brennstoffe und für Luft dargestellt ist.

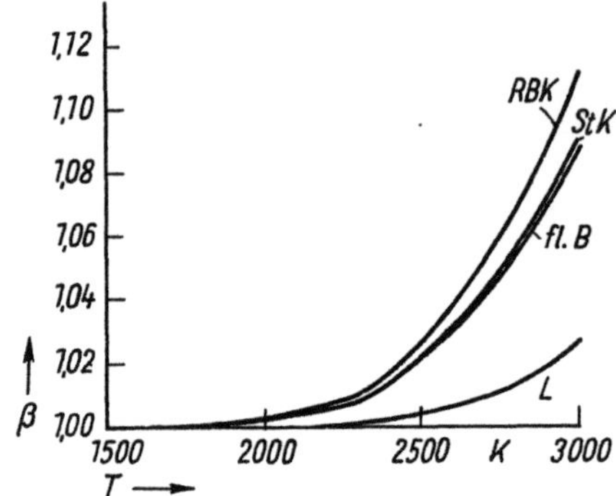

Bild 3.21. Molvergrößerungskoeffizient β infolge Dissoziation der Rauchgase in Abhängigkeit von der Temperatur bei der Verbrennung verschiedener Brennstoffe mit minimalem Luftbedarf und für Luft

RBK	Rohbraunkohle
StK	Steinkohle
fl. B.	flüssige Brennstoffe
L	Luft

Die Exergie der Rauchgase bestimmt sich aus der Beziehung

$$e = \int\limits_{p,\,T_u}^{p,\,T} \frac{T - T_u}{T}\, dh_M + T_u \int\limits_{p_u,\,T_u}^{p,\,T_u} \frac{v_M}{T}\, dp + \sum \xi_i R_i T_u \ln \frac{x_i}{x_{iu}} + \sum \xi_i e_{\text{chemi}}(p_u, T_u, x_{iu})$$

$$(3.73)$$

Da ideale Mischung zugrunde gelegt wurde, läßt sich Gl. (3.73) aus Gl. (3.60) ableiten. Bei der Darstellung der Integrationsgrenzen wird deutlich, daß auch die Druckabhängigkeit der Enthalpie vernachlässigt wurde. Das ist gewöhnlich aufgrund der relativ geringen Absolutdrücke und der nahezu isobar verlaufenden Zustandsänderungen ohne weiteres möglich. In Gl. (3.73) ist auch von einer näheren Kennzeichnung der Dissoziation abgesehen worden.

Interessiert lediglich die *thermomechanische Exergie* der Rauchgase, so sind nur die ersten beiden Terme in Gl. (3.73) zu berücksichtigen [3.13]. De facto wird mit einer solchen Festlegung die Umgebung gleich der stofflichen Zusammensetzung der Rauchgase gesetzt. Der dritte Term in Gl. (3.73) kennzeichnet die *Konzentrationsexergie*, deren Größe von der Zusammensetzung der Umgebung abhängt. Gewisse Grenzfälle sind dabei die Gleichheit von Rauchgas und Umgebung in der Zusammensetzung und die getrennte Vorlage der einzelnen Komponenten beim Umgebungsdruck als gehemmtes Gleichgewicht. Der vierte Term, die *chemische Exergie*, in Gl. (3.73) ist zu berücksichtigen, wenn die stoffliche Zusammensetzung von Rauchgas und Umgebung sich qualitativ unterscheiden. Das ist z. B. der Fall, wenn als Umgebung die natürliche Luft angesetzt wird und im Rauchgas Stick- und Schwefeloxide enthalten sind. Die Berechnung der chemischen Exergie wird im Abschnitt 3.4. behandelt.

Aus Gl. (3.73) lassen sich weitere spezielle Berechnungsgleichungen in unterschiedlicher Darstellung ableiten. So können z. B. Gas- und Flüssigkeitsphase getrennt berücksichtigt werden. Bei Gültigkeit des RAOULT-DALTONschen Gesetzes für das Phasengleichgewicht wird

$$e = \int\limits_{p,\,T_u}^{p,\,T} \frac{T - T_u}{T}\,dh_{MG} + R_{MG}T_u \ln \frac{p}{p_u} + \sum_i \xi_{iG}R_{iG}T_u \ln \frac{x_i}{x_{iu}}$$

$$+ g_L \sum_j \xi_{jL}\left(R_j T_u \ln \frac{x_{jL}p_j^{LV}}{x_{juG}p_u} - \frac{T - T_u}{T}\,\Delta h_j^{LV} + v_{jL}(p_j^{LV} - p_u) \right) \tag{3.74}$$

dabei gilt

$$x_{jL}p_j^{LV} = x_{jG}p \qquad\qquad \Sigma\,x_{jG}p = p$$

$$x_{juL}p_j = x_{juG}p_u \qquad\qquad \Sigma\,x_{juG}p_u = p_u$$

Der Index j bezeichnet die Komponenten, die zwischen Berechnungs- und Umgebungszustand eine Phasenänderung aufweisen. G und L weisen auf Gas- und Flüssigphase hin. g_L ist der Anteil der flüssigen Phase am Gesamtsystem. Eine andere Version erhält man, wenn die thermomechanische Exergie berechnet wird, als ob sich alle Bestandteile in der Gasphase befinden würden. Der exakte Wert ergibt sich dann durch eine entsprechende Korrektur für den kondensierten Anteil. Die Beziehung lautet

$$e = \int\limits_{T_u}^{T} \frac{T - T_u}{T}\,dh + R_M T_u \ln \frac{p}{p_u} + \sum_i \xi_i R_i T_u \ln \frac{x_i}{x_{iu}}$$

$$+ g_L \sum_j \xi_{jL}\left[\frac{T_u - T_j^{LV}(x_{ju}p_u)}{T_j^{LV}(x_{ju}p_u)}\,\Delta h^{LV} + (c_{pLj} - c_{pGj}) \right.$$

$$\left. \times \left(T - T_j^{LV}(x_{ju}p_u) - T_u \ln \frac{T}{T^{LV}(x_{ju}p_u)} \right) \right] \tag{3.75}$$

Für viele Aufgaben ist die Berechnung der molaren Exergie zweckmäßiger. Entsprechende Berechnungsgleichungen lassen sich leicht aus den Beziehungen (3.74) und (3.75) ableiten (Anm.: In den Gln. (3.74) und (3.75) ist im Vergleich zu Gl. (3.73) die chemische Exergie nicht enthalten).

Für viele technische Aufgaben wurden die Rauchgase nicht allein betrachtet, sondern stets in Verbindung mit dem eingesetzten Brennstoff. Ihr Zustand und die Zusammensetzung müssen aus einer Verbrennungsrechnung des eingesetzten Brennstoffes und anschließender Gleichgewichtsberechnung unter Berücksichtigung der Dissoziation und der Phasenänderung ermittelt werden. Ein derartiges Vorgehen ist einerseits mit einem hohen rechentechnischen Aufwand verbunden und täuscht andererseits eine Genauigkeit vor, die z. B. im Hinblick auf die Elementaranalyse des Brennstoffes nicht erreichbar ist. Es ist deshalb eine statistische Modellierung entwickelt worden, die aus der Kenntnis der Brennstoffgruppe und der Luftverhältniszahl alle erforderlichen Aufgaben und damit auch die molare Rauchgasexergie zu berechnen gestattet.

Tabelle 3.2. Brennstoffbezogene Verbrennungsgas- und Wasserdampfmengen berechnet aus dem molbezogenen unteren Heizwert in MJ/kmol für Brenngase und aus dem massenbezogenen unteren Heizwert in MJ/kg für die übrigen Brennstoffe nach W. BOIE (bei Brenngasen für trockene Luft, bei den anderen Brennstoffen für feuchte Luft $\omega_L = 5,4 \cdot 10^{-3}$)

Brennstoff	Bezogene Verbrennungsgasmenge $10^2 \cdot n_{RG}/n_{Br}$ für Brenngase $10^2 \cdot n_{RG}/m_{Br}$ in kmol/kg für die übrigen Brennstoffe	Bezogene Wasserdampfmenge $10^2 \cdot n_{W}/n_{Br}$ für Brenngase $10^2 \cdot n_{W}/m_{Br}$ in kmol/kg für die übrigen Brennstoffe
feste Brennstoffe	$(1,077\lambda - 0,113)\,(\Delta_H h + 2,302) + 5,2$	$(0,0093\lambda - 0,0885)\,(\Delta_H h + 2,302) + 5,2$
flüssige Brennstoffe, Kohlenwasserstoffe	$(1,356\lambda + 0,423)\,(\Delta_H h - 5,65) - 12,5$	$(0,0116\lambda + 0,8468)\,(\Delta_H h - 5,65) - 25,0$
Mineralöle, Teeröle	$(1,320\lambda + 0,359)\,(\Delta_H h - 4,60) - 9,7$	$(0,0113\lambda + 0,7177)\,(\Delta_H h - 4,60) - 200$
Brenngase		
gesättigte Kohlenwasserstoffe (C_nH_{2n+2})	$(1,098\lambda + 0,079)\,(\Delta_H \bar{h} + 61,7) + 34,4$	$0,155(\Delta_H \bar{h} + 61,7) + 66,7$
ungesättigte Kohlenwasserstoffe (C_nH_{2n})	$(1,127\lambda + 0,078)\,(\Delta_H \bar{h} - 78,01) + 4,1$	$0,158(\Delta_H \bar{h} - 76,0)$
Erdgas $\Delta_H \bar{h} < 802$ MJ/kmol	$1,184\lambda(\Delta_H \bar{h} + 1)$	$0,249\Delta_H \bar{h}$
Erdgas $\Delta_H \bar{h} > 802$ MJ/kmol	$(1,12\lambda + 0,078)\,(\Delta_H \bar{h} + 45,47)$	$0,156(\Delta_H \bar{h} + 468,9)$
technische Mischgase:		
• aus der Vergasung $\Delta_H \bar{h} < 300$ MJ/kmol	$(0,94\lambda - 0,177)\,(\Delta_H \bar{h} - 4,69) + 101,5$	$0,256(\Delta_H \bar{h} - 46,88)$
• aus der Tieftemperatur-Entgasung	$(1,162\lambda + 0,013)\,(\Delta_H \bar{h} - 14,06)$	$0,253(\Delta_H \bar{h} - 14,06)$
• aus der Hochtemperatur-Entgasung	$(1,285\lambda - 0,039)\,(\Delta_H \bar{h} - 60,95) + 81,6$	$0,231(\Delta_H \bar{h} + 65,63)$

Für die Exergiebilanzierung ist es dann konsequent, die statistische Verbrennungsrechnung auch für die Berechnung der Rauchgasmengen und der Wasserdampfmengen anzuwenden. Damit kann man sich sowohl für die intensiven als auch für die extensiven Zustandsgrößen auf die Brennstoffart im Zusammenhang mit der Luftverhältniszahl beziehen. Die Gleichungen nach BOIE [3.14] sind in Tabelle 3.2 angegeben.

RANT [3.13], [3.15] hat in Anlehnung an Überlegungen von ROSIN und FEHLING [3.15] eine diagrammatische Lösung der Ermittlung der Exergie vorgeschlagen (Bild 3.22). Das Doppeldiagramm besteht aus einem $t,\bar{h}$-Diagramm, wobei das Rauchgas als eine Mischung zwischen reiner Luft und Rauchgas mit λ_{min} und vollständiger Verbrennung aufgefaßt worden ist. Der Mischungspunkt kann aus einem Hilfsdiagramm entsprechend der tatsächlichen Luftüberschußzahl bestimmt werden. Im oberen Temperaturbereich ist die Dissoziation durch entsprechende Isobaren berücksichtigt. Das zweite Diagramm ist ein $\bar{e},\bar{h}$-Diagramm, das die thermomechanische Exergie der Rauchgase abzulesen gestattet. Dieser Anteil ist durch die ersten beiden Terme in Gl. (3.75) gegeben. Die Werte gelten für Luftüberschußzahlen von $\lambda = 1{,}1$ bis $2{,}2$ und für den Fall, daß alle Komponenten gasförmig vor-

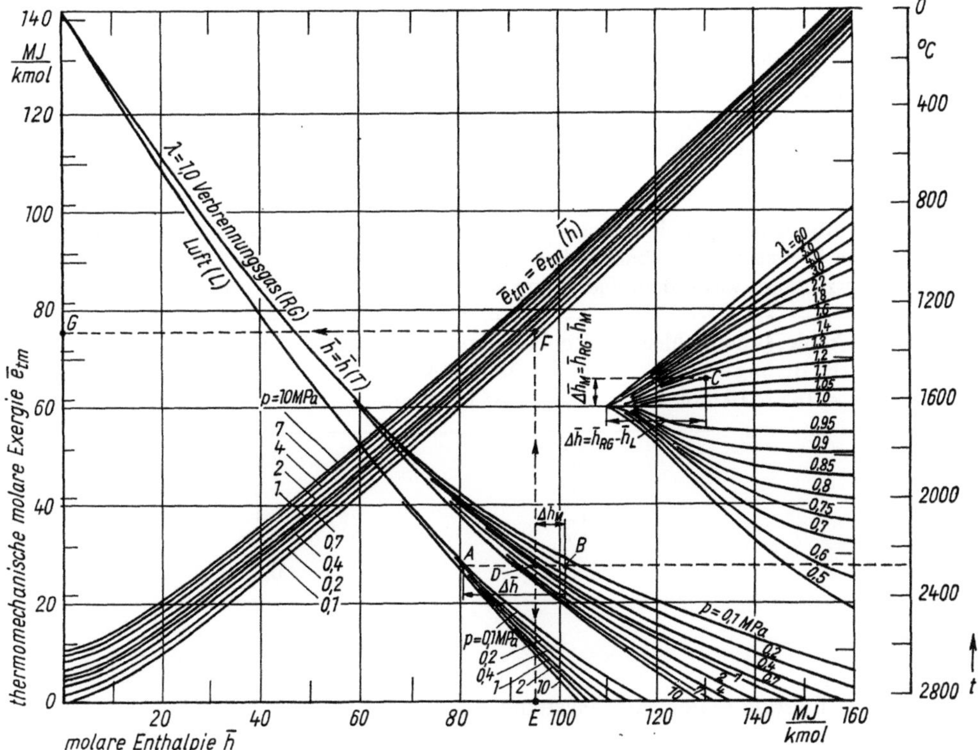

Bild 3.22. Temperatur-, Enthalpie-, Exergie-Diagramm für Verbrennungsgase nach RANT und GAŠPERŠIČ ohne Berücksichtigung von Kondensationsvorgängen bei niedrigen Temperaturen für $p_u = 0{,}1$ MPa, $t_u = 0\ °C$

Als Umgebungskonzentration wird die Zusammensetzung der Rauchgase angenommen

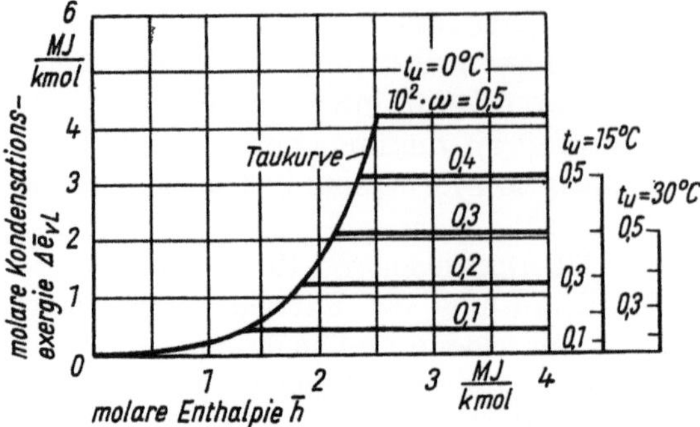

Bild 3.23. Korrektur der thermomechanischen molaren Exergie $\Delta \bar{e}_{VL}$ bei Kondensation von Wasser aus dem Wasserdampf des Brenngases bei verschiedenen molaren Wassergehalten der Rauchgase ω und verschiedenen Umgebungstemperaturen

liegen. Bei einer Auskondensation von Wasser kann der erforderliche Korrekturwert einem gleichfalls von RANT entworfenen Diagramm entnommen werden (Bild 3.23).

Für bestimmte Aufgaben kann es notwendig sein, die Konzentrationsexergie der Rauchgase in bezug auf die Umgebungsluft zu kennen (3. Term in Gl. (3.74) oder (3.75)). Für Gasbrennstoffe soll dieser Betrag nach [3.17] bei 5 bis 10% liegen. Von MOEBUS [3.13] ist die Größenordnung der Konzentrationsexergie in Abhängigkeit von der Brennstoffgruppe und der Luftüberschußzahl ermittelt worden. Die Ergebnisse sind in Tabelle 3.3 zusammengefaßt.

Tabelle 3.3. Abschätzung der Konzentrationsexergie der Verbrennungsgase $\bar{e}_{Konz}$ in MJ/kmol für verschiedene Brennstoffe in Abhängigkeit von der Luftverhältniszahl λ bei der Verbrennung (Umgebungszustand: wasserdampfgesättigte natürliche Luft bei $p_u = 0{,}1$ MPa, $t_u = 0\ °C$)

λ	Steinkohle, Braunkohlen-brikett, Brenngase $\Delta_H \bar{h} < 185$ MJ/kmol	Rohbraunkohle, Brenngase $\Delta_H \bar{h} > 185$ MJ/kmol $\Delta_H \bar{h} < 235$ MJ/kmol	Flüssige Brennstoffe, Brenngase $\Delta_H \bar{h} > 235$ MJ/kmol
1,0	2,6	2,2	2,0
1,2	2,0	1,7	1,5
1,5	1,6	1,3	1,1
2	1,0	0,9	0,8
3	0,6	0,6	0,4

3.3.4. Exergie realer Mischsysteme

Reale Mischungen sind durch *Wechselwirkungskräfte* gekennzeichnet, die *zwischen den einzelnen Komponenten* der Mischung auftreten. Sie sind eine Funktion der Gemischzusammensetzung und beeinflussen die thermodynamischen Zustandsfunktionen des Mischsystems. Für die Exergie kann, wie für alle Zustandsfunktionen, in Anlehnung an Gl. (3.53) geschrieben werden:

$$E = \Sigma\, E_{0k} + \Sigma\, \Delta^{id}E_k + \Sigma\, E_k^E \tag{3.76}$$

Dabei stellt E_{0k} die Exergie der einzelnen *unvermischten, reinen Komponenten* z. B. beim Gesamtdruck der Mischung dar. Diese kann nach den Methoden des Abschnittes 3.2. berechnet werden. $\Delta^{id}E_k$ ist der *ideale Mischungsanteil* der einzelnen Komponenten. Seine Berechnung ist im Abschnitt 3.3.1. dargestellt. Für die Ermittlung der Eigenschaften realer Mischsysteme ist signifikant der *Exzeßanteil* der Exergie E_k^E, in Analogie zur üblichen Bezeichnung der Mischphasenthermodynamik. Es gilt

$$E^E = \Sigma\, E_k^E \tag{3.77a}$$

molar

$$\bar{e}^E = \Sigma\, x_k \bar{e}_k^E \tag{3.77b}$$

oder spezifisch auf die Masseneinheit bezogen

$$e^E = \frac{1}{\displaystyle\sum_{k=1}^{n} x_k M_k}\, \bar{e}^E \tag{3.77c}$$

Die gesamte *Exzeßexergie* ist für die Darstellung der Eigenschaften der Gesamtmischung maßgebend. Für die Diskussion des Einflusses einer Komponente auf das Mischsystem (z. B. im Zusammenhang mit der Untersuchung des Einflusses einer Variation des Umgebungszustandes) ist auch die auf diese Komponente bezogene Exzeßexergie von Interesse. Sie ergibt sich aus

$$\bar{e}_i^E = \bar{e}^E - \sum_{k \neq i} x_k \left(\frac{\partial \bar{e}^E}{\partial x_k}\right)_{T,\,p,\,x_{j \neq i}} \tag{3.78}$$

Aufgrund der Definitionsgleichung der Exergie (Gl. (3.3)) kann im einfachsten Fall die Exzeßexergie bestimmt werden aus

$$e^E = (h^E - h_u^E) - T_u(s^E - s_u^E)$$

wenn Werte der *Exzeßenthalpie* und *-entropie* vorliegen. Der Charakter der Werte für den Umgebungszustand wird durch dessen Zuordnung zu bestimmten Zustandsgebieten und Aggregatzuständen bestimmt. Wird ein Umgebungszustand zugrunde gelegt, für den die Idealeigenschaften ausreichend quantitative Ergebnisse liefern, so kann $h_u^E = s_u^E = 0$ gesetzt werden. Liegt der Umgebungszustand so, daß auch in diesem Zustand die Realeigenschaften zu berücksichtigen sind, so sind $h_u = h_u^E$ und $s_u = s_u^E$, d. h. die entsprechenden Exzeßfunktionen zu berücksichtigen.

Da Entropie und Enthalpie die freie Enthalpie definieren, entsprechend

$$g = h - Ts \tag{3.79}$$

können mit

$$g^E = h^E - Ts^E \quad \text{und} \quad g_u^E = h_u^E - T_u s_u^E$$

spezielle Berechnungsgleichungen für die Exergie abgeleitet werden. Ersetzt man die Enthalpie, so wird

$$e^E = (g^E - g^E_u) + (T - T_u)\, s^E \tag{3.80}$$

Ersetzt man die Entropie, so ergibt sich

$$e^E = \frac{T - T_u}{T}\, h^E + \frac{T_u}{T}\, g^E - g^E_u \tag{3.81}$$

Je nach den vorhandenen Angaben können die Gln. (3.80) und (3.81) in gleicher Weise zur Ermittlung der Exzeßexergie benutzt werden.

Für viele Mischsysteme liegen die kalorischen Zustandsfunktionen h, s und g nicht analytisch oder numerisch in der Literatur vor. Sie müssen deshalb über kennzeichnende Werte, z. B. Fugazitäten, ermittelt werden. Die Thermodynamik liefert folgende Beziehungen [3.19]:

$$\bar{g}^E_k = \bar{R}T \ln f_k \qquad g^E = RT \, \Sigma \, x_k \ln f_k \tag{3.82}$$

und

$$\bar{h}^E_k = -\bar{R}T^2 \left(\frac{\partial \ln f_k}{\partial T}\right)_{p,\, x_j \neq k} \qquad h^E = -T^2 \left(\frac{\partial \left(\frac{g^E}{T}\right)}{\partial T}\right)_{p,\, x_k} = \left(\frac{\partial \left(\frac{g^E}{T}\right)}{\partial \left(\frac{1}{T}\right)}\right)_{p,\, x_k} \tag{3.83}$$

$$\bar{s}^E_k = -\left(\frac{\partial \bar{g}^E_k}{\partial T}\right)_{p,\, x_j \neq k} \qquad s^E = -\left(\frac{\partial g^E}{\partial T}\right)_{p,\, x_k} \tag{3.84}$$

Dabei stellt f_k den Aktivitätskoeffizienten dar. Je nach dem verwendeten Bezugszustand werden hierzu unterschiedliche Größen verwendet. Besteht der Bezugszustand im idealen Gaszustand der einen Komponenten, so handelt es sich um die Fugazität, für die für die i-te Komponente gilt

$$p_i^* = x_i \varphi_i^* p \tag{3.85}$$

mit φ_i^* als *Fugazitätskoeffizienten*.

Wird als Bezugspunkt das ideale Gemisch realer reiner Stoffe verwendet, so ist die Aktivität zu verwenden, entsprechend

$$a_i = x_i f_i \tag{3.86}$$

mit f_i als *Aktivitätskoeffizienten*.

Bezieht man sich auf die ideal verdünnte Lösung, so spricht man gleichfalls von Aktivitäten, die sich formal ähnlich darstellen lassen, aber physikalisch anders begründet sind.

Zwischen Fugazitäts- und Aktivitätskoeffizienten besteht der Zusammenhang

$$f_i = \frac{\varphi_i^*}{\varphi_{i0}^*} \tag{3.87}$$

wobei φ_{i0}^* den Fugazitätskoeffizienten des realen reinen Stoffes angibt (φ_i^* den im realen Gemisch).

Fugazität und Aktivität stellen formal Partialdruck bzw. Molenbruch dar, den eine entsprechend idealisierte Mischung unter diesen Bedingungen besitzen würde. Mit diesen Koeffizienten lassen sich spezielle Berechnungsgleichungen für die Exzeß-exergie ableiten. So wird z. B. mit den Gln. (3.82) und (3.84) aus der Gl. (3.80)

$$e^E = R(T \Sigma x_k \ln f_k - T_u \dot{\Sigma} x_k \ln f_{ku}) - R(T - T_u)$$

$$\left(\sum x_k \ln f_k - T \sum x_k \frac{\partial \ln f_k}{\partial T} \right)$$

mit

$$R = \frac{\bar{R}}{\Sigma x_i M_i} \tag{3.80a}$$

Aus Gl. (3.81) wird mit Gl. (3.82) schließlich

$$e^E = \frac{T - T_u}{T} h^E + RT_u(\Sigma x_k \ln f_k - \Sigma x_k \ln f_{ku}) \tag{3.81a}$$

Mit Gl. (3.83) kann noch die Exzeßenthalpie ersetzt werden

$$e^E = RT(T_u - T) \sum x_k \left(\frac{\partial \ln f_k}{\partial T} \right) + RT_u(\sum x_k \ln f_k - \sum x_k \ln f_{ku}) \tag{3.81b}$$

Aus diesen Gleichungen lassen sich je nach der Zuordnung von Berechnungs- und Umgebungszustand weitere Näherungsgleichungen ableiten.

Die größten Schwierigkeiten bei der quantitativen Auswertung der vorstehenden Beziehungen bestehen in der Bereitstellung der Primärdaten zur Beschreibung des Realverhaltens. Der Fugazitätskoeffizient kann mit Hilfe einer Zustandsgleichung (für die Gasphase) bestimmt werden aus:

$$\ln \varphi_i^* = \int_0^p \left(\frac{v_i}{RT} - \frac{1}{p} \right) dp \tag{3.88}$$

Hieraus lassen sich weitere zugeschnittene Berechnungsgleichungen ableiten, z. B. unter Verwendung des *Kompressibilitätsfaktors* $z^* = \dfrac{pv}{RT}$

$$\ln \varphi_i^* = \int_0^p \frac{z^* - 1}{p} dp \tag{3.88a}$$

Eine weitere Möglichkeit besteht in der Auswertung *generalisierter Fugazitätskoeffi-zientendiagramme*, die mit Hilfe des Korrespondenzprinzips aufgestellt worden sind (Bild 3.12). Die Anwendung dieser Diagramme liefert für nichtassoziierende und unpolare Gase, wie z. B. Kohlenwasserstoffe, recht brauchbare Ergebnisse.

Liegen *Zustandsgleichungen in Virialform* z. B. der Art

$$p\bar{v} = \bar{R}T + Bp \tag{3.89}$$

vor, so kann aus dem Ansatz für den Virialkoeffizienten die Fugazität in der Gasphase bestimmt werden [3.20], [3.21]. Für den reinen Stoff gilt

$$B = B_{ii}$$

und für die Mischung

$$B = \sum_k \sum_i y_k y_i B_{ki}$$

mit $B_{ij} = B_{ji}$. Für die Fugazität ergibt sich dann

$$\ln \varphi_{0i}^* = \frac{B_{ii}}{RT} p \quad \text{für einen Stoff} \tag{3.90}$$

$$\ln \varphi_i^* = \frac{2 \sum_k y_k B_{ik} - B}{\overline{RT}} p \qquad \text{für den Zustand in der Mischung} \tag{3.91}$$

Berechnungen in der flüssigen Phase werden mit Hilfe der Aktivitätskoeffizienten vorgenommen. Die Temperatur- und Druckabhängigkeit dieser Koeffizienten folgt aus den Ansätzen

$$\ln \frac{f_{i,T_2}}{f_{i,T_1}} = - \int_{T_1}^{T_2} \frac{h_i^E}{R_i T^2} \, dT \tag{3.92}$$

$$\ln \frac{f_{i,P_2}}{f_{i,P_1}} = + \int_{P_1}^{P_2} \frac{v_i^E}{R_i T} \, dp \tag{3.93}$$

Bei kondensierten Phasen kann die Abhängigkeit nach Gl. (3.93) ohne großen Fehler vernachlässigt werden. Für das Phasengleichgewicht flüssig/gasförmig gilt wegen der Gleichheit der chemischen Potentiale

$$\varphi_{0i,\,P0i}^{*L} = \varphi_{0i,\,P0i}^{*} \tag{3.94}$$

Damit können Fugazitätsangaben ausgehend von der Gasphase auch für die flüssige Phase ermittelt werden. Der Einfluß des Druckes in der flüssigen Phase läßt sich durch folgenden Ansatz ermitteln

$$p_{0i,\,p}^{*L} = \frac{p_{0i}}{p} \, \varphi_{0i,\,P0i}^{*} \, e^{\frac{v_{0i}(p - p_{0i})}{RT}} \tag{3.95}$$

Auch der Aktivitätskoeffizient läßt sich für die flüssige Phase aus dem Phasengleichgewicht ermitteln. Es gilt:

$$y_i p \varphi_{i,\,p}^{*} = x_i p_{0i} f_{i,\,p} \varphi_{0i,\,P0i}^{*} \, e^{\frac{v_{0i}^L (p - p_{0i})}{RT}} \tag{3.96}$$

Mit Hilfe spezieller Zustandsgleichungen kann eine weitere Darstellung dieses Sachverhaltes erfolgen. Für niedrige Drücke kann im allgemeinen das Verhalten in der Gasphase als ideal angesehen werden und das spezifische Flüssigkeitsvolumen im Vergleich zum Gasvolumen vernachlässigt werden.

Damit ergibt sich aus Gl. (3.96) als Näherungsbeziehung

$$y_i p = x_i p_{0i} f_{i,p} \tag{3.96a}$$

Mit derartigen Berechnungsstrategien ist es möglich, die Exzeßexergie und unter Berücksichtigung der übrigen Anteile nach Gl. (3.76) auch die Gesamtexergie realer Mischsysteme zu bestimmen. Als Ergebnis ist in Bild 3.24 für ein Zweistoffgemisch ein e,ξ-Diagramm angegeben, das sich im Aufbau an den bekannten h,ξ-Diagrammen orientiert [3.22]. Selbst bei vorhandenen Enthalpie- und Entropiewerten ist die Aufstellung eines solchen Diagramms recht umständlich, so daß derartige Zustandsdiagramme nur für sehr wenige Stoffe, die z. B. erhebliche technische Bedeutung besitzen, vorliegen.

Zum Schluß soll der Zusammenhang zwischen der Ermittlung der Exergie realer Mischungen und dem h,ξ-Diagramm aufgezeigt werden, da solche Diagramme gewöhnlich für technisch bedeutende Zweistoffsysteme vorliegen. Unter Berücksichtigung des thermomechanischen Anteils der Exergie läßt sich für Gl. (2.56a) schreiben

$$e = \left[\int_{h_u, p}^{h, p} \frac{T - T_u}{T} \, dh_M + T_u \int_{h_u, p_u}^{h_u, p} \frac{v}{T} \, dp \right]_{\xi_u}$$

$$+ \bar{R} T_u \sum \frac{\xi_i}{M_i} \ln \frac{a_i(h, p)}{a_{iu}(h, p)} \tag{3.97}$$

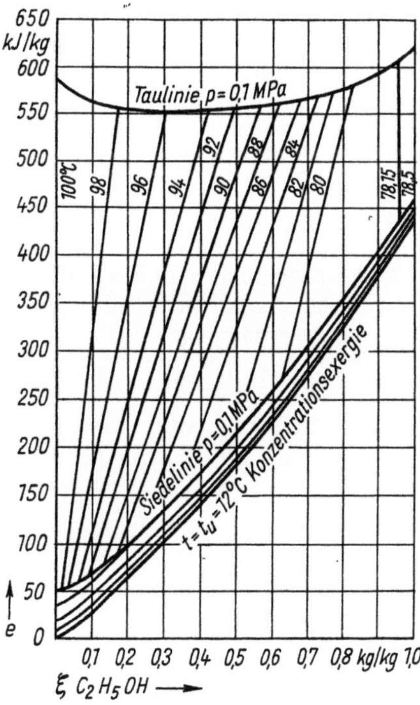

Bild 3.24. e,ξ-Diagramm für das Zweistoffgemisch Ethanol/Wasser [3.22]

Im Unterschied zum üblichen Vorgehen ist hier die Konzentrationsexergie bei h und p des Berechnungszustandes und nicht für die Umgebungstemperatur definiert. Bei idealen Gemischen können anstatt der Aktivitäten die Konzentrationen geschrieben werden, und der Unterschied verschwindet. Da für die Darstellung im h,ξ-Diagramm gilt $p = \text{const}$, kennzeichnen Isenthalpen $(dh_M = 0)$ gleichzeitig Zustandspunkte, deren thermomechanischer Anteil der Exergie gleich ist. Dieser Zusammenhang kann zur Bestimmung der thermomechanischen Exergie aus dem h,ξ-Diagramm benutzt werden. In Bild 3.25 ist der mögliche Integrationsweg für ein Zweikomponentensystem über die beiden reinen Komponenten dargestellt. Das ermöglicht das Anbringen von Randmaßstäben für die thermomechanische Exergie der reinen Komponenten. Für diesen Integrationsweg gilt:

$$
e = \left[\sum \xi_i \int_{p_u,\,\xi_{iu}}^{p_u,\,\xi_i=1} \frac{\bar{R}T\,da_i}{M_i a_i} + \sum \xi_i T_u \int_{p_u,\,\xi_i=1}^{p,\,\xi_i=1} \frac{v_i}{T}\,dp \right]_{T_u}
$$

$$
+ \left[\sum \xi_i \int_{T_u}^{h} \frac{T - T_u}{T}\,dh_i \right]_{\xi_i=1,\,p} + \left[\sum \xi_i \int_{\xi_i=1}^{\xi_i} \frac{\bar{R}T\,da_i}{M_i a_i} \right]_{h,\,p} \qquad (3.98\,\text{a})
$$

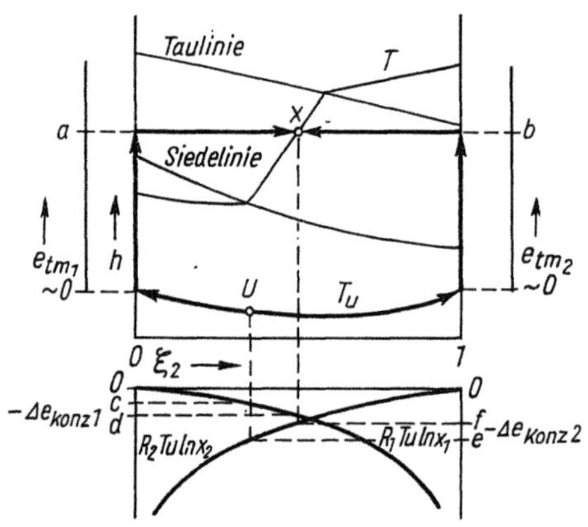

Bild 3.25. h,ξ-Diagramm eines Zweistoffgemisches für $p = \text{const}$ mit Hilfsdiagrammen zur Exergiebestimmung

Bei idealer Mischung ist die Konzentrationsexergie von Druck und Temperatur unabhängig, und es läßt sich ein Hilfsdiagramm entwerfen, mit dem für geeignete Stoffe die Gesamtexergie bestimmt werden kann.

$$
e \approx \sum \xi_i \left(v_i\,\Delta p + \int_{T_u}^{T} \frac{T - T_u}{T}\,dh_i + \frac{\bar{R}}{M_i}\,T_u \ln \frac{x_i}{x_{iu}} \right) \qquad (3.98\,\text{b})
$$

$$
e \approx \xi_1(a + c - d) + \xi_2(b + e - f) \qquad (3.98\,\text{c})
$$

3.3.5. Exergie von Mineralölgemischen

Mineralöle stellen reale *Vielstoffgemische* dar, deren genaue chemische Zusammen-. setzung wegen der Vielzahl der Komponenten im allgemeinen nicht angebbar ist. Zur Berechnung werden deshalb *Pseudokomponenten* mit mittleren Eigenschaften eingeführt, die jeweils einen bestimmten Anteil der Komponenten des Gemisches repräsentieren sollen. Mit Hilfe derartiger Pseudokomponenten kann im Prinzip die Exergie auch von Mineralölen nach der im Abschnitt 3.3.4. dargestellten Methode berechnet werden.

Häufig liegen für Erdöle und Erdölderivate als Primärdaten *Siedeanalysen und Dichteangaben* vor, die über *statistische Regressionsanalysen* zur angenäherten Ermittlung energetischer Zustandsgrößen benutzt werden können [3.23]. In diesem Fall ist es auch möglich, die *thermomechanische Exergie* unter Berücksichtigung des Phasenverhaltens angenähert zu bestimmen. Dieser Anteil der Exergie ist für Aufwärm- und Abkühlprozesse interessant. Ausgangspunkt ist das Phasendiagramm nach Cox, das aufgrund der Kenntnis der *Fokalkoordinaten* die Gleichgewichtsverdampfungskurve auf unterschiedliche Drücke umzurechnen gestattet (Bild 3.26). Aus der einschlägigen Literatur kann der Zusammenhang zwischen Fokalpunkt und kritischem Punkt entnommen werden. Das Cox-Diagramm zeigt, daß als Ausdruck der Gemischeigenschaften im Zweiphasengebiet eine Temperaturänderung vorliegt. Diese muß bei der Ermittlung der Exergie z. B. nach Gl. (3.73) berücksichtigt werden. Zur Vereinfachung wird die Benutzung eines Mittelwertes vorgeschlagen, für den sich die molarmittlere Siedetemperatur eignet [3.24]. Diese berechnet sich aus dem Ansatz

$$T_{\mathrm{m}} = \frac{T_{\mathrm{m0}}}{1 - \left(1 - \dfrac{T_{\mathrm{m0}}}{T_{\mathrm{F}}}\right)\dfrac{\lg p}{\lg p_{\mathrm{F}}}} \tag{3.99}$$

Diese Mitteltemperatur wird aus der volumetrischen Mitteltemperatur und der mittleren Steilheit der Siedekurve bestimmt. T_{m0} ist die entsprechende Mitteltemperatur beim Bezugsdruck.

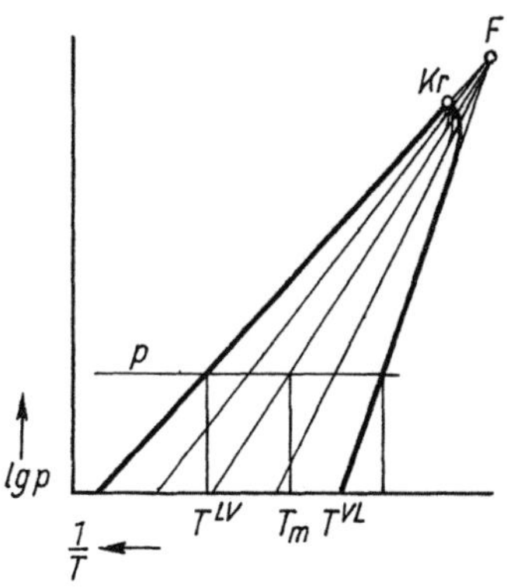

Bild 3.26. $\lg p, 1/T$-Diagramm für Mineralöle nach Cox

Die Verdampfungsenthalpie kann z. B. mit der Beziehung von KISTIAKOWSKI in Abhängigkeit von der molarmittleren Siedetemperatur und der Molmasse bestimmt werden [3.25], entsprechend

$$\Delta h_0^{LV} = \frac{T_{m0}}{M} (36{,}93 + 19{,}155 T_{m0}) \qquad (3.100)$$

mit Δh_0^{LV} in kJ/kg, T_{m0} in K, M in kg/kmol

Die Temperaturabhängigkeit der Verdampfungsenthalpie wird nach WATSON und NELSON [3.26] unter Berücksichtigung eines Korrekturfaktors φ nach folgender Gleichung berechnet

$$\Delta h^{LV} = \varphi \frac{T_m}{T_{m0}} \Delta h_0^{LV} \qquad (3.101)$$

Mit diesen Vorstellungen kann der thermomechanische Anteil der Exergie von Mineralölen mit für viele praktische Aufgaben hinreichender Genauigkeit aus folgender Überlegung ermittelt werden: Das *Flüssigkeitsgebiet* wird als *inkompressibel* betrachtet. Nimmt man außerdem an, daß der *Umgebungszustand im flüssigen Bereich* liegt, kann auch der Druckanteil der Exergie vernachlässigt werden. Die Berechnung der Exergie erfolgt dann nach den Beziehungen in Abschnitt 3.2.2.

Im Zweiphasengebiet gilt für die Verdampfungsexergie

$$\Delta e^{LV} = \frac{T_m - T_u}{T_m} \Delta h^{LV} \qquad (3.102)$$

und das Gebiet läßt sich berechnen und darstellen durch den Ansatz

$$e_{tm} = e^L(T^{LV}) + x \Delta e^{LV} \qquad (3.103)$$

mit e^L als der Exergie der Flüssigkeit im Siedezustand und x als dem Verdampfungsgrad. Für $x = 1$ kann mit Gl. (3.103) die Taulinie konstruiert werden.

Das Heißdampfgebiet wird in 1. Näherung als ideales Gas betrachtet. Liegen Temperaturfunktionen für die spezifische Wärmekapazität vor, kann eine weitere Anpassung an das Realverhalten erfolgen. Insgesamt liegt demnach eine Modellierungsstrategie wie in Abschnitt 3.2.2. vor, mit dem Unterschied, daß im Zweiphasengebiet die Gemischeigenschaften berücksichtigt werden müssen. Zur Illustration der Ergebnisse ist in Bild 3.27 das Aussehen eines so berechneten t,e-Diagramms für ein spezielles Gemisch angegeben. Das Flüssigkeitsgebiet fällt aufgrund der Annahmen mit der Siedelinie zusammen.

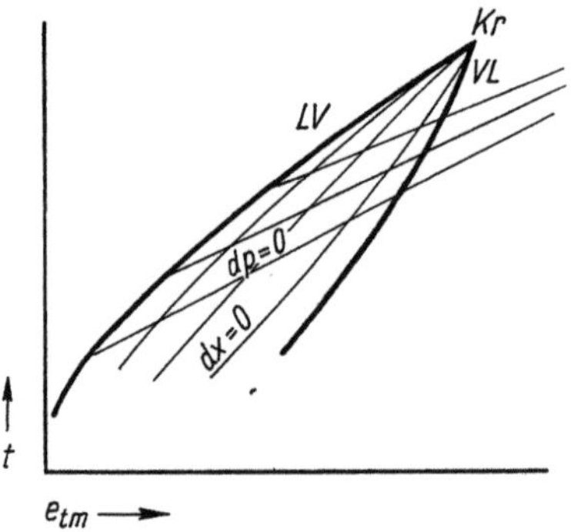

Bild 3.27. Prinzipielles Aussehen eines näherungsweise ermittelten t,e_{tm}-Diagrammes für Mineralöle

3.4. Exergie chemisch reagierender Systeme

3.4.1. Exergie chemisch reagierender Systeme definierter Zusammensetzung

Die Exergieberechnungen, die in den Abschnitten 3.2. und 3.3. mitgeteilt wurden, bezogen sich auf solche Stoffströme, die zwischen Berechnungs- und Umgebungszustand keiner stofflichen Änderung (hinsichtlich der Stoffarten) unterworfen waren. Diese Voraussetzung ist aber bei vielen Prozessen, und zwar oftmals den wesentlichen, der stoffwandelnden und speziell der chemischen Industrie nicht gegeben. Infolge chemischer Reaktionen treten *Änderungen der Zusammensetzung* der Stoffströme *hinsichtlich der Stoffarten* auf. Betrachtet man eine chemische Reaktion, die entsprechend Bild 3.28 den Eingangsstoffstrom in den Ausgangsstoffstrom überführt, so läßt sich aufgrund der Zustandseigenschaften der Exergie die mit dieser Reaktion verbundene Exergieänderung lediglich unter Benutzung des Ausgangs- und Endzustandes ermitteln.

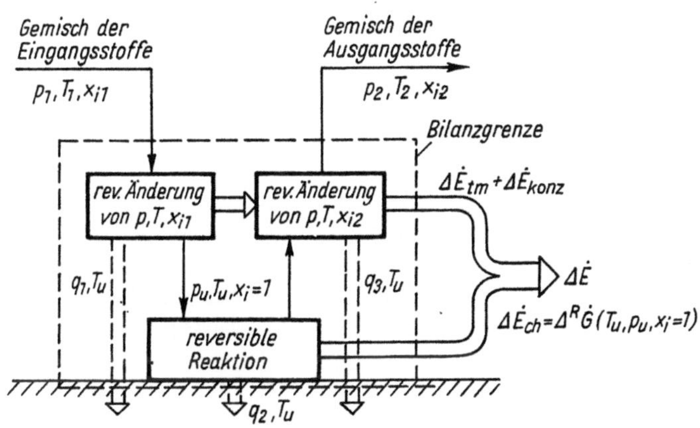

Bild 3.28. Änderung der Exergie von Stoffströmen bei Änderung der stofflichen Bestandteile infolge chemischer Reaktionen

Zur Veranschaulichung und zur *Verdeutlichung des Integrationsweges* können auch für diesen Fall *Vergleichsprozesse* oder reversible Ersatzprozesse eingeführt werden. Die Ergebnisse werden unabhängig von den dem Vergleichprozeß zugrunde gelegten Zustandsänderungen, wenn *sämtliche Teilprozesse* und damit auch der Gesamtprozeß *reversibel* sind und ein *Wärmeaustausch* des Systems *nur bei Umgebungstemperatur* zugelassen wird (monothermische Zustandsänderungen). Die mit der Umgebung ausgetauschte technische Arbeit ist nach Abschnitt 2. dann identisch mit der Exergieabnahme $W_{t12} = -\Delta E$.

Der in Bild 3.28 dargestellte Vergleichsprozeß legt die Reaktion bei p_u und T_u mit den reinen Stoffen fest (dadurch können tabellierte Werte der freien Enthalpie und Entropie leicht zur Berechnung benutzt werden). Die *gesamte Exergieänderung*

ΔE setzt sich aus der Änderung der *thermomechanischen* ΔE_{tm} und *Konzentrationsexergie* ΔE_{konz} und der *chemischen Exergie* ΔE_{ch} entsprechend

$$\Delta E = \Delta E_{tm} + \Delta E_{konz} + \Delta E_{ch}$$

zusammen. Die beiden ersten Anteile der Exergieänderung lassen sich nach den Ergebnissen der Abschnitte 3.2. und 3.3. formal nach folgender Beziehung berechnen

$$\Delta E_{tm} + \Delta E_{konz} = H_1(p_u, T_u, x_{i1} = 1) - H_1(p_1, T_1, x_{i1})$$

$$- T_u[S_1(p_u, T_u, x_{i1} = 1) - S_1(p_1, T_1, x_{i1})]$$

$$+ H_2(p_2, T_2, x_{i2}) - H_2(p_u, T_u, x_{i2} = 1)$$

$$- T_u[S_2(p_2, T_2, x_{i2}) - S_2(p_u, T_u, x_{i2} = 1)] \tag{3.104}$$

wobei mit der Angabe $x_i = 1$ die Bezugnahme auf die *reinen Stoffe* für die *chemische Reaktion* zum Ausdruck gebracht wird. Die Änderung der chemischen Exergie kann aus der freien Bildungsenthalpie der Bestandteile bei Umgebungsdruck und -temperatur bestimmt werden

$$\Delta E_{ch} = \Delta^B G(p_u, T_u, x_i = 1) = \Sigma n_{i2} \, \Delta^B \bar{h}_{i2}(p_u, T_u)$$

$$- \Sigma n_{i1} \, \Delta^B \bar{h}_i(p_u, T_u) - T_u[\Sigma n_{i2} \, \Delta^B \bar{s}_{i2}(p_u, T_u) -$$

$$- \Sigma n_{i1} \, \Delta^B \bar{s}_{i2}(p_u, T_u)] \tag{3.105}$$

Zur Ermittlung der *Exergieänderung* von chemisch reagierenden Stoffströmen ist demnach *nur* die Angabe der *Umgebungstemperatur* erforderlich. Eine Änderung des Druckes führt nur zu einer Änderung des Verhältnisses der einzelnen Exergieanteile, der Wert der gesamten Exergieänderung ΔE bleibt konstant.

Für die energetische Bewertung eines Stoffstromes ist darüber hinaus die Kenntnis des *Absolutwertes der Exergie* notwendig, dessen Bestimmung bei chemisch reagierenden Systemen die Definition eines chemischen Umgebungszustandes erfordert, der jedem Stoff bei p_u und T_u seine *chemische Exergie* oder *Nullexergie* zuweist. Die Definition dieser Umgebung ist mit physikalischen Vorstellungen allein nicht befriedigend möglich, da bestimmte Gegebenheiten der zu untersuchenden Systeme und die Eigenschaften der natürlichen Umgebung zu berücksichtigen sind, um technisch sinnvolle Untersuchungen anstellen zu können. Aus diesem Grunde ist z. B. das Bezugssystem der chemischen Thermodynamik nicht für die Definition eines allgemeinen Umgebungszustandes geeignet.

In der Literatur sind in Verbindung mit exergetischen Untersuchungen spezieller Prozesse und Verfahren sehr verschiedenartige Umgebungen vorgeschlagen worden, die in dem benutzten Zusammenhang auch ihre volle Bedeutung und Aussagekraft besitzen. Allgemeinere energetische Vergleiche über den Rahmen der untersuchten Prozesse hinaus sind mit derartigen Umgebungskonzepten natürlich nicht möglich. Auf derartige Vorschläge soll an dieser Stelle nicht eingegangen werden. Es sind in der Literatur auch Vorschläge und Überlegungen zu finden, die zu allgemeingültigen Umgebungsdefinitionen oder Konzepten führen, auf die im folgenden näher eingegangen werden soll. Die vorgeschlagenen Konzepte sind eine Folge der verschiedenartigen Wichtung der unterschiedlichen Umgebungsaspekte. Die *Umgebungsdefinition* kann aus *kybernetischer oder thermodynamischer Sicht* erfolgen oder unter

Benutzung *technischer Aspekte* und Ableitungen aus den Eigenschaften der *natürlichen Umgebung* vorgenommen werden. Die Kybernetik benutzt zur Umgebungsdefinition eindeutig nur die *wesentlichen Wechselwirkungen* zwischen System und Umgebung. Es ist deshalb im Sinne der Überschaubarkeit nicht nur notwendig, sondern prinzipiell erlaubt, nicht alle, sondern nur die aus dem Gesichtspunkt des Systems wesentlichen Eigenschaften der Umgebung festzulegen. Es ist deshalb wichtiger, eine Methode zur Ermittlung der jeweilig erforderlichen Umgebung zu kennen, als mit einer Definition alle denkbaren Aufgaben lösen zu wollen.

Die Thermodynamik erfordert, daß die *Umgebung im Gleichgewicht* vorliegt. Das setzt eine gegenüber dem System unendlich große Umgebung voraus. Für eine unendlich große Umgebung muß aber postuliert werden, daß der Gleichgewichtsbegriff auf ein solches System anwendbar ist. Nimmt man demgegenüber eine endliche Umgebung an, so ergeben sich zwar keine Schwierigkeiten mit dem Gleichgewichtsbegriff, es müssen aber einer solchen Umgebung *Reservoireigenschaften* beigelegt werden. Damit ist (entgegen den Erhaltungssätzen) postuliert, daß die intensiven und molaren Eigenschaften der Umgebung konstant bleiben.

Orientiert man sich an den Systemeigenschaften, können wesentliche *Ein- oder Austrittsströme als Umgebung* oder in bezug auf die Umgebung definiert werden. Eine solche Orientierung ist sicher nur im Zusammenhang mit der Untersuchung spezieller Prozesse sinnvoll.

Allgemeinere Aspekte liefert eine Orientierung an der *natürlichen Umgebung* (der Geosphäre), die *thermodynamisch im gehemmten Gleichgewicht* vorliegt. Für die Gestaltung von Verfahren und für die Ausnutzung bestimmter Effekte, die aus dem Standort der technischen Anlagen resultieren, ist die Existenz dieses gehemmten Gleichgewichtes von fundamentaler technischer Bedeutung. Aus thermodynamischer Sicht hat die Annahme des Gleichgewichts für die Umgebung die größte Bedeutung. Die Gleichgewichtsbedingung stellt die Minimierung der freien Enthalpie bei Gleichheit der chemischen Potentiale der Komponenten unter Berücksichtigung des Erhaltungssatzes dar (s. Abschnitt 3.2.5.). Eine so definierte Umgebung ist für alle Substanzen exergielos, und es wird auch das Auftreten negativer Exergien vermieden. AHRENDTS [3.28] berechnete auf diese Weise das *thermodynamische Gleichgewicht der Erde* unter Berücksichtigung der 17 wichtigsten Elemente (Massenanteil 99,95 %) und 692 Stoffen bzw. Stoffmodifikationen. Das Ergebnis der Gleichgewichtsberechnung hat nichts mehr mit der natürlichen Umgebung gemein, woraus der Schluß zu ziehen ist, daß in der natürlichen Umgebung starke Gleichgewichtshemmungen vorliegen. Es läßt sich nachweisen, daß sich bei abnehmender Berücksichtigung der Lithosphäre der errechnete Gleichgewichtszustand der natürlichen Umgebung nähert. Wenn die Lithosphäre in einer Schichtdicke von nur 1 m in die Gleichgewichtsberechnung einbezogen wird und außerdem die Nitratbildung gehemmt ist, weist das Ergebnis Ähnlichkeit mit der natürlichen Umgebung auf [3.29].

Das Konzept des gehemmten Gleichgewichtes geht von der Erfahrungstatsache aus, daß offensichtlich *nicht alle Bestandteile der Umgebung im Gleichgewicht* stehen. Das thermodynamische Gleichgewicht kann dabei durchaus für große Teile der Umgebung angenommen werden. Eindeutigkeit der Berechnung wird dadurch erlangt, daß jede Komponente des Systems nur mit einem Teil der Umgebung, der eindeutig bestimmt ist, in Wechselwirkung treten kann [3.30] bis [3.33]. Mögliche Arbeitsleistungen zwischen den Teilsystemen der Umgebung werden als für die Bilanzierung unwesentlich behandelt. Der größte Teil der in der Praxis durchgeführten Exergiebilanzen beruht auf diesem Konzept, auch wenn dies nicht immer explizit ausgewiesen worden ist.

Auf die Benutzung von Systemeigenschaften z. B. in Gestalt der Eingangs- oder Ausgangsströme soll an dieser Stelle nicht näher eingegangen werden. Lediglich der Vollständigkeit halber sei auf einen Vorschlag von BOŠNJAKOVIĆ [3.34] verwiesen, der als Bezugszustand den Gleichgewichtszustand der eintretenden Stoffe des zu bilanzierenden Systems bei Umgebungsdruck und -temperatur verwenden wollte. Damit kann dieser Vorschlag auch nur für spezielle Systeme Anwendung finden. Bei einer Variation der Umgebungsparameter ist er u. U. vollständig neu zu berechnen.

Alle *allgemeingültigen Konzepte* gehen von der *Verteilung der Elemente in der Geosphäre* aus. AHRENDTS benutzt diese Werte als Primärdaten für die Gleichgewichtsberechnungen. SZARGUT entwickelt ein Umgebungsmodell auf der Grundlage des gehemmten Gleichgewichtes. Als Umgebung wählt er die Bestandteile der Atmosphäre und eine Reihe von Verbindungen in der Lithosphäre [3.35], [3.36]. In einem späteren Vorschlag geht SZARGUT für eine Reihe von Stoffen von ihrem Gehalt im Meerwasser aus [3.37].

In der nachfolgenden Darstellung wird die chemische Exergie unter der Annahme eines gehemmten Gleichgewichtes in der Umgebung bestimmt. Dies erscheint für praktische Aufgabenstellungen als die sinnvollste Annahme. In einem derartigen Konzept werden nicht alle Stoffe über eine Gleichgewichtsrechnung erfaßt. Es ist dann erforderlich, Stoffe, die nicht in der Umgebung enthalten sind, durch Reaktionen mit *Bezugssubstanzen* in die Umgebung zu überführen. Die Bezugssubstanzen können beliebig aus der Gleichgewichtsumgebung ausgewählt werden. Als Bestandteil der Umgebung haben die Bezugssubstanzen bei bestimmten Werten der Konzentration, des Druckes und der Temperatur die Exergie Null. Die *Anzahl der Bezugssubstanzen* darf maximal nicht größer sein als die Anzahl der in den Verbindungen enthaltenen Elemente, da Reaktionen ausgeschlossen werden müssen, die ausschließlich zwischen Bezugssubstanzen ablaufen. Unter dieser Voraussetzung ist die Differenz von Absolutwerten der Exergie identisch mit der Exergieänderung nach Gl. (3.105) [3.32]. Die für die Berechnung notwendige Anzahl der Bezugs-

Tabelle 3.4. Beispiele für die Möglichkeit bzw. Unmöglichkeit der Definition von Bezugssubstanzen

Beispiel	Komponenten im Stoffstrom	Komponenten in der Umgebung	Möglichkeit der Kombination bzw. Gleichung der Bezugsreaktion
1	N_2	N_2, CH_4	$N_2 = N_2$
2	CH_4, N_2	N_2	keine
3	H_2S	H_2O, SO_2	keine
4	H_2S	H_2O, SO_2, H_2	$H_2S = SO_2 + 3\,H_2 - 2\,H_2O$
5	H_2S	H_2O, SO_2, SO_3	$H_2S = H_2O + 4\,SO_2 - 3\,SO_3$
6	CH_4	CO_2, O_2	keine
7	CH_4	H_2O, CO_2, O_2	$CH_4 = CO_2 + 2\,H_2O - 2\,O_2$

substanzen kann recht unterschiedlich sein. Sie hängt von der Auswahl der Bezugssubstanzen in bezug auf das zu berechnende System ab und von den erforderlichen chemischen Reaktionen zur Überführung der Stoffe mit Bezugssubstanzen in die Umgebung. Zur Illustration sind in Tabelle 3.4 einige Beispiele zusammengestellt. Das Beispiel *1* ist trivial, da die Stoffkomponenten gleichzeitig Bezugssubstanzen sind. Im Beispiel *2* besteht keine Möglichkeit der Überführung des Methans, eine solche Kopplung von Stoffstrom und Umgebung ist nicht möglich. Auch Beispiel *3* zeigt eine unmögliche Kombination. In diesem Fall kann der bei der Überführungsreaktion zwangsläufig anfallende Sauerstoff nicht in eine Umgebungskomponente umgewandelt werden. Eine mögliche Kombination ist durch Hinzufügen einer weiteren Umgebungskomponente gegeben. Es kann sich um ein Element oder um eine Verbindung handeln, das oder die keine zusätzlichen Elemente enthält. Die Beispiele *4* und *5* zeigen den Entscheidungsspielraum. Beispiel *6* zeigt nochmals eine unmögliche Kombination von Stoffstrom und Umgebung, da in der Umgebung eine Bezugskomponente für den Wasserstoff fehlt. Beispiel *7* zeigt eine Umgebungsdefinition, die dieses Problem zu lösen vermag.

Dieses Konzept kann sowohl für die Festlegung von Umgebungszuständen für spezielle Prozeßuntersuchungen als auch für Umgebungszustände von allgemeiner Bedeutung zugrunde gelegt werden. Im folgenden werden Vorschläge der letzten Art, die im wesentlichen auf SZARGUT und MOEBUS zurückgehen, erläutert.

Zur *Berechnung der Exergie* läßt sich der *Integrationsweg* entsprechend Bild 3.29 veranschaulichen. Vollinien repräsentieren Exergieströme, gestrichelte Linien Stoffströme mit Umgebungsparametern, also Anergieströme. Aufgrund der Vorzeichenfestlegung wird vom Umgebungszustand aus integriert. Die Zunahme der Exergie stellt dann die minimal aufzuwendende technische Arbeit dar. Entsprechend der eingeführten Terminologie ergibt die Integration über den Prozeß *4* die thermomechanische Exergie und die über die Prozesse *3* und *1a* die Konzentrationsexergie.

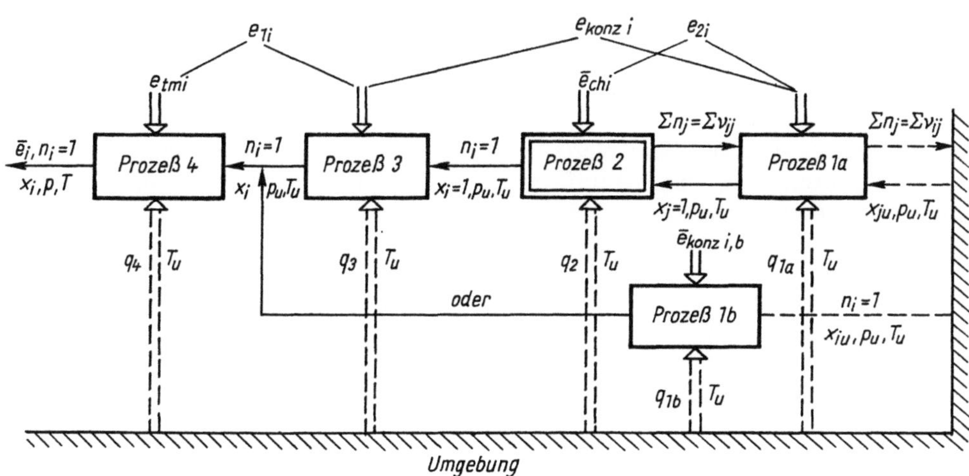

Bild 3.29. Bestimmung der partiellen molaren Exergie chemisch reagierender Systeme
Alle Prozesse sind reversibel, und ihre technischen Arbeiten entsprechen den Exergieanteilen. Der Weg über Prozeß *1b* kann zur Abkürzung benutzt werden, wenn der untersuchte Stoff Bestandteile der Umgebung ist.

Diese Anteile der Exergie können mit den Ergebnissen der Abschnitte 3.2. und 3.3. bestimmt werden. Die Integration über Prozeß *1b* und *4* gilt für solche Stoffe, die gleichzeitig Bezugssubstanzen darstellen. Für diese Stoffe kann mithin die Exergie sofort berechnet werden.

Für alle anderen Stoffe ist außerdem noch das Integrationsergebnis über den Prozeß *2* erforderlich, der die chemische Exergie oder auch Nullexergie liefert. SZARGUT bezeichnete diesen Prozeß als *Devaluations-* oder *Entwertungsreaktion*, da er bei der Bestimmung der Exergie von der Vorstellung der maximalen Arbeitsfähigkeit ausging. In dieser Prozeßstufe erfolgt die Überführung eines beliebigen Stoffes mit Hilfe von Bezugssubstanzen in die Umgebung.

Unter Benutzung der partiellen molaren Exergien eines Gemisches entsprechend

$$\bar{e} = \Sigma \, x_i \bar{e}_i$$

berechnet sich die Exergie einer Stoffkomponente nach dem Schema des Bildes 3.29

$$\bar{e}_i = \Delta^B \bar{h}_i(x_i, p, T) - T_u \, \Delta^B \bar{s}_i(x_i, p, T) - \Sigma \, v_{ij} \, \Delta^B \bar{g}_j(x_{ju}, p_u, T_u) \qquad (3.106)$$

v_{ij} sind die stöchiometrischen Koeffizienten der Bezugsreaktion. j kennzeichnet die Bezugsbilanz, die zur Bildung des Stoffes i erforderlich ist. Der Stoff i wird gewöhnlich zur Normierung verwendet. Gl. (3.106) kennzeichnet die Gesamtexergie der betrachteten Stoffkomponente unter Berücksichtigung der Bezugsreaktion. Letztere entspricht dem Prozeß nach Bild 3.29. Zur weiteren Aufbereitung des Berechnungsmodells muß dieser Prozeß näher untersucht werden. Für die Bezugsreaktion kann geschrieben werden

$$-\Sigma \, v_i U_i \to X \qquad (3.107)$$

wenn U_i die Bezugssubstanzen und X der interessierende Stoff sind. In Bild 3.30 ist die Bezugsreaktion entsprechend Prozeß *2* nach Bild 3.29 dargestellt (die Zeiger *1* und *2* weisen auf Zu- und Abfuhr hin). Zur Berechnung der Exergie können prinzipiell die Bildungsenthalpien und -entropien sowie die freien Enthalpien für den chemischen Normalzustand in einfacher Weise Tabellenwerken entnommen werden. Der chemische Normalzustand ($p_0 = 0{,}101325$ MPa, $T_0 = 298{,}15$ K) weicht wenig von üblichen Umgebungswerten ab, so daß er auch als eine Art *Standardumgebung* verwendet werden kann. Eine Tabellierung der chemischen Exergie sollte sich zweckmäßigerweise auf diese Werte beziehen.

Die Nullexergie der reinen Stoffkomponente für den chemischen Normalzustand als Umgebungszustand folgt aus der Beziehung

$$\bar{e}_{ch0} = \Delta^{R0} \bar{g} = \Delta^{R0} \bar{h} - T_0 \, \Delta^{R0} \bar{s} = \Delta^{B0} \bar{g}_x + \Sigma \, v_i \, \Delta^{B0} \bar{g}_{ui} \qquad (3.108)$$

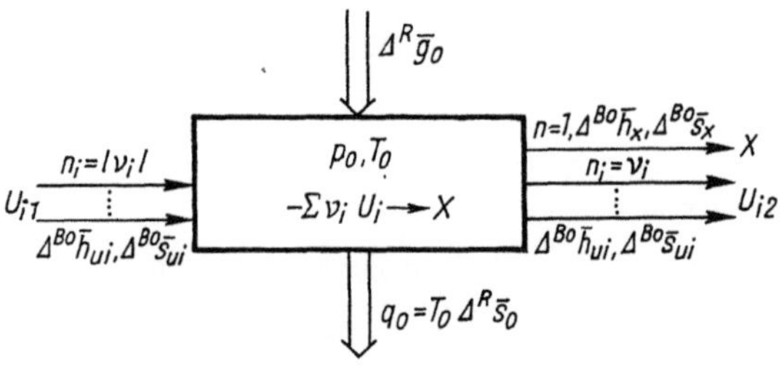

Bild 3.30. Bezugsreaktion zur Bildung des reinen Stoffes X aus den reinen Bezugsstoffen U_i bei Normalzustand

Dieser Ausdruck wird auch als die chemische Exergie bezeichnet. Sie setzt sich aus der freien Bildungsenthalpie des betrachteten Stoffes und den freien Bildungsenthalpien der Bezugssubstanzen, die zur Überführung in die Umgebung erforderlich sind, zusammen. Dieser Zusammenhang folgt aus den Beziehungen

$$\Delta^{Ro}\bar{h} = \Delta^{Bo}\bar{h}_x + \sum v_i \Delta^{Bo}\bar{h}_{ui}$$

und

$$\Delta^{Ro}\bar{s} = \Delta^{Bo}\bar{s}_x + \sum v \, \Delta^{Bo}\bar{s}_{ui}'$$

wobei sich jeweils der 1. Term auf die zu betrachtende Komponente (X) und der 2. Term auf die zur Überführung in den Umgebungszustand erforderlichen Bezugssubstanzen (U) bezieht. Da die Übereinstimmung von Umgebungszustand und chemischem Normalzustand den Sonderfall darstellen wird, soll die Erweiterung auf beliebige Umgebungszustände betrachtet werden. Die Differenz der chemischen Exergie zwischen einem *beliebigen Umgebungszustand* und dem chemischen Normalzustand ergibt sich aus der Beziehung

$$\bar{e}_{ch} - \bar{e}_{ch0} = \Delta^{Ru}\bar{g} - \Delta^{Ro}\bar{g}$$

$$= \int_{p_0,T_0}^{p_u,T_u} d\bar{h}_x + \sum v_i \int_{p_0,T_0}^{p_u,T_u} d\bar{h}_{ui} + (T_0 - T_u)\,\Delta^{Ro}\bar{s}$$

$$- T_u\left(\int_{p_0,T_0}^{p_u,T_u} d\bar{s}_x + \sum v_i \int_{p_0,T_0}^{p_u,T_u} d\bar{s}_{ui} \right) \tag{3.109}$$

wobei gilt

$$\Delta^{Ru}\bar{h} = \Delta^{Ro}\bar{h} + \int_{p_0,T_0}^{p_u,T_u} d\bar{h}_x + \sum v_i \int_{p_0,T_0}^{p_u,T_u} d\bar{h}_{ui}$$

und

$$\Delta^{Ru}\bar{s} = \Delta^{Ro}\bar{s} + \int_{p_0,T_0}^{p_u,T_u} d\bar{s}_x + \sum v_i \int_{p_0,T_0}^{p_u,T_u} d\bar{s}_{ui}$$

mit den bereits oben angegebenen Bedeutungen.

Betrachtet man die Gasphase als ein Gemisch idealer Gase, vernachlässigt den Druckeinfluß in den kondensierten Phasen und legt eine konstante spezifische Wärmekapazität zugrunde, ergibt sich für Gl. (3.109) eine einfache Berechnungsgleichung, wenn keine Phasenänderung auftritt

$$\bar{e}_{ch} - \bar{e}_{ch0} = (\bar{c}_{px} + \sum v_i \bar{c}_{pui})\left(T_u - T_0 - T_u \ln \frac{T_u}{T_0} \right)$$

$$+ (T_0 - T_u)\,\Delta^{Ro}\bar{s} + \bar{R}T_u(a_x + \sum v_i a_i)\ln \frac{p_u}{p_0} \tag{3.110}$$

$a = 1$ für gasförmige Stoffe
$a = 0$ für kondensierte (feste oder flüssige) Stoffe

Mit diesen Überlegungen läßt sich die Gesamtexergie einer Stoffkomponente nach Gl. (3.106) bestimmen. Bezieht man sich auf eine Berechnungsstrategie entsprechend Bild 3.29, läßt sich schreiben

$$\bar{e}_i = \bar{e}_{tm\,i} + \bar{e}_{konz\,i} + \bar{e}_{ch\,i} = \bar{e}_{1i} + \bar{e}_{2i} \tag{3.111}$$

wobei der thermomechanische Anteil der Exergie folgt aus

$$\bar{e}_{tm_i} = \int\limits_{p_u,\,T_u,\,x_i}^{p,\,T,\,x_i} d\bar{e}_i \tag{3.111 a}$$

die Konzentrationsexergie aus

$$\bar{e}_{konz\,i} = \int\limits_{p_u,\,T_u,\,x_i=1}^{p_u,\,T_u,\,x_i} (d\bar{h}_i - T_u\,d\bar{s}_i) + \sum v_{ij} \int\limits_{p_u,\,T_u,\,x_j=1}^{p_u,\,T_u,\,x_j} (d\bar{h}_j - T_u\,d\bar{s}_j) \tag{3.111 b}$$

und die chemische Exergie aus

$$\bar{e}_{ch\,i} = \Delta^{R_u}\bar{g}_i = \Delta^{R_0}\bar{g}_i + \int\limits_{p_0,\,T_0,\,x_i=1}^{p_u,\,T_u,\,x_i=1} (d\bar{h}_i - T_u\,d\bar{s}_i)$$

$$+ \sum v_{ij} \int\limits_{p_0,\,T_0,\,x_j=1}^{p_u,\,T_u,\,x_j=1} (d\bar{h}_j - T_u\,d\bar{s}_j) + (T_0 - T_u)\,\Delta^{R_0}\bar{s}_i \tag{3.111 c}$$

SZARGUT hat das Berechnungsmodell nach Bild 3.29 entsprechend der rechten Seite der Gl. (3.111) zusammengefaßt. Er definiert

$$\bar{e}_{1i} = \int\limits_{p_u,\,T_u,\,x_i=1}^{p,\,T,\,x_i} d\bar{e}_i \tag{3.111 d}$$

und

$$\bar{e}_{2i} = \Delta^{R_0}\bar{g}_i + \int\limits_{p_0,\,T_0,\,x_i=1}^{p_u,\,T_u,\,x_i=1} (d\bar{h}_i - T_u\,d\bar{s}_i) + \sum v_{ij} \int\limits_{p_0,\,T_0,\,x_j=1}^{p_u,\,T_u,\,x_j=1} (d\bar{h}_j - T_u\,d\bar{s}_j)$$

$$+ (T_0 - T_u)\,\Delta^{R_0}\bar{s}_i = \Delta^{R_u}\bar{g}_i + \sum v_{ij} \int\limits_{T_u,\,p_u,\,x_j=1}^{p_0,\,T_0,\,x_j=1} (d\bar{h}_j - T_u\,d\bar{s}_j) \tag{3.111 e}$$

Im Vergleich zu den ersten Ansätzen erkennt man eine Zuordnung der Konzentrationsanteile der Exergie auf die beiden Terme.

Der letzte Term läßt sich vereinfachen, wenn in der Umgebung eine ideale Mischung vorausgesetzt wird, die Gasphase als eine Mischung idealer Gase angenommen wird, bei den kondensierten Phasen der Druckeinfluß vernachlässigt wird und die spezifischen Wärmekapazitäten als konstant angenommen werden. Liegen keine Phasenänderungen vor, dann ergibt sich damit

$$\bar{e}_{2i} = \Delta^{R_0}\bar{g}_i + (T_0 - T_u)\,\Delta^{R_0}\bar{s}_i + \sum v_{ij}\bar{R}T_u \ln k_j +$$

$$+ (\bar{c}_{pi} + \sum v_{ij}\bar{c}_{pj})\left(T_u - T_0 - T_u \ln \frac{T_u}{T_0}\right) \tag{3.111 e1}$$

mit

$$k_j = \frac{p_u x_{ju}}{p_o} \qquad \text{für Gasphasen}$$

$$k_j = x_{ju} \qquad \text{für kondensierte Phasen}$$

Zur bequemen Auswertung dieser Beziehung hat SZARGUT für das von ihm benutzte Bezugssystem freie Reaktionsenthalpie und Entropie für eine große Anzahl von Verbindungen tabelliert.

Bei Vernachlässigung des letzten Terms in Gl. (3.111e1) erhält man eine *Näherungsbeziehung*, die sich in der Form angeben läßt

$$\bar{e}_{2i} = \bar{e}_{2io} + \frac{T_0 - T_u}{T} (\Delta^{Ro}\bar{h}_i - \bar{e}_{2io}) + \Sigma\, v_{ij}\bar{R}T_u \ln \frac{k_{ui}}{k_{0i}} \qquad (3.111e2)$$

wobei

$$\bar{e}_{2io} = \Delta^{Ro}\bar{h}_i - T_0\, \Delta^{Ro}\bar{s}_i$$

gesetzt worden ist. Mit Hilfe der von SZARGUT tabellierten Werte ermöglicht die angegebene Berechnungsgleichung eine einfache Handhabung. Der letzte Term dieser Beziehung berücksichtigt die Druck- und Konzentrationskorrektur für die Abweichung der benutzten Umgebung von der den tabellierten Werten zugrunde gelegten.

Für eine tabellarische Aufbereitung der chemischen Exergie für allgemein anwendbare Umgebungssysteme erscheint eine *Berechnung auf der Basis der chemischen Exergie der Elemente* vorteilhafter, da ihre Anzahl gegenüber den Verbindungen gering ist. Es müssen dann entsprechende Berechnungsgleichungen zur Ermittlung der chemischen Exergien der Verbindungen angegeben werden. Das Bild 3.31 zeigt schematisch die erforderlichen Prozeßstufen und läßt die Berechnungsmöglichkeit erkennen. In einer Prozeßstufe muß eine Stoffkomponente, die als Verbindung

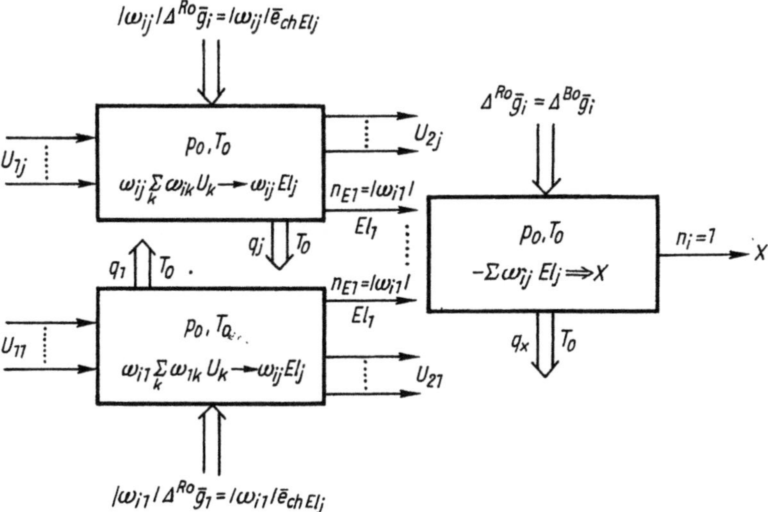

Bild 3.31. Bestimmung der molaren chemischen Exergie einer Verbindung aus den molaren chemischen Exergien ihrer Elemente

vorliegt, in die Elemente zerlegt werden. In weiteren Prozeßstufen werden die Elemente mit Hilfe von Bezugssubstanzen in die Umgebung überführt. Stellt $|\omega_{ij}|$ den stöchiometrischen Anteil des Elementes j an der Verbindung i dar, so ergibt sich die chemische Exergie für den Bezugszustand aus

$$\bar{e}_{chi0} = \sum_j |\omega_{ij}|\, \bar{e}_{chj0} + \Delta^{B0}\bar{g}_i \tag{3.112}$$

die der Gleichung (3.111e) analoge Beziehung lautet

$$\bar{e}_{2i0} = \sum_j |\omega_{ij}|\, \bar{e}_{2j0} + \Delta^{B0}\bar{g}_i \tag{3.113}$$

Als Ausdruck des Massenerhaltungssatzes muß gelten

$$\sum_j \omega_{ij}\omega_{jk} = \nu_{ik} \tag{3.114}$$

wenn k die Bezugssubstanzen als Umgebungskomponenten darstellen.

Die Übereinstimmung von Umgebungszustand und Berechnungsbezugszustand (chemischer Normalzustand) wird nur als Sonderfall vorliegen. Im allgemeinen werden sich beide unterscheiden, was entsprechende Korrekturterme und Umrechnungsgleichungen erfordert. Zunächst gilt

$$\bar{e}_{chi} = \sum_i |\omega_{ij}|\, \bar{e}_{chj} + \Delta^{Bu}\bar{g}_i \tag{3.115}$$

in Verallgemeinerung von Gl. (3.112) für einen beliebigen Umgebungszustand. Legt man die gleichen vereinfachenden Annahmen wie zu den Gln. (3.110) und (3.111e1) zugrunde, so läßt sich die chemische Exergie des Elementes j aus der Beziehung ermitteln

$$\bar{e}_{chj} = \bar{e}_{chj0} + \left(\bar{c}_{pj} + \sum_k \omega_{jk}\bar{c}_{pk}\right)\left(T_u - T_0 - T_u \ln\frac{T_u}{T_0}\right)$$
$$+ \bar{R}T_u\left(a_j + \sum_k \omega_{jk}a_k\right)\ln\frac{p_u}{p_0} + (T_0 - T_u)\sum_k \omega_{jk}\Delta^{B0}\bar{s}_k \tag{3.116}$$

und die freie Bildungsenthalpie im Umgebungszustand

$$\Delta^{Bu}\bar{g}_i = \Delta^{B0}\bar{g}_i + \left(\bar{c}_{pi} + \sum_j \omega_{ij}\bar{c}_{pj}\right)\left(T_u - T_0 - T_u \ln\frac{T_u}{T_0}\right)$$
$$+ (T_0 - T_u)\Delta^{B0}\bar{s}_i + \bar{R}T_u\left(a_i - \sum_j |\omega_{ij}|\, a_j\right)\ln\frac{p_u}{p_0} \tag{3.117}$$

$a = 1$ für die Gasphase
$a = 0$ für die kondensierte Phase

Mit den Gln. (3.115) und (3.116) lassen sich auch die zur Gl. (3.113) gehörenden Aussagen verallgemeinern. Für die chemische Exergie eines Elementes gilt

$$\bar{e}_{2j} = \bar{e}_{chj} + \sum_k |\omega_{jk}|\ln x_k \tag{3.118}$$

und für eine beliebige Verbindung

$$\bar{e}_{2i} = \bar{e}_{chi} + \sum_j |\omega_{ij}|\sum_k \omega_{jk}\ln x_k \tag{3.119}$$

da sich diese Schreibweise von der der Gl. (3.112) durch eine andere Darstellung der Konzentrationsexergie unterscheidet. Mit den gleichen Annahmen wie zur Ableitung von Gl. (3.110) u. a. läßt sich folgende vereinfachende Berechnungsgleichung in Analogie zu Gl. (3.111 e2) ableiten

$$\bar{e}_{2j} = \bar{e}_{2j0} + \frac{T_0 - T_u}{T_0}(\Delta^{R0}\bar{h}_j - \bar{e}_{2j0}) + \sum \omega_{jk}\bar{R}T_u \ln \frac{k_{uk}}{k_{0k}} \tag{3.120}$$

$$\frac{k_{uk}}{k_{0k}} = \frac{p_{uk}}{p_{0k}} \qquad \text{Partialdruckverhältnis für gasförmige Phasen}$$

$$\frac{k_{uk}}{k_{0k}} = \frac{x_{uk}}{x_{0k}} \qquad \text{Molverhältnis für kondensierte Phasen}$$

Die Nullexergie einer Verbindung folgt dann in Verallgemeinerung zu Gl. (3.113) aus

$$\bar{e}_{2i} = \sum_j |\omega_{ij}|\,\bar{e}_{2j} + \Delta^{Bu}\bar{g}_i \tag{3.121}$$

Auf dieser Basis lassen sich *allgemeine Bezugssysteme* zur Ermittlung der chemischen Exergie aufstellen. In Tabelle 3.5 sind drei derartige Vorschläge zusammengestellt, zwei Vorschläge stammen von SZARGUT, einer von MOEBUS.

Wie schon weiter vorn angegeben, orientiert sich SZARGUT hinsichtlich der Auswahl der Bezugssubstanzen an der Geosphäre. *Auswahlkriterien* sind die Häufigkeit der jeweiligen Verbindung und der Wert der freien Bildungsenthalpie. Die Orientierung an den quantitativen Verhältnissen ermöglicht, das natürliche gehemmte Gleichgewicht der Umgebung richtig widerzuspiegeln. Die Bildungsenthalpien wurden berücksichtigt, um möglichst negative Exergien zu vermeiden. Von großer Bedeutung sind bei den Bezugssystemen von SZARGUT die Konzentrationsexergien der Bezugssubstanzen. In einem Vorschlag bezieht sich SZARGUT auf die mittlere Verteilung der Bestandteile der Atmosphäre und für die nicht in der Atmosphäre vorhandenen Stoffe auf eine mittlere Zusammensetzung der Lithosphäre. In seinem zweiten Vorschlag berücksichtigt SZARGUT neben der Atmosphäre die Verteilung der Stoffe im Meerwasser (Hydrosphäre) und greift nur für einen Rest von Bezugssubstanzen auf die Lithosphäre zurück. Der zweite Vorschlag ist stofflich umfassender zu gestalten. Die Exergiewerte beider Bezugssysteme unterscheiden sich nur wenig. Auch MOEBUS orientiert sich mit seinem Vorschlag eines Bezugssystems an den gleichen Kriterien wie SZARGUT. Deshalb stimmen die Bezugssubstanzen weitgehend überein. Allerdings wurde für technisch bedeutungsvolle Stoffe der technische Aspekt als wesentlicher angesehen als die Orientierung an der Geosphäre. Für eine Reihe von Stoffen sind deshalb Bezugssubstanzen vorgeschlagen worden, deren mittlere Verteilung in der Geosphäre nicht bekannt ist. Das war insofern möglich, als MOEBUS die Konzentration der Bezugssubstanzen pragmatisch gleich Eins setzt. Damit berechnet er nach der hier eingeführten Terminologie nur die reine chemische Exergie (Gl. (3.111 c)). Zusätzlich berücksichtigte MOEBUS bei der Festlegung der Bezugssubstanzen, daß keine Phasenänderungen im Bereich der wahrscheinlichen Umgebungszustände vorliegen, allerdings mit Ausnahme der sinnvollen Bezugssubstanz Wasser.

Tabelle 3.5. Molare Standardexergie der Elemente $\bar{e}_{20}$ nach SZARGUT (Berücksichtigung der Verteilung der Bezugssubstanzen in der natürlichen Umgebung) und $\bar{e}_{cho}$ nach MOEBUS (Berechnung für die reinen Bezugssubstanzen), ($T_0 = 298{,}15$ K, $p_0 = 0{,}101325$ MPa), A Partialdruck der Bezugssubstanz in der Atmosphäre in kPa, L Molanteil der Bezugssubstanz in der Lithosphäre, W Massenanteil der Bezugssubstanz im Meerwasser, $\bar{e}$ in kJ/kmol[1])

Bezeichnung der Spalten:
1. chemisches Element
2. Standardzustand des Elementes
3. Bezugssubstanz nach SZARGUT [3.34]
4. Anteil der Bezugssubstanz in Umgebung [3.34]
5. Bezugssubstanz nach SZARGUT [3.36]
6. Anteil der Bezugssubstanz in Umgebung [3.36]
7. Bezugssubstanz nach MOEBUS [3.30]
8. $\bar{e}_{20}$ nach SZARGUT [3.34]
9. $\bar{e}_{20}$ nach SZARGUT [3.36]
10. $\bar{e}_{cho}$ nach MOEBUS [3.30]

1	2	3	4	5	6	7	8	9	10
Ag	s	—	—	Ag, aq	$3 \cdot 10^{-10}$(W)	AgCl	—	59 100	68 814
Al	s	Al_2SiO_5	$2 \cdot 10^{-3}$(L)	Al_2SiO_5, s	$2 \cdot 10^{-3}$(L)	Al_2SiO_5 Silimanit	887 890	887 890	881 572
Ar	g	Ar, g	0,907(A)	Ar, g	0,907(A)	Ar	11 670	11 690	0
As	s	—	—	$HAsO_4^{--}$, i	$1{,}5 \cdot 10^{-8}$(W)	—	—	477 040	—
Au	s	—	—	Au, aq	$6 \cdot 10^{-12}$(W)	—	—	69 950	—
B	s	—	—	$H_2BO_3^-$, i	$4{,}6 \cdot 10^{-6}$(W)	$NaBO_2$	—	615 920	658 017
Ba	s, II	$BaSO_4$	$4 \cdot 10^{-6}$(L)	Ba^{++}, i	$5 \cdot 10^{-8}$(W)	$BaSO_4$	767 760	760 050	774 292
Bi	s	Bi_2O_3	$7 \cdot 10^{-10}$(L)	Bi_2O_3, s	$7 \cdot 10^{-10}$(L)	Bi_2O_3	271 370	271 370	248 806
$^1/_2$ Br_2	l	—	—	Br^-, i	$6{,}5 \cdot 10^{-5}$(W)	AgBr	—	45 885	26 774
C	s, Graphit	CO_2, g	0,0294(A)	CO_2, g	0,03(A)	CO_2	410 530	410 530	394 452
Ca	s, II	$CaCO_3$	$6{,}7 \cdot 10^{-3}$(L)	Ca^{++}, i	$4 \cdot 10^{-4}$(W)	$CaCO_3$	724 630	717 400	734 046
Cd	s	$CdCO_3$	$2 \cdot 10^{-8}$(L)	Cd^{++}, i	$5 \cdot 10^{-11}$(W)	$CdCO_3$	297 550	290 920	275 789
$^1/_2$ Cl_2	g	NaCl	$5{,}5 \cdot 10^{-4}$(L)	Cl^-, i	$1{,}9 \cdot 10^{-2}$(W)	NaCl	62 040	58 760	39 952
Co	s, III	Co_3O_4	$2 \cdot 10^{-7}$(L)	Co^{++}, i	$9 \cdot 10^{-11}$(W)	CO_3O_4	263 900	260 520	262 200

Cr	s	Cr_2O_3	$4 \cdot 10^{-7}$(L)	Cr_2O_3, s	$4 \cdot 10^{-7}$(L)	Cr_2O_7	538 610	538 610	655 025
Cs	s	—	—	Cs^+, i	$2 \cdot 10^{-9}$(W)	—	—	408 530	—
Cu	s	$CuCO_3$	$8 \cdot 10^{-6}$(L)	Cu^{++}, i	$5 \cdot 10^{-9}$(W)	CuO	130 150	134 400	136 940
$^1/_2\,D_2$	g	D_2O, g	$1,37 \cdot 10^{-4}$(A)	D_2O, g	0,00014(A)	—	132 390	133 125	—
$^1/_2\,F_2$	g	—	—	F^-, i	$1,4 \cdot 10^{-6}$(W)	CaF_2	—	224 410	213 922
Fe	s	Fe_2O_3	$2,7 \cdot 10^{-4}$(L)	Fe_2O_3, s	$2,7 \cdot 10^{-4}$(L)	Fe_2O_3	377 740	377 740	370 153
$^1/_2\,H_2$	g	H_2O, g	0,88(A)	H_2O, g	0,9(A)	H_2O	119 175	119 175	118 100
He	g	He, g	$5 \cdot 10^{-4}$(A)	He, g	0,0005(A)	He	30 360	30 290	0
Hg	l	—	—	Hg, aq	$3 \cdot 10^{-11}$(W)	—	—	66 010	—
$^1/_2\,J_2$	g	—	—	JO_3^-, i	$5 \cdot 10^{-8}$(W)	KJO_3	—	92 095	69 738
K	s	$KAlSi_3O_8$	$2,2 \cdot 10^{-2}$(L)	K^+, i	$3,8 \cdot 10^{-4}$(W)	K_2SO_4	325 300	371 520	368 512
Kr	g	Kr, g	$9,8 \cdot 10^{-5}$(A)	Kr, g	0,0001(A)	Kr	34 320	34 280	0
Li	s	—	—	Li^+, i	$1 \cdot 10^{-7}$(W)	—	—	396 170	—
Mg	s	$MgCO_3$	$3,3 \cdot 10^{-3}$(L)	Mg^{++}, i	$12,7 \cdot 10^{-4}$(W)	$MgCO_3$	627 050	626 710	627 308
Mn	s, α, IV	MnO_2	$2 \cdot 10^{-4}$(L)	MnO_2, s	$2 \cdot 10^{-4}$(L)	MnO_2	483 240	483 240	465 114
Mo	s	MoO_3	$2 \cdot 10^{-8}$(L)	MoO_3, s	$2 \cdot 10^{-8}$(L)	MoO_3	715 540	715 540	667 558
$^1/_2\,N_2$	g	N_2, g	75,83(A)	N_2, g	75,83(A)	N_2	360	360	0
Na	s	Na_2SO_4	$4 \cdot 10^{-6}$(L)	Na^+, i	$1,056 \cdot 10^{-4}$(W)	Na_2SO_4	340 720	343 830	343 767
Ne	g	Ne, g	$1,77 \cdot 10^{-3}$(A)	Ne, g	0,0018(A)	Ne	27 150	27 120	0
Ni	s	NiO	$4 \cdot 10^{-6}$(L)	Ni^{++}, i	$9 \cdot 10^{-11}$(W)	NiO	245 090	252 800	211 567
$^1/_2\,O_2$	g	O_2, g	20,40(A)	O_2, g	20,40(A)	O_2	1 985	1 985	0
P	s, weiß	$Ca_3(PO_4)_2$	$4 \cdot 10^{-4}$(L)	HPO_4^{--}, i	$5 \cdot 10^{-8}$(W)	$Ca_3(PO_4)_2$	859 700	859 600	837 055
Pb	s	$PbCO_3$	$4 \cdot 10^{-7}$(L)	Pb^{++}, i	$4 \cdot 10^{-9}$(W)	$PbCO_3$	246 230	226 940	231 663
Rb	s	—	—	Rb^+, i	$2 \cdot 10^{-7}$(W)	—	—	398 800	—
S	s, rhombisch	$CaSO_4 \cdot 2\,H_2O$	$3 \cdot 10^{-5}$(L)	SO_4^{--}, i	$8,84 \cdot 10^{-4}$(W)	$CaSO_4$	608 270	598 850	578 410
Sb	s, III	Sb_2O_5	$7 \cdot 10^{-10}$(L)	Sb_2O_5, s	$7 \cdot 10^{-10}$(L)	Sb_2O_5	359 190	359 190	371 197
Se	s	—	—	SeO_4^{--}, i	$4 \cdot 10^{-9}$(W)	—	—	326 960	—
Si	s	SiO_2	$4,72 \cdot 10^{-1}$(L)	SiO_2, s	$4,72 \cdot 10^{-1}$(L)	SiO_2	803 010	803 510	805 124
Sn	s, weiß	SnO_2	$2 \cdot 10^{-5}$(L)	SnO_2, s	$2 \cdot 10^{-5}$(L)	SnO_2	542 660	542 660	519 974
Sr	s	$SrCO_3$	$1 \cdot 10^{-5}$(L)	Sr^{++}, i	$1,3 \cdot 10^{-5}$(W)	$SrSO_4$	749 500	737 650	754 380
Th	s	—	—	—	—	ThO_2	—	—	1 173 558
Ti	s, II	TiO_2	$9 \cdot 10^{-5}$(L)	TiO_2, s, III	$9 \cdot 10^{-5}$(L)	TiO_2	876 000	876 000	888 487

Tabelle 3.5 (Fortsetzung)

1	2	3	4	5	6	7	8	9	10
U	s, III	UO_3	$2 \cdot 10^{-8}(L)$	UO_3, s	$2 \cdot 10^{-8}(L)$	UO_3	1 224 180	1 224 180	1 143 703
V	s	V_2O_5	$2 \cdot 10^{-6}(L)$	V_2O_5, s	$2 \cdot 10^{-6}(L)$	V_2O_5	725 880	725 880	714 367
W	s	WO_3	$4 \cdot 10^{-8}(L)$	WO_3, s	$4 \cdot 10^{-8}(L)$	WO_3	799 680	799 680	760 283
Xe	g	Xe, g	$8,8 \cdot 10^{-6}(A)$	Xe, g	$9 \cdot 10^{-6}(A)$	Xe	40 300	40 250	0
Zn	s	$ZnCO_3$	$3 \cdot 10^{-6}(L)$	Zn^{++}, i	$5 \cdot 10^{-10}(W)$	$ZnCO_3$	346 260	353 160	335 121
Zr	s	—	—	—	—	ZrO_2	—	—	1 036 369

[1]) Nach Redaktionsschluß publizierte W. S. STETANOV [3.44] Berechnungstabellen der chemischen Exergie im Standardzustand fast aller Elemente und einer Reihe organischer und anorganischer Verbindungen.

Das Bezugssystem, der Umgebungszustand, ist ähnlich pragmatisch aufgebaut wie bei MOEBUS und beinhaltet Wasser und die sich in ihm befindenden Ionen der höchsten Oxydationsstufe, sowie die unendlich verdünnte wäßrige Lösung beliebiger Stoffe. Die Berechnungsgleichungen verwenden im wesentlichen die Gesetzmäßigkeiten der Elektrochemie. Für wichtige Stoffe und Verbindungen erhält man ähnliche Ergebnisse wie beim Bezugssystem von SZARGUT. Die Konzentrationsexergie kann als absolute Größe nicht definiert werden.

Für die Umrechnung des Bezugszustandes auf einen beliebigen Umgebungszustand gibt MOEBUS eine Umrechnungsgleichung an, die auf einer Zusammenfassung der Gln. (3.115), (3.116) und (3.117) beruht. Es ergibt sich

$$
\bar{e}_{\text{chi}} = \bar{e}_{\text{chi0}} + \left(\sum_j |\omega_{ij}| \, \alpha_j + \Delta^{\text{Bo}} \bar{s}_i \right) (T_0 - T_u)
$$

$$
+ \left(\sum_j |\omega_{ij}| \, \beta_j + \bar{c}_{\text{pi}} \right) \left(T_0 - T_u - T_u \ln \frac{T_0}{T_u} \right)
$$

$$
- \left(\sum_j |\omega_{ij}| \, \gamma_j - a_i \right) \bar{R} T_u \ln \frac{p_0}{p_u} + |\omega_{i\text{H}}| \, L \tag{3.122}
$$

$L = 0$ für den Fall, daß Wasser im Umgebungszustand flüssig vorliegt

$$
L = \frac{1}{2} \, \bar{R} T_u \ln \frac{p_{\text{H}_2\text{O}}^{\text{LV}}(T_u)}{p_{\text{H}_2\text{O}, u}}
$$ für den Fall, daß Wasser im Umgebungszustand gasförmig vorliegt

$$
L = \frac{1}{2} \left(\frac{T_u - T_{\text{H}_2\text{O}}^{\text{SL}}(p_u)}{T_{\text{H}_2\text{O}}^{\text{SL}}(p_u)} \Delta h_{\text{H}_2\text{O}}^{\text{SL}}(p_u) + (c_{\text{pL H}_2\text{O}} - c_{\text{pS H}_2\text{O}}) \left(T_u - T_{\text{H}_2\text{O}}^{\text{SL}}(p) - T_u \ln \frac{T_u}{T_{\text{H}_2\text{O}}^{\text{SL}}(p_u)} \right) \right)
$$

für den Fall, daß Wasser im Umgebungszustand fest vorliegt

Die Umrechnungen hinsichtlich der Bezugssubstanz Wasser ergeben sich aus der Annahme, im Bezugssystem flüssiges Wasser zugrunde zu legen. Bei Reaktionen mit Umgebungsluft z. B. liegt Wasser im Umgebungszustand gasförmig entsprechend dem angenommenen Partialdruck $p_{\text{H}_2\text{O}, u}$ vor. Bei Bezugnahme auf gesättigte feuchte Luft im Umgebungszustand verschwindet das Korrekturglied, da der Druckeinfluß in der flüssigen Phase vernachlässigt wird. Prinzipiell muß das Phasenverhalten von Wasser nur bezüglich des Wasserstoffgehaltes in einer beliebigen Verbindung berücksichtigt werden, da Wasser im Bezugssystem vón MOEBUS nur an der Bezugsreaktion für das Element $\frac{1}{2}\,\text{H}_2$ beteiligt ist.

In Tabelle 3.6 sind die Koeffizienten α_i, β_i und γ_i sowie die Bezugsreaktionen zur Auswertung der Gl. (3.122) nach MOEBUS angegeben. Damit ist eine einfache numerische Bestimmung der chemischen Exergie möglich. Zumindest bei den Bestandteilen der Atmosphäre sind bei den Bezugssubstanzen die Konzentrationsexergien zu berücksichtigen. Das kann für Elemente und Verbindungen entsprechend den Gln. (3.118) und (3.119) erfolgen. Dabei kann z. B. auf die von SZARGUT angegebenen Anteile, die in Tabelle 3.5 enthalten sind, zurückgegriffen werden. Das ist für die Bestandteile der Atmosphäre allgemeingültig möglich. Für Elemente, die auf verschiedenen Bezugsreaktionen beruhen, ist für die verschiedenen Bezugssysteme keine Übereinstimmung zu erzielen. In Tabelle 3.6 ist noch der nach Gl. (3.120) erforderliche Term $(\Delta^{\text{Ro}} \bar{h}_j - \bar{e}_{2j0})$ zur Umrechnung vom Bezugszustand auf einen beliebigen Umgebungszustand für das Bezugssystem von SZARGUT tabelliert. Außerdem sind die Bezugsreaktionen angegeben.

9*

Tabelle 3.6. Umrechnung des Bezugszustandes für die Elemente nach Gl. (3.122) für $\bar{e}_{\mathrm{ch}j}$ und Berechnung von $\bar{e}_{2j} = \bar{e}_{\mathrm{ch}j} + RT_u \sum_k \omega_{jk} \ln x_{ku}$ für das Bezugssystem von MOEBUS und nach Gl. (3.111) für $\bar{e}_{2j}$ mit $\bar{R}T_u \sum_k \omega_{jk} \ln \dfrac{k_{uk}}{k_{0k}} = \bar{R}T_u \sum_k \omega_{jk} \ln \dfrac{p_{uk}}{p_{0k}}$ für gasförmige Bezugssubstanzen und $\bar{R}T_u \sum_k \omega_{jk} \ln \dfrac{x_{uk}}{x_{0k}}$ für feste und flüssige Bezugssubstanzen für das Bezugssystem von SZARGUT [3.34] (p_{ok} und x_{ok} s. Tabelle 3.5)

Element	Bezugssystem nach MOEBUS			$\sum_k \omega_{jk}U_k$	Bezugssystem nach SZARGUT [3.34]	
	α_j in kJ/kmol K	β_j in kJ/kmol K	γ_j	Bezugsreaktion: $-\sum_k \omega_{jk}U_k \to X_j$	$\Delta^{Ro}\bar{h}_j - \bar{e}_{2j0}$ in kJ/kmol	$\sum_k \omega_{jk}U_k$ Bezugsreaktion: $-\sum_k \omega_{jk}U_k \to X_j$
Ag	63,02	26,61	0,75	$1\,NaCl + 0{,}5\,CaSO_4 + 0{,}5\,CO_2 + {} + 0{,}25\,O_2 - 1\,AgCl - 0{,}5\,Na_2SO_4 - 0{,}5\,CaCO_3$		
Al	126,74	17,06	0,75	$0{,}75\,O_2 + 0{,}5\,SiO_2 - 0{,}5\,Al_2SiO_5$	39910	$0{,}75\,O_2 + 0{,}5\,SiO_2 - 0{,}5\,Al_2SiO_5$
Ar	−154,8	20,79	−1	$-\,1\,Ar$	−11670	$-\,1\,Ar$
B	41,22	7,54	0,25	$0{,}5\,Na_2SO_4 + 0{,}5\,CaCO_3 + 0{,}75\,O_2 - 1\,NaBO_2 - 0{,}5\,CaSO_4 - 0{,}5\,CO_2$		
Ba	198,1	32,18	1,5	$0{,}5\,O_2 + 1\,CaSO_4 + 1\,CO_2 - 1\,BaSO_4 - 1\,CaCO_3$	−26360	$0{,}5\,O_2 + 1\,CaSO_4 + 1\,CO_2 - 1\,BaSO_4 - 1\,BaCO_3$
Bi	78,15	34,73	0,75	$0{,}75\,O_2 - 0{,}5\,Bi_2O_3$	17120	$0{,}75\,O_2 - 0{,}5\,Bi_2O_3$
C	− 8,6	7,77	0	$-1\,CO_2 + 1\,O_2$	−17020	$-1\,CO_2 + 1\,O_2$
Ca	223,2	·30,04	1,5	$0{,}5\,O_2 + 1\,CO_2 - 1\,CaCO_3$	88740	$0{,}5\,O_2 + 1\,CO_2 - 1\,CaCO_3$

Cd					56420	$0,5\ O_2 + 1\ CO_2 - 1\ CdCO_3$
$^1/_2\ Cl_2$	−159,61	20,65	−0,75	$0,5\ Na_2SO_4 + 0,5\ CaCO_3 - 1\ NaCl$ $-0,5\ CaSO_4 - 0,5\ CO_2 - 0,25\ O_2$	18775	$0,5\ Na_2SO_4 + 0,5\ CaCO_3$ $+ 1\ H_2O - 1\ NaCl - 0,5\ CaSO_4$ $\cdot 2\ H_2O - 0,5\ CO_2 - 0,25\ O_2$
Co	102,33	21,45	$0,\overline{33}$	$0,\overline{66}\ O_2 - 0,\overline{33}\ Co_3O_4$	28980	$0,\overline{66}\ O_2 - 0,\overline{33}\ Co_3O_4$
Cr	211,25	11,77	1,75	$1,75\ O_2 - 0,5\ Cr_2O_7$	25600	$0,75\ O_2 - 0,5\ Cr_2O_3$
Cu	59,86	27,62	0,5	$0,5\ O_2 - 1\ CuO$	71100	$0,5\ O_2 + 1\ CO_2 - 1\ CuCO_3$
$^1/_2\ D_2$					− 8440	$0,25\ O_2 - 0,5\ D_2O$
$^1/_2\ F_2$	−146,03	18,49	−0,75	$0,5\ CaCO_3 - 0,5\ CaF_2 - 0,5\ CO_2$ $- 0,25\ O_2$		
Fe	110,05	29,83	0,75	$0,75\ O_2 - 0,5\ Fe_2O_3$	33340	$0,75\ O_2 - 0,5\ Fe_2O_3$
$^1/_2\ H_2$	17,97	30,23	0,25	$0,25\ O_2 - 0,5\ H_2O$	8220	$0,25\ O_2 - 0,5\ H_2O$
He	−126,0	20,79	−1	$-1\ He$	−30360	$-1\ He$
$^1/_2\ J_2$	79,00	32,22	0,75	$0,5\ K_2SO_4 + 0,5\ CaCO_3 + 1,25\ O_2$ $- 1\ KJO_3 - 0,5\ CaSO_4 - 0,5\ CO_2$		
K	82,10	30,14	0,75	$0,25\ O_2 + 0,5\ CaSO_4 + 0,5\ CO_2$ $- 0,5\ K_2SO_4 - 0,5\ CaCO_3$	22180	$0,25\ O_2 + 0,5\ Al_2SiO_5$ $+ 2,5\ SiO_2 - 1\ KAlSi_3O_8$
Kr	−164,0	20,79	−1	$-1\ Kr$	−34320	$-1\ Kr$
Mg	250,4	23,71	1,5	$0,5\ O_2 + 1\ CO_2 - 1\ MgCO_3$	92390	$0,5\ O_2 + 1\ CO_2 - 1\ MgCO_3$

Tabelle 3.6 (Fortsetzung)

Element	Bezugssystem nach MOEBUS			$\sum_k \omega_{jk} U_k$	Bezugssystem nach SZARGUT [3.34]	
	α_j in kJ/kmol K	β_j in kJ/kmol K	γ_j	Bezugsreaktion: $-\sum_k \omega_{jk} U_k \to X_j$	$\Delta^{R0}\bar{h}_j - \bar{e}_{2j0}$ in kJ/kmol	$\sum_k \omega_{jk} U_k$ Bezugsreaktion: $-\sum_k \omega_{jk} U_k \to X_j$
Mn	151,9	24,66	1	$1\,O_2 - 1\,MnO_2$	37670	$1\,O_2 - 1\,MnO_2$
Mo	228,76	30,98	1,5	$1,5\,O_2 - 1\,MoO_3$	38960	$1,5\,O_2 - 1\,MoO_3$
$^1/_2\,N_2$	$-\ 95,75$	14,54	$-0,5$	$-0,5\,N_2$	$-\ \ 720$	$-0,5\,N_2$
	90,25	29,04	0,75	$0,25\,O_2 + 0,5\,CaSO_4 + 0,5\,CO_2$ $-0,5\,Na_2SO_4 - 0,5\,CaCO_3$	-10520	$0,25\,O_2 + 0,5\,CaSO_4 \cdot 2\,H_2O$ $+ 0,5\,CO_2 - 0,5\,Na_2SO_4$ $-0,5\,CaCO_3 - 1\,H_2O$
Ne	$-146,2$	20,79	-1	$-1\,Ne$	-27150	$-1\,Ne$
Ni	71,5	29,63	0,5	$0,5\,O_2 - 1\,NiO$	$-\ \ 740$	$0,5\,O_2 - 1\,NiO$
$^1/_2O_2$	$-102,5$	14,68	$-0,5$	$-0,5\,O_2$	$-\ 1985$	$-0,5\,O_2$
P	$-\ 45,24$	12,02	$-0,25$	$1,25\,O_2 + 1,5\,CaCO_3 - 0,5\,Ca_3(PO_4)_2$ $-1,5\,CO_2$	-16620	$1,25\,O_2 + 1,5\,CaCO_3$ $-0,5\,Ca_3(PO_4)_2 - 1,5\,CO_2$
Pb	185,2	35,59	1,5	$0,5\,O_2 + 1\,CO_2 - 1\,PbCO_3$	60250	$0,5\,O_2 + 1\,CO_2 - 1\,PbCO_3$
S	80,1	10,90	0,5	$1,5\,O_2 + 1\,CaCO_3 - 1\,CaSO_4$ $-1\,CO_2$	115850	$1,5\,O_2 + 1\,CaCO_3 + 2\,H_2O$ $-1\,CaSO_4 \cdot 2\,H_2O - 1\,CO_2$

Sb	193,75	22,15	1,25	$1,25\ O_2 - 0,5\ Sb_2O_5$	131170	$1,25\ O_2 - 0,5\ Sb_2O_5$
Si	162,91	15,07	1	$1\ O_2 - 1\ SiO_2$	56380	$1\ O_2 - 1\ SiO_2$
Sn	152,66	13,23	1	$1\ O_2 - SnO_2$	38080	$1\ O_2 - SnO_2$
Sr	208,2	38,18	1,5	$1\ CaSO_4 + 1\ CO_2 + 0,5\ O_2 - 1\ SrSO_4 - 1\ CaCO_3$	75170	$0,5\ O_2 + 1\ CO_2 - 1\ SrCO_3$
Th	139,76	32,40	1	$1\ O_2 - 1\ ThO_2$		
Ti	154,77	25,70	1	$1\ O_2 - 1\ TiO_2$	36110	$1\ O_2 - 1\ TiO_2$
U	208,92	40,82	1,5	$1,5\ O_2 - 1\ UO_3$	39390	$1,5\ O_2 - 1\ UO_3$
V	190,80	26,95	1,25	$1,25\ O_2 - 0,5\ V_2O_5$	54440	$1,25\ O_2 - 0,5\ V_2O_5$
W	224,24	37,46	1,5	$1,5\ O_2 - 1\ WO_3$	40630	$1,5\ O_2 - 1\ WO_3$
Xe	−169,6	20,79	−1	$-1\ Xe$	−40300	$-1\ Xe$
Zn	233,7	28,36	1,5	$0,5\ O_2 + 1\ CO_2 - 1\ ZnCO_3$	72770	$0,5\ O_2 + 1\ CO_2 - 1\ ZnCO_3$
Zr	51,18	41,13	1	$1\ O_2 - 1\ ZrO_2$		

Unterscheiden sich Bezugssystem und Umgebung nur hinsichtlich des Gesamt-druckes und der Temperatur, sind die Umrechnungen analog zu denen des Bezugs-systems nach MOEBUS vorzunehmen. Bei einer Umrechnung der Umgebungskonzen-trationen müssen außer der Bezugsreaktion noch die Konzentrations- bzw. Partial-druckangaben nach Tabelle 3.5 berücksichtigt werden. Zusätzlich ist die freie Bil-dungsenthalpie $\Delta^{Bu}\bar{g}_i$ nach Gl. (3.117) zu bestimmen, um letztlich den Wert der Nullexergie nach Gl. (3.121) ermitteln zu können. Phasenänderungen von Wasser können analog zur Gl. (3.122) bis zum flüssigen Bereich erfaßt werden, wenn für $p_{H_2O} = p_{H_2O}^{LV}\,(T_u)$ gesetzt wird. Allerdings können im Bezugssystem nach SZARGUT mehrere Elemente von einer Phasenänderung betroffen sein, was eine entsprechende Erweiterung und Komplizierung der Umrechnung auf den jeweiligen Umgebungs-zustand bedeutet.

Bei praktischen Berechnungen wird man versuchen, soweit als möglich tabellierte Umgebungsmodelle zu verwenden, die ihre Allgemeingültigkeit durch ihre Orien-tierung an der natürlichen Umgebung erhalten. Die örtlichen Verhältnisse sind dabei gegebenenfalls durch eine Korrektur von Umgebungsdruck, -temperatur und -kon-zentration zu berücksichtigen.

Bei einigen zu untersuchenden technischen Systemen wird es z. B. aus Gründen der Besonderheit der Rohstoffsituation zweckmäßig sein, die *Bezugssubstanzen* zu-mindest *teilweise* zu *ändern*. Der dabei abzuarbeitende Algorithmus ist in Bild 3.32 dargestellt.

Die neu zu definierenden Bezugssubstanzen werden als Bestandteil der technischen Umgebung des Systems aufgefaßt. Da das gesamte Umgebungsmodell hinsichtlich der Bezugssubstanzen nicht überbestimmt sein darf, wird sich der Prozeß der Um-gebungsdefinition im allgemeinen iterativ gestalten. Für alle Stoffe, die nur aus Bezugssubstanzen von vorliegenden Umgebungsmodellen bereitgestellt werden können (natürliche Umgebung), lassen sich die Berechnungsgleichungen und Daten dieser Umgebungsmodelle verwenden. Für alle anderen Stoffe sind chemische und Konzentrationsexergie ausgehend von den Grundgleichungen unter Verwendung der thermodynamischen Daten für die Bezugssubstanzen zu berechnen.

3.4.2.   Exergie von Brennstoffen

In der Technik werden Brennstoffe im allgemeinen verwendet, um durch eine che-mische Reaktion (Verbrennung) chemische in thermische Energie umzuwandeln. Die Reaktion erfolgt mit Sauerstoff, und zwar fast ausschließlich mit dem Sauerstoff der Luft. Die Verbrennungsprodukte (Rauchgase) werden nach Nutzung ihrer ther-mischen Energie in die Atmosphäre abgegeben.

Aus diesen Gründen muß die Berechnung der Exergie von Brennstoffen

- von der *chemischen Exergie der Reaktion* ausgehen und
- für die Definition des *Umgebungssystems* im erheblichen Maße die Eigenschaften der *natürlichen Atmosphäre* berücksichtigen.

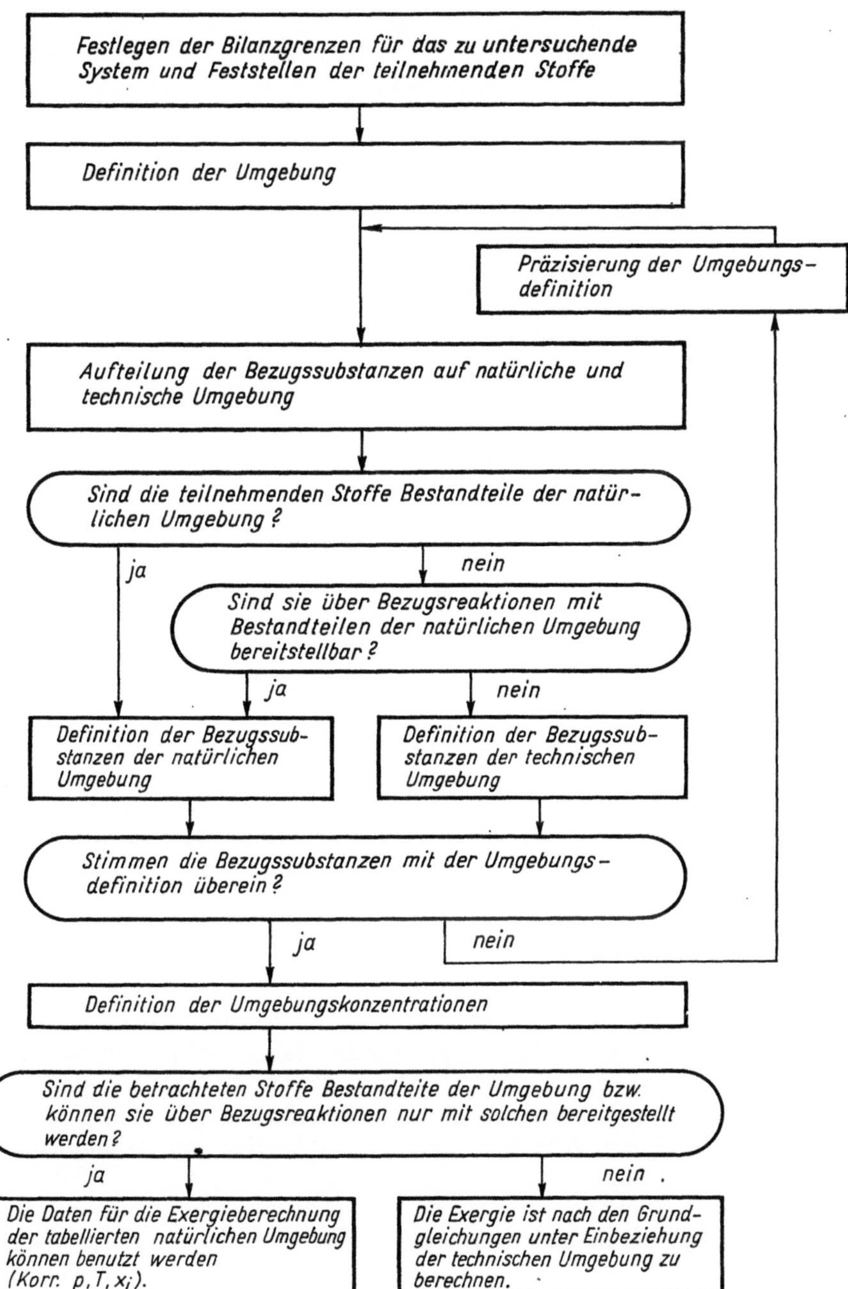

Bild 3.32. Berechnung der chemischen und Konzentrationsexergie

Einer an diesen Prämissen orientierten Berechnung der Brennstoffexergie stehen zwei Schwierigkeiten entgegen. Zum einen ist, besonders bei festen und flüssigen Brennstoffen, die *molekulare Zusammensetzung nicht bekannt*, und zum anderen ergeben sich Schwierigkeiten für eine Umgebungsdefinition von schwefelhaltigen Brennstoffen, da Schwefeloxide im Gegensatz zu den hauptsächlichen Reaktionsprodukten (H_2O und CO_2) nicht in der natürlichen Umgebung enthalten sind. Die Exergie des Schwefels im Brennstoff muß deshalb mit Bezugssystemen ermittelt werden, wie sie im Abschnitt 3.4.1. vorgestellt worden sind.

Die im Abschnitt 3.4.1. abgeleiteten Methoden der Berechnung der chemischen Exergie können nicht angewandt werden, da für Brennstoffe nicht die molekulare Struktur, sondern bestenfalls die Elementaranalyse bekannt ist. Aus diesem Grunde sind verschiedene *Näherungsverfahren* entwickelt worden, die sich gewöhnlich an dem Heizwert als einem Ausdruck der Reaktionsenthalpie orientieren. Zusätzlich werden definierte Brennstoffe untersucht und die damit erhaltenen Ergebnisse unter Berücksichtigung von Verhältnissen aus der Elementaranalyse oder weiterer Eigenschaften der technischen Brennstoffe auf diese übertragen. Die so ermittelten Daten besitzen eine für technische Aufgabenstellungen ausreichende Genauigkeit, wenn man z. B. nur an das Problem der Probenahme aus einer auf dem Bunkerplatz liegenden Kohlenmenge denkt. Die so ermittelten Näherungsgleichungen betreffen nur die chemische Exergie. Die thermomechanische Exergie von Brennstoffen muß im Bedarfsfall z. B. nach Berechnungsmethoden des Abschnittes 3.2. ermittelt werden, in dem die Brennstoffe unter Verwendung geeigneter Durchschnittswerte wie einheitliche Stoffe behandelt werden.

Die Exergie der Aschebestandteile wird als die nicht an der Reaktion beteiligten Stoffe näherungsweise gleich Null gesetzt. Damit ist die Umgebung für die Bestimmung der Exergie von Brennstoffen durch Bezugssubstanzen gekennzeichnet, die durch die Bestandteile der natürlichen Atmosphäre entsprechend ihrem Partialdruck gegeben sind (einschließlich des Wassers) und durch die Bezugssubstanzen für Schwefel und Asche. Dieser Sachverhalt wird in der Literatur nicht immer explizit deutlich gemacht, kann aber bei bestimmten Aufgabenstellungen von wesentlicher Bedeutung sein (z. B. Kalksteinzusatz zum Brennstoff zur Verminderung der Schwefelabgabe in den Rauchgasen).

Exakt genommen ist die chemische Exergie der Brennstoffe als negative freie Reaktionsenthalpie mit Hilfe entsprechender Bezugsreaktionen für eine derartige Umgebung zu berechnen. Das ist bedingt durch den Brennstoff exakt nicht möglich. Die Verwendung von Näherungsgleichungen verschleiert auch oft den Zusammenhang zur Umgebung. Allerdings beträgt der Einfluß der Zusammensetzung der Umgebung nur wenige Prozent (z. B. nach [3.35] etwa 1,5 %), so daß die Anwendung der Näherungsgleichung aus quantitativer Sicht möglich ist. Für eine exakte exergetische Analyse der gesamten Verbrennung ist es aus thermodynamischen Gründen erforderlich, die Exergie der entstehenden Rauchgase mit der gleichen Umgebung zu berechnen, die der Bestimmung der Brennstoffexergie zugrunde gelegt wurde.

In Abschnitt 3.3.3. wurde auf diesen Sachverhalt nicht hingewiesen. Für übliche technische Bedingungen sind allerdings die Exergieverluste bei der Verbrennung so hoch, daß auch bei unterschiedlichen Umgebungssystemen für Brennstoff und Rauchgase quantitativ ausreichend genaue Ergebnisse erhalten werden. Die aufgrund des Abschnittes 3.3.3. ermittelten Rauchgasexergien können demnach parallel zu den im folgenden zusammengestellten Berechnungsgleichungen für die Brennstoffexergie angewandt werden.

Die einfachsten Näherungsgleichungen beziehen sich nur auf den oberen Heizwert $\Delta_V h$ (den Brennwert) bzw. unteren Heizwert $\Delta_H h$ und den Wassergehalt w des Brennstoffes [3.38]. Das erscheint möglich, da sich die Exergie und der Heizwert des Brennstoffes quantitativ nur wenig unterscheiden. Der Vorteil dieser Beziehungen besteht darin, daß *Heizwert und Wassergehalt* zwar nur mit einer bestimmten Genauigkeit, aber *direkt experimentell* ermittelt werden können.

Folgende Beziehungen wurden vorgeschlagen:

- für feste Brennstoffe

$$e_{\mathrm{Br}} = \Delta_V h^* = H_u + \left(2500 \, \frac{\mathrm{kJ}}{\mathrm{kg}}\right) \cdot w \tag{3.123}$$

Umgebungszustand: $p_u = 0,1$ MPa, $T_u = 298,15$ K, reiner Sauerstoff, Verbrennungsprodukte als reine Stoffe

- für flüssige Brennstoffe

$$e_{\mathrm{Br}} = 0,975 \, \Delta_V h \tag{3.124}$$

Umgebungszustand: $p_u = 0,1$ MPa, $T_u = 298,15$ K, reiner Sauerstoff, Verbrennungsprodukte als reine Stoffe

- für gasförmige Brennstoffe

$$e_{\mathrm{Br}} = 0,95 \, \Delta_V h \tag{3.125}$$

(gilt nicht, wenn nennenswerte Anteile von Methan, Wasserstoff und Kohlenmonoxid vorliegen [3.39])
Umgebungszustand: $p_u = 0,1$ MPa, $T_u = 298,15$ K, reiner Sauerstoff, Verbrennungsprodukte als reine Stoffe

$$\bar{e}_{\mathrm{Br}} = \left(0,6662 + 3656 \cdot 10^{-2} \ln \frac{\Delta_V \bar{h}}{(\mathrm{MJ/kmol})}\right) \Delta_V \bar{h} \tag{3.126}$$

gilt für Brenngase mit $380 \, \mathrm{MJ/kmol} < \Delta_V \bar{h} < 2500 \, \dfrac{\mathrm{MJ}}{\mathrm{kmol}}$ und $\Sigma \, x_{\mathrm{C_n H_m}} > 0,26$ [3.39]
Umgebungszustand: $p_u = 0,101325$ MPa, $T_u = 298,15$ K, Sauerstoff bei Partialdruck der Umgebung, Wasser als reiner Stoff, wasserfreies Gemisch der Verbrennungsprodukte

In den Beziehungen kennzeichnet $\Delta_V h^*$ den oberen Heizwert ohne Berücksichtigung des gebundenen Wasserstoffes in Brennstoff und $\Delta_V \bar{h}$ den molaren Heizwert. Die Gln. (3.123) bis (3.125) enthalten nicht die Terme der Konzentrationsexergie aufgrund des Hinweises, daß der entsprechende Partialdruckunterschied ohnehin nicht nutzbar ist. Damit entsprechen die mit diesen Beziehungen ermittelten Brennstoffexergien der chemischen Exergie e_{ch} des Abschnittes 3.4.1. Zur Ableitung der Gl. (3.126) wurde zwar der Einfluß der Gemischbildung auf die Reaktion berücksichtigt, die Ausnutzung des Partialdruckgefälles der Verbrennungsprodukte aber gleichfalls

140

negiert. Die hierdurch bedingte Änderung der Zahlenwerte gegenüber den anderen Beziehungen kann vernachlässigt werden.

SZARGUT und STYRILSKA [3.36] haben konsequent die eingangs zu diesem Abschnitt angegebene Umgebungsdefinition verwendet und mit dem im Abschnitt 3.4.1. angegebenen Bezugssystem nach SZARGUT für $p_u = 0,101325$ MPa und $T_u = 298,15$ K Brennstoffexergien ermittelt. Es wurde für eine große Anzahl *definierter organischer Substanzen* die chemische Exergie ermittelt. Unter Zugrundelegung bestimmter Verhältnisse zwischen der Exergie und dem oberen Heizwert und der Abhängigkeit bestimmter Molverhältnisse wie $\dfrac{H}{C}, \dfrac{O}{C}, \dfrac{N}{C}$ und $\dfrac{S}{C}$ wurden einerseits Verallgemeinerungen angestrebt und zum anderen *Übertragungen auf technische Brennstoffe*. Für letztere wurden die Verhältnisse aus der Elementaranalyse zugrunde gelegt. Die von den Autoren ermittelten Berechnungsgleichungen sind in Tabelle 3.7 zusammengestellt.

Auf Vorstellungen von MOLLIER aufbauend, hat BOIE ein geschlossenes Konzept der *Verbrennungsrechnung* vorgeschlagen, das auf der Verwendung *dimensionsloser Brennstoffkennzahlen* beruht. Aufbauend auf den sogenannten Verbandsformeln für den Heizwert, lassen sich sowohl dieser als auch die chemische Exergie für Brennstoffe mit Hilfe derartiger Brennstoffkennzahlen darstellen. Näherungsgleichungen für den Heizwert lassen sich relativ einfach ermitteln, da diese mit experimentellen Werten verglichen werden können. Zur Ermittlung der Brennstoffexergie muß außerdem das Entropieverhalten bekannt sein. FRATZSCHER und SCHMIDT [3.40] gingen von dem Anteil flüchtiger Bestandteile der festen Brennstoffe aus und ermittelten für diese aus Betrachtungen für definierte organische Stoffe einen mittleren Entropiewert, der der Berechnung unter Beachtung des fixen Kohlenstoffanteils zugrunde gelegt werden kann. Alle anderen Entropiewerte wurden entsprechend der Elementaranalyse zugerechnet. Dieses empirische Vorgehen ist auch zur Ermittlung des Heizwertes üblich. Die Konzentrationsexergie wurde nicht berücksichtigt, so daß nur die eigentliche chemische Exergie bestimmt wurde.

Für alle Kohlearten ergab sich mit einer ausreichenden Genauigkeit die Näherungsgleichung

$$e_{Br} = K(809,1 + 67,4\omega + 1875v + 3784\sigma - 177,8\zeta) \tag{3.127}$$

mit den Brennstoffkenngrößen

$$K = 7,817\,\frac{kJ}{kg}\,c \qquad\qquad v = \frac{3}{7}\frac{n}{c}$$

$$\sigma = 1 + \frac{3\left(h - \dfrac{o - s}{8}\right)}{c} \qquad \omega = 6\,\frac{h}{c}$$

$$\zeta = \frac{3}{8}\frac{s}{c}$$

wobei nach der Elementaranalyse gelten muß:

$$c + h + o + s + n = 1$$

Für Näherungsrechnungen können nach BOIE die Mittelwerte $v = 0,008$ und $\zeta = 0,006$ verwendet werden. Damit wird aus Gl. (3.127)

$$e_{\mathrm{Br}} = K(823 + 67{,}4\omega + 3784\sigma) \tag{3.128}$$

In ähnlicher Weise lassen sich auch entsprechende Beziehungen für flüssige Brennstoffe ableiten. Sowohl für Rohöle als auch für Erdölfraktionen aus verschiedenen Verarbeitungsstufen ergab sich der Ansatz

$$e_{\mathrm{Br}} = K[1066 + 67{,}4\omega + 1875v + 3784\sigma - 177{,}8\zeta] \tag{3.129}$$

der sich von Gl. (3.127) aufgrund der Berechnung nur um den konstanten Summanden unterscheidet. Für flüssige Brennstoffe kann nach BOIE gesetzt werden $v = 0$ und $\zeta = 0,006$, woraus sich als weitere Näherungsgleichung ergibt:

$$e_{\mathrm{Br}} = K[1065 + 67{,}4\omega + 3784\sigma] \tag{3.130}$$

Der Vergleich mit den Gln. (3.123) bis (3.126) liefert Abweichung zwischen 1 und 2%.

3.4.3. Exergie von Ionen in Lösungen

In einer Reihe von Fällen wird zur Analyse innerer Prozesse, z. B. in elektrochemischen Batterien und Akkumulatoren, die Berechnung der Exergie von Ionenströmen benötigt, die dem Energietransport im Elektrolyt dienen.

Die Bestimmung der Exergie von Ionenströmen erfolgt *analog* der Bestimmung der *chemischen Exergie*, da sie entweder als minimale Arbeit zur Erzeugung der Ionenströme aus der Umgebung oder als maximale Arbeit, die man bei reversibler Reaktion dieser Ionenströme mit den Bezugssubstanzen bei Umgebungstemperatur, -druck und -konzentration erhalten kann, interpretierbar ist. Es gilt

$$\bar{e}_{\mathrm{ch\,Ion}} = \Sigma\, v_i \bar{e}_i + \Delta^{\mathrm{Bu}}\bar{g}_{\mathrm{Ion}} \tag{3.115a}$$

mit $\bar{e}_j$ als der Exergie des i-ten Stoffes, aus dem das Ion gebildet wird, v_i als stöchiometrischem Koeffizienten des Stoffes i und $\Delta^{\mathrm{Bu}}\bar{g}_{\mathrm{Ion}}$ der freien Bildungsenthalpie des Ions bei Umgebungsdruck und Umgebungstemperatur. Der erste Term in Gl. (3.115a) wird nach der schon beschriebenen Methode bestimmt. Der zweite Term beinhaltet die Änderung der freien Bildungsenthalpie in wäßrigen Lösungen:

$$\Delta^{\mathrm{Bu}}\bar{g}_{\mathrm{Ion}} = \Delta^{\mathrm{Bu}}\bar{g} + \Delta^{\mathrm{Bu}}\bar{g}_{\mathrm{H^+\,aq}}z \tag{3.115b}$$

Darin stellt $\Delta^{\mathrm{Bu}}\bar{g}$ die freie Bildungsenthalpie des Ions aus den Elementen dar und kann Tabellen entnommen werden, während $\Delta^{\mathrm{Bu}}\bar{g}_{\mathrm{H^+\,aq}}$ die freie Bildungsenthalpie eines Protons in wäßriger Lösung ist und 468 kJ/kmol beträgt. z ist die Ladung des Ions, dessen Exergie mit dem entsprechenden Vorzeichen berechnet wird [3.42].

Tabelle 3.7. Exergie von Brennstoffen (große Buchstaben — Molverhältnisse, kleine Buchstaben — Massenverhältnisse)

Stoffbezeichnung	Berechnungsgleichung für $\dfrac{e_{Br}}{\Delta_v h}$	Mittlere relative Abweichung μ
feste organische Stoffe		
• Kohlenwasserstoffe	$1{,}0435 + 0{,}0159\,\dfrac{H}{C}$	0,0005
• Sauerstoffverbindungen mit geringem Sauerstoffanteil $0 \leqq O/C \leqq 0{,}5$	$1{,}0438 + 0{,}0158\,\dfrac{H}{C} + 0{,}0813\,\dfrac{O}{C}$	0,0011
• Sauerstoffverbindungen mit hohem Sauerstoffanteil $0 \leqq O/C \leqq 2$	$\dfrac{1{,}0414 + 0{,}0177\,\dfrac{H}{C} + 0{,}3328\,\dfrac{O}{C}\left(1 + 0{,}0537\,\dfrac{H}{C}\right)}{1 - 0{,}4021\,\dfrac{O}{C}}$	0,0069
• Sauerstoff-Stickstoff-Verbindungen mit geringem Sauerstoffanteil $0 \leqq O/C \leqq 0{,}5$	$1{,}0447 + 0{,}0140\,\dfrac{H}{C} + 0{,}0968\,\dfrac{O}{C} + 0{,}0467\,\dfrac{N}{C}$	0,0038
• Sauerstoff-Stickstoff-Verbindungen mit hohem Sauerstoffanteil $0 \leqq O/C \leqq 2$	$\dfrac{1{,}0444 + 0{,}0160\,\dfrac{H}{C} - 0{,}3493\,\dfrac{O}{C}\left(1 + 0{,}0531\,\dfrac{H}{C}\right) + 0{,}0493\,\dfrac{N}{C}}{1 - 0{,}4124\,\dfrac{O}{C}}$	0,0072
flüssige organische Stoffe		
• Kohlenwasserstoffe	$1{,}0406 + 0{,}0144\,\dfrac{H}{C}$	0,0021
• Sauerstoffverbindungen	$1{,}0374 + 0{,}0159\,\dfrac{H}{C} + 0{,}0567\,\dfrac{O}{C}$	0,034
• Sauerstoff-Stickstoff-Verbindungen	$1{,}0407 + 0{,}0154\,\dfrac{H}{C} + 0{,}0562\,\dfrac{O}{C} + 0{,}5904\,\dfrac{N}{C}\left(1 - 0{,}175\,\dfrac{H}{C}\right)$	0,005

gasförmige Kohlenwasserstoffe	$1{,}0334 + 0{,}0183\,\dfrac{H}{C} - 0{,}0694\,\dfrac{1}{C}$	0,0027

technische Brennstoffe	Berechnungsgleichung für e_{Br}	
• Steinkohle, Braunkohle, Koks, Torf	$\Delta_v h\left(1{,}0437 + 0{,}1896\,\dfrac{h}{c} + 0{,}0617\,\dfrac{o}{c} + 0{,}0428\,\dfrac{h}{c}\right) +$ $+\ 9{,}710 \cdot 10^6\ \text{J/kg} \cdot \text{s}$	0,01
• Holz	$\Delta_v h\,\dfrac{1{,}0412 + 0{,}2160\,\dfrac{h}{c} - 0{,}2499\,\dfrac{o}{c}\left(1 + 0{,}7884\,\dfrac{h}{c}\right) + 0{,}0450\,\dfrac{n}{c}}{1 - 0{,}3035\,\dfrac{o}{c}}$ $+\ 9{,}710 \cdot 10^6\ \text{J/kg} \cdot \text{s}$	0,015
• flüssige technische Brennstoffe	$\Delta_v h\left(1{,}0401 + 0{,}1728\,\dfrac{h}{c} + 0{,}0432\,\dfrac{o}{c} + 0{,}2169\,\dfrac{s}{c}\left(1 - 2{,}0628\,\dfrac{h}{c}\right)\right)$	0,005
• Kokereigas	$\Delta_v h$	0,01
• Spaltgas	$0{,}98\ \Delta_v h$	0,01
• Generatorgas	$0{,}97\ \Delta_v h$	0,01
• Erdgas	$1{,}04\ \Delta_v h$	0,005

Es seien zwei Beispiele zur Berechnung der Exergie von Ionenströmen angeführt.

- Die Ionen H^+ und OH^- ($T_u = 298,15$ K, $p_u = 1,0133$ MPa)
  Die Bildungsreaktion der Ionen in wäßriger Lösung (aq) lautet:

$$\frac{1}{2} H_2 \rightarrow H^+_{aq}$$

$$\downarrow e$$

$$\frac{1}{2} H_2 + \frac{1}{2} O_2 \rightarrow OH^-_{aq}$$

$$\bar{e}_{H^+aq} = \frac{1}{2}\bar{e}_{H_2} + \Delta^{Bu}\bar{g}_{H^+aq} = \left(\frac{238,35}{2} + 468\right)\frac{kJ}{kmol} = 587,2 \text{ kJ/kmol}$$

$$\bar{e}_{OH^-aq} = \frac{1}{2}\bar{e}_{H_2} + \frac{1}{2}\bar{e}_{O_2} + \Delta^{Bu}\bar{g}_{OH^-aq}$$

mit

$$\Delta^{Bu}\bar{g}_{OH^-_{aq}} = -625,3 \text{ kJ/kmol}$$

$$\bar{e}_{OH^-aq} = \left(\frac{238,35}{2} + \frac{3,97}{2} - 625,3\right) = \underline{-504,1 \text{ kJ/kmol}}$$

- Die Ionen SO^{2-} und Fe^{2+}

$$S + 2 O_2 \rightarrow SO^{2-}_{4\,aq}$$

$$\uparrow 2e$$

$$Fe \rightarrow Fe^{2+}_{aq}$$

$$\bar{e}_{SO^{2-}_4\,aq} = e_s + 2e_{O_2} + \Delta^{Bu}\bar{g}_{SO^{2-}_4\,aq} = (606,74 + 2 \cdot 3,97 - 1680,33)\frac{kJ}{kmol}$$

$$= \underline{-1066 \text{ kJ/kmol}}$$

$$\bar{e}_{Fe^{2+}aq} = \bar{e}_{Fe} + \Delta^{Bu}\bar{g}_{Fe^{2+}aq} = 377,75 + 851,05 = \underline{1228,8 \frac{kJ}{kmol}}$$

Die angeführten Beispiele zeigen, um wieviel sich die Exergie der Ionen von der Exergie der sie bildenden Elemente unterscheidet. Elektrochemische Berechnungen unter Benutzung der Exergie der Ionen wurden z. B. von NESTEROW [3.43] durchgeführt.

3.5. Bemerkungen zur Veränderung des Umgebungszustandes

Da es nicht möglich und auch nicht sinnvoll ist, einen Umgebungszustand zu definieren, der für alle denkbaren Anwendungsfälle benutzt werden kann, sieht man sich immer wieder im Zusammenhang mit exergetischen Untersuchungen vor die Aufgabe gestellt, Ergebnisse einer Berechnung auf einen anderen Umgebungszustand umzurechnen. Das kann im Zusammenhang mit einzelnen Exergiewerten erforderlich sein, die Zustandsdiagrammen oder Tabellen entnommen worden sind, oder auch in bezug auf die Ergebnisse exergetischer Analysen von Prozessen und Verfahren, wenn diese z. B. untereinander verglichen werden sollen.

An dieser Stelle soll auf das erste Problem eingegangen werden. Umrechnungsgleichungen für die Berücksichtigung der Veränderung des Umgebungszustandes im Hinblick auf die Ergebnisse exergetischer Analysen werden im Abschnitt 4.6. diskutiert.

Relativ einfach gestaltet sich die Umrechnung von einem Umgebungszustand auf einen anderen, wenn *Exergiedifferenzen* zwischen zwei Zuständen *1* und *2* betrachtet werden. Für den Umgebungszustand u_1 gilt

$$\Delta e_{u1} = (h_2 - h_1) - T_{u1}(s_2 - s_1)$$

und für den Umgebungszustand u_2

$$\Delta e_{u2} = (h_2 - h_1) - T_{u2}(s_2 - s_1)$$

Daraus leitet sich die Umrechnungsgleichung ab

$$\Delta e_{u2} = \Delta e_{u1} - (T_{u2} - T_{u1})(s_2 - s_1) \tag{3.131}$$

Gl. (3.131) illustriert die zentrale Bedeutung der Umgebungstemperatur. Ihre Änderung allein muß explizit berücksichtigt werden, wenn Exergiedifferenzen auf einen anderen Umgebungszustand bezogen werden. Die Änderung der übrigen Parameter des Umgebungszustandes (Druck, Zusammensetzung) wirkt sich auf Exergiedifferenzen nicht aus. Gl. (3.131) verdeutlicht, wie z. B. bei umfangreichen Umrechnungen geeignete Rechenhilfsmittel entwickelt werden können. Mit Vorteil können Zustandsdiagramme angewandt werden, die die Anergie $T_u s$ und deren Variation mit der Umgebungstemperatur enthalten.

Die Umrechnung von *Absolutwerten der Exergie*, bezogen auf einen Zustand, gestaltet sich demgegenüber komplizierter. Für den Umgebungszustand u_1 gilt

$$e_{u1} = (h - h_{u1}) - T_{u1}(s - s_{u1})$$

und für den Umgebungszustand u_2

$$e_{u2} = (h - h_{u2}) - T_{u2}(s - s_{u2})$$

Daraus folgt

$$e_{u2} = e_{u1} - \Delta^u e - (T_{u2} - T_{u1})(s - s_{u2}) \tag{3.132}$$

mit

$$\Delta^u e = (h_{u2} - h_{u1}) - T_{u1}(s_{u2} - s_{u1}) \tag{3.133}$$

Gl. (3.133) gibt die Exergie eines Stoffstromes mit den Parametern des Umgebungszustandes u_2 gegenüber dem Umgebungszustand u_1 an. Sie kennzeichnet die Wertigkeit des neuen Umgebungszustandes gegenüber dem bisher benutzten.

Durch Umformungen lassen sich aus Gl. (3.132) weitere Umrechnungsbeziehungen ableiten. Da gewöhnlich die Enthalpiewerte der Stoffe leichter zugängig sind als die Entropiewerte, empfiehlt sich die Verwendung der Beziehung

$$e_{u2} = \frac{T_{u2}}{T_{u1}}(e_{u1} - \Delta^u e) + \frac{T_{u1} - T_{u2}}{T_{u1}}(h - h_{u2}) \tag{3.132a}$$

Spezielle Umrechnungsgleichungen mit einfacher Struktur ergeben sich, wenn einer der *Umgebungszustände* so gewählt werden kann, daß er mit den *Bezugspunkten von Enthalpie* und *Entropie* zusammenfällt.

Zur Auswertung von Gl. (3.132) läßt sich ein einfaches Hilfsdiagramm konstruieren [3.41]. Es gilt

$$e_{u2} - e_{u1} = a - bs$$

mit

$$a = (h_{u1} - h_{u2}) + (T_{u2}s_{u2} - T_{u1}s_{u1})$$

$$b = T_{u2} - T_{u1}$$

Für den Fall, daß $a > 0$ und $b > 0$, ist dieser Zusammenhang in Bild (3.33) dargestellt. Die Ordinatenabschnitte hängen nur von den Umgebungszuständen ab, der Anstieg der linearen Funktion von der Entropie. Zur überschlagsmäßigen Abschätzung kann eine solche Darstellung von Nutzen sein.

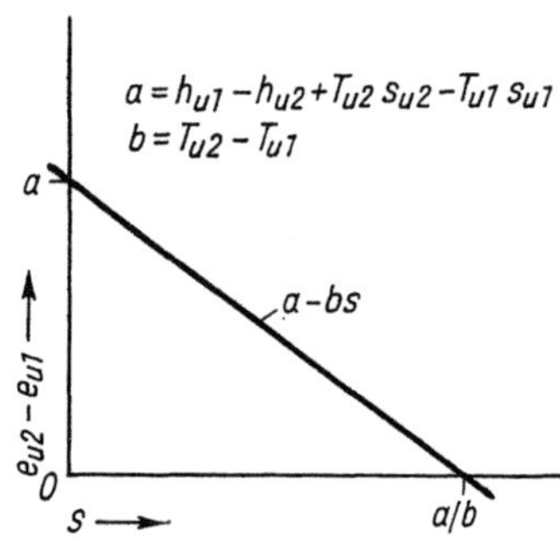

Bild 3.33. Hilfsdiagramm zur Umrechnung der auf den Umgebungszustand *U1* bezogenen Exergie auf den Umgebungszustand *U2*

Von besonderer Bedeutung ist der Grenzfall, daß bei einer Veränderung des Umgebungszustandes Druck und Zusammensetzung geändert werden, die *Temperatur* aber *konstant* bleibt ($T_{u2} = T_{u1}$). Hierfür gilt

$$e_{u2} = e_{u1} - \Delta^u e \tag{3.134}$$

In diesem Fall unterscheiden sich die Exergiewerte nur um den durch Gl. (3.133) gegebenen Betrag.

Für die chemische und die Konzentrationsexergie ist dieser Betrag nur für die komponentenbezogene Größe, z. B. die partielle molare Exergie, konstant. Für die Gesamtexergie ist die Konzentration im Berechnungszustand von Einfluß:

$$\Delta^u e = \Sigma\, x_i\, \Delta^u e_i = \Sigma\, (x_i(\bar{h}_{u2i} - \bar{h}_{u1i}) - T_u x_i(\bar{s}_{u2i} - \bar{s}_{u1i})) \tag{3.133a}$$

Für ideale Gase aber, wie auch schon gezeigt wurde, auch für viele andere Stoffsysteme angenähert, ist mit der Konstanz der Temperatur auch $h_{u2} - h_{u1} = 0$, so daß

$$\Delta^u e = -T_{u2}(s_{u2} - s_{u1}) \tag{3.133b}$$

was sich mit bekannten kalorischen Zustandsgleichungen leicht weiter aufbereiten läßt.

Gl. (3.134) zeigt, daß die Exergie des reinen Stoffes und die Konzentrationsexergie bzw. auch chemische Exergie additiv zusammengefaßt werden können, z. B. auch unter dem Aspekt, daß jeweils ein anderer Umgebungszustand hinsichtlich der Zusammensetzung zugrunde gelegt wird. In diesem Sinn läßt sich auch die Umrechnung der chemischen Exergie auf jeweils andere Umgebungszustände einordnen, die bereits ausführlich in Abschnitt 3.4.1. behandelt worden ist.

Für den Fall, daß sich der *Berechnungszustand weitab vom Umgebungszustand* befindet und die Änderung der Umgebungszustände keinen erheblichen energetischen Unterschied bedeutet, kann gesetzt werden

$$\Delta^{u} e \approx 0$$

und außerdem ist diese Größe noch klein gegenüber dem Exergiewert selbst ($e \gg \Delta^{u} e$). Als Näherungsgleichungen bieten sich dann an:

für Gl. (3.132)

$$e_{u2} = e_{u1} - (T_{u2} - T_{u1})(s - s_{u2}) \tag{3.135}$$

und für Gl. (3.132a)

$$e_{u2} = \frac{T_{u2}}{T_{u1}} e_{u1} - \frac{T_{u1} - T_{u2}}{T_{u1}} (h - h_{u2}) \tag{3.136}$$

Die Gln. (3.135) und (3.136) können z. B. angewandt werden, wenn der Umgebungszustand für reine Stoffe im flüssigen Gebiet liegt und der Berechnungszustand in der Gasphase.

Aus den Gln. (3.135) und (3.136) folgt schließlich weiter, wenn unter den Bedingungen der Näherung bei einer Variation des Umgebungszustandes die Umgebungstemperatur konstant gehalten wird, daß dann keine Umrechnung der Exergiewerte notwendig ist.

Liegen kalorische oder *energetische Zustandsdiagramme* für bestimmte Stoffe vor, so lassen sich mit bestimmten Hilfskonstruktionen die Exergiewerte auch für unterschiedliche Umgebungszustände bestimmen. Das läßt sich aus den Überlegungen ableiten, die in Abschnitt 3.2.2. zur Charakterisierung der energetischen Zustandsdiagramme durchgeführt wurden. So wird der Exergiewert im *h,s*-Diagramm nach Bild 3.10 durch die Steigung der Umgebungsgeraden bestimmt, die durch die Umgebungstemperatur festgelegt ist. Einer Variation der Umgebungstemperatur kann deshalb in einfacher Weise durch Randmaßstäbe Rechnung getragen werden.

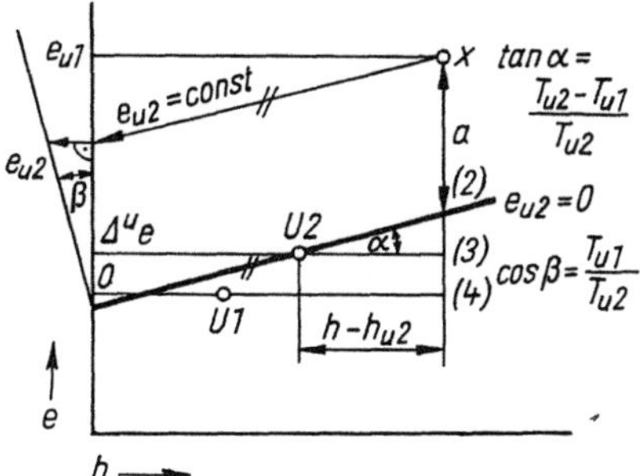

Bild 3.34. Benutzung eines für den Umgebungszustand *U1* aufgestellten *e,h*-Diagrammes für den Umgebungszustand *U2*

Die Maßstäbe für e_{u1} und e_{u2} stimmen überein, die anderen Zustandswerte werden von der Änderung nicht betroffen, $T_{u2} > T_{u1}$

Mit Hilfe' der jeweiligen Umgebungszustände können so in einfacher Weise die entsprechenden Umgebungsgeraden konstruiert werden.

Aufgrund des mathematischen und geometrischen Zusammenhanges lassen sich ähnliche Darstellungen für andere energetische Zustandsdiagramme entwickeln. Das soll am Beispiel des e,h-Diagrammes gezeigt werden (Bild 3.34). Dazu wird Gl. (3.132a) in der Form angeschrieben

$$e_{u2} = \frac{T_{u2}}{T_{u1}} a \tag{3.137}$$

mit

$$a = e_{u1} - \Delta^u e - \frac{T_{u2} - T_{u1}}{T_{u2}} (h - h_{u2}) \tag{3.138}$$

Der Wert a läßt sich leicht im e,h-Diagramm veranschaulichen. Es gilt

$$a = \overline{12} = \overline{14} - \overline{34} - \overline{23}$$

da

$$\overline{14} = e_{u1} \quad \text{und} \quad \overline{34} = \Delta^u e$$

sowie

$$\overline{23} = \overline{3U2} \tan \alpha$$

Weiter gilt $\overline{3U2} = h - h_{u2}$ und

$$\tan \alpha = \left(\frac{\partial e(p_u, T_2)}{\partial h} \right)_p = \frac{T_{u2} - T_{u1}}{T_{u2}} \tag{3.139}$$

Gl. (3.139) kennzeichnet den Anstieg der Umgebungsgeraden durch den Umgebungszustand $U2$ und ist identisch mit dem Anstieg der Umgebungsisobaren in diesem Zustand. Damit erfüllt die geometrische Konstruktion die durch die Gl. (3.138) gestellten Bedingungen. Den Wert der Exergie für den Umgebungszustand $U2$ erhält man durch Projektion auf einen Maßstab, der zur Ordinatenachse den Winkel β aufweist, wobei

$$\cos \beta = \frac{T_{u1}}{T_{u2}} \tag{3.140}$$

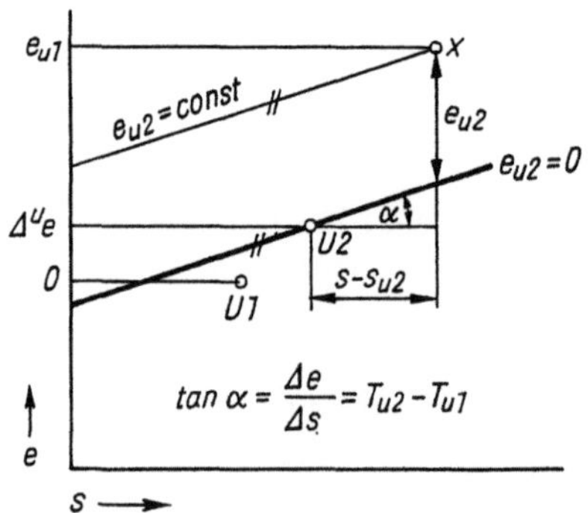

Bild 3.35. Benutzung eines· für den Umgebungszustand $U1$ aufgestellten e,s-Diagrammes für den Umgebungszustand $U2$, $T_{u2} > T_1$

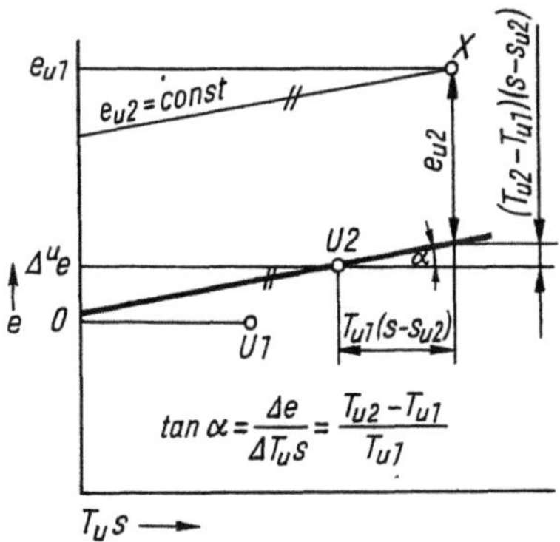

Bild 3.36. Benutzung eines für den Umgebungszustand *U1* aufgestellten $e,T_u s$-Diagrammes für den Umgebungszustand *U2*, $T_{u2} > T_{u1}$

für den Fall, daß $T_{u2} > T_{u1}$ ist. Ist $T_{u2} < T_{u1}$, muß eine andere Darstellung gewählt werden. Denkbar wäre z. B. $\cos \beta = \dfrac{T_{u2}}{T_{u1}}$, was zu einer senkrechten Projektion auf die e_{u2}-Achse führt.

Ähnliche Konstruktionen ermöglichen auch mit e,s- und $e,T_u s$-Diagrammen eine einfache Umrechnung auf andere Umgebungszustände. Die entsprechenden Darstellungen sind in den Bildern 3.35 und 3.36 wiedergegeben. Gegenüber dem e,h-Diagramm ist die Berechnung dieser Diagramme insofern einfacher, als die auf den neuen Umgebungszustand bezogenen Exergiewerte unmittelbar im Ordinatenmaßstab abgelesen werden können.

Literatur- und Quellenverzeichnis zu Abschnitt 3.

[3.1] Бродянский, В. М.: Эксергетический метод термодинамичемкого анализа. Москва: Энергия 1973

[3.2] Elsner, N.: Grundlagen der Technischen Thermodynamik. Berlin: Akademie-Verlag 1974

[3.3] Fratzscher, W., u. G. Eckert: Zum Verhalten der Exergie bei realen Gasen. Wiss. Zeitschrift der TH Leuna-Merseburg 11 (1969) 3, S. 256—262

[3.4] Перри, Ж. Г.: Справочник инженера химика. Ленинград: Химия 1969

[3.5] Fratzscher, W., D. Hebecker u. H. Gaffke: Zur Gleichgewichtsberechnung und Bewertung gasförmiger Energieträger bei Hochtemperaturprozessen. Hungarian Journal of Industrial Chemistry Veszprém, Vol. 6 (1978) pp. 351—360·

[3.6] Fratzscher, W., D. Hebecker u. J. Honscha: Energetische Eigenschaften plasmabildender Gase der Tieftemperatur-Plasmatechnik. Hungarian Journal of Industrial Chemistry Veszprém, Vol. 3 (1975) pp. 115—126

[3.7] Fratzscher, W., u. D. Hebecker: Zustandsänderungen von Gasen im Dissoziationsbereich. Wiss. Zeitschrift d. TH Leuna-Merseburg 21 (1979) 2, S. 258—269

[3.8] Термодинамические свойства индивидуальных веществ. Справочное издание. Отв. ред. Глушко, В. П. М.: Наука, том 1, 1978, том 2, 1979, том 3, 1981, том 4, 1983

[3.9] Moebus, W.: Die Exergie der Mehrstoffgemische — Anwendung auf das Gemisch feuchte Luft. Luft und Kältetechnik 8 (1972) 3, S. 125—128

[3.10] Szargut, J., u. T. Styrylska: Die exergetische Analyse von Prozessen der feuchten Luft. Heizungs-Lüftungs-Haustechnik 20 (1969) 5, S. 173—178

[3.11] BAEHR, H. D.: Berechnung der Gleichgewichtszusammensetzung dissoziierender Verbrennungsgase. Brennstoff—Wärme—Kraft 16 (1964) 1, S. 8—14

[3.12] BAEHR, H. D.: Berechnung der Exergie bei Verbrennungsgasen mit Dissoziation. Brennstoff—Wärme—Kraft 16 (1964) 2, S. 62—66

[3.13] RANT, Z.: Allgemeines Enthalpie, Exergie-Diagramm für Verbrennungsgase bis 100 bar. Brennstoff—Wärme—Kraft 24 (1972) 5, S. 201—205

[3.14] BOIE, W.: Vom Brennstoff zum Rauchgas. Leipzig: Verlag B. G. Teubner 1957

[3.15] RANT, Z., u. B. GAŠPERŠIĆ: Ein allgemeines Enthalpie-Exergie-Diagramm für Verbrennungsgase. VDI-Verlag, Düsseldorf 1977

[3.16] ROSIN, P., u. R. FEHLING: Das I,t-Diagramm der Verbrennung. Berlin: VDI-Verlag 1929

[3.17] VALENT, V.: Exergie der Gasbrennstoffe und ihrer Verbrennungsgase. Brennstoff—Wärme—Kraft 29 (1977) S. 450—451

[3.18] MOEBUS, W.: Enthalpie- und Exergie-Diagramm technischer Verbrennungsgase. Wiss. Zeitschrift der TU Dresden 16 (1967) 3, S. 961—965

[3.19] Autorenkollektiv: Thermodynamik der Mischphasen I und II. Leipzig: VEB Deutscher Verlag für Grundstoffindustrie 1981

[3.20] PRAUSNITZ, J. M., C. A. ECKERT, R. V. ORYE and J. P. O'CONNEL: Computer Calculations for multicomponent vapor-liquid equilibria. New Jersey: Prentic-Hall, Inc., Englwood Cliffs 1967

[3.21] RENON, H., L. ASSELINEAU, C. COTTEN, C. REINBAULT: Calcul sur ordinateur des equilibres liquide-vapeur et liquide-liquide. Paris: Editions Teching 1971

[3.22] BEYER, H. J.: Einige Probleme der praktischen Anwendung der exergetischen Methode in wärmewirtschaftlichen Untersuchungen industrieller Produktionsprozesse, Teil I. Energieanwendung 27 (1978) H 6, S. 204—207

[3.23] BERGHOFF, W.: Erdölverarbeitung und Petrolchemie, Tafeln und Tabellen. Leipzig: VEB Deutscher Verlag für Grundstoffindustrie 1968

[3.24] FRATZSCHER, W., u. W. ELSNER: Exergiediagramme für Mineralöle. Chemische Technik 19 (1967) H 3, S. 135—140

[3.25] RUTTAKOWSKI: Phys. Chem. 65 (1923) S. 107

[3.26] WATSON, K. M., and E. P. NELSON: Ing. Eng. Chem. 25 (1933) S. 880

[3.27] AHRENDTS, J.: Die Exergie chemisch reaktionsfähiger Systeme, Erklärung und Bestimmung. Dissertation, Bamberg 1974

[3.28] AHRENDTS, J.: Die Exergie chemisch reaktionsfähiger Systeme. VDI-Forschungsheft 579, Düsseldorf: VDI-Verlag 1977

[3.29] BAEHR, H. D.: Die Exergie der Brennstoffe. Brennstoff—Wärme—Kraft 31 (1979) Nr. 7, S. 292—297

[3.30] MOEBUS, W.: Beitrag zur thermodynamischen Analyse und Bewertung chemischer Prozesse. Dissertation TU Dresden 1967

[3.31] PRINZ, R.: Grundlagen der Exergieberechnung für die thermodynamische Bewertung von Stoff- und Energieumwandlung. Diss. TH Leuna-Merseburg 1976

[3.32] RIECKERT, L.: Zur Frage des Bezugspunktes der Exergie chemisch reaktionsfähiger Systeme. Brennstoff—Wärme—Kraft 33 (1981) Nr. 7/8, S. 334—335

[3.33] RIECKERT, L.: Energieumwandlungen in chemischen Verfahren, Ber. Bunsenges. Phys. Chem. 84 (1980) S. 954—973

[3.34] BOŠNJAKOVIĆ, F.: Bezugszustand der Exergie eines chemisch reagierenden Systems. Forsch. Ing. Wes. 29 (1963), S. 151—152

[3.35] SZARGUT, J., u. R. Petela: Egzergia. Warszawa: wydawnictwa naukowo-techniczne 1965

[3.36] ШАРГУТ, Я., и Р. ПЕТЕЛА: Эксергия. Москва: Энергия 1968

[3.37] SZARGUT, J.: International Progress in Second Law Analysis. Energy Vol. 6, pp. 709—718, Pergamon Press Ltd. 1980

[3.38] Rant, Z.: Die Bestimmung der spezifischen Exergie von Brennstoffen. Allgemeine Wärmetechnik 10 (1959) H 9, S. 172—176

[3.39] Klose, E., u. W. Heschel: Zur Berechnung der Exergie bei verfahrenstechnischen Prozessen unter besonderer Berücksichtigung der Belange der Brennstofftechnik, Teil 2: Berechnungsbeispiele und Exergiediagramme. Energietechnik 30 (1980) H. 12, S. 471—474

[3.40] Fratzscher, W., u. D. Schmidt: Zur Bestimmung der maximalen Arbeit von Verbrennungsreaktionen. Wiss. Zeitschrift der TU Dresden 10 (1961) Nr. 1, S. 183—191

[3.41] Glaser, H.: Berücksichtigung des Umgebungszustandes bei der Anwendung von Exergiediagrammen. Kältetechnik-Klimatisierung 22 (1970) 3, S. 71—72

[3.42] Нестеров, В. П.: Эксергетические потенциалы веществ и ионов. Электрохимия 18 (1982) 12, 1668—1670

[3.43] Нестеров, В. П., Н. В. Коровин и В. М. Бродянский: Об эксергетических КПД элементов электрохимических энергоустановок и ХИТ. Электрохимия 17 (1981) II, 1697—1700

[3.44] Степанов, В. С.: Химическая энергия и эксергия веществ. Новосибирск: Наука, сибирское отделение 1985

4 Exergetische Bilanzierung und Bewertung von Prozessen und Systemen

4.1. Exergiebilanz und technisches System

Wie die Ausführungen des Abschnittes 2. gezeigt haben, ist die Exergie geeignet, technische Prozesse und Verfahren unter energetischen Gesichtspunkten zu bewerten. Das kann in absoluter Form erfolgen durch die Angabe der jeweiligen exergetischen Leistungen oder in relativer Form durch die Bildung dimensionsloser Ausdrücke, die als Bewertungs- oder Beurteilungskennziffern oder einfach -quotienten bezeichnet werden können. Eine Angabe in relativer Form hat den Vorteil, von allgemeiner Vergleichbarkeit zu sein und damit eine allgemeinere Einschätzung zuzulassen. Derartige Kennziffern werden in den vielfältigsten Formen in der Technik angewandt. An dieser Stelle soll nur auf solche Bewertungskennziffern eingegangen werden, die vollständig aus einer Bilanz, im vorliegenden Falle der Exergiebilanz, abgeleitet werden können. Das hat den Vorteil, daß die Aussagekraft derartiger Kennziffern exakt z. B. durch die Angabe bestimmter Grenzwerte eingeschätzt werden kann. So definierte Größen sind darüber hinaus echte Ähnlichkeitskenngrößen, die eine Verallgemeinerung der Aussagen der Exergiebilanz einer speziellen technischen Anlage zulassen.

Damit soll nicht negiert werden, daß für spezielle Untersuchungen konkreter technischer Systeme auch beliebig anders definierte Kenngrößen, z. B. auch unter Verwendung des Energiebegriffes oder anderer Zustandsgrößen wie Temperatur und Konzentration, Verwendung finden können. Deren Bedeutung ist aber immer eingeschränkt, und die Erfahrung zeigt, daß Schlußfolgerungen aus solchen Kennziffern oftmals zu Fehleinschätzungen führen.

Ausgangspunkt der allgemeingültigen exergetischen Bewertung ist die Exergiebilanz, die für den allgemeinsten Fall in Bild 4.1 dargestellt ist. Das betrachtete System kann mit der Umgebung Stoffströme, Wärmen und Arbeiten austauschen, die in der Exergiebilanz durch den jeweiligen arbeitsfähigen Anteil vertreten sind. Charakteristisch ist das Auftreten der Exergieverluste, die als Senke innerhalb des Systems vorliegen. Ihre Ermittlung erfolgt entweder über die Input-Output-Differenz oder über die Berechnung der Entropieproduktion ($\Delta \dot{S}_v$). Der Vollständigkeit halber ist die zeitliche Änderung des Exergieinhaltes des Systems angegeben, um anzudeuten, daß auch instationäre Prozesse mit der gleichen Strategie zu bewerten sind. Die Exergiebilanz lautet dann:

$$\sum \dot{E}_s^I + \sum \left(\int \frac{T - T_u}{T}\, d\dot{Q} \right)^I + \sum P^I = \sum \dot{E}_s^O + \sum \left(\int \frac{T - T_u}{T}\, d\dot{Q} \right)^O$$

$$+ \sum P^O + \left(\frac{\partial E}{\partial \tau} \right)_m + \Delta \dot{E}_v \qquad (4.1)$$

oder zusammengefaßt

$$\sum \dot{E}^I = \sum \dot{E}^O + \left(\frac{\partial E}{\partial \tau} \right)_m + \Delta \dot{E}_v \qquad (4.1\,a)$$

für den technisch bedeutsamen stationären Fall gilt dann

$$\Sigma\, \dot{E}^I = \Sigma\, \dot{E}^O + \Delta \dot{E}_v \qquad (4.1\,b)$$

Bild 4.1 und Gl. (4.1) machen deutlich, daß die Exergiebilanz und natürlich auch alle damit zusammenhängenden Schlußfolgerungen auf ein bestimmtes System, d. h. eine bestimmte *System-* oder *Bilanzgrenze*, bezogen sind. Da der Systembegriff relativ ist, gilt dies auch für die Systemgrenzen. Die Exergiebilanz kann in allen technisch relevanten Hierarchieebenen — vom Mikroprozeß bis zu volkswirtschaftlichen Betrachtungen — angewandt werden.

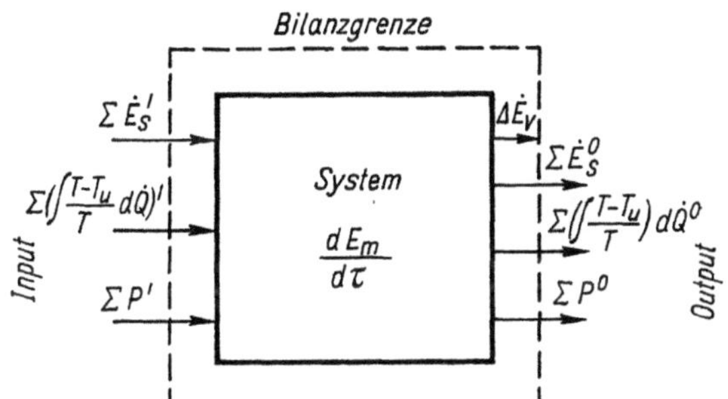

Bild 4.1. Exergiebilanz aus thermodynamischer Sicht

Eine besondere Rolle spielen feste Wärmeübertragungsflächen als Bilanzgrenzen, da in diesem Fall thermische Energie als der Arbeitswert der entsprechenden Wärme zu bilanzieren ist. Wird die Bilanzgrenze nicht entlang der Wärmeübertragungsfläche geführt, erfolgt der Austausch der thermischen Energie stoffgebunden, d. h. als entsprechender Exergiestrom.

Mechanische und elektrische Energien gehen in voller Größe in die Exergiebilanz ein. Erst bei der Einbeziehung des Kraftwerkes in die Exergiebilanz, was bei einer Reihe von technischen Aufgabenstellungen notwendig oder auch sinnvoll sein kann, ist es möglich, diese Energiebeträge auf stoffliche Exergien zurückzuführen. Für derartige technisch wichtige Sonderfälle beschränkt sich die Auswertung der Gl. (4.1) nur auf die Exergie von Stoffströmen.

Bild 4.1 macht außerdem deutlich, daß die Bilanzgrenze so gewählt werden soll, daß bei vorhandenen *Zirkulationen* oder *Rückführungen* diese stets innerhalb des

Systems stattfinden, so daß ein und derselbe Exergiestrom nur einmal die Bilanzgrenze überschreitet.

Da, wie im Abschnitt 3. gezeigt worden ist, die Exergie von Stoffströmen formal in den thermomechanischen, den Konzentrationsanteil und den chemischen Anteil zerlegt werden kann, ist bei der Wahl der Systemgrenze und damit bei der Exergiebilanz darauf zu achten, welche dieser Anteile für das betrachtete System wesentlich sind. Bezogen auf geeignete Systemgrenzen können durch sinnvolle Differenzbildung bestimmte *Exergieanteile* wegfallen, die dann auch nicht berechnet werden müssen. Durch eine Verschiebung des Umgebungszustandes wird dadurch die *Aussage* der Exergiebilanz in bezug auf das betrachtete System *verschärft*.

Technische Systeme, die der Gegenstand dieser Betrachtungen sind, haben stets einen *bestimmten Zweck*, eine *bestimmte Funktion* zu erfüllen, die durch ihre Wechselwirkung mit der Umgebung (im weitesten Sinn, nicht nur thermodynamisch) gekennzeichnet ist. Insofern kann diesen Systemen ein *Nutzen* zugesprochen werden, der, wenn er mit energetischen Effekten verbunden ist, thermodynamisch durch entsprechende Terme der Exergiebilanz quantifiziert werden kann. Das ist bei energetischen Systemen immer relativ einfach möglich, aber auch bei verfahrenstechnischen Systemen, da auch die Stoffwandlungen energetische Effekte aufweisen. Bei Vorgabe eines Nutzens fällt die Angabe des *Aufwandes* nicht schwer, da die Exergiebilanz eine *absolute Verlustdefinition* enthält. Für eine technisch weitergehende Information (im Vergleich zu Bild 4.1) kann unter Benutzung dieser Position die Exergiebilanz in der in Bild 4.2 angegebenen Weise aufbereitet werden, die dann im allgemeinsten Fall zu der Form der Bilanz führt

$$\sum (\dot{E}_s^I - \dot{E}_s^0)_A + \sum \left(\int \frac{T - T_u}{T}\, d\dot{Q}^I - \int \frac{T - T_u}{T}\, d\dot{Q}^0 \right)_A + \sum (P^I - P^0)_A$$

$$= \sum (\dot{E}_s^0 - \dot{E}_s^I)_N + \sum \left(\int \frac{T - T_u}{T}\, d\dot{Q}^0 - \int \frac{T - T_u}{T}\, d\dot{Q}^I \right)_N + \sum (P^0 - P^I)_N$$

$$+ \sum (\dot{E}_s^0 - \dot{E}_s')_v + \sum \left(\int \frac{T - T_u}{T}\, d\dot{Q}^0 - \int \frac{T - T_u}{T}\, d\dot{Q}' \right)_v + \sum (P^0 - P')_v$$

$$+ \left(\frac{\partial E}{\partial \tau} \right)_m + \Delta \dot{E}_v \tag{4.2}$$

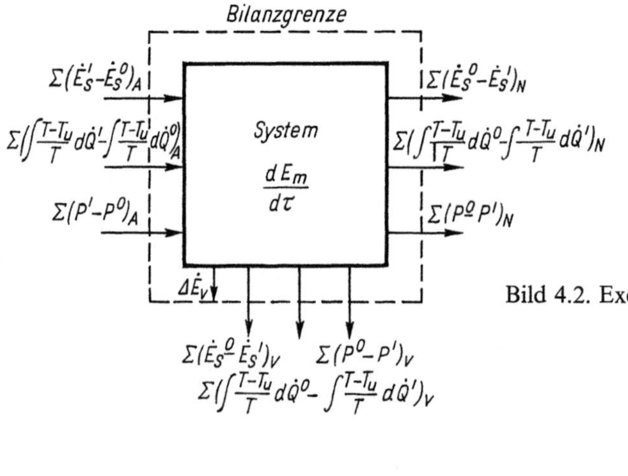

Bild 4.2. Exergiebilanz aus technischer Sicht

oder aggregiert

$$\sum \dot{E}_{\mathrm{A}} = \sum \dot{E}_{\mathrm{N}} + \sum \dot{E}_{\mathrm{v}} + \left(\frac{\partial E}{\partial \tau}\right)_{\mathrm{m}} + \Delta \dot{E}_{\mathrm{v}} \qquad (4.2\,\mathrm{a})$$

und für stationäre Systeme

$$\Sigma \dot{E}_{\mathrm{A}} = \Sigma \dot{E}_{\mathrm{N}} + \Sigma \dot{E}_{\mathrm{v}} + \Delta \dot{E}_{\mathrm{v}} \qquad (4.2\,\mathrm{b})$$

Die Schreibweise der Gl. (4.2) soll zum Ausdruck bringen, daß sich z. B. der *Nutzen im allgemeinen* in der *Exergieerhöhung* eines bestimmten Stoffstromes, in der Qualitätserhöhung einer Wärme u. ä. widerspiegeln kann. Analog kann dann auch jeweils der Aufwand dargestellt werden. Das bedeutet, es sind nicht alle zugeführten Exergieströme als Aufwand und nicht alle abgeführten Exergieströme als Nutzen anzusehen.

Wichtig ist die Differenzbildung in bezug auf die Stoffströme. Beim Arbeitswert der Wärme treten im Zusammenhang mit technischen Fragestellungen derartige Probleme weitaus seltener auf. Das gleiche gilt für die Arbeiten.

Außerdem ist in Gl. (4.2) angedeutet, daß im allgemeinen nicht alle austretenden Exergieströme als Nutzen angesehen werden können. Aufgrund der Tatsache, daß Stoff- und Energiewandlungen im weitesten Sinne Koppelproduktionen sind, ist mit einer derartigen Situation für eine allgemeine Darstellung zu rechnen. Bei technischen Systemen kennzeichnen diese Exergieströme die sogenannten *Sekundär-* oder *Anfallexergien*. Sie können als *äußere Verluste* angesehen werden, wenn sie nutzlos an die Umgebung abgegeben werden. Das ist sofort einzusehen, wenn in bezug auf diese Exergieströme die Umgebung in das zu definierende System einbezogen wird. Bei einer nutzlosen Abgabe dieser Exergien stellen sie sich als innere Exergieverluste des Gesamtsystems dar. Da aber z. B. durch Rückführung oder durch Kombination mit anderen Verfahren zumindest theoretisch eine Anwendung und Ausnutzung dieser Exergieströme möglich erscheint, ist auch für bestimmte Überlegungen ihr getrennter Ausweis in der Exergiebilanz sinnvoll.

Es ist ohne weiteres einzusehen, daß diese Diskussion auch auf die einzelnen *Anteile der Stoffexergie* übertragen werden kann. So können z. B. beim Stofftrennproblem die Konzentrationsexergie als Nutzen und die thermomechanische Exergie als nicht gewollter Exergiestrom angesehen werden. Üblicherweise wird die Kon-

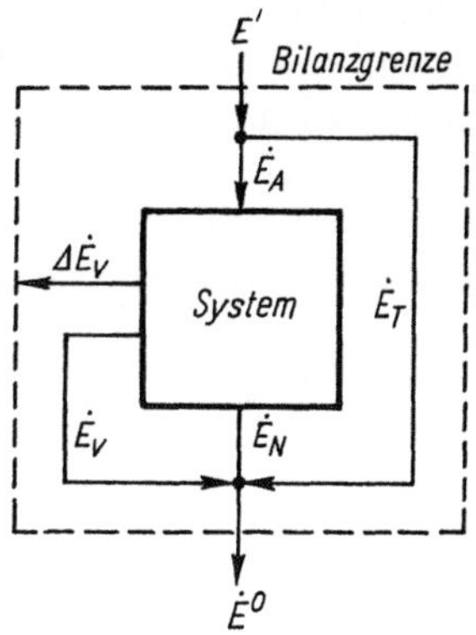

Bild 4.3. Zusammenhang zwischen thermodynamischen und technischen Bilanzgrößen für ein stationär durchströmtes System

zentrationsexergie von Stoffen, die in die Umgebung abgegeben werden, in ähnlicher Weise eingeschätzt. Andererseits können solche Terme durch ihre mögliche Nutzung auch zur Nutzensdefinition selbst beitragen, wie das z. B. BRODJANSKIJ [4.1] für die Drosselung vorgeschlagen hat. Unterschiede in der Auffassung hierüber sind oft Anlaß für unterschiedliche Diskussionen und Ergebnisse in der einschlägigen Fachliteratur.

Der Zusammenhang zwischen der Bilanzierung nach Gl. (4.1) und Gl. (4.2) kann nach einem Vorschlag von KOSTENKO [4.2] unter Benutzung des Begriffes *Transitexergie* verdeutlicht werden. Unter Transitexergie versteht man den Exergiestrom, der an der Umwandlung der Aufwandströme in die Nutzenströme nicht unmittelbar beteiligt ist und de facto konstant durch das System fließt. Unter Benutzung des Bildes 4.3 gilt dann offensichtlich

$$\dot{E}^{\mathrm{I}} = \dot{E}_{\mathrm{A}} + \dot{E}_{\mathrm{T}} \tag{4.3a}$$

$$\dot{E}^{\mathrm{O}} = \dot{E}_{\mathrm{N}} + \dot{E}_{\mathrm{v}} + E_{\mathrm{T}} \tag{4.3b}$$

wenn $\dot{E}_{\mathrm{T}}$ die Transitexergie darstellt (der Einfachheit halber wurde auf die Summenzeichen verzichtet). Die Benutzung des Begriffes der Transitexergie vermittelt u. U. zusätzliche Informationen, die zur Qualifizierung der Einschätzung des Systems herangezogen werden können, z. B. bei Wärmeübergangs- und Wärmetransformationsprozessen.

4.2. Allgemeine exergetische Bewertungsziffern

Wie schon einleitend ausgedrückt, ist es aus Gründen einer Verallgemeinerung sinnvoll, die Aussagen der Exergiebilanzen dimensionslos zu formulieren. Die Gln. (4.1) und (4.2) enthalten unter Berücksichtigung von Gl. (4.3) sechs verschiedene Terme, denen z. B. durch Einführung von $\dot{E}^{\mathrm{I}}$ oder $\dot{E}^{\mathrm{A}}$ als Eigenmaßstab drei voneinander unabhängige Kennziffern, die dann die Eigenschaften echter *Ähnlichkeitszahlen* haben, zugeordnet werden können. Bei dieser Betrachtung wurden nur die *physikalisch* und *technisch sinnvoll unterscheidbaren Kategorien* zugrunde gelegt.

Bei allgemeiner formulierten Bilanzen lassen sich eine jeweils entsprechende Anzahl von Kennziffern formulieren. BAEHR hat diese Problematik als kombinatorische Aufgabe behandelt [4.3]. Die mathematisch möglichen und thermodynamisch erklärbaren Kombinationen sind zum großen Teil technisch uninteressant, da ein technisches System eine bestimmte Funktion besitzt, damit ein Nutzen definierbar ist, der auch in der Kennziffernbildung zum Ausdruck kommen sollte. Derartige allgemeine Diskussionen sind deshalb für die vorliegende Untersuchung uninteressant. Die technisch wichtigste Kenngröße ist der *Wirkungsgrad* [4.4]. Er stellt allgemein das Verhältnis von Nutzen zu Aufwand dar. Entsprechend der eingeführten Terminologie kann der exergetische Wirkungsgrad aus Gl. (4.2) abgeleitet werden. Man definiert:

$$\eta \equiv \frac{\dot{E}_{\mathrm{N}}}{\dot{E}_{\mathrm{A}}} = 1 - \frac{\dot{E}_{\mathrm{v}} + \Delta\dot{E}_{\mathrm{v}}}{\dot{E}_{\mathrm{A}}} \tag{4.4}$$

Im allgemeinsten Fall ist der so definierte exergetische Wirkungsgrad ein Verhältnis von Exergiedifferenzen, der Steigerung der Exergie der Nutzströme zu der Exergieabnahme der Aufwandsströme. Der Wirkungsgrad erreicht den Wert Eins für die vollkommenste und reversible Prozeßführung. Dazu dürfen *keine Exergieverlustströme* über die Bilanzgrenze abgegeben werden, damit wird

$$\eta = \frac{\dot{E}_N}{\dot{E}_A} = 1 - \frac{\Delta\dot{E}_v}{\dot{E}_A} \tag{4.4a}$$

Durch Einbeziehung der Umgebung, also Wechsel des Bilanzkreises, ist diese Annahme formal leicht zu verwirklichen. Andererseits fällt dieser Term bei vielen praktischen Anwendungsfällen durch die Differenzbildung bei Nutzen und Aufwand fort.

Im Falle der *Reversibilität* wird $\Delta\dot{E}_v = 0$ und

$$\eta_{rev} = 1$$

Der exergetische Wirkungsgrad nach Gl. (4.4) ist also im wesentlichen eine Funktion der Nichtumkehrbarkeiten als ein Ausdruck des inneren Verhaltens. Darüber hinaus besteht die Möglichkeit, die äußeren Exergieverlustströme explizit zu berücksichtigen, so daß ein Teil des äußeren Verhaltens — die Wechselwirkung System-Umgebung — quantitativ erfaßt werden kann.

Die *untere Grenze* des exergetischen Wirkungsgrades sollte den Wert *Null* nicht unterschreiten. Negative Werte würden darauf hinweisen, daß der zu bilanzierende Prozeß nicht in der gewünschten Richtung abläuft.

Eine weitere wichtige Kenngröße ist der thermodynamische oder exergetische *Gütegrad*, oft kurz nur als Güte bezeichnet, der sich auf die Gl. (4.1) bezieht und dessen Definition lautet:

$$v \equiv \frac{\dot{E}^O}{\dot{E}^I} = 1 - \frac{\Delta\dot{E}_v}{\dot{E}^I} \tag{4.5}$$

Dieser Gütegrad läßt sich für jedes System ohne jegliche zusätzliche Informationen angeben. Er ist eine reine Funktion der Exergieabnahme infolge Nichtumkehrbarkeiten. Für den Fall der Reversibilität wird $v = 1$, ein Prozeß, der nur Anergie produziert, hat dann den Wert $v = 0$.

Zur Erweiterung der Aussagen eines Gütegrades wurde von FRATZSCHER ein *Gütegrad des äußeren Verhaltens* vorgeschlagen entsprechend der Definition [4.4]

$$\mu \equiv \frac{\dot{E}_N}{\dot{E}^I} = 1 - \frac{\dot{E}_T + \dot{E}_v + \Delta\dot{E}_v}{\dot{E}^I} \tag{4.6}$$

Er kennzeichnet, in welchem Maße der exergetische Nutzen am gesamten Input beteiligt ist. Da dieser Gütegrad für reversible Prozesse ($\Delta\dot{E}_v = 0$) lautet

$$\mu = 1 - \frac{\dot{E}_T + \dot{E}_v}{\dot{E}^I} \tag{4.6a}$$

eignet er sich auch für den Vergleich reversibler Prozesse untereinander. Eine Aufgabe, die bisher z. B. für Kreisprozesse unter Benutzung des thermischen Wirkungsgrades durchgeführt wurde.

158

Mit den durch die Gln. (4.4), (4.5) und (4.6) definierten Kennziffern ist eine
vollständige Beschreibung der Eigenschaften der Exergiebilanz möglich. Für spezifische Diskussionen können weitere Kennziffern sinnvoll sein, da sie bestimmte Seiten des Systems zu verdeutlichen gestatten. So schlägt KOSTENKO einen *technologischen Gütegrad* vor, dessen Definition lautet [4.5]

$$\tau \equiv \frac{\dot{E}_\mathrm{A}}{\dot{E}^\mathrm{I}} = 1 - \frac{\dot{E}_\mathrm{T}}{\dot{E}^\mathrm{I}} \qquad (4.7)$$

und der im wesentlichen eine Funktion der Transitexergie ist. Für $\dot{E}_\mathrm{T} = 0$ ergibt sich
$\tau = 1$, da die gesamte eingesetzte Exergie an den Wandlungsprozessen des betrachteten Systems beteiligt ist. $\tau = 0$ würde einen Prozeß beschreiben, dessen Exergie-
bereitstellung ausschließlich der Transitexergie dient. Eine Umwandlung würde nicht
stattfinden.

Zur Kennzeichnung der Sekundär- oder Anfallexergie läßt sich ein *äußerer Verlustgrad* definieren, z. B. in der Form:

$$\sigma \equiv \frac{\dot{E}_\mathrm{v}}{\dot{E}_\mathrm{A}} = 1 - \frac{\dot{E}_\mathrm{N} + \Delta E_\mathrm{v}}{\dot{E}_\mathrm{A}} \qquad (4.8)$$

Tabelle 4.1. Zusammenhang zwischen den Beurteilungsquotienten der Exergiebilanz

Zur dimensionslosen Beschreibung der Exergiebilanz verwendete Quotienten	Berechnungsgleichung zur Berechnung von				
	η	ν	μ	τ	σ
$\eta,\ \nu,\ \mu$	—	—	—	$\dfrac{\mu}{\eta}$	$\dfrac{\nu}{\mu} - \eta$
$\eta,\ \nu,\ \tau$	—	—	$\eta\tau$	—	$\nu - \eta\tau$
$\eta,\ \nu,\ \sigma$	—	—	$\dfrac{\nu\eta}{\eta + \sigma}$	$\dfrac{\nu}{\eta + \sigma}$	—
$(\eta,\ \sigma,\ \tau)$	—	nicht beschreibbar	—	—	nicht beschreibbar
$\eta,\ \mu,\ \sigma$	—	$\dfrac{\sigma}{\eta} + \sigma$	—	$\dfrac{\mu}{\eta}$	—
$\eta,\ \tau,\ \sigma$	—	$(\eta + \sigma)\,\tau$	$\eta\tau$	—	—
$\nu,\ \mu,\ \tau$	$\dfrac{\mu}{\tau}$	—	—	—	$\dfrac{\nu - \mu}{\tau}$
$\nu,\ \mu,\ \sigma$	$\dfrac{\mu\sigma}{\nu - \mu}$	—	—	$\dfrac{\nu - \mu}{\sigma}$	—
$\nu,\ \tau,\ \sigma$	$\dfrac{\nu}{\tau} - \sigma$	—	$\nu - \tau\sigma$	—	—
$\mu,\ \tau,\ \sigma$	$\dfrac{\mu}{\tau}$	$\mu + \tau\sigma$	—	—	—

Dieser Verlustgrad steigt mit sinkenden inneren Nichtumkehrbarkeiten des Systems und mit einer Abnahme der Nutzenergie. Letzteres ist natürlich nur im Zusammenhang mit der Nutzung der Anfallexergie zu diskutieren, da unter diesen Voraussetzungen nicht mehr ein einfaches, sondern ein gekoppeltes System zu betrachten ist.

Mit den so eingeführten dimensionslosen Kennzahlen können die Exergiebilanzen in dimensionsloser Form angegeben werden, die jedoch in allgemeiner Form wenig aussagefähig sind.

Alle möglichen Kombinationen der eingeführten Bewertungskennzahlen sind in Tabelle 4.1 angegeben. Wie schon angeführt, ist eine *vollständige Beschreibung der Exergiebilanz mit drei Kennzahlen* möglich. Die Kombination ist an sich beliebig, bis auf die Zuordnung η, μ, τ, die de facto nur zwei unabhängige Kennzahlen repräsentiert. In der praktischen Anwendung sollte den in den ersten drei Zeilen angegebenen Kombinationen von der technischen Interpretierbarkeit her der Vorzug gegeben werden; das hat auch die bisherige Anwendungspraxis gezeigt.

4.3. Einfluß der hierarchischen Struktur technischer Systeme auf die Exergiebilanz

4.3.1. Systeminterne Bewertung

Jedes technische System kann unter den verschiedensten Gesichtspunkten in Teilsysteme oder Elemente zerlegt werden. Für prozeßanalytische Untersuchungen des Systems und seiner Elemente sind die funktionelle Abhängigkeit zwischen den Parametern der Elemente und deren Exergieverlusten sowie die *Wirkung des Elementes* auf die Exergieverluste des Gesamtsystems von entscheidender Bedeutung. Dieser Einfluß kennzeichnet das exergetische Gewicht des jeweiligen Elementes im System, gibt Hinweise auf Ansatzpunkte für wirksame Verbesserungsmöglichkeiten und erlaubt, die Bedeutung von Verbesserungsvorschlägen abzuschätzen.

Das durch die Hierarchie technischer Systeme verursachte Problem läßt sich prinzipiell durch Simulationsrechnungen für das System lösen, indem jeweils die Exergiebilanz in Verbindung mit einer entsprechenden Parametervariierung ermittelt wird. Der hiermit verbundene Rechenaufwand ist bei üblichen Dimensionen technischer Systeme sehr erheblich, so daß man nach einfachen Methoden sucht. Solche Methoden lassen sich z. B. mit dem aus der Systemtechnik bekannten Instrumentarium der *Empfindlichkeitsanalyse* entwickeln. Dem entspricht ein Vorschlag von BEYER, der in Verbindung mit exergetischen Analysen einen sogenannten *Strukturkoeffizienten* eingeführt hat, entsprechend [4.6]

$$\pi_{\mathrm{v j, K}} = \left(\frac{\partial(\dot{E}_{\mathrm{v}} + \Delta\dot{E}_{\mathrm{v}})_{\mathrm{s}}}{\partial(\dot{E}_{\mathrm{v}} + \Delta\dot{E}_{\mathrm{v}})_{\mathrm{j}}} \right)_{x_{\mathrm{k}} = \mathrm{var}} \tag{4.9}$$

Der Strukturkoeffizient stellt mithin die differentielle Änderung der Exergieverluste des Systems bezogen auf die der Exergieverluste des Elementes j bei Variation des Parameters x_k und Konstanz aller anderen Parameter dar. Die Analogie zu den sogenannten „Schattenpreisen" [4.7] bei linearen Problemen und zu den LAGRANGE-schen Faktoren bei nichtlinearen Problemen liegt auf der Hand.

Wie Gl. (4.9) zeigt, kann der Strukturkoeffizient so geschrieben werden, daß er nicht nur zu einer Einschätzung der Nichtumkehrbarkeiten führt, sondern auch zu der der äußeren Exergieverluste. Er erreicht seinen Höchststand, wenn das Element j keine äußeren Exergieverluste aufweist und reversibel arbeitet. Insofern kann der Strukturkoeffizient als eine Bewertungsgröße angesehen werden, die im Gegensatz zum Wirkungsgrad keinen Vergleich mit anderen Systemen, sondern eine system-interne oder systembezogene Einschätzung zuläßt. Das eröffnet der Berechnung eine weitere Dimension.

Die numerische Auswertung der Gl. (4.9) ist nicht einfach. Bei der Wahl geeigneter Variabler, die hinreichend durchsichtig mit der Exergiebilanz verknüpft sind (wie z. B. Temperaturen), kann aber eine Auswertung der Strukturkennziffer auch ohne komplette Systemsimulation vorgenommen werden. Im Einzelfall wird Gl. (4.9) auch häufig als Differenzenquotient mit Hilfe geeigneter Näherungsmethoden er-mittelt.

Natürlich können Strukturkoeffizienten mit anderen Größen gebildet werden. Hierzu eignen sich alle Terme der Exergiebilanz und auch die daraus abgeleiteten Bewertungsgrößen, wie der Wirkungsgrad selbst. Für den Zusammenhang der Struk-turkennzahl nach Gl. (4.9) und einem Koeffizienten, der auf der Änderung der exergetischen Wirkungsgrade von Element und System beruht, ergibt sich der fol-gende Ansatz:

$$\pi_{v j,\,k} = \frac{\dot{E}_{Ai}}{\dot{E}_{As}} \left(\frac{\partial \eta_s(x_k)}{\partial \eta_j(x_k)} \right)_{x_i \neq x_k}$$

$$\pi_{v j,\,k} = \frac{\dot{E}_{Ai}}{\dot{E}_{As}}\, \pi_{\eta j,\,k} \tag{4.10}$$

Entsprechende Beziehungen können auch für die anderen Bewertungsgrößen abge-leitet werden.

Mit Hilfe derartiger Strukturkoeffizienten kann nicht nur ein konkretes Element oder eine konkrete Veränderung im System bewertet werden. Über die Exergiebilanz des Systems, z. B. allgemein in der Form

$$\dot{E}_{As} = \dot{E}_{Ns} + (\dot{E}_v + \Delta \dot{E}_v)_s \tag{4.11}$$

kann auch untersucht werden, ob die jeweils konkret untersuchte Situation primär der Aufwandsverminderung oder der Nutzenserhöhung zugute kommt. Mathema-tisch sind diese beiden Fragestellungen jeweils duale Formulierungen. Mit dieser Betrachtung ist ein Anschluß an die ökonomische Bewertung technischer Systeme möglich (s. Abschnitt 7), da den Aufwands- oder Nutzenströmen häufig spezifische Kosten oder Preise zugeordnet werden können, die durch äußere Bedingungen oft-mals vorgegeben sind.

4.3.2. Inneres und äußeres Verhalten des Systems

Für viele Aufgaben ist es zweckmäßig, das technische Gesamtsystem in ein *inneres* und ein *äußeres System* zu unterteilen, die dann Träger des entsprechenden Verhaltens sind. Das *innere System* beinhaltet alle zur Erreichung des eigentlichen Zieles des Gesamtsystems notwendigen Prozesse. Es ist so zu definieren, daß es technologisch sinnvoll selbständig betrachtet werden kann, und seine Systemgrenzen sind so festzulegen, daß *nur Exergieverluste durch Irreversibilitäten* — sogenannte *innere Verluste* — auftreten. Der Zusammenhang zwischen den thermodynamischen Variablen und den Bewertungsgrößen dieses Systems quantifiziert das innere Verhalten. Das *äußere System* dient der Kopplung mit der Umgebung. Die Umgebung kann durch weitere technische Systeme gegeben sein oder ist im allgemeinen durch die Festlegungen der Exergieberechnung vorgegeben. Die Verluste des äußeren Systems setzen sich aus *Exergieverlusten durch Irreversibilitäten und Anfallexergieströmen*, also auch nach außen in Erscheinung tretenden Verlusten, zusammen. Die Bewertungsgrößen des äußeren Systems kennzeichnen das äußere Verhalten des Systems.

Bei der Untersuchung von rechtsläufigen und linksläufigen Kreisprozessen wird de facto von dieser Methodik Gebrauch gemacht, ohne daß häufig explizit darauf aufmerksam gemacht wird. Die Darstellungen zu den Kreisprozessen beschränken sich im allgemeinen auf die Diskussion des inneren Verhaltens. Das äußere Verhalten der Kreisprozesse ist durch die Anbindung an die Wärmebehälter gegeben, z. B. beim Dampfkraftprozeß charakterisiert durch das Verhalten von Dampferzeuger und Kondensator. Dieses Konzept ist aber in der Anwendung nicht auf Kreisprozesse beschränkt, sondern kann z. B. auch der exergetischen Analyse von Stoffwandlungs- und Stofftrennanlagen zugrunde gelegt werden, wie das Beispiel der Rektifikation zeigt [4.8]. Für die Anwendung dieses Konzeptes ist charakteristisch, daß das äußere System zum überwiegenden Teil durch Wärmeübertragersysteme oder Stoffaustauschprozesse gegeben ist, wobei letztere vordergründig durch die Exergietransporteigenschaften zu kennzeichnen sind. Außerdem gilt, daß die Irreversibilitäten im äußeren System keinen wesentlichen Einfluß auf das Gleichgewichtsverhalten des inneren Systems haben. Es ist also möglich, bei beliebigen Irreversibilitäten im äußeren Verhalten das innere System als reversibel zu betrachten. Diese Voraussetzung liegt gewöhnlich der Untersuchung von Vergleichsprozessen zugrunde.

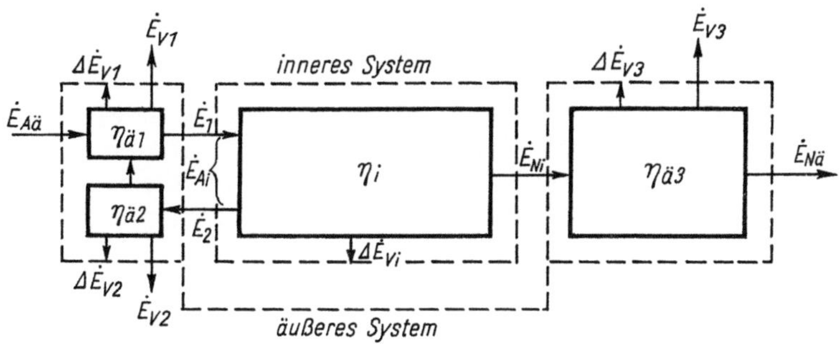

Bild 4.4. Aufteilung eines Systems in inneres und äußeres System

In Bild 4.4 ist schematisch eine Unterteilung eines Gesamtsystems in inneres und äußere Systeme dargestellt. Im allgemeinsten Fall können natürlich auch eine Anzahl innerer Systeme vorliegen. Es ist sinnvoll, die Aufwands- und Nutzexergieströme so zu definieren, daß das Wirkungsgradverhalten einfach widergespiegelt wird. Im vorliegenden Fall soll der Aufwand des inneren Systems durch $\dot{E}_1 - \dot{E}_2$ gegeben sein.

Mit den Bezeichnungen nach Bild 4.4 lassen sich dann für das innere, die äußeren und das Gesamtsystem die folgenden exergetischen Wirkungsgrade angeben

$$\eta_i = \frac{\dot{E}_{Ni}}{\dot{E}_{Ai}} = 1 - \frac{\Delta\dot{E}_{vi}}{\dot{E}_{Ai}} \tag{4.12a}$$

$$\eta_{ä12} = \frac{\dot{E}_{Ai}}{\dot{E}_{Aä}} = 1 - \frac{\sum\limits_{i=1}^{2}(\dot{E}_{vj} + \Delta\dot{E}_{vj})}{\dot{E}_{Aä}} = \frac{\eta_{ä1}(\dot{E}_1 - \dot{E}_2)}{\dot{E}_1 - \dot{E}_2\eta_{ä2}} \tag{4.12b}$$

$$\eta_{ä3} = \frac{\dot{E}_{Nä}}{\dot{E}_{Ni}} = 1 - \frac{\dot{E}_{v3} + \Delta\dot{E}_{v3}}{\dot{E}_{Ni}} \tag{4.12c}$$

$$\eta_{ges} = \frac{\dot{E}_{Nä}}{\dot{E}_{Aä}} = 1 - \frac{\Delta\dot{E}_{vi} + \sum\limits_{j=1}^{3}(\dot{E}_{vj} + \Delta\dot{E}_{vj})}{\dot{E}_{Aä}} \tag{4.13}$$

$$\eta_{ges} = \eta_i\eta_{ä12}\eta_{ä3}$$

Wie schon angeführt, ist das äußere Verhalten häufig durch Wärmeaustauschprozesse gekennzeichnet, so daß die Wirkungsgrade nach den Gln. (4.12b) und (4.12c) von der Form her Wärmeübertragerwirkungsgrade sind (s. Abschnitt 5.). Auch für andere Bewertungsgrößen kann die Darstellung des inneren und äußeren Verhaltens erfolgen. Allerdings sind dazu noch zusätzliche Informationen erforderlich, auch werden die Abhängigkeiten häufig nicht so durchsichtig wie angegeben.

4.3.3. Einführung von Oberflächenelementen

Eine spezielle Unterteilung technischer Systeme wird von KOSTENKO und Mitarbeitern [4.9] vorgeschlagen, die der besseren Verfolgung des Exergieflusses im System dienen soll. Er führt sogenannte *Kopfelemente* ein, die alle diejenigen Elemente darstellen, denen die Aufwandsströme des Systems direkt zugeführt werden. Kybernetisch gesehen handelt es sich demnach um »Oberflächen«-Elemente des Systems. Es wird außerdem verlangt, daß die Kopfelemente einen exergetisch sinnvoll definierbaren Nutzen aufweisen. Ist diese Voraussetzung nicht gegeben, wie z. B. bei Rohrleitungen oder Drosselorganen, also reinen Verlustprozessen, sind derartige Elemente mit anderen Elementen, für die sich ein Nutzen angeben läßt, zu Kopfelementen zusammenzufassen. Die *übrigen Elemente* können dann nur über ihre Verluste den Nutzen der Kopfelemente schmälern.

Eine derartige Unterteilung eines Systems ist in Bild 4.5 schematisch angedeutet. Daraus erkennt man, daß das Kopfsystem einem Teil des äußeren Systems nach Abschnitt 4.3.2. entspricht. Ein wesentlicher Unterschied zur Unterteilung nach Abschnitt 4.3.2. besteht darin, daß im vorliegenden Fall alle Elemente prinzipiell äußere Verluste aufweisen können, was bei der Definition des inneren Systems ausgeschlossen war.

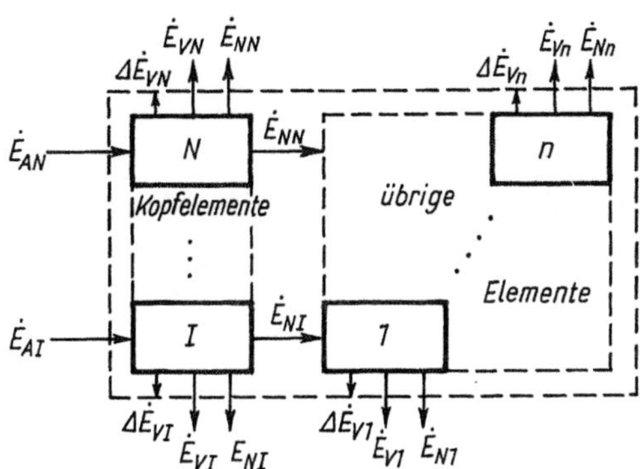

Bild 4.5. Aufteilung eines Systems in Kopfelemente und übrige Elemente

Der Aufwand des Gesamtsystems ergibt sich aus der Summe der Aufwendungen der Kopfelemente

$$\sum_{j=1}^{N} \dot{E}_{Aj} = \dot{E}_{As} \qquad (4.14)$$

wobei zur Kennzeichnung der Kopfelemente große Buchstaben bzw. römische Zahlen verwendet wurden. Der exergetische Wirkungsgrad des Gesamtsystem bestimmt sich aus der Beziehung

$$\eta_s = \frac{\dot{E}_{Ns}}{\dot{E}_{As}} = \sum_{j=1}^{N} \frac{\dot{E}_{Nj}}{\dot{E}_{Aj}} \frac{\dot{E}_{Aj}}{\dot{E}_{As}} - \sum_{i=1}^{n} \left(1 - \frac{\dot{E}_{Ni}}{\dot{E}_{Ai}}\right) \frac{\dot{E}_{Ai}}{\dot{E}_{As}} \qquad (4.15)$$

da das Untersystem der übrigen Elemente ausschließlich den Nutzen vermindert.

Offensichtlich gilt

$$\eta_j = \frac{\dot{E}_{Ni}}{\dot{E}_{Aj}} \quad \text{und} \quad \eta_i = \frac{\dot{E}_{Ni}}{\dot{E}_{Ai}} = 1 - \frac{\dot{E}_{vi} + \Delta\dot{E}_{vi}}{\dot{E}_{Ai}} \qquad (4.16\,a, b)$$

für die exergetischen Wirkungsgrade der Kopfelemente und der übrigen Elemente. Führt man weiter ein

$$\beta_j = \frac{\dot{E}_{Aj}}{\dot{E}_{As}} \qquad \beta_i = \frac{\dot{E}_{Ai}}{\dot{E}_{As}} \qquad (4.17\,a, b)$$

mit

$$\sum_{j=1}^{N} \beta_j = 1 \qquad \sum_{i=1}^{n} \beta_i \gtrless 1 \qquad (4.18\,a, b)$$

11*

wobei lediglich β_j einen realen Aufwandsanteil darstellt, β_i ist ein Normierungskoeffizient, dessen Zahlenwert beliebig sein kann, so kann für Gl. (4.15) geschrieben werden

$$\eta_s = \sum_{j=1}^{N} \eta_j \beta_j - \sum_{i=1}^{n} (1 - \eta_i) \beta_i \tag{4.15a}$$

Der erste Term der Gl. (4.15a) stellt den Wirkungsgrad des Kopfsystems dar, der zweite Term den Verlustgrad der übrigen Elemente.

Da die äußeren Exergieverluste bei allen Elementen auftreten können, gilt für den Verlustgrad nach Gl. (4.8)

$$\sigma_s = \sum_{j=1}^{N} \sigma_j \beta_j + \sum_{i=1}^{n} \sigma_i \beta_i \tag{4.19}$$

Der erste Term gibt den Verlustgrad des Kopfsystems, der zweite den des Systems der übrigen Elemente an. Auch der Gütegrad des Gesamtsystems läßt sich relativ einfach aus den Gütegraden der Elemente oder der Untersysteme bestimmen, da die Exergieverluste durch Nichtumkehrbarkeiten für alle Elemente addiert werden können.

Es gilt

$$v_s = 1 - \sum_{j=1}^{N} (1 - v_j)\, \gamma_j - \sum_{i=1}^{n} (1 - v_i)\, \gamma_i \tag{4.20}$$

mit

$$\gamma_j = \frac{\dot{E}_j^I}{\dot{E}_s^I} \qquad \gamma_i = \frac{\dot{E}_i^I}{\dot{E}_s^I} \tag{4.21 a, b}$$

als Kennzeichnung der Inputverhältnisse der Exergieströme der einzelnen Elemente.

Auch für weitere Bewertungsgrößen können entsprechende Berechnungsgleichungen angegeben werden. Andererseits können sie auch direkt durch Umrechnung aus den Gln. (4.15a), (4.19) und (4.20) bestimmt werden.

4.3.4. Fließschemasimulation der Exergieströme

An dieser Stelle soll nicht der Komplex der Fließschemasimulation insgesamt behandelt werden, sondern nur der Zusammenhang der Exergiebilanzen von Elementen, Teilsystemen und Gesamtsystem, wie er bei derartigen Modellierungen komplexer Systeme anfällt. Für die Modellierung erweist sich die Einführung eines *spezifischen Exergieaufwandes* als Kehrwert des Wirkungsgrades als sinnvoll [4.10], entsprechend

$$\varepsilon = \frac{\dot{E}_A}{\dot{E}_N} = \frac{1}{\eta} \tag{4.22}$$

Bezieht man sich auf die Systemaufwendungen, auf die Aufwendungen der Kopfelemente nach Abschnitt 4.3.3., handelt es sich um den *spezifischen Primärexergieaufwand* zur Erzeugung des jeweiligen Nutzexergiestromes.

Mit dieser Einführung können die Bilanzgleichungen in der Form von sogenannten *Verteilermodellen* [4.11] angegeben werden, entsprechend der Umstellung von Gl. (4.22)

$$\dot{E}_A = \varepsilon \dot{E}_N$$

die den Exergiefluß im System in einfacher Weise zu modellieren gestatten.

Der spezifische Primärexergieaufwand nimmt, angefangen bei den Kopfelementen, beim Verfolgen des Stoff- und Energieflusses durch das System zu. Ursache sind sowohl die äußeren Exergieverluste als auch die Exergieverluste infolge Nichtumkehrbarkeiten. Aus der Sicht des Primärexergieaufwandes vergrößert jede Umwandlung in einem Element deshalb das Gewicht der nachfolgenden Elemente. Exergieverluste in den nachfolgenden Elementen weisen deshalb gegenüber dem quantitativ gleichen Verlust, z. B. in den Kopfelementen, einen größeren Primärexergieaufwand auf. Diese Tatsache kann durch Strukturkoeffizienten ausgedrückt werden, da auch dieses Verhalten etwas über die Sensibilität des Systems aussagt. Aus der Sicht der Exergiebilanz und der Modellierungsstrategie eignet sich eine Größe der Art

$$\delta_{i,j} = \frac{\varepsilon_i}{\varepsilon_j} \tag{4.23}$$

die eine Verhältniszahl der spezifischen Exergieaufwände ist. Aufgrund der einfachen Bilanzform ist diese Größe besser für die vorliegenden Untersuchungen geeignet als z. B. der Strukturkoeffizient nach Gl. (4.9).

Im folgenden werden einige Grundstrukturen untersucht, die sich in beliebigen Systemen häufig als Teilsystem wiederfinden. Im Sinne einer hierarchischen Modellierung können deshalb die Ergebnisse der folgenden Beispiele als Untersysteme bei technischen Systemen Anwendung finden.

Für solche Systeme, bei denen sich die Elemente nicht sinnvoll einzelnen Nutzexergieströmen zuordnen lassen, teilt man beim Fehlen anderer Informationen den Exergieaufwand proportional den Nutzexergieströmen auf und erhält eine problemlose Modellierung. Für das i-te Element wird

$$\partial \dot{E}_{A_i} = \partial \dot{E}_A = \varepsilon_{N_i}\, \partial \dot{E}_{N_i} = \frac{\dot{E}_{A_i}}{\dot{E}_{N_i}}\, \partial \dot{E}_{N_i} \tag{4.24 a}$$

mit

$$\varepsilon_{N_i} = \frac{\partial \dot{E}_A}{\partial \dot{E}_{N_i}} = \frac{\dot{E}_{A_i}}{\dot{E}_{N_i}} \tag{4.24 b}$$

und

$$\frac{\dot{E}_{A_i}}{\dot{E}_A} = \varepsilon_{N_i}\, \frac{\dot{E}_{N_i}}{\dot{E}_A} \tag{4.24 c}$$

Aber auch aus technologischen Angaben lassen sich Schlußfolgerungen für die Aufteilung des exergetischen Aufwandes ziehen. Das Problem der Aufteilungen der Exergieaufwendungen ist dem der Kostenaufwendungen verwandt (s. Abschnitt 7.).

4.3.4.1. Parallelschaltung

Unter Parallelschaltung soll im folgenden nicht nur das allgemein bekannte, konkret abgrenzbare Teilsystem einzelner Elemente verstanden werden, sondern auch der allgemeine Fall der Abgabe mehrerer Nutzexergieströme eines Systems, die sich sinnvollerweise nicht zusammenfassen lassen. Das ist die Grundsituation der *Koppelproduktion*.

In diesem Fall lassen sich zunächst weder die Elemente noch die Exergieaufwendungen den einzelnen Nutzexergieströmen zuordnen. Liegen keine weiteren Informationen vor, ist z. B. eine Aufteilung des Exergieaufwandes, wie angedeutet, proportional den einzelnen Nutzexergieströmen, beispielsweise im Hinblick auf den reversiblen Grenzfall, sinnvoll.

Die Parallelschaltung ist in Bild 4.6 dargestellt. Werden zunächst die *Anteile der Aufwands-, Verlust-* und *Nutzenströme* α, β und γ entsprechend

$$\alpha_i = \frac{\dot{E}_{A_i}}{\dot{E}_A} \qquad \beta_i = \frac{\dot{E}_{V_i} + \Delta\dot{E}_{V_i}}{\dot{E}_V + \Delta\dot{E}_V} \qquad \gamma_i = \frac{\dot{E}_{N_i}}{\dot{E}_N} \tag{4.24 d}$$

eingeführt, so läßt sich der spezifische Primärexergieaufwand angeben zu

$$\varepsilon_i = \frac{\dot{E}_{A_i}}{\dot{E}_{N_i}} = \frac{\alpha_i}{\gamma_i}\frac{E_A}{E_N} = \frac{\alpha_i}{\gamma_i}\varepsilon \tag{4.25}$$

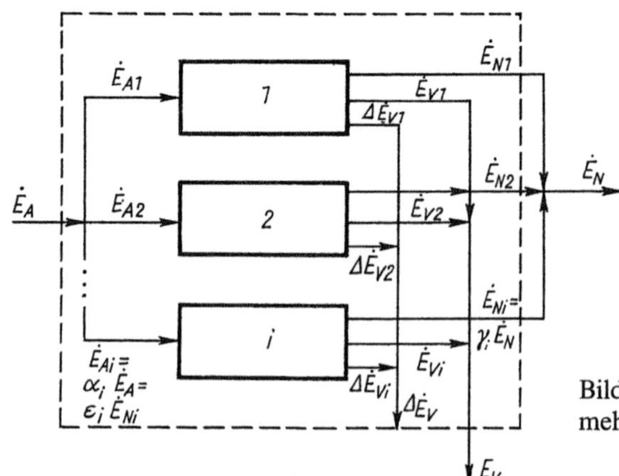

Bild 4.6. Parallelschaltung oder System mit mehreren Nutzströmen

Die Wertigkeit der Elemente drückt sich in der *Strukturkennziffer* nach Gl. (4.23) aus, für die im vorliegenden Fall gilt

$$\delta_{i,j} = \frac{\varepsilon_i}{\varepsilon_j} = \frac{\alpha_i}{\alpha_j} - \frac{\gamma_j}{\gamma_i} = \frac{\eta_j}{\eta_i} \tag{4.26}$$

Für die Annahme, die *Exergieaufwendungen proportional* den *Nutzexergieströmen* aufzuteilen, ergibt sich

$$\alpha_i = \gamma_i = \beta_i \tag{4.27}$$

und

$$\varepsilon_i = \varepsilon \qquad \delta_{i,j} = 1$$

Der Zusammenhang zwischen dem spezifischen Primärexergieaufwand der Elemente und dem des Systems ergibt sich dánn aus der Beziehung

$$\frac{\partial \varepsilon}{\partial \varepsilon_i} = \frac{1}{\dfrac{\partial \eta}{\partial \eta_i}} \tag{4.28}$$

4.3.4.2. Reihenschaltung

Die Reihenschaltung ist in Bild 4.7 dargestellt. Bei mehreren Nutzströmen am Ausgang eines Elementes werden die oben angeführten Beziehungen verwendet. Bei der *Indizierung* durch Zahlen verweist die erste Ziffer auf die Elementnummer und die zweite Ziffer auf die Struktur. Beim Nutzen wird das aufnehmende Element, beim Aufwand das abgebende Element gekennzeichnet. Die fehlende zweite Ziffer weist auf eine Kopplung des Systems mit der Umgebung hin. Die Exergiebilanzen lauten für das 1. Element

$$\varepsilon_{N12}\dot{E}_{N12} = \alpha_{N12}\dot{E}_{A1} \qquad \varepsilon_{N1}\dot{E}_{N1} = \alpha_{N1}\dot{E}_{A1} \qquad \alpha_{N12} + \alpha_{N1} = 1 \tag{4.29}$$

und für das 2. Element

$$\varepsilon_{N23}\dot{E}_{N23} = \alpha_{N23}(\dot{E}_{A21} + \dot{E}_{A2}) \qquad \dot{E}_{A21} = \dot{E}_{N12}$$

$$\varepsilon_{N2}\dot{E}_{N2} = \alpha_{N2}(\dot{E}_{A21} + \dot{E}_{A2}) \qquad \alpha_{N23} + \alpha_{N2} = 1 \tag{4.29b}$$

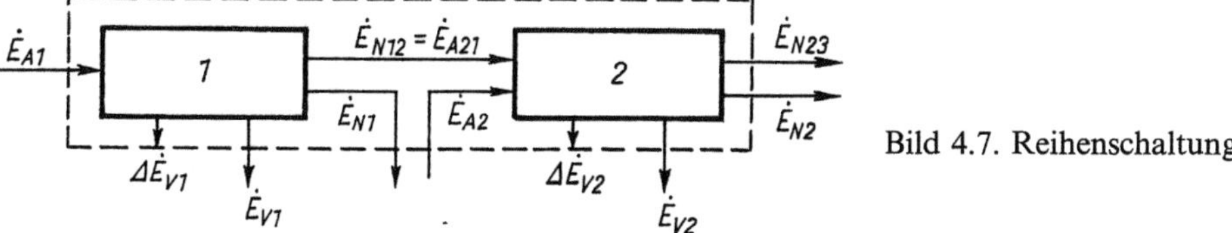

Bild 4.7. Reihenschaltung

Damit lassen sich Beziehungen für die spezifischen Primärexergieaufwendungen (mit *ges* indiziert) und für die spezifischen Exergieaufwendungen der Elemente ($\varepsilon_i = 1/\eta_i$) in ihrem Zusammenhang zu den Primärexergieaufwendungen angeben:

$$\varepsilon_{\text{ges N1}} = \alpha_{\text{N1}} \frac{\dot{E}_{\text{A1}}}{\dot{E}_{\text{N1}}} \tag{4.30a}$$

$$\varepsilon_{\text{ges N23}} = \frac{\alpha_{\text{N12}}\alpha_{\text{N23}}\dot{E}_{\text{A1}} + \alpha_{\text{N23}}\dot{E}_{\text{A2}}}{\dot{E}_{\text{N23}}} = \varepsilon_{\text{N23}} + (\varepsilon_{\text{N12}} - 1)\,\varepsilon_{\text{N23}} \frac{\dot{E}_{\text{A21}}}{(\dot{E}_{\text{A21}} + \dot{E}_{\text{A2}})} \tag{4.30b}$$

$$\varepsilon_{\text{ges N2}} = \frac{\alpha_{\text{N12}}\alpha_{\text{N2}}\dot{E}_{\text{A1}} + \alpha_{\text{N2}}\dot{E}_{\text{A2}}}{\dot{E}_{\text{N2}}} = \varepsilon_{\text{N2}} + (\varepsilon_{\text{N12}} - 1)\,\varepsilon_{\text{N2}} \frac{\dot{E}_{\text{A21}}}{(\dot{E}_{\text{A21}} + \dot{E}_{\text{A2}}} \tag{4.30c}$$

$$\varepsilon_{\text{ges}} = \frac{\alpha_{\text{N1}}\dot{E}_{\text{A1}} + \alpha_{\text{N12}}\alpha_{\text{N23}}\dot{E}_{\text{A1}} + \alpha_{\text{N23}}\dot{E}_{\text{A2}} + \alpha_{\text{N12}}\alpha_{\text{N2}}\dot{E}_{\text{A,1}} + \alpha_{\text{N2}}\dot{E}_{\text{A2}}}{\dot{E}_{\text{N23}} + \dot{E}_{\text{N2}} + \dot{E}_{\text{N1}}} \tag{4.30d}$$

$$\varepsilon_{\text{ges}} = \frac{\dot{E}_{\text{N1}}}{\dot{E}_{\text{N23}} + \dot{E}_{\text{N2}} + \dot{E}_{\text{N1}}} \varepsilon_{\text{ges N1}} + \frac{\dot{E}_{\text{N23}}}{\dot{E}_{\text{N23}} + \dot{E}_{\text{N2}} + \dot{E}_{\text{N1}}} \varepsilon_{\text{ges N23}}$$

$$+ \frac{\dot{E}_{\text{N2}}}{\dot{E}_{\text{N23}} + \dot{E}_{\text{N2}} + \dot{E}_{\text{N1}}} \varepsilon_{\text{ges N2}} \tag{4.30e}$$

Für den Spezialfall, daß $\dot{E}_{\text{A2}} = 0$ ist, erhält man die für Reihenschaltungen oft angegebene multiplikative Verknüpfung der Teilwirkungsgrade aus den Gln. (4.30b) und (4.30c):

$$\varepsilon_{\text{ges N23}} = \varepsilon_{\text{N12}}\varepsilon_{\text{N23}} \qquad \varepsilon_{\text{ges N2}} = \varepsilon_{\text{N12}}\varepsilon_{\text{N2}} \quad \text{für} \quad \dot{E}_{\text{A2}} = 0 \tag{4.31}$$

Gl. (4.30e) läßt sich in allgemeiner Form schreiben und ist auch für andere Schaltungen gültig:

$$\varepsilon_{\text{ges}} = \sum_{i}^{n} \frac{\dot{E}_{\text{Ni}}}{\sum\limits_{j}^{n} \dot{E}_{\text{Nj}}} \varepsilon_{\text{ges Ni}} \tag{4.32}$$

Für den Spezialfall der nutzensproportionalen Aufwandsaufteilung an den Elementen erhält man folgendes:

$$\varepsilon_{\text{N12}} = \varepsilon_{\text{ges N1}} = \varepsilon_1$$

$$\varepsilon_{\text{N23}} = \varepsilon_{\text{N2}} = \varepsilon_2$$

$$\varepsilon_{\text{ges N23}} = \varepsilon_{\text{ges N2}} = \varepsilon_2 + (\varepsilon_1 - 1)\,\varepsilon_2 \frac{\dot{E}_{\text{A21}}}{(\dot{E}_{\text{A21}} + \dot{E}_{\text{A2}})} \tag{4.33}$$

$$\text{für } \alpha = \beta = \gamma$$

4.3.4.3. Rückführschaltung über zwei Elemente

Die Rückführschaltung ist in Bild 4.8 dargestellt und dadurch gekennzeichnet, daß der zurückgeführte Exergiestrom keinen weiteren Umwandlungen unterliegt.

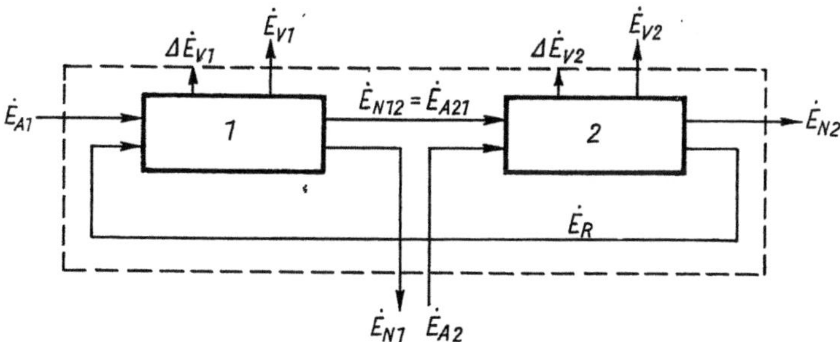

Bild 4.8. Rückführschaltung über zwei Elemente

Die Exergiebilanzierung erfolgt analog zu oben und lautet für die Elemente:

$$\dot{E}_{N1}\varepsilon_{N1} = \alpha_{N1}(\dot{E}_{A1} + \dot{E}_{R}) \tag{4.34}$$

$$\dot{E}_{N12}\varepsilon_{N12} = \alpha_{N12}(\dot{E}_{A1} + \dot{E}_{R}) \qquad \alpha_{N12} = 1 - \alpha_{N1}$$

$$\dot{E}_{N2}\varepsilon_{N2} = \alpha_{N2}(\dot{E}_{N12} + \dot{E}_{A2}) \qquad \alpha_{N2} = 1 - \alpha_{R}$$

$$\dot{E}_{R}\varepsilon_{R} = \alpha_{R}(\dot{E}_{N12} + \dot{E}_{A2}).$$

Für die spezifischen Primärexergieaufwendungen ergeben sich folgende Zusammenhänge:

$$\dot{E}_{N1}\varepsilon_{\text{ges }N1} = \alpha_{N1}(\dot{E}_{A1} + \dot{E}_{R}\varepsilon_{\text{ges }R}) \tag{4.35}$$

$$\dot{E}_{NR}\varepsilon_{\text{ges }N12} = (1 - \alpha_{N1})(\dot{E}_{A1} + \dot{E}_{R}\varepsilon_{\text{ges }R})$$

$$\dot{E}_{N2}\varepsilon_{\text{ges }N2} = (1 - \alpha_{R})(\dot{E}_{N12}\varepsilon_{\text{ges }N12} + \dot{E}_{A2})$$

$$\dot{E}_{R}\varepsilon_{\text{ges }R} = \alpha_{R}(\dot{E}_{N12}\varepsilon_{\text{ges }N12} + \dot{E}_{A2})$$

und damit

$$\dot{E}_{N1}\varepsilon_{\text{ges }N1} = \frac{\alpha_{N1}\dot{E}_{A1} + \alpha_{N1}\alpha_{R}\dot{E}_{A2}}{1 - \alpha_{N1}\alpha_{R}}$$

$$\dot{E}_{N2}\varepsilon_{\text{ges }N2} = \frac{1 - \alpha_{R}}{1 - \alpha_{N1}\alpha_{R}}(\alpha_{N1}\dot{E}_{A1} + \dot{E}_{A2}) \tag{4.36}$$

Aus der Gl. (4.36) läßt sich mit Hilfe von Gl. (4.32) der Beurteilungskoeffizient für das Gesamtsystem $\varepsilon_{\text{ges}} = 1/\eta_{s}$ angeben.

Der Zusammenhang zwischen den Gütekriterien der Elemente und des Systems läßt sich durch Verknüpfung der Gln. (4.34) und (4.36) mit (4.32) herstellen. Er gestaltet sich für den allgemeinen Fall aber so kompliziert, daß er hier nicht angeführt werden soll.

4.3.4.4. Rückführschaltung über zwei Elemente mit einem Element in der Rückkopplung

Diese in Bild 4.9 dargestellte Grundstruktur ist die komplizierteste und enthält alle bisher behandelten Grundstrukturen als Spezialfälle. Damit ergeben sich bei Verfolgen des Flusses der Primärexergie folgende Bilanzgleichungen:

$$\dot{E}_{N12}\varepsilon_{ges\ N12} = \dot{E}_{A21}\varepsilon_{ges\ A21} = \alpha_{N12}(\dot{E}_{A1} + \dot{E}_{NR1}\varepsilon_{ges\ NR1}) \tag{4.37}$$

$$\dot{E}_{N2}\varepsilon_{ges\ N2} = \alpha_{N2}(\dot{E}_{N12}\varepsilon_{ges\ N12} + \dot{E}_{A2})$$

$$\dot{E}_{NR}\varepsilon_{ges\ NR} = (1 - \alpha_R)((1 - \alpha_{N2})(\dot{E}_{N12}\varepsilon_{ges\ N12} + \dot{E}_{A2}) + \dot{E}_{AR})$$

$$\dot{E}_{NR1}\varepsilon_{ges\ NR1} = \dot{E}_{A1R}\varepsilon_{ges\ A1R} = \alpha_R((1 - \alpha_{N2})(\dot{E}_{N12}\varepsilon_{ges\ N12} + \dot{E}_{A2}) + \dot{E}_{AR})$$

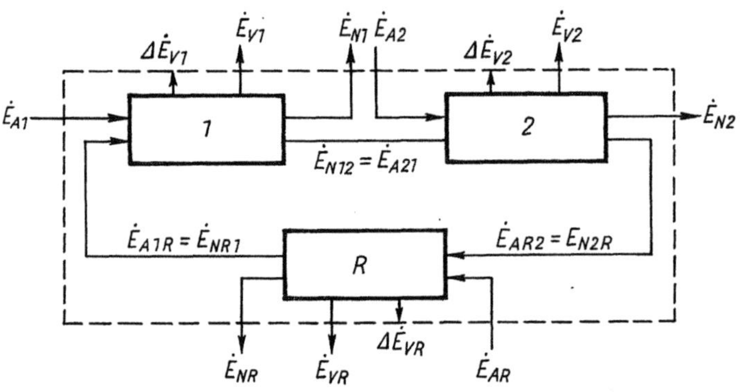

Bild 4.9. Rückführschaltung über zwei Elemente mit einem Element in der Rückkopplung

Für die das System verlassenden Nutzexergieströme ergeben sich damit folgende Zusammenhänge für den spezifischen Primärexergieaufwand.

$$\dot{E}_{N1}\varepsilon_{ges\ N1} = \frac{\alpha_{N1}(\dot{E}_{A1} + \alpha_{NR1}(\dot{E}_{A2} + \dot{E}_{AR} - \alpha_{N2}\dot{E}_{A2}))}{1 - \alpha_{N12}\alpha_{NR1} + \alpha_{N12}\alpha_{NR1}\alpha_{N2}} \tag{4.38}$$

$$\dot{E}_{N2}\varepsilon_{ges\ N2} = \frac{\alpha_{N2}(1 - \alpha_{N1})\dot{E}_{A1} + \alpha_{N2}\dot{E}_{A2} + (1 - \alpha_{N1})\alpha_{N2}\alpha_{NR1}\dot{E}_{AR}}{1 - \alpha_{N12}\alpha_{NR1} + \alpha_{N12}\alpha_{NR1}\alpha_{N2}}$$

$$\dot{E}_{NR}\varepsilon_{ges\ NR} = (1 - \alpha_{NR1})\frac{(\alpha_{N12} - \alpha_{N12}\alpha_{N2})\dot{E}_{A1} + (1 - \alpha_{N2})\dot{E}_{A2} + \dot{E}_{AR}}{1 - \alpha_{N12}\alpha_{NR1} + \alpha_{N12}\alpha_{NR1}\alpha_{N2}}$$

Unter Anwendung von Gl. (4.32) kann damit gleichfalls die integrale Bewertungsgröße des Systems gebildet werden. Besonders bei komplizierten Systemen wird sichtbar, daß sich unter Verwendung des spezifischen Primärexergieaufwandes und des Aufwandsanteiles der Elemente noch relativ einfache Bilanzbeziehungen ableiten lassen, aus denen sich Bewertungsgrößen und Element-System-Zusammenhänge aufdecken lassen. Die Zusammenhänge zwischen den Bewertungsgrößen des Systems und des Elementes direkt aufzuzeigen kann sich allerdings als recht kompliziert erweisen.

4.4.   Zusammenhang zwischen energetischen und exergetischen Bewertungsgrößen

Die in den Abschnitten 4.2. und 4.3. eingeführten exergetischen Bewertungsgrößen hängen natürlich von in der Praxis bereits benutzten Bewertungsgrößen ab. Da diese fast ausschließlich aus der Energiebilanz abgeleitet worden sind, ist es sinnvoll, in dem vorliegenden Zusammenhang letztere als energetische Bewertungsgrößen zu bezeichnen. Zur Einschätzung der Aussagekraft des einzelnen Ergebnisses und der Bedeutung im allgemeinen soll im folgenden der Zusammenhang zwischen diesen beiden Gruppen von Bewertungsgrößen am Beispiel von Energietransport- und Energieumwandlungsprozessen aufgezeigt werden. Damit wird deutlich, *unter welchen Bedingungen die energetischen Bewertungsgrößen eine bestimmte Aussagekraft besitzen und welche Erweiterung mit exergetischen Bewertungsgrößen zu erreichen ist.*

Der einfachste Energietransport- oder -umwandlungsvorgang ist in Bild 4.10a angegeben. Dabei wird Energie einer bestimmten Qualität zugeführt und Energie niederer Qualität abgegeben. Lediglich im Grenzfall der Reversibilität bleibt die Qualität der Energie konstant. Die Abwertung der Energie ist eine Folge der Nichtumkehrbarkeiten (*Relaxations- und Dissipationsprozesse*). Typische Prozesse dieser Art sind die Wärmeübertragungs- und Reibungsprozesse. Eine Qualitätserhöhung der Energie ist mit derartigen Prozessen nicht zu erreichen.

In den Bildern 4.10b und c sind Prozesse gezeigt, die auch im reversiblen Grenzfall eine Änderung der Qualität der Energie zulassen. Wie sich leicht aus den Aussagen des II. Hauptsatzes ableiten läßt, sind hierzu mindestens drei Energieströme erforderlich. Es lassen sich zwei Grundschaltungen unterscheiden: Die *Disproportionierung* und die *Synproportionierung* [4.12]. Bei der Disproportionierung wird Energie mittlerer Qualität in solche höherer und niederer zerlegt, bei der Synproportionierung wird aus Energie höherer und niederer Qualität solche mittlere Qualität erzeugt. Entsprechend der technischen Bedeutung ist im Bild 4.10 jeweils auf Wärmeströme Bezug genommen, wobei der Index H (high) auf die Wärme höherer Temperatur, M (middle) auf die mittlerer Temperatur und L (low)

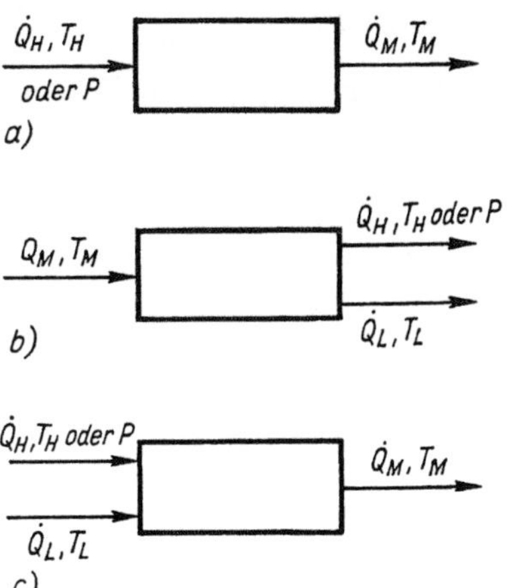

Bild 4.10. Energieumwandlungsprozesse stofffreier Energieformen
a) Relaxation oder Dissipation
b) Disproportionierung
c) Synproportionierung

auf die niederer Temperatur hinweist. Da Arbeit gleich Wärme von unendlich hoher Temperatur ist, kann für $T_H \to \infty$ stets ein Arbeitsaustausch in die Betrachtung einbezogen werden. Mit den im Bild 4.10 dargestellten Grundschaltungen können sowohl einfache als auch zusammengesetzte Prozesse, wie Kreisprozesse und Wärmetransformationsprozesse, beschrieben werden.

Für die folgende Darstellung ist es vorteilhaft, die *exergetische Temperaturskala* oder den CARNOT-Faktor zusammengefaßt als (s. Abschnitt 2.2.2.1.)

$$\tau_e = \frac{T - T_u}{T}$$

einzuführen. Das vereinfacht die Schreibweise der Gleichungen.

4.4.1. Nichtumkehrbarer Energietransport und nichtumkehrbare Energiewandlung

Die in Bild 4.10a gekennzeichnete Grundsituation ist typisch für den *Wärmeübertragungsprozeß*. Für $T_H \to \infty$ sind damit aber auch der *Reibungsprozeß* und die *elektrische Direktbeheizung* beschreibbar.

Unter bestimmten Umständen ist diese Situation auch für die isotherme Kompression typisch.

Nach den Gln. (4.4) und (4.5) gilt unter Beachtung der Energiebilanz für $T_H > T_M > T_u$

$$\eta = v = \frac{\tau_{eM}}{\tau_{eH}} \tag{4.39}$$

Es ist zu übersehen, daß der Wirkungsgrad bei gleicher Temperaturdifferenz $T_H - T_M$ um so besser wird, je weiter oberhalb von T_u der Wärmeübertrager arbeitet. Mit anderen Worten: In der Nähe der Umgebungstemperatur wirken sich schon kleine Temperaturdifferenzen erheblich auf den Wirkungsgrad aus.

Da τ_{eM} als der thermische Wirkungsgrad eines CARNOT-Prozesses η_{thc} und $\frac{1}{\tau_{eH}}$ als die Leistungsziffer ε_{wc} einer nach dem CARNOT-Prozeß arbeitenden Wärmepumpe aufgefaßt werden können, gilt auch

$$\eta = v = \eta_{thc}\varepsilon_{wc} \tag{4.39a}$$

Im Falle der Reversibilität ist $\tau_{eM} = \tau_{eH}$, damit $T_H = T_M$ und wegen $\eta = v = 1$

$$\eta_{thc} = \frac{1}{\varepsilon_{wc}}$$

Der Nutzen derartiger Prozesse läßt sich demnach durch die Arbeitsleistung entsprechender rechtsläufiger CARNOT-Prozesse kennzeichnen, während der Aufwand durch die Arbeitsleistung entsprechender Wärmepumpenprozesse deutbar ist. Eine derartige Interpretation ist für die Gesamtheit der folgenden Überlegungen möglich und aus der physikalischen Definition der Exergie verständlich. Für alle *natürlichen*

Prozesse gilt $\tau_{eM} < \tau'_{eH}$ und mithin $\eta = \nu < 1$. Eine dieser Betrachtung analoge Beurteilung derartiger Prozesse auf der Basis der Energiebilanz ist prinzipiell nicht möglich.

Für die *Reibung* oder die *elektrische Direktheizung* gilt $T_H \to \infty$ und $\tau_{eH} = 1$ und damit

$$\eta = \nu = \tau_{eM} \tag{4.39b}$$

Diese Umwandlung ist mithin nur eine Funktion der Temperatur der Wärmebereitstellung. Dadurch erklärt sich auch der geringe Wirkungsgrad elektrischer Direktheizungen für Klimaprozesse.

Für *Wärmeübertragungsprozesse unterhalb der Umgebungstemperatur* $T'_H < T_u$ kehrt sich die Wirkungsgraddefinition nach Gl. (4.39) um, da der Nutzen in der Abkühlung des Heizstromes liegt. Es gilt:

$$\eta = \nu = \frac{\tau_{eH}}{\tau_{eM}} \tag{4.40}$$

Für den Fall, daß $T_H > T_u$ und $T_M < T_u$ sind, wird dem Prozeß im Grenzfall nur Exergie zugeführt, da eine Wärmeabfuhr unterhalb der Umgebungstemperatur einen technischen Aufwand erfordert. Die gesamte Exergiezufuhr dient der Überwindung der Nichtumkehrbarkeiten. Trotzdem können derartig arbeitende Wärmeübertrager innerhalb technischer Systeme sinnvoll eingesetzt werden.

Diese Art der Betrachtung kann auch auf solche Prozesse ausgedehnt werden, die *zusätzlich äußere Verluste* aufweisen. Das ist z. B. der Fall, wenn eine Wärmebereitstellung durch *Verbrennung* erfolgt und die thermische Energie der Rauchgase nicht vollständig ausgenutzt wird. Da die im Brennstoff zugeführte Exergie in erster Näherung gleich der Energie gesetzt werden kann, liegt ein reiner Dissipationsprozeß vor, für den Gl. (4.39b) gilt. Die äußeren Verluste können durch den thermischen Wirkungsgrad erfaßt werden, so daß gilt:

$$\eta \sim \tau_{eM}\eta_{th} \tag{4.41}$$

Der Wert τ_{eM} bezieht sich dabei auf das Temperaturniveau der Nutzwärme.

4.4.2.   Disproportionierung

Der Gütegrad nach Gl. (4.5) beträgt allgemein bei *Wärmetransformationsprozessen*

$$\nu = \frac{\tau_{eH}\dot{Q}_H + \tau_{eL}\dot{Q}_L}{\tau_{eM}\dot{Q}_M} \tag{4.42a}$$

oder im Falle der *Arbeitserzeugung*

$$\nu = \frac{P + \tau_{eL}\dot{Q}_L}{\tau_{eM}\dot{Q}_M} \tag{4.42b}$$

Vorausgesetzt ist dabei, daß $T_H > T_M > T_L > T_u$, also der Gesamtprozeß oberhalb der Umgebungstemperatur arbeitet. Für den Fall, daß $T < T_u$ ist, entspricht eine

Wärmezufuhr einer Exergieabgabe und umgekehrt, so daß u. U. eine Wärmedisproportionierung zu einer Exergiesynproportionierung werden könnte. Da hiermit nur formale Umkehrungen verbunden sind, soll diese Situation im folgenden nicht näher betrachtet werden.

Die Disproportionierung liegt vor z. B. bei bestimmten Expansionsprozessen, bei der Erzeugung von Arbeit, bei der Wärmekraftkopplung und bei allgemeinen Wärmetransformationsprozessen. Die auf Kreisprozessen beruhenden Sonderfälle sollen im folgenden diskutiert werden.

4.4.2.1. Arbeitserzeugung aus Wärme

Wie sofort zu erkennen ist, entsprechen die üblichen *rechtsläufigen Kreisprozesse* der Wärmekraftmaschinen einer Disproportionierung. Der exergetische Wirkungsgrad nach Gl. (4.4) ergibt sich zu

$$\eta = \frac{P}{\tau_{eM}\dot{Q}_M} = \frac{1}{\tau_{eM}}\eta_{th} \tag{4.43a}$$

oder, da $\dfrac{1}{\tau_{eM}} = \varepsilon_{wc}$ der Leistungsziffer einer Wärmepumpe entspricht

$$\eta = \varepsilon_{wc}\eta_{th} \tag{4.43b}$$

mit der nämlichen Erklärung wie zu Gl. (4.39).

Dabei ist der übliche thermische Wirkungsgrad definiert als

$$\eta_{th} = \frac{P}{\dot{Q}_M} \leqq \frac{T_M - T_L}{T_M} = \tau_{eM} \tag{4.44}$$

Das Gleichheitszeichen in Gl. (4.44) gilt für den Fall, daß die *Nichtumkehrbarkeiten im inneren Verhalten* verschwinden. Der Strom $\tau_{eL}\dot{Q}_L$ ist in dieser Definition als *äußerer Verlust* aufgefaßt worden. Dieser wird zu Null, wenn $T_L = T_u$ wird. Im Gegensatz zum thermischen Wirkungsgrad wird demnach der exergetische gleich Eins für den reversiblen Prozeß, der seine Abwärme bei Umgebungstemperatur produziert.

Für den *Gütegrad* nach Gl. (4.42b) folgt

$$v = \frac{\tau_{eL}}{\tau_{eM}} + \frac{1 - \tau_{eL}}{\tau_{eM}}\eta_{th} \tag{4.45}$$

Der Grenzwert $v = 1$ ergibt sich für den reversiblen Prozeß. Für den Fall der Wärmeabgabe an die Umgebung wird $v = \eta$.

Von allgemeinem Interesse ist die Definition von Nutzen und Aufwand für das *innere System* (Abschnitt 4.3.). Nach Gl. (4.12) wird im vorliegenden Fall

$$\eta_i = \frac{P}{\tau_{eM}\dot{Q}_M - \tau_{eL}\dot{Q}_L} = \frac{1}{\dfrac{\tau_{eM} - \tau_{eL}}{\eta_{th}} + \tau_{eL}} \tag{4.46}$$

Für den Fall der Wärmeabgabe an die Umgebung wird die Aussage von Gl. (4.46) identisch mit der von Gl. (4.43). Der Grenzwert $\eta_i = 1$ wird für Reversibilität erreicht. Der *technologische Gütegrad* schließlich ergibt sich zu

$$\tau_i = 1 - \frac{\tau_{eL}}{\tau_{eM}} \eta_{th} \qquad (4.47)$$

und wird unabhängig vom Grad der Nichtumkehrbarkeit identisch mit 1, wenn die Wärmeabgabe an die Umgebung erfolgt, also keine Transitexergie im System auftritt.

4.4.2.2. Wärme-Kraft-Kopplung

Bei Kreisprozessen, die *gleichzeitig Arbeit und Nutzwärme* liefern, unterscheidet sich der Gütegrad nach Gl. (4.42b) nicht von der Wirkungsgraddefinition nach Gl. (4.4). Es ergibt sich

$$\eta = \nu = \frac{P + \tau_{eL}\dot{Q}_L}{\tau_{eM}\dot{Q}_M} = \frac{\sigma_p + \tau_{eL}}{\tau_{eM}(1 + \sigma_p)} \qquad (4.48)$$

wenn die aus der Energiebilanz bekannte *Stromkennziffer*

$$\sigma_p = \frac{P}{\dot{Q}_M} \qquad (4.49)$$

eingeführt wurde. Der Kehrwert der Stromkennziffer ergibt den spezifischen Wärmeverbrauch.

4.4.2.3. Wärmetransformator

Ein Wärmetransformator als Disproportionierungsprozeß erzeugt aus Wärme von mittlerem Temperaturniveau solche bei höherem und niedrigerem Temperaturniveau. Seine Realisierung ist ohne den Einsatz von mechanischer Energie möglich durch die Verwendung von *Absorptions-Desorptions-Zyklen* und *chemischen Kreisprozessen*. Wird die bei höherer Temperatur erzeugte Wärme als Nutzen angesehen, ergibt sich als exergetischer *Wirkungsgrad*

$$\eta = \frac{\tau_{eH}\dot{Q}_H}{\tau_{eM}\dot{Q}_M} = \frac{\tau_{eH}}{\tau_{eM}} \zeta \qquad (4.50)$$

wobei ζ das aus der Energiebilanz bekannte *Wärmeverhältnis* ist, für das sich ergibt

$$\zeta = \frac{\dot{Q}_H}{\dot{Q}_M} \leq \frac{\tau_{eM} - \tau_{eL}}{\tau_{eH} - \tau_{eL}} \qquad (4.51)$$

Das Gleichheitszeichen gilt für den im inneren Verhalten reversiblen Prozeß.

Gl. (4.50) zeigt, daß für den Fall der Reversibilität und bei Wärmeabgabe an die Umgebung ein Grenzwert des Wärmeverhältnisses erreicht wird, der sich zu

$$\zeta_{max} = \frac{\tau_{eM}}{\tau_{eH}}$$

ergibt, unabhängig vom Stoffsystem.

In Untersetzung von Gl. (4.42a) läßt sich für den *Gütegrad* des Transformationsprozesses schreiben

$$\nu = \frac{\tau_{eL}}{\tau_{eM}} + \frac{\tau_{eH}}{\tau_{eM}}\,\xi \tag{4.52}$$

Der zugehörige *technologische Gütegrad* wird bei den getroffenen Voraussetzungen $\tau = 1$.

Bei einer Bilanzierung des Wärmetransformationsprozesses als *inneres System* (s. Abschnitt 4.3.) ergibt sich als exergetischer Wirkungsgrad, wenn die Heizwärme als Nutzen angesehen wird, nach Gl. (4.12):

$$\eta_i = \frac{\tau_{eH}\dot{Q}_H}{\tau_{eM}\dot{Q}_M - \tau_{eL}\dot{Q}_L} = \frac{\tau_{eH}\xi}{\tau_{eM} - \tau_{eL}(1-\xi)} \tag{4.53}$$

Der Maximalwert ergibt sich für den Fall der Reversibilität (Gleichheitszeichen in Gl. (4.51)). Bei dieser Darstellung läßt sich auch der technologische Gütegrad angeben:

$$\tau_i = \frac{\tau_{eM}\dot{Q}_M - \tau_{eL}\dot{Q}_L}{\tau_{eM}\dot{Q}_M} = 1 - \frac{\tau_{eL}}{\tau_{eM}}\,(1-\xi) \tag{4.54}$$

Er wird zu $\tau_i = 1$, wenn $T_L = T_u$ ist. In diesem Fall wird keine Transitexergie durch das System transportiert.

4.4.3.   Synproportionierung

Die Synproportionierung liegt vor als einfacher Prozeß z. B. bei der Mischung verschieden temperierter Wärmeströme, bei der Wärmeübertragung und in Dampfstrahlapparaten. Diese sollen an dieser Stelle nicht näher untersucht werden (s. hierzu Abschnitt 5.).

Von besonderer technischer Bedeutung ist die Realisierung der Synproportionierung durch *linksläufige Kreisprozesse*. Für die Beurteilung dieser Prozesse ist ihre Lage in bezug auf die Umgebungstemperatur von entscheidender Bedeutung, da hierdurch das Vorzeichen von Energie- und Exergieströmen festgelegt wird.

Liegt der Gesamtprozeß *oberhalb der Umgebungstemperatur* ($T_L > T_u$), so gilt für den Gütegrad nach Gl. (4.5)

$$\nu = \frac{\tau_{eM}\dot{Q}_M}{\tau_{eH}\dot{Q}_H + \tau_{eL}\dot{Q}_L} \tag{4.55a}$$

oder bei der Zufuhr von mechanischer Energie

$$\nu = \frac{\tau_{eM}\dot{Q}_M}{P + \tau_{eL}\dot{Q}_L} \tag{4.55b}$$

Von großer Bedeutung ist die Schaltung, bei der $T_L < T_u$ und $T_H > T_M > T_u$ ist. In diesem Fall ist $\tau_{eL} < 0$ und die Richtung von Energie- und Exergiestrom entgegengesetzt. Die Wärmezufuhr *unterhalb der Umgebungstemperatur* entspricht einer Exergieabgabe. Der Gütegrad lautet hierbei

$$v = \frac{\tau_{eM}\dot{Q}_M - \tau_{eL}\dot{Q}_L}{\tau_{eH}\dot{Q}_H} \tag{4.56a}$$

oder

$$v = \frac{\tau_{eM}\dot{Q}_M - \tau_{eL}\dot{Q}_L}{P} \tag{4.56b}$$

In der folgenden Diskussion wird nur die Zufuhr von Wärme behandelt. Die entsprechenden Beziehungen für den Antrieb der Prozesse durch mechanische Energie lassen sich formal daraus ableiten, wenn $\tau_{eH} = 1$ und $\dot{Q}_H = P$ gesetzt wird. Liegen schließlich sämtliche Temperaturen unterhalb der Umgebungstemperatur ($T_H < T_u$), kehren sich alle Vorzeichen um, und die Energiesynproportionierung wird zu einer Exergiedisproportionierung.

4.4.3.1. Kältemaschine ($T_L < T_u$)

Bei den Kältemaschinenprozessen wird als Nutzen die Kälteleistung unterhalb der Umgebungstemperatur angesehen. Der exergetische Wirkungsgrad entsprechend Gl. (4.4) lautet dann:

$$\eta = \frac{-\tau_{eL}\dot{Q}_L}{\tau_{eH}\dot{Q}_H} = -\frac{\tau_{eL}}{\tau_{eH}}\varepsilon_K \tag{4.57a}$$

Für den Fall des Antriebes mit mechanischer Energie ($\tau_{eH} = 1$) wird daraus

$$\eta = \eta_{thu}\varepsilon_K \frac{T_u}{T_L} \tag{4.57b}$$

mit

$$\eta_{thu} = \frac{T_u - T_L}{T_u}$$

als dem *thermischen Wirkungsgrad* eines Carnot-Prozesses, der zwischen T_u und T_L arbeitet. Damit ist eine den Gln. (4.43) und (4.39) analoge Darstellung erreicht. ε_K stellt die *Leistungsziffer* der Kältemaschine dar, für die gilt

$$\varepsilon_K = \frac{\dot{Q}_L}{\dot{Q}_H} \leqq \frac{\tau_{eH} - \tau_{eM}}{\tau_{eM} - \tau_{eL}} \tag{4.58}$$

Die Leistungsziffer erreicht ihren Maximalwert für den Fall der Reversibilität und beim Verschwinden der äußeren Verluste ($T_M = T_u$, $\tau_{eM} = 0$, Wärmeabgabe an die Umgebung). Für den Gütegrad läßt sich in weiterer Untersetzung von Gl. (4.56) schreiben

$$v = \frac{\tau_{eM}}{\tau_{eH}} + \frac{\tau_{eM} - \tau_{eL}}{\tau_{eH}} \varepsilon_K \qquad (4.59)$$

während der technologische Gütegrad $\tau = 1$ wird.

Bezogen auf das innere Verhalten des Prozesses läßt sich in bezug auf Gl. (4.12) ein exergetischer Wirkungsgrad in der Form angeben

$$\eta_i = \frac{-\tau_{eL}\dot{Q}_L}{\tau_{eH}\dot{Q}_H - \tau_{eM}\dot{Q}_M} = \frac{\tau_{eL}}{\tau_{eM} + (\tau_{eM} - \tau_{eH})\dfrac{1}{\varepsilon_K}}$$

der lediglich eine Funktion der inneren Verluste ist. Der technologische Gütegrad wird für diese Betrachtung

$$\tau_i = 1 - \frac{\tau_{eM}}{\tau_{eH}} - \frac{\tau_{eM}}{\tau_{eH}} \varepsilon_K \qquad (4.61)$$

der für $\tau_{eM} = 0$, d. h. für $T_M = T_u$, gleich Eins wird.

4.4.3.2.   Wärmepumpe $(T_L \geqq T_u)$

Der Nutzen der Wärmepumpenschaltung besteht in der *Bereitstellung von Heizwärme* oberhalb der Umgebungstemperatur $(T_M > T_u)$. Exergetischer Wirkungsgrad und Gütegrad sind in diesem Fall gleich und ergeben in Untersetzung von Gl. (4.55):

$$\eta = v = \frac{\tau_{eM}}{\tau_{eL} + (\tau_{eH} - \tau_{eL})\dfrac{1}{\varepsilon_w}} \qquad (4.62\,a)$$

Für die Zufuhr von Arbeit $(\tau_{eH} = 1)$ und Entnahme der Wärme aus der Umgebung $(\tau_{eL} = 0)$ wird daraus

$$\eta = \tau_{eM}\varepsilon_w = \eta_{thc}\varepsilon_w \qquad (4.62\,b)$$

in Analogie zu den Gln. (4.57b), (4.43b) und (4.39). Dabei ist $\eta_{thc} = \tau_{eM}$ der thermische Wirkungsgrad eines rechtsläufigen CARNOT-Prozesses zwischen T_M und T_u und ε_w die Leistungsziffer einer Wärmepumpe entsprechend

$$\varepsilon_w = \frac{\dot{Q}_M}{\dot{Q}_H} \leqq \frac{\tau_{eH} - \tau_{eL}}{\tau_{eM} - \tau_{eL}} \qquad (4.63)$$

mit den schon bekannten Konsequenzen.

In bezug auf das *innere Verhalten* des Prozesses kann als Nutzen die Qualitätserhöhung der Wärme zwischen mittlerem und unterem Temperaturniveau angesehen werden. Der exergetische Wirkungsgrad lautet dann

$$\eta_i = \frac{\tau_{eM}\dot{Q}_M - \tau_{eL}\dot{Q}_L}{\tau_{eH}\dot{Q}_H} = \frac{\tau_{eL}}{\tau_{eH}} + \left(\frac{\tau_{eM}}{\tau_{eH}} - \frac{\tau_{eL}}{\tau_{eH}}\right)\varepsilon_w \qquad (4.64)$$

Für $\tau_{eH} = 1$ und $\tau_{eL} = 0$ wird die Aussage von Gl. (4.64) identisch mit der von Gl. (4.62b).

Der technologische Gütegrad wird unter diesen Annahmen

$$\tau_i = \frac{1}{1 + \dfrac{\tau_{eL}}{\tau_{eH}}(\varepsilon_w - 1)} \tag{4.65}$$

und hängt im wesentlichen von der Größe τ_{eL} ab.

4.4.3.3. Wärme-Kälte-Kopplung ($T_L < T_u$, $T_M > T_u$)

Wenn als Nutzen die *Kälteleistung* unterhalb der Umgebungstemperatur und die oberhalb der Umgebungstemperatur abzugebende *Wärmeleistung* angesehen wird, wird der exergetische Wirkungsgrad mit dem Gütegrad identisch, und aus Gl. (4.56a) ergibt sich

$$\eta = v = -\frac{\tau_{eL}}{\tau_{eH}}\frac{1}{\xi_Q - 1} + \frac{\tau_{eM}}{\tau_{eH}}\frac{\xi_Q}{\xi_Q - 1} \tag{4.66}$$

mit ξ_Q als einem Wärmeverhältnis entsprechend

$$\xi_Q = \frac{\dot{Q}_M}{\dot{Q}_L} \geqq \frac{\tau_{eH} - \tau_{eL}}{\tau_{eH} - \tau_{eM}} \tag{4.67}$$

Im reversiblen Grenzfall wird $\eta = v = 1$, und in Gl. (4.67) gilt das Gleichheitszeichen. Damit ist der Maximalwert des Verhältnisses von Heiz- zu Kälteleistung allein durch die Temperaturbedingungen bestimmt und unabhängig von den als Arbeitsmedien eingesetzten Stoffsystemen.

4.4.4. Energiewandlungsprozesse mit Stoffaustausch

In den bisherigen Betrachtungen war ausschließlich ein Energieaustausch des Systems zugrunde gelegt. Für den Stoffaustausch gilt die in Bild 4.11 gekennzeichnete Situation, wenn die Stoffströme jeweils Träger von Exergie sind und ein stofffreier Energieaustausch unterbunden ist. Die Analogie zu den Grundstrukturen nach Bild 4.10 ist offensichtlich.

Eine *Beurteilung auf energetischer Basis ist in allgemeiner Form nicht möglich.* Deshalb haben sich in der Praxis für solche Fälle eine Vielzahl von speziellen Bewertungskoeffizienten eingeführt, die oftmals auf der Benutzung von Vergleichsprozessen basieren (adiabater, isothermer, polytroper Wirkungsgrad u. ä.). Aufgrund der Allgemeingültigkeit der folgenden Überlegungen wird deshalb nur die exergetische Beurteilung vorgenommen [4.13]. Der Bezug auf die spezielle energetische Einschätzung ist dann in einfacher Weise möglich (s. auch Abschnitt 5.). Die Angabe des exergetischen Gütegrades nach Gl. (4.5) für alle drei Grundsituationen

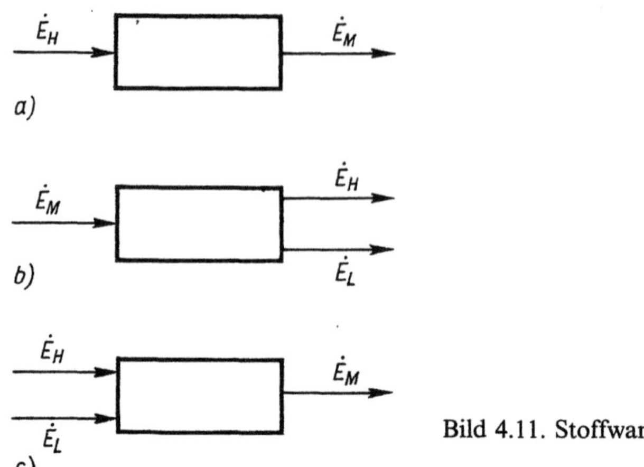

a)

b)

c)

Bild 4.11. Stoffwandlungsprozesse

ist einfach möglich und erlaubt eine Einschätzung der energetischen Bedeutung der Nichtumkehrbarkeiten. Unter bestimmten Voraussetzungen können auch exergetische Wirkungsgrade angegeben werden. Für den Entwertungsprozeß, z. B. einen einfachen Drosselvorgang, läßt sich nach Bild 4.11a schreiben

$$\eta = v = \frac{\dot{E}_M}{\dot{E}_H} = \frac{e_M}{e_H} = -1\,\frac{T_u\,\Delta s_v}{e_H} \tag{4.68}$$

Bei den Mischungs- und Trennprozessen kann die Qualitätssteigerung des einen Teilstromes als Nutzen angesehen werden, bei der Mischung kann das z. B. eine Aufwärmung, bei der Trennung eine Erhöhung der Konzentration sein. Die entsprechenden Wirkungsgrade lauten dann für Bild 4.11b

$$\eta = \frac{e_H - e_M}{e_M - e_L} \tag{4.69}$$

und für Bild 4.11c

$$\eta = \frac{e_M - e_L}{e_H - e_M} \tag{4.70}$$

Dabei ist zu beachten, daß bei Trennung nach Bild 4.11b keine weitere Energiezufuhr vorgesehen ist. So definierte Wirkungsgrade sind reine Funktionen der Nichtumkehrbarkeiten.

Technisch bedeutungsvolle Grundsituationen ergeben sich des weiteren, wenn der *Stoffaustausch* eines Systems mit einem signifikanten *Energieaustausch gekoppelt* ist. In Bild 4.12 ist dies für den Fall des Arbeitsaustausches und des Wärmeaustausches dargestellt. Werden zur Vereinfachung für den Arbeitsaustausch adiabate Bedingungen zugrunde gelegt, so gilt

$$P = \Delta\dot{H} \tag{4.71}$$

Wird für die Berechnung der Wärme der Stoffstrom zugrundegelegt, so läßt sich schreiben

$$\dot{Q} = \int_1^2 T \, d\dot{S} = T_m \, \Delta\dot{S} \tag{4.72}$$

unter Einführung geeigneter Mitteltemperaturen nach Abschnitt 2.2.2.1.

Mit den Formulierungen nach den Gln. (4.71) und (4.72) können die in Bild 4.12 dargestellten Grundprozesse durch exergetische Wirkungsgrade gekennzeichnet werden. Eine Zufuhr von Arbeit liegt z. B. bei einer Kompression vor, und es wird zweckmäßig definiert:

$$\eta = \frac{\dot{E}_M - \dot{E}_L}{P} = \frac{\dot{E}_M - \dot{E}_L}{\dot{H}_M - \dot{H}_L} = 1 - T_u \frac{\Delta\dot{S}}{\Delta\dot{H}} \tag{4.73}$$

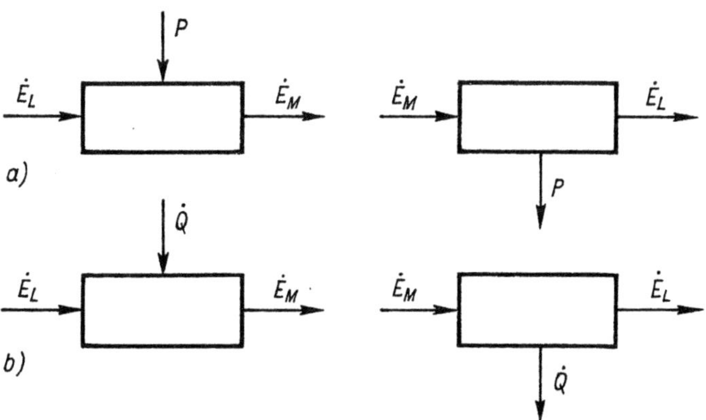

Bild 4.12. Energieumwandlungsprozesse eines Stoffstromes
a) Arbeitsaustausch
b) Wärmeaustausch

Die Abgabe von Arbeit ist z. B. bei einem Expansionsprozeß gegeben, für den gelten kann:

$$\eta = \frac{P}{\dot{E}_M - \dot{E}_L} = \frac{\dot{H}_M - \dot{H}_L}{\dot{E}_M - \dot{E}_L} = \frac{1}{1 - T_u \dfrac{\Delta\dot{S}}{\Delta\dot{H}}} \tag{4.74}$$

Dabei ist die Definitionsgleichung der Exergie (z. B. Gl. (3.3)) benutzt worden.

Für die Wärmezufuhr, z. B. isobare Erwärmung eines Mediums, gilt

$$\eta = \frac{\dot{E}_M - \dot{E}_L}{\tau_e \dot{Q}} = \frac{1}{\tau_e}\left(\frac{\Delta\dot{H}}{T_m \, \Delta\dot{S}} - \frac{T_u}{T_m}\right) \tag{4.75}$$

und für die Wärmeabgabe

$$\eta = \frac{\tau_e \dot{Q}}{\dot{E}_M - \dot{E}_L} = \frac{\tau_e}{\dfrac{\Delta\dot{H}}{T_m \, \Delta\dot{S}} - \dfrac{T_u}{T_m}} \tag{4.76}$$

Weitere Vereinfachungen ergeben sich, wenn z. B. die Mitteltemperatur des Wärmeaustausches mit der Mitteltemperatur der Zustandsänderung übereinstimmt.

Als wichtiger Parameter tritt in den Gln. (4.73) bis (4.76) der Ausdruck $\dfrac{\Delta\dot{H}}{\Delta\dot{S}}$ auf, der von der Dimension her einer Temperatur entspricht. Damit schließen sich auch diese Überlegungen konsequent an die Ergebnisse der Diskussion zu Bild 4.10 an.

Zusammenfassend sei darauf hingewiesen, daß die in den Bildern 4.11 und 4.12 dargestellten Grundprozesse mit einem analogen Konzept allein auf der Basis der Energiebilanz nicht bewertet werden können. Es werden vielmehr spezielle Vergleichsprozesse definiert, die z. B. zu sogenannten adiabaten, isothermen usw. Wirkungsgraden führen. Damit ist nicht nur eine bestimmte Willkür, sondern natürlich auch eine Einbuße an allgemeiner Vergleichbarkeit gegeben. Eine Einordnung derartiger Vorschläge soll deshalb, wie schon angegeben, an dieser Stelle nicht vorgenommen werden.

4.5. Mehrdimensionale Bewertung

Die Beurteilung und Bewertung technischer Prozesse mit der Energie- oder Exergiebilanz und mit entsprechenden abgeleiteten Bewertungsgrößen wie dem Wirkungsgrad und den Gütegraden ermöglicht die Einschätzung einer wesentlichen Seite der technischen Systeme — des Energie- und/oder Stoffverbrauches. In ökonomischer Hinsicht stehen damit die *laufenden Aufwendungen* in unmittelbarer Verbindung. Je höher der Wert des Wirkungsgrades eines technischen Systems ist, desto geringer sind die laufenden spezifischen Aufwendungen. Zur Einschätzung der Realisierbarkeit einer technischen Anlage sind aber oftmals noch weitere Zielfunktionen zu berücksichtigen, die die Entscheidungsfindung zu einem mehrdimensionalen Problem führen. Von all den weiteren Zielfunktionen ist neben dem laufenden Aufwand der *einmalige Aufwand,* der sich in bestimmter Weise durch die Investitionsaufwendungen oder auch die Apparate- oder Anlagengröße quantifizieren läßt, von besonderer Bedeutung. Die explizite Berücksichtigung beider Zielfunktionen wird im Zusammenhang mit der *thermoökonomischen Modellierung und Optimierung* in Abschnitt 7. behandelt. Eine gewisse *Vorstufe* stellt die Einschätzung technischer Prozesse mit Hilfe der *Prozeßcharakteristik* dar, die ausschließlich aus der Quantifizierung thermodynamischer Größen gebildet wird. Derartige Prozeßcharakteristiken liegen sowohl für einfache als auch für komplizierte technische Prozesse in der Literatur vor [4.14]. Am bekanntesten sind sie bisher in Verbindung mit der Bewertung von Kreisprozessen geworden. In den entsprechenden Prozeßcharakteristiken ist der *Wirkungsgrad* als ein *Maß des laufenden Aufwandes* über der Nutzarbeit aufgetragen. Da die Nutzarbeit über den Durchsatz mit der Nutzleistung in Verbindung steht, läßt sich qualitativ ablesen, daß mit einer höheren *Nutzarbeit* bei gleicher Nutzleistung geringere *einmalige Aufwendungen* verbunden sein müssen. Werden in die Prozeßcharakteristik signifikante Parameter thermischer Zustandsgrößen eingetragen, ist mit dieser Darstellung, zunächst in qualitativer Hinsicht, eine zweidimensionale Bewertung des jeweiligen Prozesses möglich. Zur quantitativen Auswertung sei auf Abschnitt 7. verwiesen.

Zur Illustration dieser Zusammenhänge ist in Bild 4.13 die Prozeßcharakteristik des reversiblen JOULE-Prozesses wiedergegeben. Zugrunde gelegt worden ist der exergetische Wirkungsgrad in der Form

$$\eta = \frac{P}{\tau_{eM}\dot{Q}_M} = 1 - \frac{\tau_{eL}\dot{Q}_L}{\tau_{eM}\dot{Q}_M} = \frac{\eta_{th}}{\tau_{eM}} \tag{4.77}$$

der die äußeren Verluste kennzeichnet, und die spezifische Kreisprozeßarbeit, gleichfalls dimensionslos,

$$\lambda = \frac{P}{\dot{m}c_p T_{min}} \tag{4.78}$$

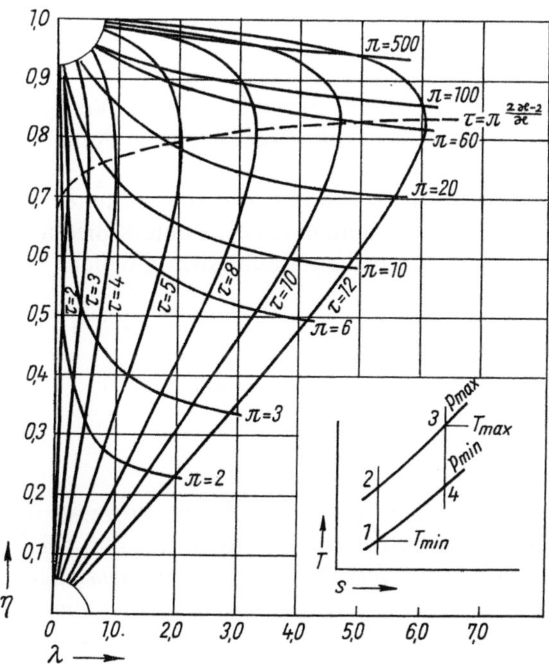

Bild 4.13. Prozeßcharakteristik des reversiblen JOULE-Prozesses, $\tau_u = 1$

Die eingezeichneten Parameterlinien sind für ein ideales Gas als Arbeitsmittel berechnet worden. Mit

$$\tau = \frac{T_{max}}{T_{min}}, \qquad \pi = \frac{p_{max}}{p_{min}} \quad \text{und} \quad \tau_u = \frac{T_u}{T_{min}}$$

ergeben sich als Berechnungsgleichungen

$$\eta_{th} = 1 - \pi^{\frac{1-\varkappa}{\varkappa}} \tag{4.79}$$

$$\lambda = \tau \left(1 - \pi^{\frac{1-\varkappa}{\varkappa}}\right) - \left(\pi^{\frac{\varkappa-1}{\varkappa}} - 1\right) \tag{4.80}$$

$$\tau_{eM} = 1 - \frac{\tau_u \ln\left(\tau\pi^{\frac{1-\varkappa}{\varkappa}}\right)}{\tau - \pi^{\frac{\varkappa-1}{\varkappa}}} \tag{4.81}$$

Man erkennt aus Bild 4.13, daß die Linien $\tau = $ const ein Maximum der spezifischen Kreisprozeßarbeit bei $\tau = \pi^{2\frac{\varkappa-1}{\varkappa}}$ aufweisen. Da das Maximum des Wirkungsgrades bei $\tau = \pi^{\frac{\varkappa-1}{\varkappa}}$ liegt, ist das optimale Druckverhältnis bei einem vorgegebenen Temperaturverhältnis (z. B. aufgrund der Wärmefestigkeit der Konstruktionsmaterialien) im Bereich

$$\tau^{\frac{2\varkappa}{\varkappa-1}} \leqq \pi_{opt} \leqq \tau^{\frac{1-\varkappa}{\varkappa}}$$

zu erwarten. Das konkrete Ergebnis hängt ab von der Einschätzung der Wertigkeit der einmaligen im Vergleich zu den laufenden Aufwendungen und kann durch eine PATTERN-Bewertung ermittelt werden.

In ähnlicher Weise lassen sich auch die Einflüsse von Nichtumkehrbarkeiten und komplizierte Prozesse untersuchen. Auch der Variantenvergleich unterschiedlicher Prozesse ist mit Hilfe derartiger Prozeßcharakteristiken anschaulich möglich.

4.6. Verhalten exergetischer Bewertungsgrößen bei Variation des Umgebungszustandes

Beim Vergleich exergetischer Bewertungsgrößen unterschiedlicher Prozesse und Verfahren entstehen zunächst oftmals gewisse Schwierigkeiten dadurch, daß bei der Analyse der einzelnen Prozesse und Verfahren verschiedene Umgebungszustände zugrunde gelegt sind. Zur Gewährleistung der Vergleichbarkeit und damit zur Verallgemeinerung der Aussagen ist eine Umsetzung der einzelnen Ergebnisse auf einen einheitlichen Umgebungszustand erforderlich. Wie im folgenden gezeigt wird, ist es in den meisten Fällen hierzu nicht erforderlich, eine vollständige Exergieanalyse mit der Ermittlung sämtlicher Exergiewerte für den neuen Umgebungszustand vorzunehmen, sondern es reicht eine *summarische Information* über den *Zusammenhang zwischen Energie- und Exergiebilanz* aus, die lediglich zu einer Korrektur der exergetischen Bewertungsgrößen führt.

Wie im Abschnitt 4.4. gezeigt worden ist, besitzt für die Ermittlung der exergetischen Bewertungsgrößen von Prozessen, die lediglich stofffreie Energien mit der Umgebung austauschen, die *exergetische Temperatur* τ_e eine hervorragende Bedeutung. Die einfachste Umrechnung der exergetischen Bewertungsgrößen auf einen neuen Umgebungszustand kann deshalb durch eine *Korrektur* dieser *exergetischen Temperatur* vorgenommen werden. Hierzu gilt folgende Umrechnungsgleichung

$$\tau_{e'} = \frac{T_{u'}}{T_u}\tau_e + \frac{T_u - T_{u'}}{T_u} \tag{4.82}$$

wobei der Zeiger ' die Werte kennzeichnet, die sich auf den neuen Umgebungszustand beziehen.

Der Einfluß der Änderung der Umgebungstemperatur auf die Änderung der exergetischen Temperatur selbst hängt vom Absolutwert der exergetischen Temperatur ab, wie Gl. (4.82) zeigt. Zur Illustration dieses Sachverhaltes sind in Tabelle 4.2 einige Zahlenwertbeispiele zusammengefaßt. Wie man erkennt, verschwindet der Einfluß mit der Annäherung von $\tau_e \rightarrow 1$. Bei negativen Werten von τ_e ist die relative Änderung der exergetischen Temperatur größer als die relative Änderung der Umgebungstemperatur. Diese Tatsache ist auf die Asymmetrie der Temperaturskala in bezug auf die Umgebungstemperatur zurückzuführen. Die Änderungen werden gleich für $\tau_e \rightarrow \infty$. In der Nähe der Umgebungstemperatur ($\tau_e \approx 0$) sind naturgemäß die Änderungen am größten.

Für den Austausch der stofffreien Exergien in Form der *Arbeit entfällt* diese *Umrechnung*, da für diese stets gilt $\tau_e = \tau_{e'} = 1$, unabhängig von der jeweiligen Umgebungstemperatur.

Wird der Energieaustausch stoffgebunden in der Form von *Exergiedifferenzen von Stoffströmen* vorgenommen, ist es zweckmäßig, die *exergetische Temperaturskala formal* anzuwenden durch die Definitionsgleichung

$$\tau_e = \frac{\Delta e}{\Delta h} = 1 - T_u\frac{\Delta s}{\Delta h} = 1 - \frac{T_u}{T_{m\ddot{a}}} \tag{4.83}$$

was unter bestimmten Bedingungen aber eine Änderung des physikalischen Inhaltes gegenüber der Gl. (2.50) bedeutet. Hierdurch wird nämlich die Änderung aller Potentiale (Druck, Temperatur, Konzentration, stoffliche Bestandteile) wie eine

Tabelle 4.2. Relative Änderung der exergetischen Temperatur ($\tau_{e'}/\tau_e$) in Abhängigkeit von der exergetischen Temperatur τ_e bei T_u und der Änderung der Umgebungstemperatur ($T_{u'}/T_u$)

τ_e	$\dfrac{T_{u'}}{T_u}$			
	1,1	1,01	0,99	0,9
0,8	0,975	0,9975	1,0025	1,025
0,5	0,9	0,99	1,01	1,1
0,3	0,766	0,976	1,023	1,233
0,1	0,1	0,91	1,09	1,9
−0,1	2,1	1,11	0,89	−0,1
−0,5	1,3	1,03	0,97	0,7
−1	1,2	1,02	0,98	0,8
−2	1,15	1,015	0,985	0,85

äquivalente Änderung des Temperaturpotentials bei einem Wärmeübertragungsprozeß allein dargestellt. Das wird deutlich durch die Definition

$$T_{\text{mä}} = \frac{\Delta h}{\Delta s}$$

auf die schon im Abschnitt 2.2.2.1. hingewiesen wurde. Diese Darstellung führt im Extremfall zu Werten der exergetischen Temperatur (z. B. $\tau_e > 1$), die physikalisch für einen Wärmeübertragungsprozeß nicht sinnvoll erklärt werden können.

Der Vorteil dieser teilweisen formalen Einführung besteht aber darin, daß auch für Exergiedifferenzen von Stoffströmen die Umrechnungsgleichung (4.82) angewendet werden kann. Diese kann dann auch in solchen Fällen einer Umsetzung der exergetischen Bewertungsgrößen zugrunde gelegt werden.

Für die Umrechnung der Stoffstrom- oder Stoffexergie kann die Gl. (4.83) nur als Näherungsgleichung verwendet werden, wenn gilt

$$(h_u - h_{u'}) \to 0 \quad \text{und} \quad (s_u - s_{u'}) \to 0$$

oder

$$(h_u - h_{u'}) \ll (h - h_u) \quad \text{und} \quad (s_u - s_{u'}) \ll (s - s_u)$$

da die Änderung aller Komponenten des Umgebungszustandes auf die Stoffexergie Einfluß hat.

In *Verallgemeinerung* der Gl. (4.83) läßt sich eine einheitliche Anwendung der exergetischen Temperatur angeben, wenn von der Definition

$$\tau_e = \frac{\Sigma P + \Sigma \tau_{ei} \dot{Q}_i + \Sigma \Delta \dot{E}_s}{\Sigma P + \Sigma \dot{Q}_i + \Sigma \Delta \dot{H}_s} = \frac{\Sigma \dot{E}}{\Sigma \dot{W}} \tag{4.84}$$

ausgegangen wird, die den Zusammenhang zwischen Exergie- und Energiebilanz ausdrückt. Zu ihrer Anwendung ist eine entsprechende Aufbereitung der Berechnungsgleichungen der exergetischen Bewertungsgrößen erforderlich. Dieses Verfahren versagt für einige Spezialfälle, insbesondere wenn Prozesse mit $\Delta \dot{E}_s > 0$ und $\Delta \dot{H}_s = 0$, wie z. B. bestimmte Stofftrennprozesse, betrachtet werden.

Für spezielle Situationen können in Untersetzung der Aussagen von Gl. (4.82) für die Bewertungsgrößen selbst Umrechungsbeziehungen für eine Variation des Umgebungszustandes angegeben werden. Im folgenden werden einige ausgewählte Beispiele vorgestellt.

4.6.1. Bewertungsgrößen zur Beurteilung des inneren Verhaltens

In diesem Fall werden nur Informationen über die mittlere *exergetische Temperatur der Input- oder Outputströme* benötigt.

Am deutlichsten lassen sich die Zusammenhänge am Beispiel des *Gütegrades* aufzeigen, da dieser eine reine Funktion der inneren Verluste ist. Natürlich kann sinngemäß auch mit anderen Bewertungsgrößen verfahren werden.

Für den Gütegrad, bezogen auf den Berechnungsumgebungszustand, gilt nach Gl. (4.5):

$$v = 1 - \frac{T_{u}\,\Delta\dot{S}_{v}}{\tau_{e}^{I}\dot{W}^{I}} \qquad (4.85\,a)$$

Das Symbol $\dot{W}$ steht hier für Energieströme allgemein.

Für den neuen Umgebungszustand gilt dann:

$$v' = 1 - \frac{T_{u'}\,\Delta\dot{S}_{v}}{\tau_{e'}^{I}\dot{W}^{I}} \qquad (4.85\,b)$$

Aus den Gln. (4.85a) und (4.85b) läßt sich als allgemeine Umrechungsgleichung ableiten:

$$v' = 1 - \frac{T_{u'}\tau_{e}^{I}}{T_{u}\,\tau_{e}^{I} + (T_{u} - T_{u'})}\,(1 - v) \qquad (4.86)$$

Für den Fall, daß der Input aus Arbeiten besteht ($\tau_{e}^{I} = 1$), z. B. bei Linksprozessen, vereinfacht sich Gl. (4.86) zu

$$v' = 1 - \frac{T_{u'}}{T_{u}}\,(1 - v) \qquad (4.86\,a)$$

Bezieht man sich auf die Outputströme, lassen sich ähnliche Zusammenhänge aufzeigen.

Der Gütegrad im Auslegungszustand lautet

$$v = \frac{\tau_{e}^{0}\dot{W}^{0}}{\tau_{e}^{0}\dot{W}^{0} + T_{u}\,\Delta\dot{S}_{v}} \qquad (4.87\,a)$$

und für den neuen Umgebungszustand

$$v' = \frac{\tau_{e'}^{0}\dot{W}^{0}}{\tau_{e'}^{0}\dot{W}^{0} + T_{u'}\,\Delta\dot{S}_{v}} \qquad (4.87\,b)$$

Aus den Gln. (4.87a) und (4.87b) läßt sich als Umrechnungsgleichung ableiten

$$v' = \frac{T_{u'}\tau_{e}^{0} + (T_{u} - T_{u'})}{T_{u'}\tau_{e}^{0}\,\dfrac{1}{v} + (T_{u} - T_{u'})} \qquad (4.88)$$

Besteht der *Output nur* aus *Arbeiten* ($\tau_{e}^{0} = 1$), wie das z. B. für Rechtsprozesse typisch ist, vereinfacht sich Gl. (4.88) zu

$$v' = \frac{1}{1 + \dfrac{T_{u'}}{T_{u}}\left(\dfrac{1}{v} - 1\right)} \qquad (4.88\,a)$$

4.6.2. Bewertungsgrößen zur Beurteilung des äußeren und des inneren Verhaltens

Für die Situation ist die Angabe von *zwei exergetischen Temperaturen* erforderlich. Am deutlichsten lassen sich die Zusammenhänge am Beispiel des exergetischen Wirkungsgrades aufzeigen. Nach Gl. (4.4) gilt für den untersuchten Umgebungszustand

$$\eta = \frac{\tau_{eN}\dot{W}_N}{\tau_{eA}\dot{W}_A} \tag{4.89a}$$

und für den neuen Umgebungszustand

$$\eta' = \frac{\tau_{eN'}\dot{W}_N}{\tau_{eA'}\dot{W}_A} \tag{4.89b}$$

Als Umrechnungsgleichung läßt sich dann angeben

$$\eta' = \frac{T_{u'}\tau_{eA}(\tau_{eN}-1) + T_u\tau_{eA}}{T_{u'}\tau_{eN}(\tau_{eA}-1) + T_u\tau_{eN}}\,\eta \tag{4.90}$$

Für die *Abgabe von Arbeit* ($\tau_{eN} = 1$) wird daraus

$$\eta' = \frac{T_u\tau_{eA}}{T_{u'}(\tau_{eA}-1) - T_u}\,\eta \tag{4.90a}$$

und für die *Aufnahme von Arbeit* ($\tau_{eA} = 1$)

$$\eta' = \frac{T_u'(\tau_{eN}-1) + T_u}{T_u\tau_{eN}}\,\eta \tag{4.90b}$$

Ähnliche Berechnungsgleichungen lassen sich ableiten, wenn formal exergetische Mitteltemperaturen für die Verluste zugrunde gelegt und zusätzlich entweder die der Aufwands- oder Nutzenströme verwendet werden.

4.6.3. Bewertungsgrößen mit Stoffexergien

Bei Stoffwandlungsprozessen enthalten die Bewertungsgrößen Stoffexergien, die eine Umrechnung mit Hilfe der exergetischen Mitteltemperaturen unmöglich machen. Im allgemeinen läßt sich der Wirkungsgrad formal für solche Prozesse in der Form angeben

$$\eta = \frac{\tau_{eN}\dot{W}_N + \dot{E}_{SN}}{\tau_{eA}\dot{W}_A + \dot{E}_{SA}} \tag{4.91a}$$

wobei sich der erste Term in Zähler und Nenner auf die stofffreien Exergien oder solche, die sich durch Einführung einer exergetischen Mitteltemperatur erfassen lassen, bezieht und der zweite Term auf die Stoffexergien.

Für den neuen Umgebungszustand gilt dann

$$\eta' = \frac{\tau_{eN'}\dot{W}_N + \dot{E}_{SN'}}{\tau_{eA'}\dot{W}_A + \dot{E}_{SA'}} \qquad (4.91\,b)$$

Als Umrechnungsgleichung läßt sich daraus ableiten:

$$\eta' = \frac{(T_{u'}(\tau_{eN} - 1) + T_u)\,\dot{W}_N + T_u\dot{E}_{SN'}}{(T_{u'}(\tau_{eA} - 1) + T_u)\left(\dfrac{\tau_{eN}\dot{W}_N + \dot{E}_{SN}}{\tau_{eA}\eta} - \dfrac{\dot{E}_{SA}}{\tau_{eA}}\right) + T_u\dot{E}_{SA'}} \qquad (4.92)$$

Für Spezialfälle können aus der Gl. (4.92) vereinfachte Beziehungen abgeleitet werden. Für die Stofftrennung kann im allgemeinen angenommen werden, daß $\dot{W}_N = 0$ ist. Damit wird

$$\eta' = \frac{T_u\dot{E}_{SN'}}{(T_{u'}(\tau_{eA} - 1) + T_u)\left(\dfrac{\dot{E}_{SN}}{\eta} - \dfrac{\dot{E}_{SA}}{\tau_{eA}}\right) + T_u\dot{E}_{SA'}} \qquad (4.92\,a)$$

oder

$$\eta' = \frac{T_u\dot{E}_{SN}}{(T_{u'}(\tau_{eA} - 1) + T_u)\,\dot{W}_A + T_u\dot{E}_{SA'}}$$

Für die Stoffvereinigung, z. B. Mischung, ist oftmals $\dot{W}_A = 0$.
Damit gilt

$$\eta' = \frac{(T_{u'}(\tau_{eN} - 1) + T_u)\,\dot{W}_N + T_u\dot{E}_{SN'}}{T_u\dot{E}_{SA'}} \qquad (4.93)$$

woraus sich im konkreten Fall weitere spezielle Umrechnungsgleichungen ableiten lassen.

Literatur- und Quellenverzeichnis zu Abschnitt 4.

[4.1] Бродянский, В. М.: Эксергетический метод термодинамического анализа. Москва: Энергия 1973, 169

[4.2] Kostenko, G. N., u. a.: Bestimmende thermodynamische Effektivitätskenngrößen von Energieanlagen. Odessa: OPI 1969 (unveröffentlicht) (russ.)

[4.3] Baehr, H. D.: Zur Definition exergetischer Wirkungsgrade. Eine systematische Untersuchung. Brennstoff—Wärme—Kraft 20 (1968) 5, S. 197—200

[4.4] Fratzscher, W.: Die grundsätzliche Bedeutung der Exergie für die technische Thermodynamik. Wiss. Zeitschrift der TH Dresden 10 (1961) 1, S. 159—181

[4.5] Костенко, Г. Н.: Эксергетический анализ тепловых процессов и установок. Конспект лекций. Одесса: ОПИ 1964

[4.6] Байер, Ю.: Исследование эффективности процессов в системах промышленного теплоиспользования. Автореферат диссертации, Одесса 1972

[4.7] Lange, O.: Ganzheit und Entwicklung in kybernetischer Sicht. Berlin: Akademie-Verlag 1967

[4.8] Gruhn, G., u. L. Dietzsch: Bewertung und Senkung des Energieeinsatzes bei Rektifikationsprozessen. Energieanwendung 29 (1980) 6, S. 210—214

[4.9] Анализ энергоиспользования в системах испарительных установок. Одесса 1980 (не опубликован)

[4.10] Бродянский, В. М., и Е. И. Калинина: Совмещенная диаграмма эксергетических и стоймостных показателей. — В кн. Доклады науч.-техн. конф. МЭИ, секц. промтеплоэнегетическая. Москва: МЭИ 1969

[4.11] Autorenkollektiv: Systemverfahrenstechnik I. Leipzig: VEB Deutscher Verlag für Grundstoffindustrie 1976

[4.12] Hebecker, D.: Zur Klassifikation von Kreisprozessen der Energietransformation. Wiss. Zeitschrift TH Leuna-Merseburg 25 (1983) 4, S. 485—492

[4.13] Fratzscher, W.: Zum Begriff des exergetischen Wirkungsgrades. Brennstoff—Wärme—Kraft 13 (1961) 11, S. 486—493

[4.14] Fratzscher, W.: Vergleichende Untersuchungen mit Hilfe der Prozeßcharakteristik. Wiss. Zeitschrift TU Dresden 13 (1964) 4, S. 1149—1153

5

Analyse technischer Grundprozesse

Im folgenden werden einige Überlegungen zur exergetischen Analyse wichtiger technischer Grundprozesse beispielhaft dargestellt. Der Gegenstand orientiert sich an dem Begriff der Grundoperationen oder "unit operations" oder allgemeiner Prozeßeinheiten der Verfahrenstechnik. Da z. Z. etwa mit 200 verschiedenen Grundoperationen gerechnet wird, kann natürlich keine Vollständigkeit angestrebt werden. Einige ausführliche Darstellungen zu den Stofftrennprozessen sind in [5.1] enthalten.

Den Prozessen liegen jeweils bestimmte Zustandsänderungen zugrunde. Diese werden als nichtumkehrbare Zustandsänderungen unter Einschluß des reversiblen Grenzfalls zusammenfassend der Behandlung der technischen Prozesse vorangestellt.

5.1.   Einfache Zustandsänderungen

5.1.1.   Zustandsänderungen zur Wärmeübertragung

Wärmeübertrager sind gewöhnlich als offene, stationäre Systeme anzusehen, bei denen z. B. ein zu erwärmendes Medium eine Zustandsänderung ausführt, wie sie in Bild 5.1 für den gasförmigen Zustand dargestellt ist. Wesentlich ist bei derartigen Strömungsprozessen das Auftreten von Reibungserscheinungen, das zu einem Druckverlust führt. Trotzdem kann im allgemeinen die Zustandsänderung als quasistatisch angesehen werden. Da keine technische Arbeit geleistet wird ($W_{t12} = 0$), lautet die Exergiebilanz:

$$\int_1^2 \frac{T - T_u}{T} \, dq = \Delta e + T_u \, \Delta s_v \tag{5.1}$$

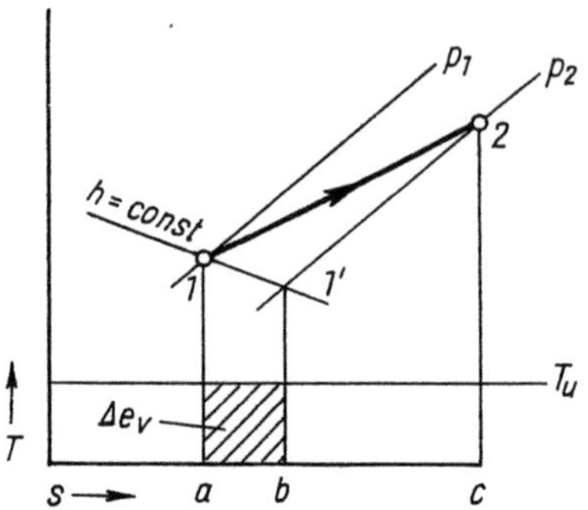

Bild 5.1. Zustandsänderung bei arbeitsisolierter Wärmezufuhr
Fläche *1'2cb1'* $\triangleq q_{12}$, Fläche *121'ba1* $\triangleq w_{\text{diss}}$,
Fläche *12ca1* $= \int_1^2 T \, \mathrm{d}s$

Die Energiebilanz stellt sich in der Form dar

$$q_{12} = h_2 - h_1 = \Delta h \tag{5.2}$$

Für eine quasistatische Zustandsänderung kann die *Dissipationsarbeit* w_{diss} z. B. aus der Entropiebilanz bestimmt werden entsprechend

$$w_{\text{diss}} = \int_1^2 T \, \mathrm{d}s - q_{12} \tag{5.3}$$

woraus sich die in Bild 5.1 dargestellte Konstruktion erklärt.

Der *Exergieverlust* ermittelt sich dann aus der Beziehung

$$\Delta e_v = T_u \, \Delta s_v = T_u \int_1^2 \frac{\mathrm{d}w_{\text{diss}}}{T} = \frac{T_u}{T_m} w_{\text{diss}} \tag{5.4}$$

wobei T_m eine geeignet definierte Mitteltemperatur darstellt. Für das ideale Gas als Arbeitsmittel wird

$$\Delta e_v = - RT_u \ln \frac{p_2}{p_1} \tag{5.4a}$$

Gl. (5.4a) läßt sich gleichfalls einfach im T,s-Diagramm darstellen. Daraus erkennt man, daß der Exergieverlust für $T_m > T_u$ kleiner und für $T_m < T_u$ größer als die Dissipationsarbeit ist.

Zur analytischen Erfassung der Nichtumkehrbarkeit kann eine Beschreibung der quasistatischen Zustandsänderung als Pseudopolytrope sinnvoll sein. Kann das Arbeitsmittel als ideales Gas aufgefaßt werden, dann gilt

$$\frac{T_2}{T_1} = \left(\frac{p_2}{p_1}\right)^{\frac{n-1}{n}} \tag{5.5}$$

mit n als *Pseudopolytropenexponent*. Dieser kann z. B. dem Bild 5.2 entnommen werden, in dem als Abszisse die dimensionslose Temperaturspreizung $\vartheta = \dfrac{T_2}{T_1}$ und als Parameter der Druckverlust $\varepsilon = \dfrac{\Delta p}{p_1}$ aufgetragen sind. Positive Exponenten ergeben sich für die Aufwärmung, negative für die Abkühlung. Für den Grenzfall

$n = 0$ ergeben sich jeweils isobare Zustandsänderungen [5.2]. Bei *reibungsfreier Strömung* vereinfacht sich die Exergiebilanz Gl. (5.1) zu

$$\int_{1}^{2} \frac{T - T_{\mathrm{u}}}{T} \, dh = e_2 - e_1 \qquad (5.1\,\mathrm{a})$$

wofür unter Benutzung der exergetischen Temperatur auch geschrieben werden kann

$$e_2 - e_1 = \tau_{\mathrm{e}} \, q_{12} = \tau_{\mathrm{e}}(h_2 - h_1) \qquad (5.1\,\mathrm{b})$$

wobei bekanntermaßen Gl. (2.50) gilt:

$$\tau_{\mathrm{e}} = \frac{T_{\mathrm{m}12} - T_{\mathrm{u}}}{T_{\mathrm{m}12}} \quad \text{und} \quad T_{\mathrm{m}12} = \frac{h_2 - h_1}{s_2 - s_1}$$

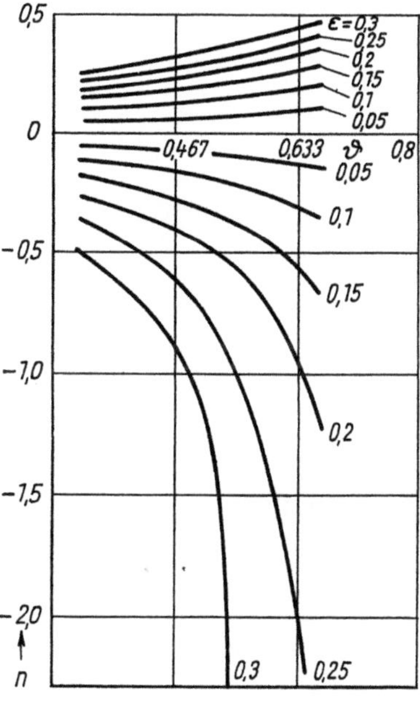

Bild 5.2. Pseudopolytropenexponent der druckverlustbehafteten Aufwärmung und Abkühlung idealer Gase, $\vartheta = T_2/T_1$, $\varepsilon = \Delta p/p_1$

Für die exergetische Analyse von Wärmeübertragungserscheinungen kann Gl. (5.1a) auch im realen Fall angewandt werden, da die Reibungsverluste im Vergleich zu anderen Verlusten häufig zu vernachlässigen sind.

Sinngemäß gelten die angegebenen Beziehungen auch für Phasenänderungen, wobei für reine Stoffe dann gilt $T = \text{const}$.

5.1.2.   Zustandsänderungen von Arbeitsprozessen

5.1.2.1.   Adiabate Zustandsänderung

Die meisten technischen Kompressions- und Expansionsprozesse können mit hinreichender Genauigkeit adiabat modelliert werden. In Bild 5.3 sind diese beiden Prozesse im h,s-Diagramm als quasistatische Zustandsänderungen dargestellt. Die Exergiebilanz lautet ($q_{12} = 0$)

$$e_2 - e_1 = w_{t12} - T_u \, \Delta s_v \tag{5.6}$$

und die Energiebilanz

$$h_2 - h_1 = w_{t12} \tag{5.7}$$

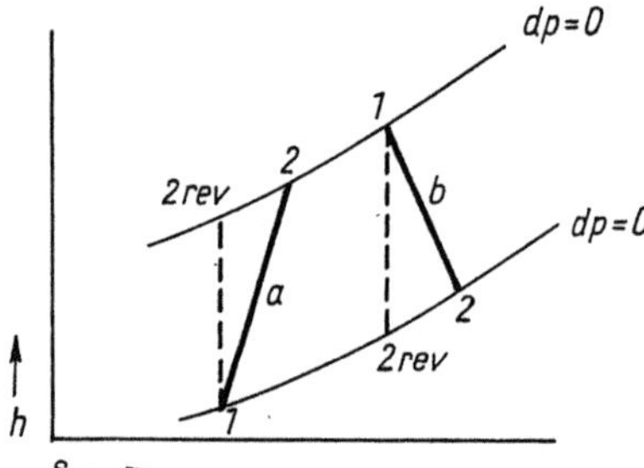

Bild 5.3. Adiabate Zustandsänderung
a Kompression
b Expansion

Bei Bezugnahme auf den *reversiblen Grenzfall* gilt

$$w_{t12} = \int\limits_1^{2_{rev}} v \, dp + w_{diss} \tag{5.8}$$

und

$$w_{diss} = h_2 - h_{2rev} \tag{5.9}$$

Für die nichtumkehrbare Entropieproduktion läßt sich schreiben

$$\Delta s_v = s_2 - s_{2rev} = \frac{h_2 - h_{2rev}}{T_{m22rev}} \tag{5.10}$$

Damit können für die Exergiebilanz folgende Versionen angegeben werden:

$$e_2 - e_1 = w_{t12} - \frac{T_u}{T_{m22rev}} w_{diss} = w_{t12} - \frac{T_u}{T_{m22rev}} (h_2 - h_{2rev}) \tag{5.6a}$$

$$e_2 - e_1 = w_{t12} - (1 - \tau_e)(h_2 - h_{2rev}) \tag{5.6b}$$

Es wird sichtbar, daß die *Dissipationsarbeit* die *Expansionsarbeit* in Gänze vermindert bzw. die *Kompressionsarbeit* erhöht. Der Wert der *Exergieverluste* unterscheidet sich von der Dissipationsarbeit. Je nach der Lage des austretenden Stoffstromes kann dieser größer oder kleiner als die Dissipationsarbeit sein.

Die angegebenen Beziehungen beschreiben als Grenzfall auch den *Drosselvorgang*, für den $w_{t12} = 0$ ist. Die Drosselung ist mithin ein reiner Verlustprozeß.

In der Praxis ist es üblich, den Einfluß der Reibung durch sogenannte *adiabate Wirkungsgrade* zu erfassen, in dem die tatsächliche Zustandsänderung mit dem reversiblen Grenzfall verglichen wird.

Für die Expansion gilt

$$\eta_{adE} = \frac{h_1 - h_2}{h_1 - h_{2\,rev}} = \frac{w_{t12}}{w_{t12} - w_{diss}} \tag{5.11}$$

und für die Kompression

$$\eta_{adK} = \frac{h_1 - h_{2\,rev}}{h_1 - h_2} = \frac{w_{t12} - w_{diss}}{w_{t12}} \tag{5.12}$$

In ähnlicher Weise wie in Abschnitt 5.1.1. können die Zustandsverläufe durch *Pseudopolytropen* beschrieben werden. Der Polytropenexponent für die Expansion liegt im Bereich $1 \leq n \leq \varkappa$, der der einfachen Kompression im Bereich $\varkappa \leq n \leq \infty$:

Mit den Gln. (5.11) und (5.12) lassen sich noch weitere Versionen der Exergiebilanz angeben, die u. U. bei entsprechenden Analysen nützlich sind.

Mit Gl. (5.12) wird für die Expansion

$$e_2 - e_1 = w_{t12} \left(1 + (1 - \tau_e) \frac{1 - \eta_{adE}}{\eta_{adE}} \right) \tag{5.6 c}$$

und mit Gl. (5.12) für die Kompression

$$e_2 - e_1 = w_{t12}(1 - (1 - \tau_e)(1 - \eta_{adK})) \tag{5.6 d}$$

Nach Abschnitt 4.2. können die adiabaten Wirkungsgrade in entsprechende exergetische Bewertungskoeffizienten umgerechnet werden.

5.1.2.2.   Isotherme Zustandsänderung

Die isothermen Zustandsänderungen können außerhalb des *Zweiphasengebietes* technisch nur schwer realisiert werden, spielen aber für theoretische Überlegungen als *Grenzfälle* eine wichtige Rolle in exergetischen Analysen. Im Zusammenhang mit Arbeitsprozessen sind sie z. B. Grenzfälle für die mehrstufige Kompression und Expansion.

Die Exergiebilanz lautet allgemein

$$w_{t12} + \tau_e q_{12} = e_2 - e_1 + T_u \, \Delta s_v \tag{5.13}$$

und die Energiebilanz

$$w_{t12} + q_{12} = h_2 - h_1 \tag{5.14}$$

mit Gl. (5.8)

$$\int\limits_1^2 v \, dp = w_{t12} - w_{diss}$$

13*

Damit läßt sich für die Exergiebilanz schreiben

$$(1 - \tau_e)\, w_{t12} + \tau_e(h_2 - h_1) = e_2 - e_1 + T_u\, \Delta s_v \tag{5.13a}$$

Für ideale Gase ist bei der isothermen Zustandsänderung $h_1 = h_2$. Findet die Zustandsänderung bei Umgebungstemperatur statt, ist $\tau_e = 0$. Für derartige Spezialfälle lassen sich deshalb aus Gl. (5.13a) entsprechende Vereinfachungen ableiten.

Der Exergieverlust läßt sich aus einem Vergleich der Gln. (5.13) und (5.14) bestimmen. Man erhält:

$$\Delta e_v = T_u\, \Delta s_v = (1 - \tau_e)\, w_{\mathrm{diss}} \tag{5.15}$$

Daraus ergibt sich, daß *Exergieverlust* und *Dissipationsarbeit* zahlenmäßig nicht übereinstimmen. Oberhalb der Umgebungstemperatur ist ersterer kleiner und unterhalb größer als die Dissipationsarbeit.

Unter Benutzung der Aussagen des Abschnittes 4.2. lassen sich auch für isotherme Zustandsänderungen aus den vorstehenden Beziehungen zugehörige exergetische Bewertungsgrößen ableiten. Für *reversible Zustandsänderungen idealer Gase* vereinfacht sich die Exergiebilanz zu

$$(1 - \tau_e) \int\limits_1^2 v\, \mathrm{d}p = e_2 - e_1 \tag{5.13b}$$

mit

$$w_{t12} = -q_{12} = \int\limits_1^2 v\, \mathrm{d}p = R T_1 \ln \frac{p_2}{p_1}$$

Für den Fall der Kompression läßt sich daraus ableiten, daß die *Verdichtung bei Umgebungstemperatur* vorteilhaft ist, da diese die gesamte Kompressionsarbeit in eine Exergieerhöhung umwandelt. Oberhalb der Umgebungstemperatur wird die zugehörige Exergiesteigerung wegen der erforderlichen Wärmeabfuhr geringer. Unterhalb der Umgebungstemperatur ist die Exergiesteigerung zwar größer als die Antriebsleistung, erfordert aber eine gleichzeitige Kältebereitstellung.

5.1.3.   Einfache Mischung von Stoffströmen

Unter Mischung soll an dieser Stelle die Zusammenführung zweier, im allgemeinen auch mehrerer Stoffströme zu einem gemeinsamen Stoffstrom verstanden werden, wobei *kein stofffreier Energieaustausch* mit der Umgebung des Systems stattfindet ($q_{12} = w_{t12} = 0$). Schematisch ist dieser Prozeß in Bild 5.4 dargestellt. Die Triebkräfte dieser irreversiblen Zustandsänderung resultieren allein aus den thermischen Zustandsparametern der einheitlichen Stoffströme und drücken sich in Temperatur-,

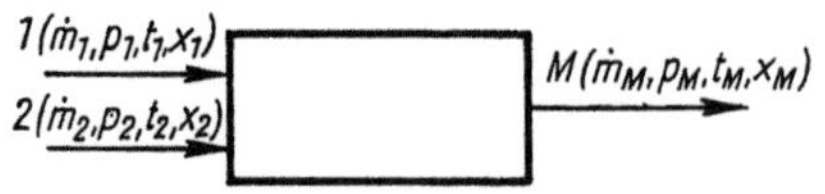

Bild 5.4. Mischung

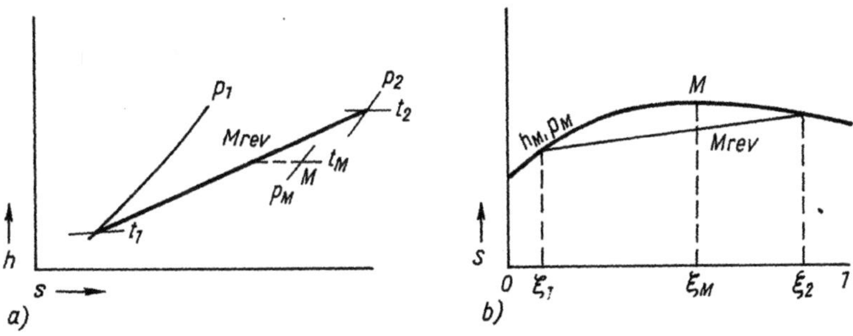

Bild 5.5. Wärme- und arbeitsisolierte Mischung
a) Entropieproduktion durch Druck- und Temperaturdifferenz
b) Entropieproduktion durch Konzentrationsdifferenz

Druck- und Konzentrationsdifferenzen aus. Es handelt sich z. B. um die Mischung verschieden temperierter Stoffströme zur Herstellung eines Stoffstromes mittlerer Temperatur, um Vermischungsprozesse in Strömungsapparaten, z. B. Dampfstrahler zur Absaugung oder Verdichtung eines Teilstromes, und um die Vermischung von Stoffströmen unterschiedlicher Konzentration in thermischen Stoffaustauschapparaten. Zur Veranschaulichung ist im Bild 5.5a die *Mischung zweier Stoffströme* unterschiedlichen Druckes und unterschiedlicher Temperatur im h,s-Diagramm und in Bild 5.5b die Mischung von Stoffströmen unterschiedlicher Konzentration im h,ξ-Diagramm angegeben.

Die Exergiebilanz für all diese Vorgänge lautet

$$e_{\mathrm{M}} = g_1 e_1 + g_2 e_2 - T_{\mathrm{u}}\, \Delta s_{\mathrm{v}} \tag{5.16}$$

mit den Massenanteilen g_1 und g_2 entsprechend

$$g_1 = \frac{m_1}{m_1 + m_2} \qquad g_2 = \frac{m_2}{m_1 + m_2} \tag{5.17a, b}$$

und

$$g_1 + g_2 = 1 \tag{5.17c}$$

Für die Energiebilanz gilt:

$$h_{\mathrm{M}} = g_1 h_1 + g_2 h_2 \tag{5.18}$$

Die *nichtumkehrbare Entropieproduktion* bei der Mischung bestimmt sich aus der Beziehung

$$\Delta s_{\mathrm{v}} = s_{\mathrm{M}} - s_{\mathrm{M\,rev}} = \Delta s_{\mathrm{M\,\Delta T}} + \Delta s_{\mathrm{M\,\Delta p}} + \Delta s_{\mathrm{M\,\Delta T}} \tag{5.19}$$

unter Bezugnahme auf den reversiblen Mischungspunkt, der sich aus der Reversibilitätsbedingung

$$g_1 s_1 + g_2 s_2 = s_{\mathrm{Mrev}} \tag{5.20a}$$

bestimmen läßt. Die Exergie in diesem Zustand ist dann

$$e_{\mathrm{Mrev}} = g_1 e_1 + g_2 e_2 \tag{5.20b}$$

Dieser Zustand ist unter adiabaten Bedingungen und ohne Arbeitsaustausch im allgemeinen nicht zu realisieren und damit lediglich zu Vergleichszwecken von Interesse. Er läßt sich einfach in allen Zustandsdiagrammen konstruieren, da für ihn das Hebelgesetz streng erfüllt ist. Der reale Mischungspunkt liegt nach Gl. (5.19) stets bei einer größeren Entropie und kann durch die äußeren Bedingungen der Mischung bestimmt werden (z. B. $p = $ const).

Die gesamte Entropiezunahme bei der Mischung setzt sich nach Gl. (5.19) aus einem temperatur-, einem druck- und einem konzentrationsabhängigen Term zusammen. Diese manchmal etwas formale Aufteilung kann zweckmäßig sein, wenn es erforderlich ist, die verschiedenen Verlustarten gegenüberzustellen. Unter der Annahme konstanter spezifischer Wärmekapazität ergibt sich für die *temperaturabhängige Entropieänderung*

$$\Delta s_{M\Delta T} = g_1 c_{p1} \ln \frac{T_M}{T_1} + g_2 c_{p2} \ln \frac{T_M}{T_2} \tag{5.21}$$

Wenn als Vergleichsprozeß zunächst die Temperaturänderung, dann die Druckänderung und zuletzt die Konzentrationsänderung betrachtet wird, gilt für die *druckabhängige Entropieänderung*

$$\Delta s_{M\Delta p} = - \frac{g_1 \int\limits_{T_M, p_1}^{T_M, p_M} v_1 \, dp + g_2 \int\limits_{T_M, p_2}^{T_M, p_M} v_2 \, dp}{T_M} \tag{5.22}$$

Für das ideale Gas ist die Berechnungsreihenfolge bedeutungslos, weil der Ausdruck

$$\Delta s_{\Delta p} = g_1 \frac{\bar{R}}{M_1} \ln \frac{p_1}{p_M} + g_2 \frac{\bar{R}}{M_2} \ln \frac{p_2}{p_M} \tag{5.22a}$$

unabhängig von der Temperatur ist.

Zur Veranschaulichung der *konzentrationsabhängigen Entropieänderung* sollen die Verhältnisse bei einer idealen Mischung dienen. Wenn der zweite Index auf die entsprechende Komponente im jeweiligen Stoffstrom weist, gilt

$$\Delta s_{M\Delta x} = \frac{\bar{R}}{x_1 M_1 + x_2 M_2} \left(\sum_i x_{1i} \ln \frac{x_{Mi}}{x_{1i}} + \sum_i x_{2i} \ln \frac{x_{Mi}}{x_{2i}} \right) \tag{5.23}$$

Bei realen Mischungen ist der entsprechende Exzeßanteil der Mischung zu berücksichtigen (s. Abschnitt 3.3.4.). Der Mischungsvorgang als nichtumkehrbare Zustandsänderung kann mit den im Abschnitt 4.2. eingeführten exergetischen Bewertungsgrößen, insbesondere mit dem Gütegrad nach Gl. (4.5), eingeschätzt und mit anderen Prozessen verglichen werden. Da beim Mischungsprozeß stets einer Abwertung eines Potentials eines Stoffstromes die Aufwertung eines Potentials eines anderen Stoffstromes gegenübersteht, ist auch eine Wirkungsgraddefinition in bezug auf den durch die Aufwertung entstehenden Nutzeffekt möglich. Bei der Analyse der entsprechenden Prozesse wird hierauf näher eingegangen werden.

5.1.4. Trennung von Stoffströmen

Die Trennung von Stoffströmen ist der der *Mischung entgegengesetzte* Vorgang. Aus einem Stoffstrom mittlerer Qualität hinsichtlich Temperatur, Druck oder Konzentration werden mindestens zwei Stoffströme unterschiedlicher Qualität erzeugt, wobei die intensiven Parameter des einen höhere und des anderen niedere Werte als der Ausgangsstoffstrom aufweisen. Dieser Vorgang hat technische Bedeutung vor allem in bezug auf die Änderung der Zusammensetzung, kann aber im übertragenen Sinn auch auf die anderen Intensitätsparameter angewandt werden.

Die Stofftrennung läuft nicht von selbst ab, sondern verlangt zusätzliche energetische Aufwendungen in Form von Arbeitszu- und gewöhnlich Wärmeabfuhr. Wird der *Wärmeaustausch bei Umgebungstemperatur* realisiert, so ergibt sich im reversiblen Grenzfall die *minimale Trennarbeit* zu

$$w_{t\,min} = -q_{ab} = T_u\,\Delta s_E \tag{5.24}$$

mit

$$\Delta s_E = s_M - (g_1 s_1 + g_2 s_2) \tag{5.25}$$

Δs_E nach Gl. (5.25) ist der negative Wert der Mischungsentropie nach Gl. (5.19), g_1 und g_2 sind die Massenanteile nach Gl. (5.17). Die Exergiebilanz der Stofftrennung lautet für den allgemeinen Fall

$$w_t - \tau_e g_{ab} = (g_1 e_1 + g_2 e_2) - e_M + T_u\,\Delta s_v \tag{5.26}$$

Dabei ist berücksichtigt, daß der erforderliche Wärmeaustausch im allgemeinen nicht bei Umgebungstemperatur erfolgen wird. Aus Gl. (5.26) lassen sich die Exergiebilanzen für technisch wichtige Sonderfälle ableiten, so z. B. daß der Energieaustausch nur in Form der Wärme erfolgt — was eine zusätzliche Wärmezufuhr erfordert — oder die Entmischung mit einer Vermischung gekoppelt wird — was sich in den Exergieströmen ausdrückt. Die *Nichtumkehrbarkeit der Stofftrennung* läßt sich unter Benutzung von Gl. (5.24) mit Hilfe der Beziehung berechnen

$$T_u\,\Delta s_v = w_t - \tau_e q_{ab} - w_{t\,min} \tag{5.27}$$

woraus sofort ersichtlich ist, daß nur für den Fall der Reversibilität und des Wärmeaustausches bei Umgebungstemperatur die Exergieverluste $\Delta e_v = T_u\,\Delta s_v$ zu Null werden. Besteht die Aufgabe der Stofftrennung lediglich in der Erzeugung von Stoffströmen unterschiedlicher Zusammensetzung, kann als Nutzen die minimale Trennarbeit angesehen werden. Sind darüber hinaus energetische Effekte verbunden, die sich in der Änderung von Druck und Temperatur ausdrücken, werden sinnvollerweise andere Nutzensdefinitionen verwendet. In Abhängigkeit von diesen Definitionen können im konkreten Fall geeignete Bewertungsgrößen nach Abschnitt 4.2. gebildet werden.

5.1.5. Chemische Reaktion

Die Exergiebilanz einer chemischen Reaktion lautet nach Bild 5.6 allgemein

$$W_t + \tau_e Q = E^0 - E^I + T_u \Delta S_v \tag{5.28}$$

Die Art des Energieaustausches richtet sich nach dem Charakter der chemischen Reaktion.

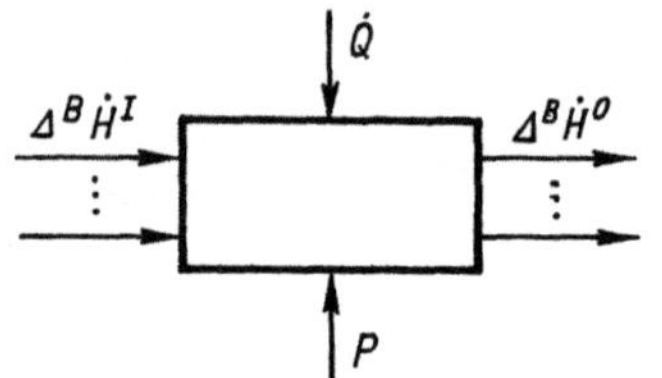

Bild 5.6. Bilanz um eine chemische Reaktion

Die Energiebilanz lautet

$$W_t + Q = \Delta^R H \tag{5.29}$$

und die Entropiebilanz

$$-\frac{Q}{T} + \Delta^R S = 0 \tag{5.30}$$

mit

$$\Delta^R S = \frac{\Delta^R G - \Delta^R H}{T_{mR}} \tag{5.31}$$

In bekannter Weise ermitteln sich die energetischen Größen der Reaktion aus den Bildungstermen der entsprechenden Stoffströme:

$$\Delta^R G = \Delta^B G^0 - \Delta^B G^I$$

$$\Delta^R S = \Delta^B S^0 - \Delta^B S^I$$

$$\Delta^R H = \Delta^B H^0 - \Delta^B H^I$$

Die Exergiebilanz für den *Grenzfall der Reversibilität*, als die energetisch günstigste Variante, kann aus Gl. (5.28) für $\Delta S_v = 0$ abgeleitet werden. Die Bedingungen der Reversibilität lassen sich aus der Entropiebilanz (Gl. (5.30)) verdeutlichen.

Im speziellen Fall kann der 2. Hauptsatz als Gleichung angeschrieben werden, wenn der Wärmeaustausch bei der Reaktionstemperatur erfolgt ($T = T_{mR}$). Damit wird

$$Q_{rev} = T_{mR} \, \Delta^R S \tag{5.32}$$

Die im reversiblen Grenzfall gewinnbare Arbeit läßt sich dann aus Gl. (5.29) bestimmen. Es ergibt sich

$$W_{trev} = \Delta^R H - Q_{rev}$$

und mit Gl. (5.32)

$$W_{\text{trev}} = \Delta^R H - T_{\text{mR}}\, \Delta^R S \equiv \Delta^R G \tag{5.33}$$

Die maximale Arbeit einer chemischen Reaktion ist demnach gleich der Abnahme der freien Enthalpie. Für den Fall, daß $\Delta^R G < 0$ ist, vermag die Reaktion Arbeit abzugeben, und es liegen, energetisch gesehen, analoge Verhältnisse zur Mischung von Stoffströmen vor. Ist dagegen $\Delta^R G > 0$, muß Arbeit zugeführt werden, um die Reaktion bei diesem Zustand durchführen zu können. Diese Reaktionsführung läßt sich deshalb mit den Entmischungsprozessen vergleichen. Die Exergiebilanz einer reversiblen chemischen Reaktion kann unter Benutzung der Gln. (5.32) und (5.33) aus der Gl. (5.28) für $\Delta S_v = 0$ abgeleitet werden. Man erhält

$$E^0 - E^I = \Delta^R G + (T_{\text{mR}} - T_u)\, \Delta^R S \tag{5.28a}$$

Danach unterscheidet sich die Exergieänderung einer chemischen Reaktion von der Änderung der freien Enthalpie um den Arbeitswert der ausgetauschten Wärme. Eine reversible Führung einer chemischen Reaktion aus der Sicht der Exergiebilanz erfordert demnach neben der Reversibilität der chemischen Reaktion selbst die Realisierung des Wärmeaustausches über geeignete rechts- oder linksläufige CARNOT-Prozesse, die zwischen der Reaktions- und der Umgebungstemperatur arbeiten. Dabei ist der Energieaustausch in Form der Arbeit und der Wärme festgelegt. Weicht man von diesem Verhältnis zwischen Wärme und Arbeit zugunsten der Wärme ab, ist die Reaktion nicht mehr reversibel, sondern nur nichtumkehrbar durchführbar.

Dieses Verhältnis wird von der Größe der Reaktionsenthalpie und Reaktionsentropie und deren Vorzeichen bestimmt. Lediglich für den Fall, daß $\Delta^R H = T_m\, \Delta^R S$ ist, ist eine reversible Führung der Reaktion ohne Arbeitsaustausch denkbar, da mit $\Delta^R G = 0$ auch $W_{\text{trev}} = 0$ wird.

Der Arbeitsaustausch kann über Raumänderungsarbeiten, wie beim VAN'T-HOFF-schen Gleichgewichtskasten, oder über Elektroenergie bei entsprechenden Reaktionen erfolgen. Es ist aber auch denkbar, daß der Arbeitsaustausch durch gekoppelte Prozesse der Wärmetransformation realisiert wird und sich so über Wärmeaustauschprozesse auf verschiedenen Temperaturniveaus äußert, wie das z. B. bei chemischen Kreisprozessen der Fall ist.

Die *Nichtumkehrbarkeit der chemischen Reaktion* kann aus den Gln. (5.28) und (5.28a) bestimmt werden. Für den Exergieverlust folgt:

$$\Delta E_v = T_u\, \Delta S_v = (W_t - \Delta^R G) - (\tau_e Q + (T_{\text{mR}} - T_u)\, \Delta^R S) \tag{5.34}$$

Der erste Term kennzeichnet die Verluste, die zu Lasten des Arbeitsaustausches gehen, also als mechanische Verluste bezeichnet werden können. Der zweite Term kennzeichnet die thermischen Verluste, die im einfachsten Fall auf Verluste bei der Wärmeübertragung bei endlichem Temperaturgefälle zurückgeführt werden können. Eine Bewertung der chemischen Reaktion kann in allgemeiner Form wegen der vielfältigen Erscheinungen und Nutzungsmöglichkeiten nicht vorgenommen werden. Hierzu sei auf einige Anwendungen in Abschnitt 5.8. verwiesen.

5.2. Rohrleitungstransport

Rohrleitungen werden in der Technik zum Stofftransport im fluiden Zustand und zum Energietransport durch Stoffströme eingesetzt. Aufgrund der Vorteile des Rohrleitungstransportes gegenüber den anderen Transportarten besitzt er eine ständig steigende Bedeutung.

In Bild 5.7 ist schematisch eine Rohrleitung samt dem zugehörigen Bilanzkreis dargestellt. Danach läßt sich die Exergiebilanz in der Form angeben:

$$\dot{E}_1 = \dot{E}_2 + \Sigma \, \Delta \dot{E}_v \tag{5.35}$$

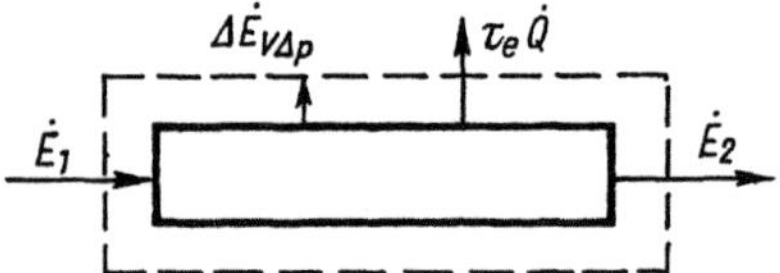

Bild 5.7. Bilanzkreis um eine Rohrleitung

Der Verlustterm setzt sich aus zwei Anteilen zusammen: dem *Druckverlust* infolge Reibungserscheinungen des strömenden Fluids und den *Wärmeverlusten*, wenn das strömende Medium eine von der Umgebungstemperatur abweichende Temperatur besitzt. Es läßt sich deshalb allgemein schreiben

$$\Sigma \, \Delta \dot{E}_v = \Delta \dot{E}_{\Delta p} + \Delta \dot{E}_Q \tag{5.36}$$

Der Druckverlust stellt die eigentliche Triebkraft des Rohrleitungstransportes dar und ist als ein *innerer Verlust* des betrachteten Systems anzusehen. Der Druckverlust äußert sich in einer Weise, wie sie in der Diskussion zu Bild 5.1 in Abschnitt 5.1.1. dargestellt ist. Seine exakte Ermittlung erfordert die Integration entlang der tatsächlichen Zustandsänderung. Dieses Vorgehen ist mit gewissen Schwierigkeiten verbunden, so daß man in der Praxis den Rohrleitungsprozeß in zwei Teilprozesse zerlegt, wie das schematisch in Bild 5.8 angedeutet ist. Der Druckverlust wird so auf eine Drosselung z. B. im Eintrittszustand zurückgeführt. Für ideale Gase entsteht dadurch kein Fehler, wie Gl. (5.4a) zeigt, für reale Gase nur ein sehr geringer Rechenfehler. Damit ist die Ausgangsgleichung für den Exergieverlust durch Reibung

$$\Delta e_{\Delta p} = \int_{p_1, h_1}^{p_2, h_1} \frac{T_u}{T} \, v \, \mathrm{d}p \tag{5.37}$$

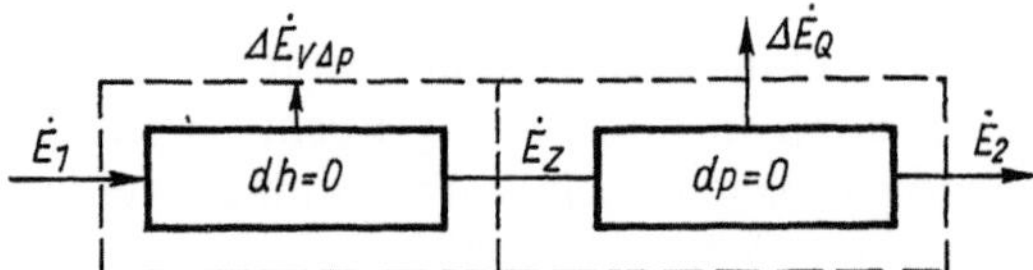

Bild 5.8. Ersatzprozesse zur Bestimmung der Verlustanteile für eine Rohrleitung

die für ideale Gase Gl. (5.4a) liefert, und für inkompressible Flüssigkeiten

$$\Delta e_{\Delta p} = \frac{T_u}{T_1} \, V_1 (p_2 - p_1) \tag{5.37a}$$

Der Wärmeverlust ist demgegenüber als *äußerer Verlust* anzusehen, da er, ohne Einfluß auf den Transportprozeß durch bessere Isolierung beliebig vermindert werden kann.

Auch ist eine regenerative Nutzung in Doppelrohrleitungen möglich. Lediglich durch Einbeziehung der Umgebung in die Bilanz läßt er sich formal gleich einem inneren Verlust behandeln. Entsprechend der Aufteilung nach Bild 5.8 ergibt sich für den Exergieverlust infolge Wärmeabgabe

$$\Delta e_Q = \int\limits_{p_2, h_1}^{p_2, h_2} \frac{T - T_u}{T} \, dh \tag{5.38}$$

für $c_p = $ const folgt daraus

$$\Delta e_Q = c_p \left(T_2 - T_1 - T_u \ln \frac{T_2}{T_1} \right) \tag{5.38a}$$

Mit den vorstehenden Beziehungen können die exergetischen Bewertungskriterien des Rohrleitungstransportes angegeben werden. Entsprechend der Zielsetzung dieses Abschnittes erfolgt eine Beschränkung auf die reine Rohrleitung. Für Transportaufgaben allgemeiner Art kann es sinnvoll und notwendig sein, in die Exergiebilanz die Antriebsmaschine zur Überwindung der Druckverluste mit einzubeziehen. Je nach der Einbindung der Rohrleitung in ein Gesamtsystem lassen sich zwei Varianten unterscheiden: Zum ersten kann der Rohrleitungstransport als reiner Verlustprozeß angesehen werden, zum zweiten kann der austretende Exergiestrom als Nutzen betrachtet werden. Im ersten Fall läßt sich der Gütegrad nach Gl. (4.5) in zwei Versionen angeben

$$\nu = \frac{\dot{E}_2 + \dot{E}_Q}{\dot{E}_1} \qquad \nu = \frac{\dot{E}_2}{\dot{E}_1} \tag{5.39a, b}$$

je nachdem, ob die äußeren Verluste durch Wärmeübertragung als Output oder Verlust angesehen werden. Im zweiten Fall gilt für den exergetischen Wirkungsgrad nach Gl. (4.4)

$$\eta = \frac{\dot{E}_2}{\dot{E}_1} = 1 - \frac{\Delta \dot{E}_{\Delta p} + \dot{E}_Q}{\dot{E}_1} \tag{5.40}$$

In entsprechender Weise können die weiteren im Abschnitt 4. vorgestellten Bewertungskriterien für den Rohrleitungstransport bestimmt werden.

Das Ergebnis einer exergetischen Analyse muß auch die Angabe von *Beeinflussungsmöglichkeiten der Verluste* enthalten. Hinsichtlich des Druckverlustes lassen sich die folgenden Zusammenhänge aufzeigen:

Der Druckverlust in der Rohrleitung läßt sich mit λ als Rohrreibungswert nach folgender Beziehung berechnen:

$$\Delta p = (p_1 - p_2) = \lambda \, \frac{\varrho}{2} \, c^2 \, \frac{l}{d} = \lambda \, \frac{8}{\pi^2} \, \frac{\dot{m}^2}{\varrho} \, \frac{l}{d^5} \tag{5.41}$$

Bei vorgegebenem Massenstrom läßt sich demnach der Druckverlust am wirkungsvollsten durch eine *Vergrößerung des Durchmessers* vermindern. Da dies stets mit einer Erhöhung der Rohrleitungskosten verbunden ist, ergibt sich daraus ein *Optimalproblem* (s. Abschnitt 7.). Da der Druckverlust umgekehrt proportional der fünften Potenz des Durchmessers ist und der Materialeinsatz etwa nur mit der ersten Potenz ansteigt, läßt sich qualitativ die Schlußfolgerung ziehen, daß bei einer gegebenen Transportaufgabe die Verwendung einer großen Rohrleitung günstiger ist als die mehrerer kleiner.

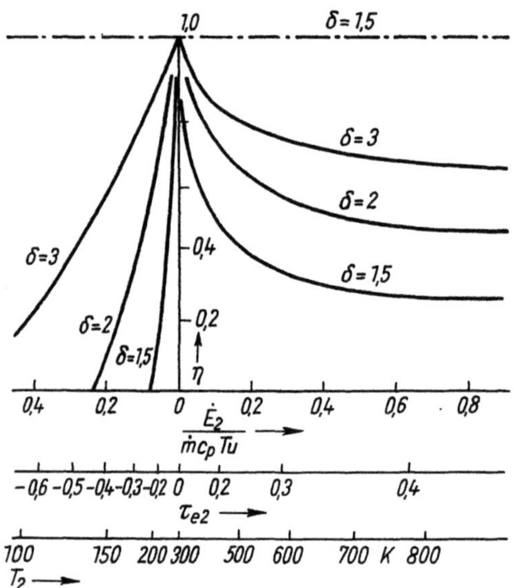

Bild 5.9. Exergetischer Wirkungsgrad einer Rohrleitung für Wärmeverluste
——————— K = 2
—·—·—·— K = 100

Für die Exergieverluste durch *Wärmeabgabe* läßt sich eine *Prozeßcharakteristik* aufstellen (Bild 5.9). Dabei ist nach Bild 5.8 nur auf den zweiten Teilprozeß Bezug genommen [5.18]. Die Wärmeverluste nach außen werden in erster Näherung als nur von der Isolierung abhängig betrachtet. Wird außerdem konstante spezifische Wärmekapazität vorausgesetzt und Phasenänderungen ausgeschlossen, so gilt für den Wirkungsgrad nach Gl. (5.40)

$$\eta = \frac{(\tau_2 - 1) - \ln \tau_2}{(\tau_2 - 1)\, e^{\frac{1}{K \ln \delta}} - \ln\left((\tau_2 - 1)\, e^{\frac{1}{K \ln \delta}} + 1\right)} \tag{5.40 a}$$

$$K = \frac{\dot{m} c_p}{2\pi\lambda l} \qquad\qquad \text{Rohrbelastungskennzahl}$$

$$\delta = \frac{d_{\mathrm{I}}}{d_{\mathrm{R}}} \qquad\qquad \text{dimensionlose Isolierdicke}$$

$$\tau_2 = \frac{T_2}{T_{\mathrm{u}}} \qquad\qquad \text{dimensionslose Austrittstemperatur}$$

Als Abszisse ist eine spezifische Exergieleistung eingeführt worden

$$\varepsilon = \frac{\dot{E}_2}{\dot{m}c_{\mathrm{p}}T_{\mathrm{u}}} = (\tau_2 - 1) - \ln \tau_2 \tag{5.42}$$

Bild 5.9 zeigt den Einfluß der Länge der Rohrleitung und der *Isolierdicke*. Mit der Länge der Rohrleitung nehmen die Wirkungsgrade ab, während eine Zunahme der Isolierstärke zu einer Verbesserung der Wirkungsgrade führt. Es wird auch deutlich, daß beim Kältetransport höhere Isolieraufwendungen sinnvoller sind als beim Wärmetransport, da bei gleicher Isolierdicke und gleicher Temperaturdifferenz zur Umgebung im Falle des Kältetransportes geringere Wirkungsgrade erreicht werden. Die Ergebnisse von Bild 5.9 können auch auf Medien mit Phasenänderung angewandt werden, wenn deren Temperatur nicht durch die Wärmeverluste beeinträchtigt wird. Das ist z. B. bei den meisten Dampfleitungen der Fall. Hierzu muß die Bezugsbasis für die Wirkungsgradbildung entsprechend dem tatsächlichen Wert der Austrittstemperatur T' korrigiert werden. Als Umrechnungsgleichung gilt

$$\eta' = 1 - \frac{(1 - \eta(T_2))\, \tau_{\mathrm{e}}(T_2)}{\tau_{\mathrm{e}}'} \tag{5.43}$$

Bild 5.9 macht auch deutlich, daß für die Wärmeverluste ein *Optimum* existiert, da diese durch höheren Materialaufwand der Isolierung vermindert werden können (s. Abschnitt 7.). Für die Lösung dieser Aufgaben berücksichtigt man nicht den Temperaturverlauf entlang der Rohrleitung, sondern verwendet eine geeignete Mitteltemperatur T_{m}. Da andererseits $\mathrm{d}h = \mathrm{d}q$ ist, kann mit der Gleichung

$$\dot{Q} = kA(T_{\mathrm{m}} - T_{\mathrm{u}}) \tag{5.44}$$

für die Exergieverluste durch Wärmeabgabe angegeben werden (Gl. (5.38))

$$\Delta e_{\mathrm{Q}} = \frac{(T_{\mathrm{m}} - T_{\mathrm{u}})^2}{T_{\mathrm{m}}}\, kA \tag{5.38b}$$

Aus Gl. (5.38 b) lassen sich Vereinfachungen ableiten, je nachdem, ob neben der Isolierung die Krümmung der Rohrleitung, der äußere Wärmeübergang und weitere Wärmeleitwiderstände berücksichtigt werden.

Der Vollständigkeit halber sei darauf verwiesen, daß bei Rohrleitungen weitere äußere Verluste durch Massenverluste infolge Undichtheiten oder bei Dämpfen durch Kondensatableitung auftreten können. Auch diese müssen gegebenenfalls bei der konkreten exergetischen Analyse berücksichtigt werden. Eine allgemeine Diskussion erscheint an dieser Stelle nicht möglich.

5.3. Wärmeübertragung

5.3.1. Wärmeübertragung in Rekuperatoren

Die indirekte Wärmeübertragung zwischen zwei fluiden Medien über eine feste Trennwand ist eine der volkswirtschaftlich bedeutungsvollsten Grundoperationen der Energie- und Verfahrenstechnik. So wird z. B. die gesamte thermische Nutzenergie, die etwa zwei Drittel des Primärenergieaufkommens darstellt, über Wärmeübertragungseinrichtungen zur Verfügung gestellt.

Der Wärmeübertragungsprozeß läuft, energetisch betrachtet, nahezu verlustlos ab. Andererseits wird die Wärme durch das zur Übertragung erforderliche Temperaturgefälle abgewertet, so daß der exergetischen Bewertung dieses Prozesses eine besondere Bedeutung zukommt.

Die grundsätzlichen Verhältnisse bei diesem Prozeß lassen sich veranschaulichen, wenn auf einen schematisch gekennzeichneten Wärmeübertrager nach Bild 5.10 zurückgegriffen wird. Es ist in dem vorliegenden Zusammenhang nicht erforderlich, auf die unterschiedlichen Bauweisen der Wärmeübertrager einzugehen. Der Zeiger A kennzeichnet den Aufwandstrom, N den Nutzensstrom. Dabei ist zu berücksichtigen, daß oberhalb der Umgebungstemperatur Abkühlprozesse, unterhalb der Umgebungstemperatur aber Aufwärmeprozesse von selbst verlaufen. Das bedeutet, daß oberhalb der Umgebungstemperatur der Heizstrom, unterhalb der Umgebungstemperatur der Kühlstrom den Aufwand im exergetischen Sinn darstellen. Die Nutzensströme sind so in beiden Temperaturbereichen durch eine Exergiezunahme charakterisiert. Oberhalb der Umgebungstemperatur ist diese mit einer Temperaturerhöhung, unterhalb der Umgebungstemperatur mit einer Temperaturabnahme verbunden. Im Grenzfall können die Zustandsparameter eines beteiligten Stoffstromes durch die Umgebung vorgegeben sein (z. B. bei Kühlprozessen). Der Wärmeübertragungsprozeß ist dann ein reiner Verlustprozeß. Die *Energiebilanz* für den Wärmeübertragungsprozeß lautet

$$\dot{H}_{A1} + \dot{H}_{N1} + \dot{Q}_{V1} = \dot{H}_{A2} + \dot{H}_{V2} \tag{5.45}$$

und die *Exergiebilanz*

$$\dot{E}_{A1} + \dot{E}_{N1} + \frac{T_m - T_u}{T_m} \dot{Q}_V = \dot{E}_{A2}' + \dot{E}_{N2} + \Delta\dot{E}_V \tag{5.46}$$

Dabei ist die Richtung des äußeren Wärmeaustausches (Wärme- oder Kälteverluste) durch ein entsprechendes Vorzeichen zu berücksichtigen. Oberhalb der Umgebungstemperatur betragen die *Wärmeverluste* etwa 2 bis 5 % der übertragenen Wärme,

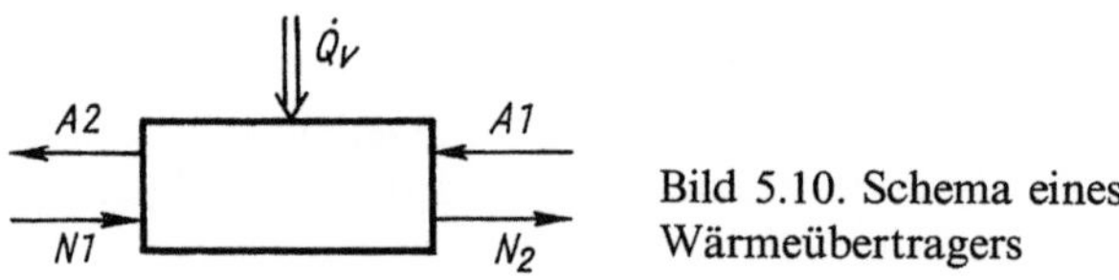

Bild 5.10. Schema eines Wärmeübertragers

so daß eine adiabate' Betrachtung, insbesondere für exergetische Überlegungen, prinzipiell möglich erscheint. Die Festlegung der mittleren Temperatur der Wärmeverluste hängt von der Annahme der Bilanzgrenze und damit vom Untersuchungsziel ab. Möglich erscheinen die Annahmen, diese mittlere Temperatur gleich der Temperatur des Aufwandsexergiestromes, der Wand- oder Oberflächentemperatur des Wärmeübertragers und gleich der Umgebungstemperatur zu setzen. Im ersten Fall wird der Teil des Aufwands ausgewiesen, der nutzlos an die Umgebung abgegeben wird, im zweiten Fall ein prinzipiell nutzbares Sekundärpotential definiert, und im letzten Fall werden die äußeren Verluste durch die Veränderung der Systemgrenze als Irreversibilitäten des inneren Verhaltens dargestellt.

Die *Irreversibilitäten* nach Gl. (5.46) im engeren Sinn ($\Delta\dot{E}_\mathrm{V}$) sind durch die Wärmeübertragung bei endlichem Temperaturgefälle, durch Druckverluste infolge der Strömungsprozesse und durch Mischungsverluste in den Ein- und Auslaufzonen der Wärmeübertrager verursacht (Bild 5.11). In der Literatur liegen für verschiedene Wärmeübertragerkonstruktionen ausführliche exergetische Analysen vor [5.3], [5.4], auf die an dieser Stelle nicht eingegangen werden kann. Die folgenden Aussagen basieren aber auch auf den Ergebnissen dieser Arbeiten.

Eine Veranschaulichung der Verluste gelingt im T,s-Netz, in dem für Heiz- und Kühlstrom entsprechend den Überlegungen zu Bild 5.11 die energetischen Prozeßgrößen und die Entropieänderungen kombiniert werden. Unter Zuhilfenahme der Umgebungsisotherme läßt sich dann auch die Exergiebilanz veranschaulichen.

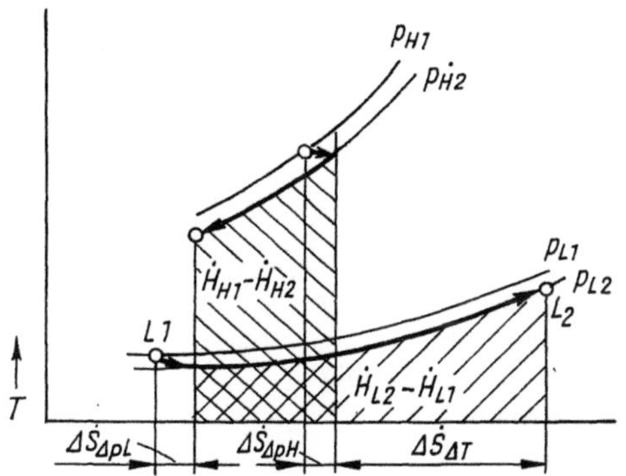

Bild 5.11. Entropieproduktion beim Wärmeübertrager

Der größte Exergieverlust ist durch die Wärmeübertragung bei *endlichem Temperaturgefälle* gegeben. Senkrecht zur Trennwand folgt dieser Verlust aus dem Ansatz

$$\Delta\dot{E}_{\mathrm{v}\Delta\mathrm{T}} = T_\mathrm{u}\,\Delta\dot{S}_{\Delta\mathrm{T}} = T_\mathrm{u}(\Delta\dot{S}_\mathrm{L} - \Delta\dot{S}_\mathrm{H})$$

Für konstante Temperaturen zu beiden Seiten des Wärmeübertragers läßt sich dafür schreiben:

$$\Delta\dot{E}_{\mathrm{v}\Delta\mathrm{T}} = T_\mathrm{u}kA\,\frac{(T_\mathrm{mH} - T_\mathrm{mL})^2}{T_\mathrm{mH}T_\mathrm{mL}} \tag{5.47}$$

Gl. (5.47) zeigt, daß tatsächlich der wesentlichste Einfluß auf den Exergieverlust durch die Temperaturdifferenz gegeben ist. Andererseits bedeutet eine Erhöhung der Absolutwerte der Temperaturen eine Verminderung der Verluste. Mit anderen Worten: Wenn der Wärmeübertrager in höheren Temperaturbereichen arbeitet, führt auch eine relativ große Temperaturdifferenz noch nicht zu großen Exergieverlusten. Weiter zeigt Gl. (5.47), daß der Exergieverlust dem Wärmedurchgangskoeffizienten proportional ist. Das bedeutet, daß die Maßnahmen, die einer Intensivierung des Wärmedurchganges dienen, sich also letzten Endes in einer Erhöhung des Wärmedurchgangskoeffizienten ausdrücken und zu einer Minderung der Exergieverluste führen.

Außer den durch Gl. (5.47) erfaßten Exergieverlusten müßten, genaugenommen, noch Wärmetransportverluste infolge Wärmeübertragungsprozessen in Strömungsrichtung der Medien und parallel dazu in der Trennwand berücksichtigt werden. Sie sind im allgemeinen vernachlässigbar und nur in Sonderfällen (z. B. in Regeneratoren) numerisch zu berücksichtigen.

Der Exergieverlust durch den mit den Strömungsprozessen verbundenen *Druckverlust* folgt aus Gl. (5.4) und hängt von der Strömungsgeschwindigkeit ab (z. B. bei der Rohrströmung nach Gl. (5.41)). Da die Strömungsgeschwindigkeit auch den Wärmeübergangskoeffizienten und damit den Exergieverlust nach Gl. (5.47) beeinflußt, ergibt sich theoretisch eine Abhängigkeit der Temperatur- und Druckverluste von der Geschwindigkeit wie in Bild 5.12 dargestellt. Für die Gesamtverluste muß demnach ein Minimalwert existieren, der eine optimale Strömungsgeschwindigkeit definiert. Dieses Problem ist verschiedentlich theoretisch behandelt worden. Für die meisten praktischen Probleme ist aber der Exergieverlust infolge der Drosseleffekte etwa um eine Größenordnung geringer als der der Wärmeabwertung, so daß eine gekoppelte Betrachtung beider nicht erforderlich ist [5.5].

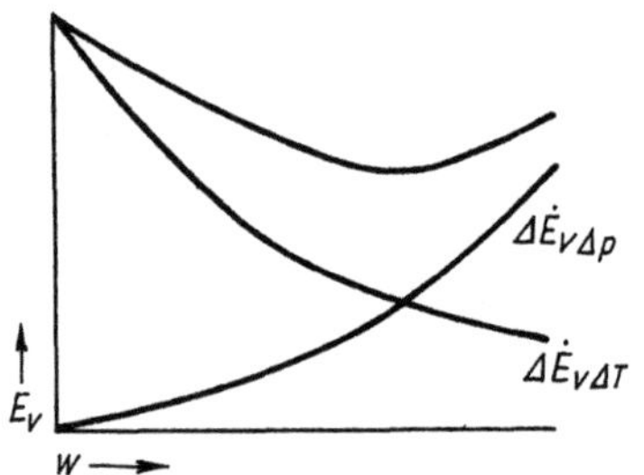

Bild 5.12. Exergieverluste durch Druckverlust und endliches Temperaturgefälle in Abhängigkeit von der Strömungsgeschwindigkeit

Auch die *Mischungsverluste* sind gegenüber den Temperaturverlusten im allgemeinen zu vernachlässigen. Sie spielen natürlich eine Rolle, wenn z. B. die Einlaufbedingungen verschiedener Wärmeübertragerkonstruktionen verglichen werden sollen. Aufgrund der Spezifik dieser Aufgabe kann an dieser Stelle nicht darauf eingegangen werden.

Zur Bewertung und zum Vergleich können die in Abschnitt 4. eingeführten Kennziffern benutzt werden. Ein Maß der Irreversibilität liefert der *Gütegrad* entsprechend

$$v = \frac{\dot{E}_{N2} + \dot{E}_{A2} + \tau_{ev}\dot{Q}_v}{\dot{E}_{A1} + \dot{E}_{N1}} \qquad (5.48)$$

Das äußere Verhalten kennzeichnet am besten der *Verlustgrad* nach

$$\sigma = \frac{\tau_{ev}\dot{Q}_v}{\dot{E}_{A1} - \dot{E}_{A2}} \qquad (5.49)$$

womit sich eine eventuelle Sekundärenergienutzung abschätzen läßt.

Wird die Exergiesteigerung des einen Stromes als Nutzen und die Exergieabnahme des anderen Stromes als Aufwand angesehen, kann für den Wärmeübertrager ein *Wirkungsgrad* angegeben werden

$$\eta = \frac{\dot{E}_{N2} - \dot{E}_{N1}}{\dot{E}_{A1} - \dot{E}_{A2}} \qquad (5.50)$$

Dafür läßt sich mit der Definitionsgleichung der Exergie für einen Wärmeübertrager, der im Bereich *oberhalb der Umgebungstemperatur* arbeitet, schreiben:

$$\eta = \frac{\left(1 - \dfrac{T_u}{T_{mL}}\right)(\dot{H}_{N2} - \dot{H}_{N1}) + T_u \displaystyle\int_{p_{1L}}^{p_{2L}} \cdot \dfrac{\dot{V}_L}{T}\, dp}{\left(1 - \dfrac{T_u}{T_{mH}}\right)(\dot{H}_{A1} - \dot{H}_{A2}) - T_u \displaystyle\int_{p_{1H}}^{p_{2H}} \dfrac{\dot{V}_H}{T}\, dp} \qquad (5.50\,\text{a})$$

Bei der quantitativen Auswertung von Gl. (5.50a) muß der Integrationsweg beachtet werden. Übersichtliche Verhältnisse erhält man, wenn die Druckverluste auf der Basis von Drosselungen berechnet werden, die z. B. bei den Eintrittszuständen angesetzt werden, und die Wärmeübertragung dann streng unter der Bedingung $p = $ const betrachtet werden kann. Bei idealen Gasen liefert dieses Vorgehen exakte Ergebnisse, bei Flüssigkeiten gelten die Ergebnisse näherungsweise aber mit einer völlig ausreichenden Genauigkeit.

Zur quantitativen Auswertung von Gl. (5.50a) sollen zunächst die *Druckverluste vernachlässigt* und der Wärmeübertrager als *adiabat isoliert* angesehen werden. Damit erhält man

$$\eta = \frac{T_{mL} - T_u}{T_{mL}} \frac{T_{mH}}{T_{mH} - T_u} = \frac{\tau_{eL}}{\tau_{eH}} \qquad (5.51\,\text{a})$$

womit auch beim konkreten Beispiel ein bereits allgemein diskutierter Sachverhalt nachgewiesen wurde (s. Abschnitt 4.). Mit den dimensionslosen Größen

$$\vartheta_L = \frac{T_{mL}}{T_u} \geqq 1$$

$$\Delta\vartheta = \frac{\Delta T_m}{T_{mK}} \qquad \text{mit } \Delta T_m = T_{mH} - T_{mL}$$

ergibt sich für den exergetischen Wirkungsgrad

$$\eta = \frac{\vartheta_L + \vartheta_L\,\Delta\vartheta - \Delta\vartheta - 1}{\vartheta_L + \vartheta_L\,\Delta\vartheta - 1} \qquad (5.51\,\text{b})$$

Für den Bereich *unterhalb der Umgebungstemperatur* kehren sich Nutzen und Aufwand in Gl. (5.50) um. Mit den Kenngrößen

$$\vartheta_H = \frac{T_{mH}}{T_u} < 1$$

$$\Delta\vartheta = \frac{\Delta T_m}{T_{mH}} \quad \text{mit} \quad \Delta T_m = T_{mH} - T_{mL}$$

ergeben sich die zu den Gln. (5.51) analogen Beziehungen

$$\eta = \frac{T_{mH} - T_u}{T_{mH}} \; \frac{T_{mL}}{T_{mL} - T_u} = \frac{\tau_{eH}}{\tau_{eL}} = \frac{\vartheta_H - \vartheta_H \,\Delta\vartheta + \Delta\vartheta - 1}{\vartheta_H - \vartheta_H \,\Delta\vartheta - 1} \qquad (5.52\,\text{a, b})$$

Die Gln. (5.51 a) und (5.52 a) sind in Bild 5.13 a und die Gln. (5.51 b) und (5.52 b) in Bild 5.13 b ausgewertet. Es wird deutlich, daß sich schon kleine Temperaturdifferenzen in einer deutlichen Wirkungsgradabnahme bemerkbar machen, wenn das Nutzniveau in der Nähe der Umgebungstemperatur liegt. Andererseits rufen bei hohem Nutzniveau selbst sehr große Temperaturdifferenzen keine erheblichen Wirkungsgradeinbußen hervor. Beim Vergleich der Bereiche oberhalb und unter-

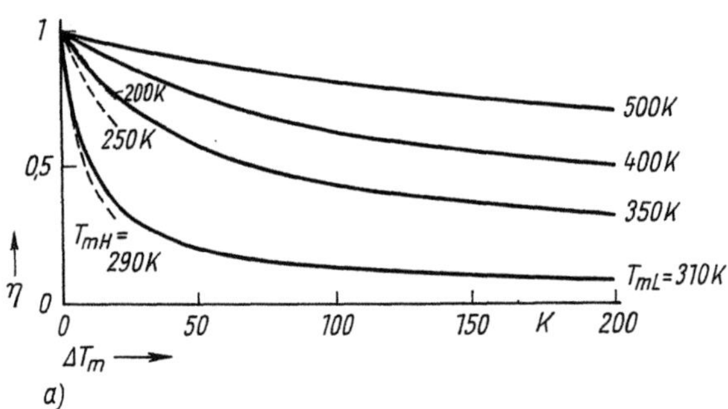

Bild 5.13. Wirkungsgrade von Wärmeübertragern
a) in Abhängigkeit vom Temperaturniveau (T_{mL} für $T > T_u$, T_{mH} für $T < T_u$) und der Temperaturdifferenz zwischen den beiden mittleren Temperaturniveaus, $T_u = 300$ K

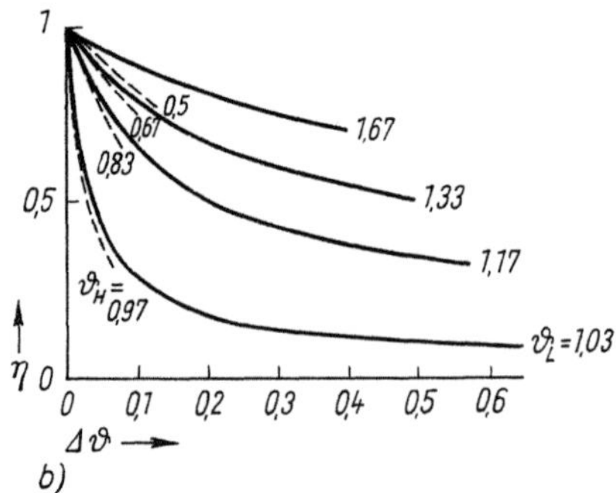

b) in Abhängigkeit von den dimensionslosen Temperaturniveaus (ϑ_L für $T > T_u$, ϑ_H für $T < T_u$) und dimensionslosen Temperaturdifferenzen

halb der Umgebungstemperatur wird die Asymmetrie der Temperaturskala gegenüber der Umgebungstemperatur deutlich, die gleichen Temperaturdifferenzen führen unterhalb der Umgebungstemperatur zu niedrigeren Werten des Wirkungsgrades als oberhalb.

Bei Beachtung der negativen Vorzeichen der Druckintegrale in Gl. (5.50a) wird sichtbar, daß der Druckverlust nutzensvermindernd und aufwandserhöhend zum Ausdruck kommt. Je nach der Betrachtungsweise und dem gewählten Bilanzkreis kann es aus technischer Sicht auch sinnvoll sein, die Wirkungen sämtlicher Druckverluste ausschließlich dem Aufwand zuzuordnen. Es ist leicht möglich, auch für diesen Fall die entsprechenden Kennziffern abzuleiten. Bei vielen Wärmeübertragungsprozessen wird der austretende *Aufwandsstrom nicht weiter ausgenutzt* und an die Umgebung abgegeben. Hierdurch entsteht ein zusätzlicher *äußerer Verlust*. Der Verlustgrad lautet dann

$$\sigma = \frac{\dot{E}_{A2} + \tau_{ev}\dot{Q}_v}{\dot{E}_{A1}} \tag{5.53}$$

und der Wirkungsgrad

$$\eta = \frac{\dot{E}_{N2} - \dot{E}_{N1}}{\dot{E}_{A1}} \tag{5.54}$$

Damit verringert sich natürlich der Wirkungsgrad entsprechend. Ein weiterer Sonderfall ergibt sich, wenn der Nutzensstrom der Umgebung entnommen wird ($\dot{E}_{N1} = 0$).

Der energetisch günstigste Wärmeübertrager weist nur reversible Zustandsänderungen auf ($\Delta T_m = 0$; $\Delta p = 0$). Dieser Grenzfall kann aber auch bei unendlich großen apparativen Aufwendungen häufig aufgrund der Mengenbilanz und der Zustandseigenschaften der Stoffströme ohne *Zuhilfenahme zusätzlicher Systeme*, z. B. Kreisprozesse, nicht erreicht werden. Dieser Sachverhalt wird aus Bild 5.14 ersichtlich, in dem τ_e, $\dot{Q}$-Diagramme für den Gegenstrom und den Gleichstrom dargestellt sind. Die Flächen zwischen den Kurven stellen in diesen Diagrammen ein Maß für die Exergieverluste dar. Nur für den Fall gleicher Wasserwerte kann bei der Gegenstromschaltung der Exergieverlust $\Delta \dot{E}_V = 0$ erreicht werden. In allen anderen Fällen verbleiben *unvermeidbare Exergieverluste*, die im allgemeinen beim

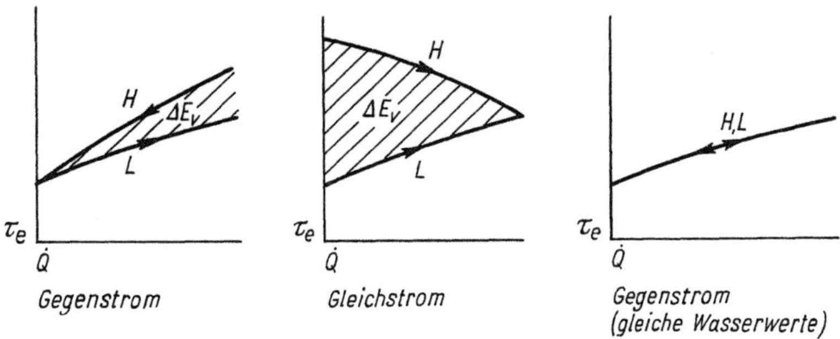

Bild 5.14. τ_e,-$\dot{Q}$-Diagramme bei verschiedener Stromführung und der minimalen Temperaturdifferenz 0 K

Gleichstrom größer als beim Gegenstrom sind, was die überragende technische Bedeutung des letzteren erklärt. Nur bei Phasenänderungen reiner Stoffe ist $T = $ const, und deshalb sind die Gleich- und Gegenstromschaltung gleichwertig. Überlegungen dieser Art sind im konkreten Fall Ausgangspunkte für die Gestaltung komplexer Wärmeübertragersysteme [5.6].

5.3.2. Wärmeübertragung durch Strahlung

Die Wärmeübertragung durch Strahlung spielt bei Hochtemperaturprozessen, z. B. in Dampferzeugern und Industrieöfen, eine bedeutende Rolle. Bekanntlich unterscheidet sich dieser Mechanismus von der Wärmeübertragung durch Leitung und Konvektion in einer Form, die zu entsprechenden Konsequenzen in der exergetischen Analyse führt. Aus diesem Grunde wird im folgenden als Beispiel der *Strahlungsaustausch zwischen zwei unendlich ausgedehnten parallelen ebenen Wänden* betrachtet. Damit lassen sich die wesentlichen Gesetzmäßigkeiten in relativ einfacher Weise und qualitativ allgemeingültig aufzeigen. Eine Berechnung geometrisch komplizierterer Bedingungen kann in analoger Form erfolgen. Zur Berücksichtigung der spektralen Leistungsdichtefunktion sei auf die Literatur verwiesen [5.7].

Wird ein stationärer Wärmeübertragungsprozeß zwischen zwei undurchlässigen Körpern mit den Temperaturen T_1 und T_2 betrachtet (Bild 5.15), so läßt sich die resultierende Wärmeübertragung nach dem STEFAN-BOLTZMANNschen Gesetz aus dem Ansatz ermitteln

$$q_{12} = q_1 = q_2 = \varepsilon_{12}\sigma_S(T_1^4 - T_2^4) \tag{5.55}$$

mit

$$\varepsilon_{12} = \frac{\varepsilon_1\varepsilon_2}{\varepsilon_1 + \varepsilon_2 - \varepsilon_1\varepsilon_2} \tag{5.56}$$

Dabei ist $\sigma_S = 5{,}77 \cdot 10^{-8} \dfrac{\text{W}}{\text{m}^2\text{K}^4}$ der Strahlungskoeffizient des schwarzen Strahlers, ε sind die Emisionsverhältnisse der strahlenden Flächen, die im betrachteten Fall gleich den Absorptionsverhältnissen sind.

Zur Vereinfachung der Ableitung kann auch zur Ableitung der Exergiebilanz der Begriff der Flächenhelligkeit eingeführt werden. Danach setzt sich die Gesamt-

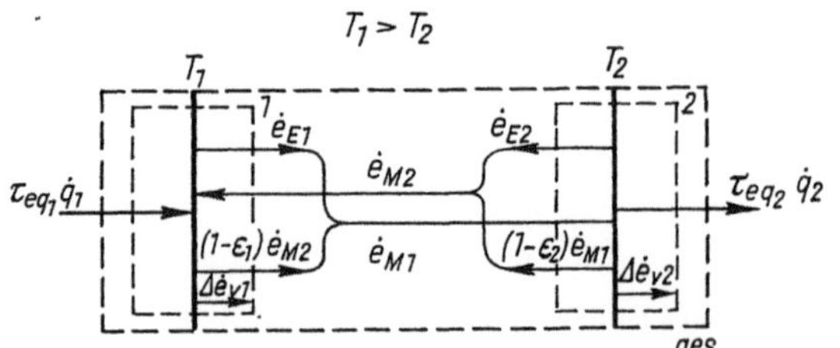

Bild 5.15. Exergiebilanz zwischen zwei Strahlern

strahlungsexergie einer Fläche _1_ $\dot{e}_{M1}$ aus der Exergie der emittierten Strahlung $\dot{e}_{E1}$ und dem Anteil der Strahlungsexergie zusammen, der aus der Reflexion an der Fläche _1_ von der Fläche _2_ kommenden Strahlung resultiert, da $r_1\dot{e}_{M2} = (1 - \varepsilon_1)\,\dot{e}_{M2}$. Damit erhält man als Beziehungen

$$\dot{e}_{M1} = \dot{e}_{E1} + (1 - \varepsilon_1)\,\dot{e}_{M2} \tag{5.57}$$

$$\dot{e}_{M2} = \dot{e}_{E2} + (1 - \varepsilon_2)\,\dot{e}_{M1} \tag{5.58}$$

Die einfache Addition der emitierten und der reflektierten Strahlung setzt Reversibilität bei der Überlagerung voraus. Das stellt bestimmte Anforderungen an die Eigenschaften der Strahler. Der eigentliche Strahlungsaustausch erfolgt im Gleichgewicht. Alle irreversiblen Prozesse finden auf und in den strahlenden Oberflächen statt. Aus den Gln. (5.57) und (5.58) lassen sich die Gesamtexergieabgaben der Strahler ermitteln zu

$$\dot{e}_{M_1} = \frac{(1 - \varepsilon_1)\,\dot{e}_{E2} + \dot{e}_{E1}}{\varepsilon_1 + \varepsilon_2 - \varepsilon_1\varepsilon_2} = \varepsilon_{12}\left(\left(\frac{1}{\varepsilon_1\varepsilon_2} - \frac{1}{\varepsilon_2}\right)\dot{e}_{E2} + \frac{1}{\varepsilon_1\varepsilon_2}\,\dot{e}_{E1}\right) \tag{5.59}$$

$$\dot{e}_{M2} = \frac{\dot{e}_{E2} + (1 - \varepsilon_2)\,\dot{e}_{E1}}{\varepsilon_1 + \varepsilon_2 - \varepsilon_1\varepsilon_2} = \varepsilon_{12}\left(\left(\frac{1}{\varepsilon_1\varepsilon_2} - \frac{1}{\varepsilon_1}\right)\dot{e}_{E1} + \frac{1}{\varepsilon_1\varepsilon_2}\,\dot{e}_{E2}\right) \tag{5.60}$$

Daraus ergibt sich der von der Fläche _1_ zur Fläche _2_ resultierende transportierte Exergiestrom als Differenz aus den Ansätzen

$$\Delta\dot{e} = \dot{e}_{E1} - \varepsilon_1\dot{e}_{M2} = \varepsilon_2\dot{e}_{M1} - \dot{e}_{E2} = \dot{e}_{M1} - \dot{e}_{M2} \tag{5.61}$$

zu

$$\Delta\dot{e} = \dot{e}_{M1} - \dot{e}_{M2} = \frac{\varepsilon_2\dot{e}_{E1} - \varepsilon_1\dot{e}_{E2}}{\varepsilon_1 + \varepsilon_2 - \varepsilon_1\varepsilon_2} \tag{5.62}$$

Aus Gl. (5.62) kann eine Berechnungsgleichung für die _Exergie der emitierten Strahlung_ abgeleitet werden, wenn dem Körper _2_ nach Bild 5.15 die Eigenschaften einer thermodynamischen Umgebung zugeschrieben werden. Danach muß für $T_2 = T_u$ sinnvollerweise nach Gl. (5.61) $\dot{e}_{M2} = \dot{e}_{Mu} = 0$ sein. Das verlangt nach Gl. (5.58) bei $\dot{e}_{E2} = 0$ außerdem $\varepsilon_2 = 1$, damit die Exergie der resultierenden Strahlung gleich der Exergie der von Strahler _1_ emitierten Strahlung ist. Das bedeutet aber nicht, daß die Festlegung von ε_2 Bestandteil der Umgebungsdefinition ist.

Eine Bezugnahme auf einen konkreten Zustand wird dann

$$\dot{e}_M = \dot{e}_E = \int_{T_u}^{T}\left(\frac{T - T_u}{T}\right)\frac{\partial\dot{q}}{\partial T}\,dT \tag{5.63}$$

wobei der reale Term aus der allgemeinen Exergiebilanz nach Gl. (2.38) folgt. Der Ausdruck $\dfrac{\partial\dot{q}}{\partial T}$ kann aus Gl. (5.55) für $T_1 = T$ und $T_2 = T_u$ bestimmt werden zu

$$\frac{\partial\dot{q}}{\partial T} = 4\varepsilon\sigma_s T^3$$

und damit ergibt sich als Exergie einer emitierten Strahlung

$$\dot{e}_E = \frac{\varepsilon\sigma_S}{3}\,(3T^4 + T_u^4 - 4T_u T^3) \tag{5.64}$$

Eine *exergetische Temperatur* der emitierten Strahlung erhält man, wenn Gl. (5.64) durch die emitierte Energie $\varepsilon\sigma_S T^4$ dividiert wird.

$$\tau_e = 1 + \frac{1}{3}\left(\frac{T_u}{T}\right)^4 - \frac{4}{3}\frac{T_u}{T} \tag{5.65}$$

Diese exergetische Temperatur ist geringer als die einer bei $T = $ const. bereitgestellten Wärme. Der Verlauf der Energie, der Exergie und der exergetischen Temperatur ist in Bild 5.16 als Funktion der Temperatur angegeben. Der Verlauf der exergetischen Temperatur ist qualitativ einleuchtend. Die Exergie der emitierten Strahlung weist für $T = 0$ einen endlichen Maximalwert auf. Dieser resultiert aus einer Grenzwertbildung.

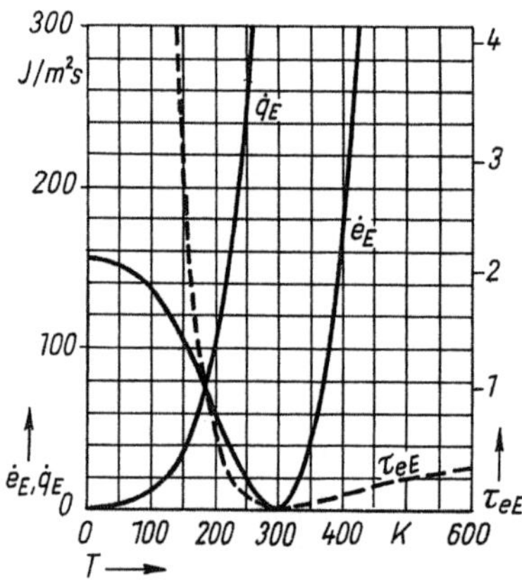

Bild 5.16. Exergie, Energie und exergetische Temperatur der emitierten Strahlung in Abhängigkeit von der Temperatur des Strahlers

Mit diesen Überlegungen ist eine umfassende exergetische *Analyse der Wärmeübertragung* durch Strahlung möglich. Die Gesamtbilanz des Vorganges lautet nach Bild 5.15

$$\tau_{e1}\dot{q}_{12} = \tau_{e2}\dot{q}_{12} + \sum_i \Delta\dot{e}_v \tag{5.66}$$

wobei sich die Arbeitswerte der übertragenen Wärme nach der Gl. (5.55) und der exergetischen Temperatur bei $T = $ const bestimmen zu

$$\tau_{e1}\dot{q}_{12} = \varepsilon_{12}\sigma_S\left(T_1^4 - T_2^4 - T_u\left(T_1^3 - \frac{T_2^4}{T_1}\right)\right) \tag{5.67 a}$$

$$\tau_{e2}\dot{q}_{12} = \varepsilon_{12}\sigma_S\left(T_1^4 - T_2^4 - T_u\left(\frac{T_1^4}{T_2} - T_2^3\right)\right) \tag{5.67 b}$$

Die Verluste in Gl. (5.66) lassen sich durch die *Teilbilanzen über Sender und Empfänger* des Prozesses bestimmen. Für den *Sender* gilt nach Bild 5.15

$$\tau_{e1}\dot{q}_{12} + \dot{e}_{M2} = \dot{e}_{M1} + \Delta\dot{e}_{v1} \qquad (5.68\,a)$$

oder (Gl. (5.57))

$$\tau_{e1}\dot{q}_{12} + \varepsilon_1\dot{e}_{M2} = \dot{e}_{E1} + \Delta\dot{e}_{v1} \qquad (5.68\,b)$$

$\dot{e}_{M1}$ und $\dot{e}_{M2}$ folgen aus den Gln. (5.57) und (5.58) und können unter Benutzung von Gl. (5.64) konkret bestimmt werden. Damit kann auch das Verlustglied $\Delta\dot{e}_{v1}$ bestimmt werden, das sich aus der Abwertung der Wärme bestimmt. Für $T_1 = T_2$ wird $\Delta\dot{e}_{v1} = 0$. Gl. (5.68 b) läßt den Energieaustauschprozeß um den Sender nach Abschnitt 4. als einen *Synproportionierungsprozeß* erscheinen, bei dem hochwertige Wärme $\tau_{e1}\dot{q}_{12}$ und niederwertige absorbierte Strahlung $\varepsilon_1\dot{e}_{M2}$ zusammengeführt werden zur Emission einer Strahlung von mittlerem Niveau $\dot{e}_{E1}$.

Für den Bilanzkreis *2*, den *Empfänger*, gilt analog als Exergiebilanz

$$\dot{e}_{M1} = \dot{e}_{M2} + \tau_{e2}\dot{q}_{12} + \Delta\dot{e}_{v2} \qquad (5.69\,a)$$

oder mit Gl. (5.58)

$$\varepsilon_2\dot{e}_{M1} = \dot{e}_{E2}\tau_{e2}\dot{q}_{12} + \Delta\dot{e}_{v2} \qquad (5.69\,b)$$

Gl. (5.69 b) macht deutlich, daß der Energieaustauschprozeß um den Empfänger als *Disproportionierungsprozeß* aufgefaßt werden kann.

Aus den Exergiebilanzen lassen sich die *Bewertungskriterien* ableiten. Für Prozesse mit $T_1 > T_2 > T_u$, also *oberhalb der Umgebungstemperatur*, sollen die Zusammenhänge kurz aufgezeigt werden.

Für den Teilprozeß *1* gilt als Gütegrad (Gl. 4.5)

$$v_1 = \frac{\dot{e}_{M1}}{\tau_{e1}\dot{q}_{12} + \dot{e}_{M2}} = \frac{\dot{e}_{E1} + (1 - \varepsilon_1)\,\dot{e}_{M2}}{\tau_{e1}\dot{q}_{12} + \dot{e}_{M2}} \qquad (5.70)$$

Durch die Auffassung als Synproportionierung kann die Aufwertung der Strahlungsenergie als Nutzen betrachtet werden, so daß sich auch ein Wirkungsgrad angeben läßt:

$$\eta_1 = \frac{\dot{e}_{E1} - \varepsilon_1\dot{e}_{M2}}{\tau_{e1}\dot{q}_{12}} \qquad (5.71)$$

Der Wirkungsgrad muß eine reine Temperaturfunktion sein, was sich auch durch Einsetzen der entsprechenden Gleichungen nachweisen läßt. Man erhält

$$\eta_1 = \frac{\tau^4 - 1 - \dfrac{4}{3}\dfrac{1}{\tau_2}(\tau^3 - 1)}{\tau^4 - 1 - \dfrac{1}{\tau_2\tau}(\tau^4 - 1)} \qquad (5.71\ a)$$

mit

$$\tau = \frac{T_1}{T_2} \quad \text{und} \quad \tau_2 = \frac{T_2}{T_u}$$

Für den Teilprozeß *2* gilt als Gütegrad nach Gl. (5.69a)

$$v_2 = \frac{\dot{e}_{M2} + \tau_{e2}\dot{q}_{12}}{\dot{e}_{M1}} = \frac{\dot{e}_{E2} + (1 - \varepsilon_2)\,\dot{e}_{M1} + \tau_{e2}\dot{q}_{12}}{\dot{e}_{M1}} \tag{5.72}$$

und für den Wirkungsgrad als Disproportionierungsprozeß, bei dem die Wärmeabgabe als Nutzen angesehen wird,

$$\eta_2 = \frac{\tau_{e2}\dot{q}_{12}}{\varepsilon_2\dot{e}_{M1} - \dot{e}_{E2}} \tag{5.73}$$

Als Temperaturfunktion erhält man daraus

$$\eta_2 = \frac{\tau^4 - 1 - \dfrac{1}{\tau_2}(\tau^4 - 1)}{\tau^4 - 1 - \dfrac{4}{3}\dfrac{1}{\tau_2}(\tau^3 - 1)} \tag{5.73a}$$

Schließlich folgt für den Gesamtprozeß aus Gl. (5.66)

$$v_{ges} = \eta_{ges} = \frac{\tau_{e2}\dot{q}_{12}}{\tau_{e1}\dot{q}_{12}} \cdot = \frac{1 - \tau_2}{1 - \tau\tau_2} \tag{5.74}$$

da infolge Fehlens äußerer Verluste Wirkungsgrad und Gütegrad übereinstimmen. Unter Beachtung der Gln. (5.71) und (5.73) folgt auch aus Gl. (5.74)

$$\eta_{ges} = \eta_1\eta_2 \tag{5.74a}$$

In den Bildern 5.17 und 5.18 sind zur Veranschaulichung die Verläufe der Wirkungs- und Gütegrade als Temperaturfunktionen wiedergegeben. Mit der Zunahme der Temperaturdifferenz zwischen Sender und Empfänger nimmt der Gesamtwir-

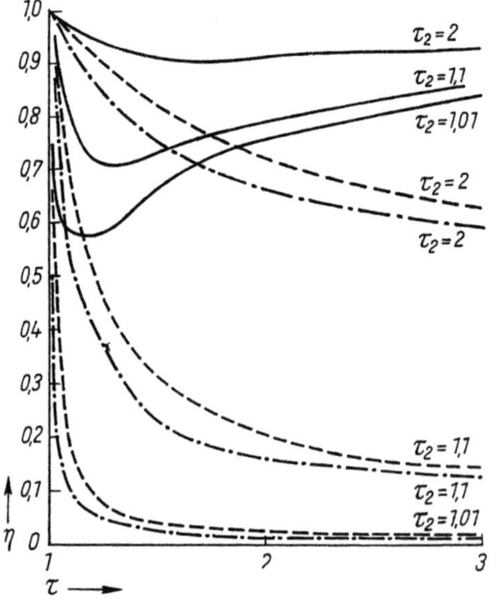

Bild 5.17. Wirkungsgrade bei Strahlungsprozessen

$\qquad$ η_1

$--- $ η_2

$-\cdot-\cdot-$ η_3

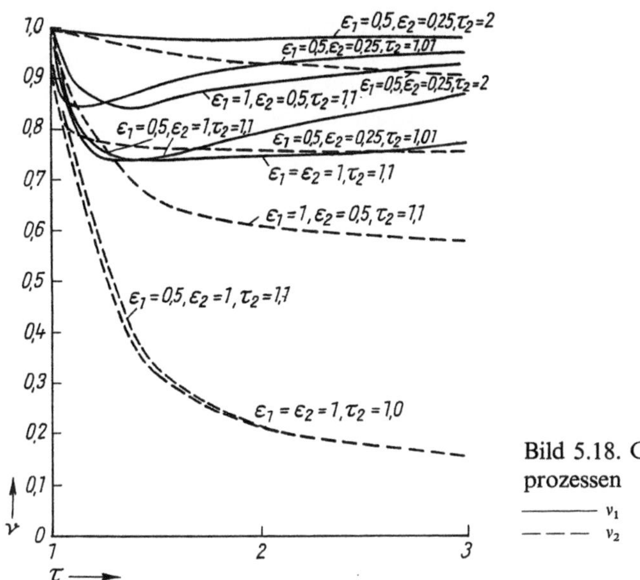

Bild 5.18. Gütegrade bei Strahlungsprozessen

—————— ν_1

— — — ν_2

kungsgrad und der des Teilprozesses *2* ab. Für den Grenzfall $\tau_2 \to 1$ wird nur Energie produziert, und für den Gesamtwirkungsgrad wird $\eta_{\text{ges}} \to 0$. Der Wirkungsgrad des Teilprozesses weist ein Minimum auf, da für $\tau \to \infty$ $\eta_1 \to 1$ gehen muß. In diesem Fall geht der Einfluß der Abwertung der Wärme gegen Null. Im Verlauf der Gütegrade wird die gleiche Tendenz erkennbar. Außerdem ist der Einfluß der Emissionsverhältnisse vorhanden. Kleinere Emissionsverhältnisse des Senders verbessern dessen Gütegrade, da die Wärmeabwertung relativ vermindert wird. Der Gütegrad des Empfängers wird mit der Annäherung an die Umgebungstemperatur geringer. Er wird aber nur für den Fall $\varepsilon_2 = 1$ gleich $\nu_2 = 0$, d. h. wenn der Empfänger die Eigenschaften eines schwarzen Strahlers besitzt. Ist dies nicht der Fall, wird durch Reflexion stets ein bestimmter Exergieoutput realisiert und $\nu_2 > 0$.

Aus der exergetischen Analyse der Strahlungswärmeübertragung ist sichtbar geworden, daß die Gesamtbilanz, wie üblich, mit Hilfe des Arbeitswertes der Wärme oder der Wärmeexergie aufgestellt werden kann, während die Teilbilanzen die Berechnung der Strahlungsexergie erfordern. Technische Anwendungen der Teilbilanzen findet man z. B. bei der Beurteilung von Sonnenkollektoren [5.8].

5.4.   Kompression strömender Medien

Der Verdichtungsvorgang zum Zwecke der Druckerhöhung oder zur Realisierung eines Förderprozesses stellt einen der wichtigsten technischen Grundprozesse dar. So beträgt in einem Industrieland die Antriebsleistung der in der chemischen Industrie installierten Pumpen und Verdichter etwa 1/4 bis 1/3 der installierten Kraftwerksleistung [5.9]. Die Bedeutung der Verdichtungsprozesse für die Energietechnik ist in Verbindung mit den charakteristischen Kreisprozessen offensichtlich.

Schematisch läßt sich der Kompressionsprozeß wie in Bild 5.19 darstellen. Da stationäre Verhältnisse vorausgesetzt werden, lauten die *Energiebilanz*

$$h^\mathrm{I} + w_\mathrm{t} = h^0 + |q| \tag{5.75}$$

und die *Exergiebilanz*

$$e^\mathrm{I} + w_\mathrm{t} = e^0 + \tau_\mathrm{e}|q| + \Delta e_\mathrm{v} \tag{5.76}$$

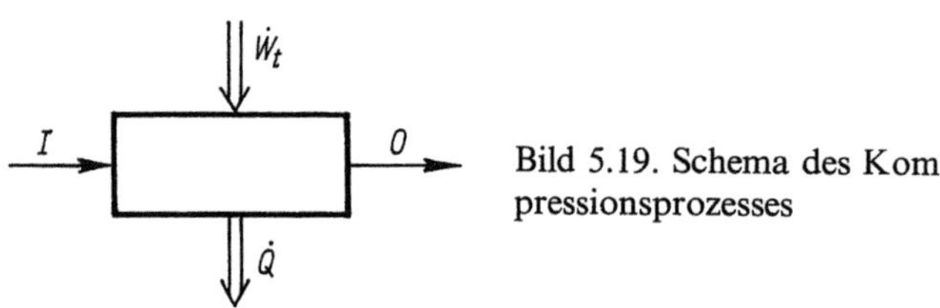

Bild 5.19. Schema des Kompressionsprozesses

Nach Abschnitt 5.1.2. sind die Exergieverluste vordergründig durch Reibungsprozesse verursacht, die in der Energiebilanz nicht explizit in Erscheinung treten. Technisch bedeutsam ist die adiabate Verdichtung ($q = 0$). Wird Wärme während des Verdichtungsprozesses an die Umgebung abgegeben, so ist diese im allgemeinen als äußerer Verlust anzusehen.

Die Exergiebilanz (5.76) ermöglicht eine erste Einschätzung der energetischen Effektivität eines Verdichtungsprozesses mit Hilfe des *Gütegrades* (Gl. (4.5))

$$v = \frac{e^0 + \tau_\mathrm{e}|q|}{e^\mathrm{I} + w_\mathrm{t}} \quad \text{für } \tau_\mathrm{e} > 0 \tag{5.77a}$$

$$v = \frac{e^0}{e^\mathrm{I} + w_\mathrm{t} - \tau_\mathrm{e}|q|} \quad \text{für } \tau_\mathrm{e} < 0 \tag{5.77b}$$

wegen des unterschiedlichen Einflusses der Wärme- und Kälteverluste. Für adiabate Bedingungen ist die Lage des Kompressionsprozesses im Vergleich zum Umgebungszustand für die Definition des Gütegrades uninteressant. Sieht man allgemein den Nutzen der Kompression in der Exergiesteigerung des Stoffstromes an, so läßt sich aus Gl. (5.76) für den adiabaten Fall ein *exergetischer Wirkungsgrad* in der Form angeben

$$\eta = \frac{e^0 - e^\mathrm{I}}{w_\mathrm{t}} = 1 - \frac{\Delta e_\mathrm{v}}{w_\mathrm{t}} \tag{5.78}$$

dabei gilt

$$\Delta e_\mathrm{v} = T_\mathrm{u}(s^0 - s^\mathrm{I}) \tag{5.79}$$

$$w_\mathrm{t} = h^0 - h^\mathrm{I} \tag{5.80}$$

Weitergehende Informationen lassen sich gewinnen, wenn Gl. (5.78) für ein spezielles Medium ausgewertet wird. Benutzt man der Einfachheit halber ein *ideales Gas*, so läßt sich Gl. (5.78) aufbereiten, wenn der Verdichtungsvorgang durch eine *Pseudopolytrope* entsprechend

$$\frac{T^0}{T^I} = \left(\frac{p^0}{p^I}\right)^{\frac{n_K-1}{n_K}} \tag{5.81}$$

abgebildet wird. Eine solche Annahme ist bei reibungsbehafteten Strömungsprozessen möglich, da das innere Gleichgewicht nicht wesentlich durch die Dissipation beeinflußt wird. Für einen einfachen Verdichtungsvorgang durchläuft der Pseudopolytropenexponent die Grenzen $\varkappa \leqq n_k \leqq \infty$. $\varkappa = n_k$ ist die isentrope und $n_k \to \infty$ eine Verdichtung bei $\mathrm{d}v = 0$, bei der die Exergiesteigerung ausschließlich durch Reibung erzeugt wird (Bild 5.20). Eine Auswertung der Gl. (5.78) unter diesen An-

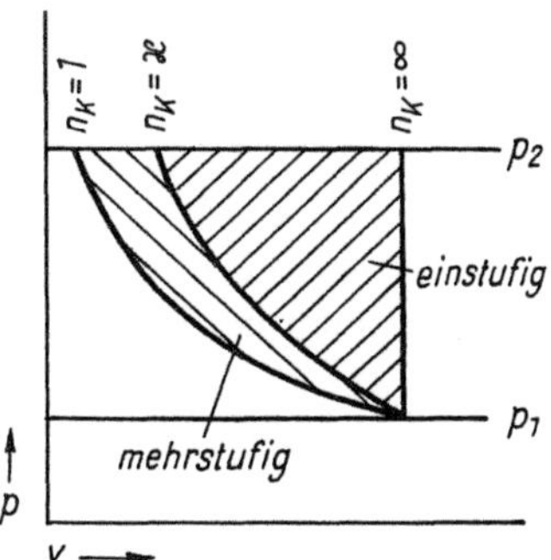

Bild 5.20. Bereiche des Pseudopolytropenexponenten der einfachen und mehrstufigen Kompression

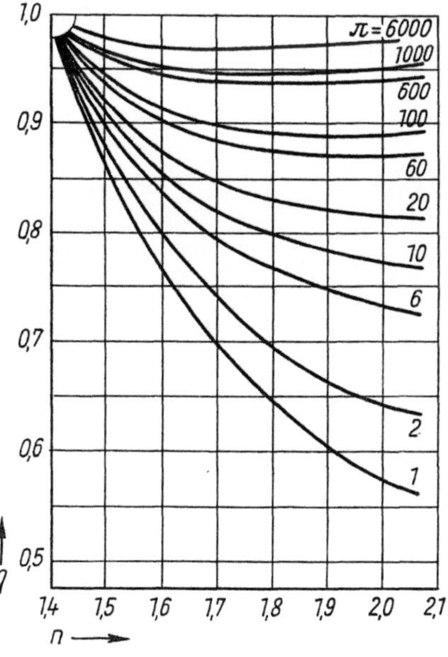

Bild 5.21. Exergetischer Wirkungsgrad der einstufigen Kompression ($T^I = T_u$)

220

nahmen ist in Bild 5.21 angegeben für den Fall, daß der Ansaugzustand mit dem Umgebungszustand übereinstimmt ($T^\mathrm{I} = T_\mathrm{u}$) [5.10]. Sämtliche Isobaren ($\pi = $ const) beginnen bei $\eta = 1$ für $n_\mathrm{k} = \varkappa$, da die isentrope Verdichtung den reversiblen Grenzfall darstellt. Eine Druckerhöhung bei $n_\mathrm{k} = $ const vergrößert den Wirkungsgrad, so daß auch für $\pi \to \infty$ gilt $\eta \to 1$. Dieser theoretische Grenzwert besagt weiter nichts, als daß der relative Einfluß der Nichtumkehrbarkeiten mit der Erhöhung des Druckgefälles abnimmt. Für $n_\mathrm{k} \to \infty$ weisen die Isobaren eine Asymptote auf, die die energetische Güte der isochoren Verdichtung repräsentiert. Eine weitergehende Diskussion der Linien $\pi = $ const zeigt, daß diese ein Minimum ausbilden. Das bedeutet, daß die isochore Verdichtung, exergetisch gesehen, relativ besser als eine Verdichtung mit Zufuhr von technischer Arbeit sein kann. Dieses eigentümliche Verhalten ist auf den Einfluß der Nichtumkehrbarkeiten zurückzuführen, deren Zunahme nicht nur den Arbeitsaufwand vergrößert, sondern auch die Kompressionsendtemperatur, die eine Exergiesteigerung und damit Nutzenszunahme nach sich zieht.

Das Wechselspiel zwischen *Druck- und Temperatursteigerung* ist demnach für die energetische Qualität der Kompression maßgebend. Wenn keine besonderen Anforderungen aus den vor- oder nachgeschalteten Aggregaten vorliegen, läßt sich als der eigentliche Zweck der Kompression der Druckanstieg ansehen, der im *mechanischen Anteil der Exergie e_p* energetisch erfaßt werden kann (s. Abschnitt 2.2.2.3.). Die Temperaturveränderungen können im *thermischen Anteil der Exergie e_T* ausgedrückt werden, so daß es sinnvoll ist, diese beiden Anteile explizit in die Exergiebilanz aufzunehmen. Dann lautet diese

$$e_\mathrm{T}^\mathrm{I} + (e_\mathrm{p} + e_\mathrm{T})^\mathrm{I} + w_\mathrm{t} = e_\mathrm{T}^\mathrm{I} + (e_\mathrm{p} + e_\mathrm{T})^0 + \tau_\mathrm{e}|q| + \Delta e_\mathrm{v} \qquad (5.82)$$

e_T^I soll eine thermische Exergie darstellen, die den Anfangszustand der Kompression charakterisiert, der bei p_u und T^I liegen soll und auf den der Endzustand bezogen wird. Damit ist definitionsgemäß der Term $e_\mathrm{T}^\mathrm{I} = 0$ auf der linken Seite von Gl. (5.82). Sieht man als Nutzen die durch die Drucksteigerung verursachte Exergiezunahme an, so lassen sich folgende *Bewertungskriterien* schreiben

für $\tau_\mathrm{e} > 0$

$$\eta = \frac{e_\mathrm{p}^0 - e_\mathrm{p}^\mathrm{I}}{w_\mathrm{t}} \qquad (5.83\,\mathrm{a})$$

$$\sigma = \frac{e_\mathrm{T}^0 + \Sigma\, \tau_\mathrm{e}|q|}{w_\mathrm{u}} \qquad (5.84\,\mathrm{a})$$

für $\tau_\mathrm{e} < 0$

$$\eta = \frac{e_\mathrm{p}^0 - e_\mathrm{p}^\mathrm{I}}{w_\mathrm{t} + \tau_\mathrm{e}|q|} \qquad (5.83\,\mathrm{b})$$

$$\sigma = \frac{e_\mathrm{T}^0}{w_\mathrm{t} + \tau_\mathrm{e}|q|} \qquad (5.84\,\mathrm{b})$$

Steigerung der thermischen Exergie und Wärmeaustausch mit der Umgebung werden als *äußere Verluste* angesehen. Für den technisch wichtigen adiabaten Prozeß fallen die letzteren weg. Bei Annäherung an die isotherme Verdichtung geht $e_\mathrm{T}^0 \to 0$.

Unterhalb der Umgebungstemperatur repräsentiert eine Wärmeabfuhr, die zur Realisierung der Isothermen erforderlich ist, einen zusätzlichen Exergieaufwand. Aus diesem Grunde ist in diesem Zustandsgebiet unter bestimmten Bedingungen die adiabate Kompression favorisiert. Unter diesen Aspekten ist unter Benutzung von Vergleichsprozessen Gl. (5.83) von BRODJANSKIJ abgeleitet worden [5.11]. Zur *Veranschaulichung* der diskutierten Zusammenhänge ist in Bild 5.22 der Kompressionsvorgang im *e,h*-Diagramm dargestellt [5.12]. Die Kompression soll stets im Umgebungszustand beginnen und oberhalb der Umgebungstemperatur liegen. Die isotherme Kompression $\overline{13}$ erfordert den minimalen Arbeitsaufwand und kennzeichnet die Druckexergie $e_3 - e_1 = e_p^0 - e_p^1$ als den eigentlichen Nutzen. Die reversible adiabate, d. h. isentrope Kompression stellt $\overline{14}$ dar. Der Mehraufwand an Arbeit findet sich in der Erhöhung der thermischen Exergie wieder, die durch $e_4 - e_3$ gekennzeichnet ist. Wird diese Exergie nicht direkt oder in den nachfolgenden Stufen genutzt, stellt sie einen zusätzlichen Verlust dar. In Bild 5.22 sind noch zwei weitere Kompressionsprozesse eingezeichnet. $\overline{15}$ stellt eine reibungsbehaftete adiabate Kompression dar und damit den üblichen technischen Kompressionsvorgang. $(h_5 - h_1)$ gibt dann den Mehraufwand an Arbeit an, $(e_5 - e_4)$ repräsentiert die Exergiezunahme infolge Temperaturerhöhung durch Reibungsprozesse. Der Kompressionsvorgang $\overline{12}$ charakterisiert einen Prozeß, bei dem die äußere Wärmeabgabe maßgebend ist, z. B. infolge definierter Kühlung. Zur weiteren Diskussion insbesondere des Einflusses des Umgebungszustandes auf die Gestaltung des Verdichtungsprozesses ist in Bild 5.23 ein solcher dargestellt, der bei $T^1 < T_u$ beginnt und zu einem Zustand bei $T^0 \geqq T_u$ führt.

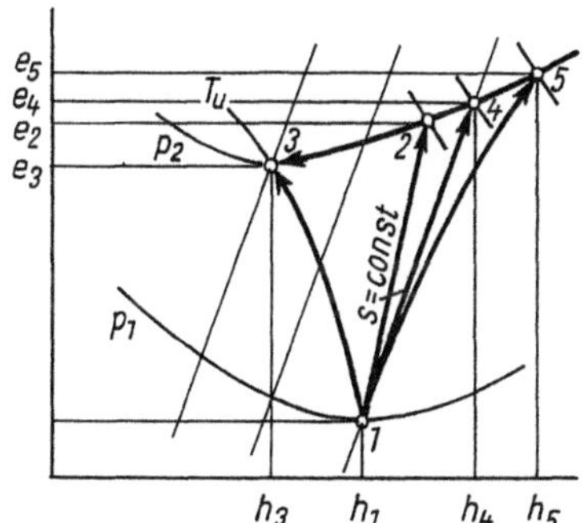

Bild 5.22. Kompressionsprozeß im *e,h*-Diagramm, $T^1 = T_u$

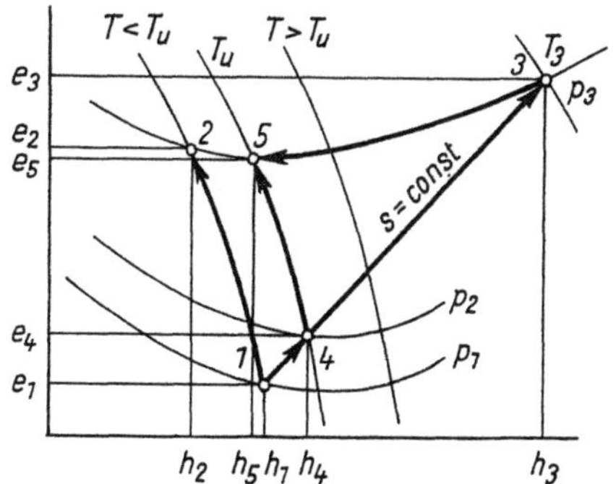

Bild 5.23. Kompressionsprozeß bei $T^1 < T_u$

Schon aus der Definition der Exergie folgt, daß offensichtlich die Prozeßführung $\overline{145}$ favorisiert ist. Die isentrope Verdichtung $\overline{143}$ und anschließend isobare Abkühlung $\overline{35}$ verlangt einen deutlich höheren Aufwand, der bei einem Verzicht auf die Ausnutzung der Wärme zu zusätzlichen Verlusten führt. Für die isobaren und isentropen Zustandsänderungen können die entsprechenden Energiebeträge auf der Abszisse abgelesen werden. Wie schon bei der Diskussion zu Bild 5.22, ist ein exergetischer Vergleich der verschiedenen Prozesse über die Ordinatenwerte möglich.

Zusammenfassend sei festgehalten, daß durch die exergetische Betrachtung die unterschiedlichen Wertigkeiten der verschiedenen Exergieformen bei der Kompression infolge der Asymmetrie der Isobaren in bezug auf den Umgebungszustand in erheblichem Maße zum Ausdruck kommen. Durch rein energetische Betrachtungen sind ähnlich gelagerte Probleme prinzipiell nicht aufzeigbar, da die Energiebilanz die entsprechenden Terme und Abhängigkeiten nicht enthält [5.13].

Die Drucksteigerung in einer Verdichtungsstufe ist aus konstruktiven und betriebstechnischen Gründen begrenzt, im wesentlichen durch die Festlegung einer Temperatur. Aus diesem Grunde sind zum Erreichen höherer Drücke *mehrstufige Verdichter* erforderlich, bei denen nach jeder Verdichtungsstufe eine Rückkühlung erfolgt, so daß der Prozeßverlauf wie in Bild 5.24 angegeben charakterisiert werden kann. Bei Rückkühlung nach der letzten Stufe kann eine *Annäherung an die Isotherme* erreicht werden, die bekanntlich die geringste Arbeit zur Überbrückung eines Druckgefälles erfordert.

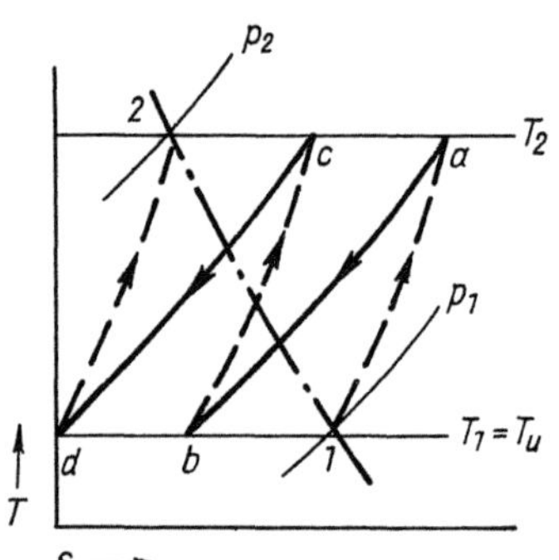

Bild 5.24. Mehrstufige Kompression im T,s-Diagramm

Der Wirkungsgrad der mehrstufigen Kompression kann in der Form angegeben werden:

$$\eta = \frac{e^0 - e^I}{\sum\limits_{i=1}^{z} w_{ti}} = \sum\limits_{i=1}^{z} \eta_i \frac{w_{ti}}{\sum\limits_{i=1}^{z} w_{ti}} \tag{5.85}$$

Für das ideale Gas als Arbeitsmittel und eine Druckaufteilung exakt nach Bild 5.24 kann aus Gl. (5.85) eine Beziehung abgeleitet werden, die einen quantitativen Vergleich mit der einfachen Kompression zuläßt und das Verhalten der mehrstufigen Kompression zu untersuchen gestattet. Dazu führt man eine *Pseudopolytrope* n_G ein, die Anfangs- und Endpunkt der Kompression verbindet und die nach Bild 5.20

im Bereich $1 \leqq n_\mathrm{G} \leqq \varkappa$ liegt. Der Zusammenhang zwischen dieser Pseudopolytro pen und der die Nichtumkehrbarkeit der einzelnen Stufen kennzeichnenden nach Gl. (5.81) läßt sich ermitteln zu

$$\frac{1}{z} = \frac{n_\mathrm{G} - 1}{n_\mathrm{G}} \frac{n_\mathrm{K}}{n_\mathrm{K} - 1} \tag{5.86}$$

wenn der Einfachheit halber $n_{\mathrm{K}1} = n_{\mathrm{K}2} = n_\mathrm{K} = \mathrm{const}$ gesetzt worden ist. Durch *Grenzwertbetrachtungen* ist es dann möglich nachzuweisen, daß z. B. der Wirkungsgrad $\eta \to 1$ nur gehen kann, wenn die Stufenzahl $z \to \infty$ geht und sämtliche Einzelstufenverdichtungen reversibel erfolgen $n_\mathrm{K} = \varkappa$, wobei vorausgesetzt wurde, daß $T^\mathrm{I} = T^0 = T_\mathrm{u}$ ist.

In Bild 5.25 sind die Ergebnisse für $z = 2$ und $z = 6$ aufgeteilt. Im Gegensatz zu Bild 5.21 nimmt der Wirkungsgrad mit dem Druckverhältnis ab und erreicht selbst bei völliger Reversibilität der Kompression wegen der Zwischenkühlerwärme nicht den Wert $\eta = 1$. Die Erhöhung der Stufenzahl führt zu einer erheblichen Zunahme des Wirkungsgrades [5.14].

Zum Vergleich zur einstufigen Kompression ist in Bild 5.26 eine *zweistufige Kompression* im e,h-Diagramm dargestellt. Eine Erklärung kann leicht gefunden werden.

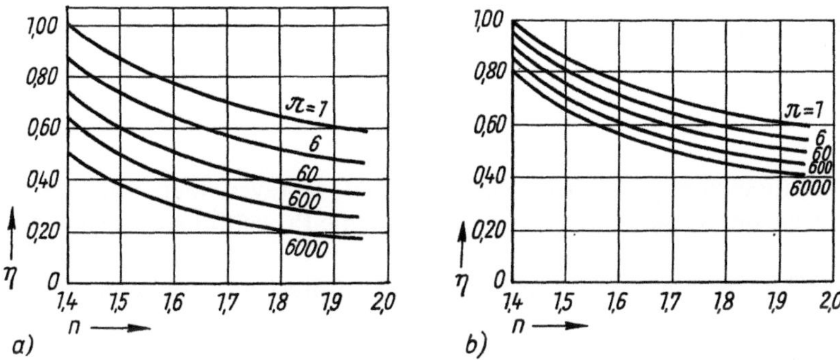

Bild 5.25. Exergetischer Wirkungsgrad der mehrstufigen Kompression
a) für $z = 2$
b) für $z = 6$

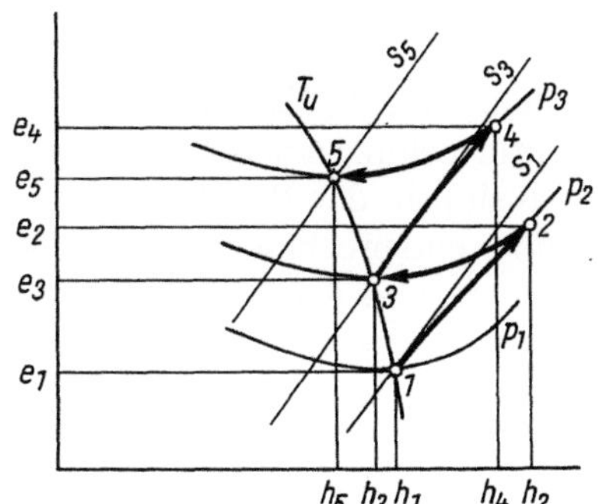

Bild 5.26. Zweistufige Kompression im e,h-Diagramm

Bezieht man sich auf die Gln. (5.78) und (5.85), d. h. auf adiabate Verdichtungen, bedeutet eine Mehrstufigkeit stets eine Verminderung des exergetischen Wirkungsgrades, da die in den Zwischenkühlern abzugebende Wärme als äußerer Verlust anzusehen ist. Bezieht man sich lediglich auf die Drucksteigerung als Nutzen, kann der Vergleich anders ausfallen, da dann die Verminderung der Verdichtungsarbeit, bei Annäherung an die Isotherme, und die Verminderung der Qualität der Abwärme zum Tragen kommen.

Bei *mehrstufigen Kompressionsprozessen* stellen die Ausnutzung der thermischen Exergie und die Nutzung der Abwärme wesentliche Möglichkeiten zur grundsätzlichen Verbesserung der energetischen Güte dar. Vorschläge hierzu sind in der Literatur verschiedentlich unterbreitet. Neben der Erzeugung von Warmwasser und Bereitstellung von Wärme für Trocknungsprozesse ist der Einsatz überkritischer Dampfkraftprozesse, z. B. mit geeigneten Freonen, interessant, da er nahezu reversible Lösungen anzustreben gestattet [5.14]. Die entsprechenden Berechnungskriterien analog zu den Gln. (5.83) und (5.84) lauten dann

für $\tau_e > 0$

$$\eta = \frac{e^0 - e^I + \tau_e |q|}{w_t} \qquad (5.87\,\mathrm{a})$$

für $\tau_e < 0$

$$\eta = \frac{e^0 - e^I}{w_z - \tau_e |q|} \qquad (5.87\,\mathrm{b})$$

und $\sigma = 0$

Unter diesen Voraussetzungen ist bei vollständiger, d. h. reversibler Nutzung der thermischen Exergie der Wirkungsgrad für die isotherme Prozeßführung gleich dem der adiabaten.

Ausführlichere Untersuchungen zu technischen Kompressionsprozessen, die auf einzelne Verluste und Verlustquellen eingehen, wie z. B. das Ventilspiel, die Reibungsverluste, die Wärmeübertragungsverluste und die Totraumverluste, sowie Möglichkeiten zu ihrer Beeinflussung sind in der Literatur zu finden [5.15].

5.5. Expansion strömender Medien

Die Entspannung von Gasen und Flüssigkeiten ist ein Prozeß, der in vielfältiger Form in der Energietechnik, Kälte- und Tieftemperaturtechnik eingesetzt wird. In der Energietechnik wird die Entspannung oder Expansion in der Regel zur Erzeugung von mechanischer und elektrischer Arbeit bei einer entsprechenden Enthalpieabnahme des Stoffstromes eingesetzt. In der Kältetechnik und der Tieftemperaturtechnik erfolgt der Einsatz der Expansion entweder prozeßbedingt, d. h. zur Aufrechterhaltung eines bestimmten Druckes, oder zur Kälteerzeugung. In diesen Fällen ist die Möglichkeit der Arbeitsabgabe bei der Expansion als zusätzlicher Effekt anzusehen. Aus diesem Grund unterscheidet sich die Einschätzung der Drosselung in der Energietechnik und der Tieftemperaturtechnik. Die Drosselung, als nichtumkehrbarer Prozeß, vermindert die Antriebsleistung bei der Entspannung, ist demnach in der Energietechnik als Verlustprozeß anzusehen. Andererseits ermöglicht die Drosselung in Verbindung mit dem JOULE-THOMSON-Effekt, Druckexergie in thermische Exergie umzuwandeln und so gewünschte Effekte in der Tieftemperaturtechnik zu erzielen.

Eine exergetische Bewertung des Expansionsprozesses muß diesen Gegebenheiten Rechnung tragen und deshalb im Bereich $T > T_u$ von anderen Zielgrößen ausgehen als im Bereich $T < T_u$.

Das Bilanzierungsschema für den Expansionsprozeß läßt sich aus Bild 5.27 ableiten. Danach gilt für die *Energiebilanz* entsprechend Abschnitt 5.1.2.

$$h^I = h^0 + |q| + |w_t| \tag{5.88}$$

und für die *Exergiebilanz*

$$e^I = e^0 + \tau_e |q| + |w_t| + \overset{\circ}{} \Delta e_v \tag{5.89}$$

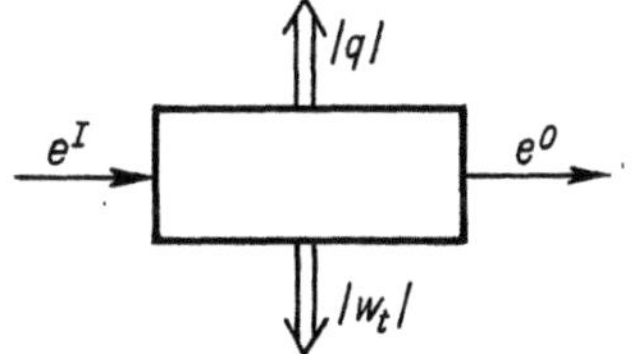

Bild 5.27. Schema eines Expansionsprozesses

In Bild 5.28 sind verschiedene Expansionsprozesse im e,h-Diagramm dargestellt. Die *isentrope Entspannung* $\overline{12}$ ist durch $h' - h^0 = e^1 - e^0$ gekennzeichnet, bei ihr wird die gesamte Exergieabnahme letztendlich als mechanische Energie abgegeben. Die Zustandsänderung $\overline{14}$ entspricht der *isenthalpen Entspannung*, d. h. der Drosselung ohne Arbeits- und Wärmeaustausch mit der Umgebung. Die Drosselung ist ein reiner Verlustprozeß, die gesamte Exergieabnahme wird in Anergie umgewandelt. Die Zustandsänderung $\overline{13}$ soll eine übliche *reibungsbehaftete Expansion* charakterisieren. Unter der Voraussetzung, daß diese Expansion adiabat verläuft, ist die geleistete Arbeit gleich der Enthalpiedifferenz und diese kleiner als die Exergieabnahme.

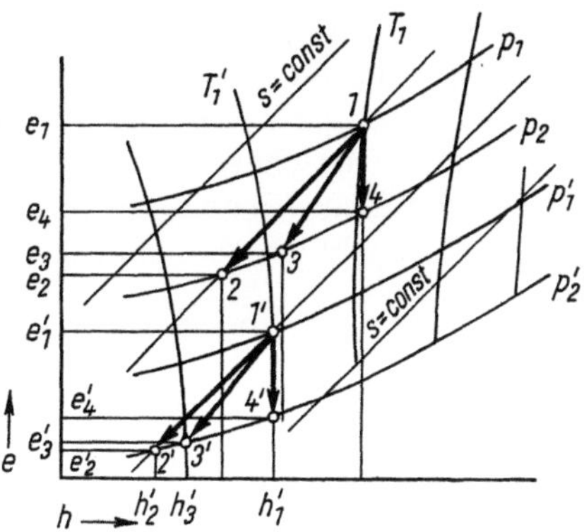

Bild 5.28. Expansionsprozesse bei $T > T_u$ in einem e,h-Diagramm

Wenn, wie in Bild 5.28 dargestellt, der Expansionsprozeß im Bereich $T > T_\mathrm{u}$ erfolgt, dann können die *Bewertungskriterien* nach den Gln. (4.4) und (4.5) in der Form angegeben werden:

$$\eta = \frac{w_\mathrm{t}}{e^\mathrm{I} - e^0} = \frac{h^\mathrm{I} - h^0}{e^\mathrm{I} - e^0} = 1 - \frac{T_\mathrm{u}(s^0 - s^\mathrm{I})}{e^\mathrm{I} - e^0} \tag{5.90}$$

und

$$\nu = \frac{w_\mathrm{t} + e^0}{e^\mathrm{I}} = 1 - \frac{T_\mathrm{u}(s^0 - s^\mathrm{I})}{e^\mathrm{I}} \tag{5.91}$$

Dabei ist angenommen, daß die Expansion unter technischen Bedingungen annähernd *adiabat* verläuft ($q = 0$). Die Exergie des austretenden Stoffstroms e^0 wird als *Transitexergie* aufgefaßt.

Wie schon in Abschnitt 5.1.2. dargestellt, wird die Expansion häufig mit einem *isentropen Wirkungsgrad* nach Gl. (5.11) bewertet. Da sich der isentrope Wirkungsgrad auf die Enthalpiedifferenz der Zustandsänderung *12* nach Bild 5.28 bezieht, ist dieser im betrachteten Temperaturbereich stets kleiner als der exergetische Wirkungsgrad nach Gl. (5.90). Für die Umrechnung beider Beurteilungsgrößen gilt

$$\eta = 1 - \frac{T_\mathrm{u}}{T_\mathrm{m23}} (1 - \eta_\mathrm{adE}) \tag{5.92}$$

mit

$$T_\mathrm{m23} = \left(\frac{\Delta h}{\Delta s} \right)_{p^0}$$

als einer entsprechenden Mitteltemperatur. Gl. (5.92) zeigt, daß für $T_\mathrm{m23} = T_\mathrm{u}$ exergetischer und isentroper Wirkungsgrad übereinstimmen. Das kann z. B. technisch vorliegen bei einer Expansion in das Naßdampfgebiet bis zur Umgebungsisothermen. Andererseits wird aus Gl. (5.92) deutlich, daß der exergetische Wirkungsgrad bei konstantem η_adE mit der Mitteltemperatur T_m23 ansteigt. Diese Tendenz kann aus Bild 5.28 abgelesen werden, wenn die zwei dargestellten Prozeßgruppen verglichen werden ($\overline{1'2'}$ mit $\overline{12}$, $\overline{1'3'}$ mit $\overline{13}$, $\overline{1'4'}$ mit $\overline{14}$). Wie auch die anderen Prozesse zeigt so die Expansion, daß mit der Entfernung von der Umgebung der relative Einfluß der Exergieverluste abnimmt.

Auch der Expansionsvorgang kann durch eine *Pseudopolytrope* nach Gl. (5.81) ersetzt werden. Für ein ideales Gas als Arbeitsmittel liegt der Polytropenexponent n_E im Bereich $1 \leqq n_\mathrm{E} \leqq \varkappa$. Für $n_\mathrm{E} = \varkappa$ ergibt sich die isentrope Entspannung und für $n_\mathrm{E} = 1$ die adiabate Drosselung. Werden die Zustandseigenschaften des idealen Gases der Aufbereitung der Gl. (5.90) zugrunde gelegt, so lassen sich qualitativ die in Bild 5.29 dargestellten Ergebnisse erhalten. Daraus wird ersichtlich, daß der exergetische Wirkungsgrad mit steigender Anfangstemperatur der Expansion $\left(\tau = \dfrac{T^\mathrm{I}}{T_\mathrm{u}} \right)$ und sinkendem Druckverhältnis $\pi = \dfrac{p^\mathrm{I}}{p^0}$ anwächst. Für $n_\mathrm{E} = \varkappa = 1{,}4$ (für zweiatomige Gase) wird $\eta = 1$, da die Expansion reversibel verläuft. Für $n_\mathrm{E} = 1$ ergibt sich stets $\eta = 0$, da bei der Drosselung keine technische Arbeit geleistet wird [5.16].

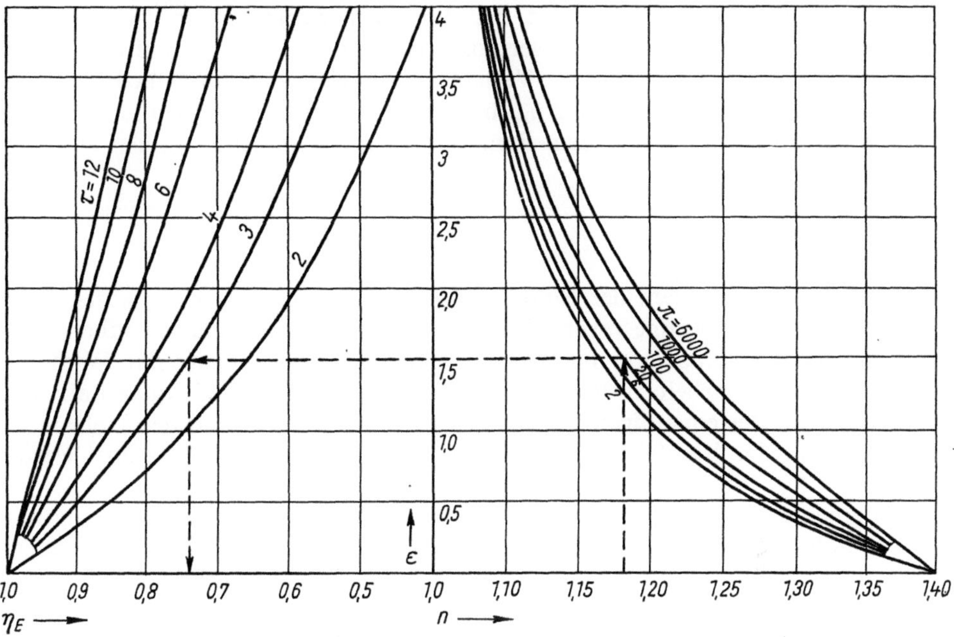

Bild 5.29. Ermittlung des Wirkungsgrades einer einstufigen Expansion aus Pseudopolytropen-exponent, Temperatur und Druckverhältnis

Diese Tendenzen lassen es sinnvoll erscheinen, für den Expansionsvorgang den Einfluß der *Mehrstufigkeit* zu untersuchen. In Bild 5.30 ist ein solcher mehrstufiger Expansionsprozeß mit Zwischenerhitzung im T,s-Diagramm dargestellt, wobei die Zwischenerhitzung stets wieder auf die Anfangstemperatur erfolgt. Die den Zwischenerhitzern zugeführte Wärme ist z. B. als zusätzlicher Aufwand anzusehen. Damit kann in Erweiterung von Gl. (5.90) für die mehrstufige Expansion geschrieben werden

$$\eta_{\text{ges}} = \frac{\sum\limits_{i=1}^{z} w_{\text{ti}}}{e^{\text{I}} - e^{0} + \sum\limits_{i=1}^{z-1} \tau_{\text{ei}} |q_i|} = \frac{1}{\Delta e_{\text{ges}}} \sum\limits_{i=1}^{z} \Delta e_i \eta_i \qquad (5.93)$$

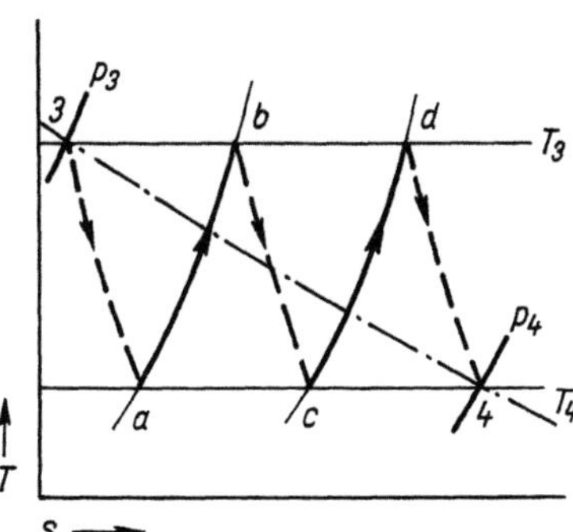

Bild 5.30. Darstellung der mehrstufigen Expansion im T,s-Diagramm

Legt man der Einfachheit halber fest, daß die Wärmezufuhr in den Zwischenerhitzern reversibel erfolgt, ist eine Auswertung von Gl. (5.93) bezogen auf den Expansionsprozeß möglich. Übersichtliche Verhältnisse ergeben sich durch die Einführung eines Pseudopolytropenexponenten n_G für den Gesamtprozeß, für den in Abhängigkeit von der Stufenzahl z und dem Pseudopolytropenexponenten n_E der einzelnen Verdichtungsstufe gilt

$$z = \frac{n_E - 1}{n_E} \frac{n_G}{n_G - 1} \tag{5.94}$$

und der, wie der Exponent der Einzelstufe n_E, im Bereich $1 \leqq n_G \leqq \varkappa$ liegt. Nun stellt $\varkappa = n_G$ die einstufige reversible Expansion und $n = 1$ die unendlichstufige ($n \to \infty$) isotherme Expansion mit Wärmezufuhr und Arbeitsabgabe dar. Wird z. B. ein ideales Gas als Arbeitsmittel angenommen, läßt sich Gl. (5.93) quantitativ auswerten und mit der einstufigen Expansion vergleichen. Aufgrund der Vielzahl der Parameter soll der Vergleich im einzelnen an dieser Stelle nicht geführt werden [5.6].

Zusammenfassend sei nur festgestellt, daß die mehrstufige Expansion im allgemeinen eine höhere exergetische Güte ermöglicht als die einfache, da durch die qualitativ hochwertige Wärmezufuhr eine Erhöhung der Arbeitsabgabe möglich ist. In Abhängigkeit von der Stufenzahl läßt sich vereinfachend feststellen, daß die Annäherung an die isotherme Entspannung durch die Mehrstufigkeit von Vorteil ist. Diese Aussagen müssen zumindest eingeschränkt werden, wenn die Wärmezufuhr in den Zwischenerhitzern verlustbehaftet erfolgt.

Zur Illustration und zum Vergleich zur einstufigen Expansion ist im Bild 5.31 der Prozeßverlauf in einer mehrstufigen Turbine angegeben worden. Daraus lassen sich die für die Exergiebilanz erforderlichen Größen leicht ablesen und damit auch die Werte für die rechte Seite von Gl. (5.93) bestimmen, wenn unter Δe_{ges} die Exergiedifferenz des Arbeitsmittels über den gesamten Entspannungsverlauf einschließlich der Wärmezufuhr verstanden wird.

Es ist verständlich, daß bei anderer struktureller und technologischer Einordnung der Expansion in das Gesamtverfahren auch andere als die hier diskutierten Bewertungskoeffizienten sinnvoll sein können. Wie schon einleitend angedeutet, gilt dies insbesondere für die Einordnung des Entspannungsprozesses in Verfahren der

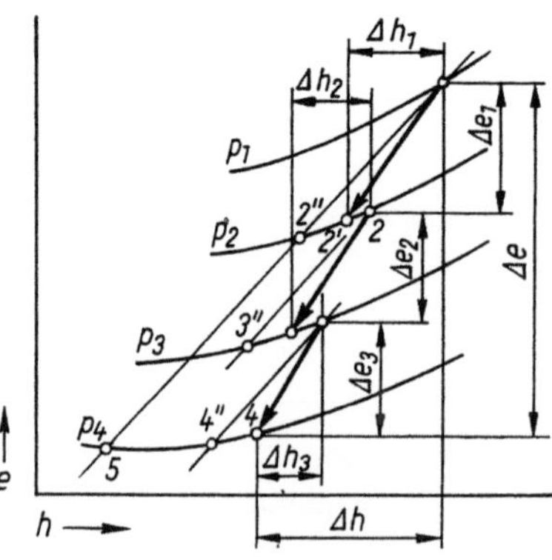

Bild 5.31. Entspannung in einer mehrstufigen Turbine im e,h-Diagramm

Kälte- und Tieftemperaturtechnik ($T < T_u$), und für derartige Bedingungen soll im folgenden eine weitere Einschätzung des Entspannungsprozesses vorgenommen werden. Da hierbei die *Umwandlung von Druckexergie in thermische Exergie* das Charakteristische des Prozesses ist, wird in Benutzung der Aussagen des Abschnittes 2.2.2.3. eingeführt.

$$e_T = \int\limits_{p,\,T_u}^{p,\,T} \left(\frac{\partial e}{\partial T}\right)_p dT \qquad \text{als thermische Exergie}$$

$$e_p = \int\limits_{p_u,\,T_u}^{p,\,T_u} \left(\frac{\partial e}{\partial p}\right)_T dp \qquad \text{als Druckexergie}$$

Damit läßt sich für die Exergiebilanz Gl. (5.89) schreiben:

$$(e_p^I - e_p^0) = (e_T^0 - e_T^I) + \tau_e |q| + |w_t| + \Delta e_v \tag{5.89a}$$

Wenn die Bereitstellung der thermischen Exergie als Nutzen neben der Wärme- und Arbeitsausnutzung angesehen wird, leitet sich aus Gl. (5.89a) ein Wirkungsgrad der Art ab:

$$\eta = \frac{(e_T^0 - e_T^I) + \tau_e |q| + |w_t|}{(e_p^I - e_p^0)} \tag{5.95}$$

Für die Drosselung idealer Gase ergibt dieser Wirkungsgrad $\eta = 0$. Für reale Gase dagegen ergeben sich aufgrund des JOULE-THOMSON-Effektes endliche Werte, die Stoffsysteme und Zustandsbereiche beurteilen lassen.

Am Beispiel der Expansion kann nun verdeutlicht werden, daß eine etwas anders gestaltete Aufteilung der Stoffstromexergie gestattet, das jeweilige technische Problem in ausreichender Deutlichkeit zu beschreiben. BRODJANSKIJ schlug vor, den thermischen Anteil der Exergie so zu definieren, daß als Nutzen die isobare Wärmeübertragung bei p^0, d. h. die Kältebereitstellung, und als Aufwand die isotherme Verdichtungsarbeit bei T^I, d. h. die Druckexergie, die ein technisches Minimum charakterisiert, ausgewiesen wird [5.17]. Auf diese Weise wird ein *Vergleichsprozeß* der Beurteilung zugrunde gelegt. Es wird gesetzt

$$e^I = e_T^I + e_p^0 + \Delta e_p \tag{5.96a}$$

$$e^0 = e_T^I + e_p^0 + \Delta e_T \tag{5.96b}$$

mit

$$e_T^I = \int\limits_{p_u,\,T_u}^{p_ü,\,T^I} \left(\frac{\partial e}{\partial T}\right)_p dT \qquad e_p^0 = \int\limits_{T^I,\,p_u}^{T^I,\,p^0} \left(\frac{\partial e}{\partial p}\right)_T dp \tag{5.97a, b}$$

und

$$\Delta e_p = \int\limits_{T^I,\,p^0}^{T^I,\,p^I} \left(\frac{\partial e}{\partial p}\right)_T dp \qquad \Delta e_T = \int\limits_{p^0,\,T^I}^{p^0,\,T^0} \left(\frac{\partial e}{\partial T}\right)_p dT \tag{5.98a, b}$$

In Bild 5.32 sind diese Anteile für einen Expansionsprozeß $\overline{12}$ veranschaulicht.

Die durch die Gln. (5.97a und b) definierten Exergieanteile können dann als Transitexergien angesehen werden. Gl. (5.98a) charakterisiert die isotherme Verdichterleistung und Gl. (5.98b) die Kälteleistung im Exergiemaßstab. Mit diesen Beziehungen läßt sich für die Exergiebilanz schreiben

$$\Delta e_{\mathrm{p}} = \Delta e_{\mathrm{T}} + \tau_{\mathrm{e}}|q| + |w_{\mathrm{t}}| + \Delta e_{\mathrm{v}} \tag{5.89b}$$

und daraus leitet sich ein exergetischer Wirkungsgrad der Form ab

$$\eta = \frac{\Delta e_{\mathrm{T}} + \tau_{\mathrm{e}}|q| + |w_{\mathrm{t}}|}{\Delta e_{\mathrm{p}}} \tag{5.99}$$

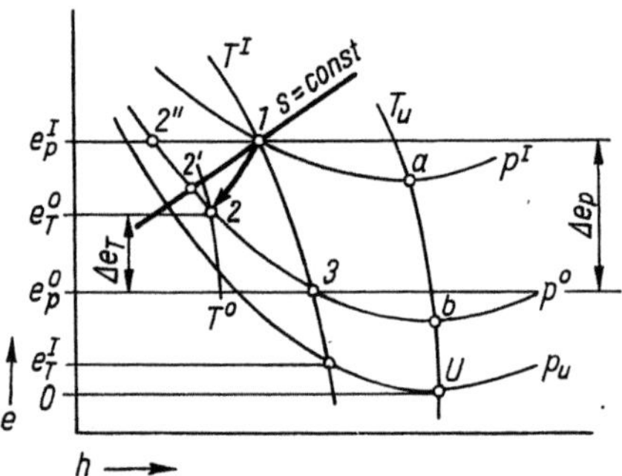

Bild 5.32. Entspannungsprozesse bei $T < T_{\mathrm{u}}$ im e,h-Diagramm

In Bild 5.32 sind neben der realen reibungsbehafteten Expansion $\overline{12}$ die isentrope $\overline{12'}$ und isenexerge $\overline{12''}$ Entspannung eingezeichnet. Daraus lassen sich die für die Exergiebilanzen, Gln. (5.89a und b), und für die Wirkungsgrade nach den Gln. (5.95) und (5.99) erforderlichen Terme ablesen und qualitativ Tendenzen bei einer Variation des Anfangszustandes abschätzen. Bild 5.33 veranschaulicht die Bilanz nach Gl. (5.89b) und damit auch den Wirkungsgrad nach Gl. (5.99) schematisch, kennzeichnet also den Vergleichsprozeß, der zur Aufteilung der Exergie nach den Gln. (5.96) geführt hat. Die Teilprozesse $\overline{a1}$ und $\overline{3b}$ verlaufen reversibel und kennzeichnen den Fluß der Transitexergien $e_{\mathrm{T}}^{\mathrm{I}}$ und e_{p}^{0} durch den Gesamtprozeß. Der Teilprozeß $\overline{12}$ stellt die Entspannung mit äußerem Arbeits- und Wärmeaustausch dar, während $\overline{23}$ die Zunahme der thermischen Exergie, die eigentliche Kälteleistung, kennzeichnet.

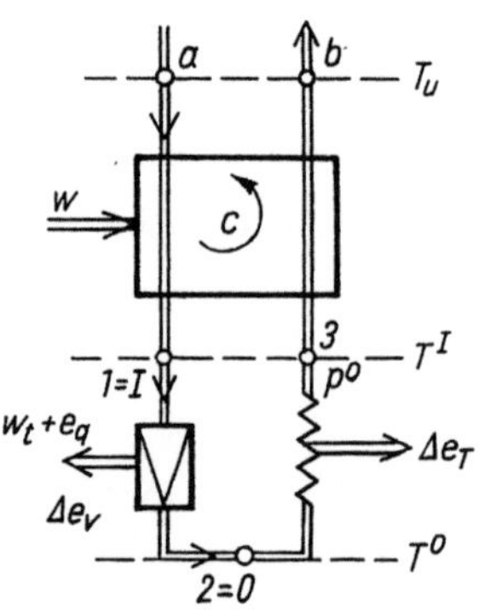

Bild 5.33. Exergieänderung, wie sie der Wirkungsgraddefinition nach Gl. (5.89b) zugrunde gelegt wird

Ein Grenzfall der Entspannung ist die *adiabate Drosselung*. Bei realen Gasen mit einem positiven JOULE-THOMSON-Effekt führt eine Drosselung unterhalb der Umgebungstemperatur zu einer Absenkung der Temperatur, die eine Erhöhung der thermischen Energie gegenüber der vergleichbaren isothermen Entspannung bedeutet. In Bild 5.34 können die exergetischen Verhältnisse für die Drosselung abgelesen werden und damit auch die zur Quantifizierung der Gln. (5.89b) und (5.99) erforderlichen Therme. Bild 5.35 soll schließlich demonstrieren, daß sich eine Drosselung in das Naßdampfgebiet hinein vom Standpunkt der Kältebereitstellung besonders günstig darstellt. Relativ kleinen Exergieverlusten durch die Irreversibilität ($e_1 - e_2$) stehen große Änderungen der Druckexergie ($e_1 - e_3$) und der thermischen Exergie ($e_2 - e_3$) gegenüber.

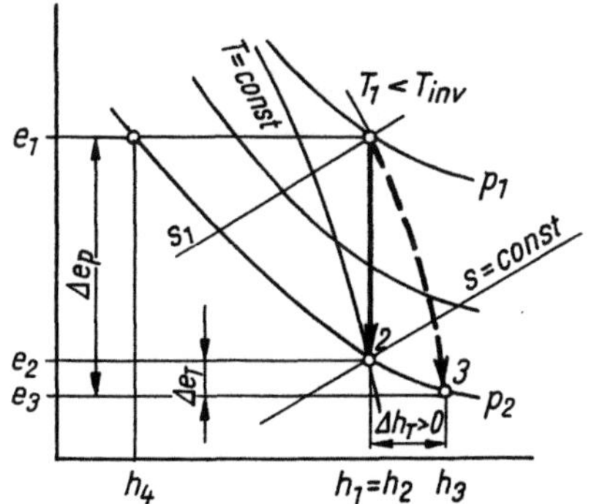

Bild 5.34. Drosselprozeß bei $\alpha_i > 0$, $\tau_e < 0$

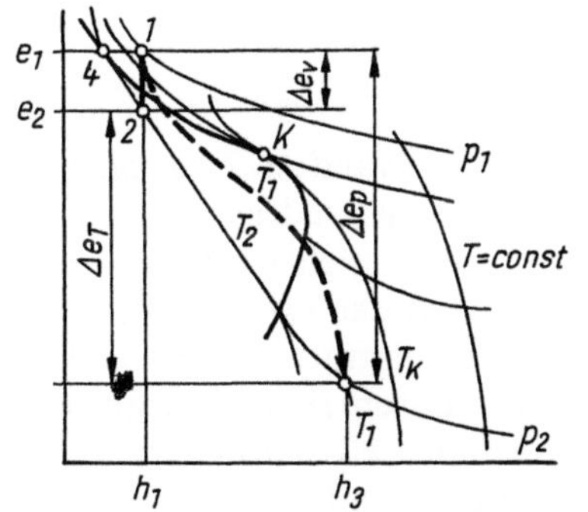

Bild 5.35. Drosselung in das Naßdampfgebiet bei $\tau_e < 0$

Diese Zusammenhänge können auch aus Tabelle 5.1 abgelesen werden, die für verschiedene Stoffe und Zustandsbereiche die mit dem Drosselprozeß erreichbaren exergetischen Wirkungsgrade (Gl. (5.99) mit $q = w_t = 0$) enthält.

Daraus kann gleichfalls die Wirksamkeit der Entspannung in das Naßdampfgebiet abgelesen werden.

Zum Abschluß sei darauf verwiesen, daß natürlich die reversible Entspannung mit Arbeitsleistung thermodynamisch stets günstiger ist als die Drosselentspannung. In Bild 5.36 ist eine isentrope Entspannung $\overline{12'}$ eingezeichnet, die zeigt, daß gegenüber der Drosselung nicht nur einfach die Verluste durch Nichtumkehrbarkeiten verschwinden (($e_{2'} - e_{2''}$) $\to 0$), sondern daß auch die Erzeugung der thermischen

Tabelle 5.1. Wirkungsgrade für den Einsatz der Drosselung zur Kälteerzeugung

Arbeitsmittel	p_1 in 10^5 Pa	p_2 in 10^5 Pa	T_1 in K	T_2 in K	η
Luft	200	1	298	253	0,0097
Luft	120	1	250	214	0,022
Luft	160	6	110	104	0,861
Luft	60	6	145	104	0,738
Luft	6	1	100	81	0,956
Ammoniak	8,5	2,9	293	273	0,977
Ammoniak	8,5	1,6	293	249	0,923
Ammoniak	2,5	0,7	259	232	0,986
Freon 12	5,7	2,0	293	260	0,980
Freon 12	5,7	1,0	283	243	0,984
Helium	24,5	1,3	5,2	4,4	0,900

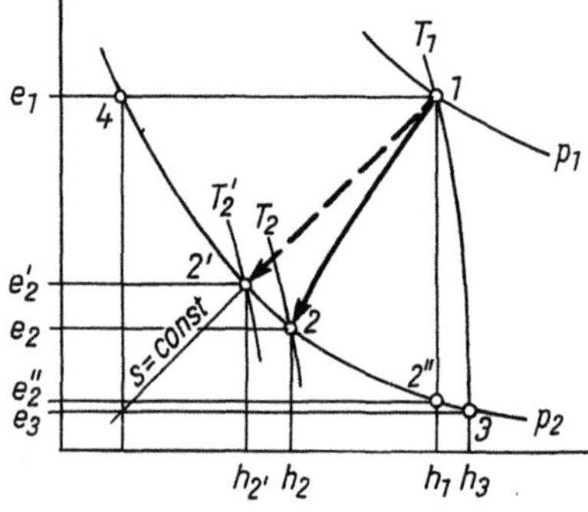

Bild 5.36. Adiabate Entspannung mit Arbeitsleistung bei $\tau_e < 0$

Exergie ($e_2 - e_3$), die Arbeitsleistung ($h_1 - h_2$) und der Aufwand an Druckexergie ($e_1 - e_3$) so liegen, daß sich bessere Zahlenwerte des Wirkungsgrades ergeben müssen. Das gilt jedoch nur für den reversiblen Prozeß. Tatsächlich wird jeder Entspannungsprozeß durch Reibungsprozesse begleitet, so daß der Prozeßverlauf der Zustandsänderung $\overline{12}$ entspricht. Da die adiabaten Wirkungsgrade derartiger Entspannungseinrichtungen 80 bis 90% nicht übersteigen, lassen sich im konkreten Fall Zustandsbereiche aufzeigen, in denen der Drosselprozeß thermodynamisch günstiger sein kann als eine reibungsbehaftete Entspannung mit Arbeitsabgabe.

5.6. Mischungsprozesse

Mischungsprozesse der verschiedensten Art finden bei außerordentlich vielen verfahrenstechnischen und energetischen Grundoperationen Anwendung. Es ist nicht möglich, dieser Vielfalt im vorgegebenen Rahmen Rechnung zu tragen. Im folgenden werden nur einige typische Grenzfälle dargestellt, um beispielhaft die Methode und einige quantitative Einschätzungen zu vermitteln.

5.6.1. Mischung zur direkten Wärmeübertragung

Durch die Vermischung von verschieden temperierten Stoffströmen wird eine direkte Wärmeübertragung realisiert, die häufig ungewollt ist, aber in vielen Fällen, insbesondere wegen der apparativen Einfachheit, auch der Aufheizung eines Mediums dient. Das ist der Fall beim Einsatz von Medien als Energieträger, wobei bei der Verwendung von Wasser und Wasserdampf für die zu vermischenden Stoffströme die gleiche Zusammensetzung vorliegt. Auf diese Situation sollen die folgenden Überlegungen beschränkt werden, da hierbei lediglich ein Wärmeübertragungsverlust im Rahmen der exergetischen Analyse zu berücksichtigen ist.

Technische Anwendungen findet ein solcher Prozeß bei der Heißwasserbereitstellung und bei der Speisewasservorwärmung im Kraftwerk. Als ungewollter Prozeß liegt der gleiche Vorgang bei bestimmten Speichertypen und Kesselarten (z. B. Löfflerkessel) vor, allerdings in anderen Zustandsbereichen. Mit dem Hintergrund der Heißwasserbereitstellung ist das Prinzip und die Bezeichnung aus Bild 5.37 ersichtlich.

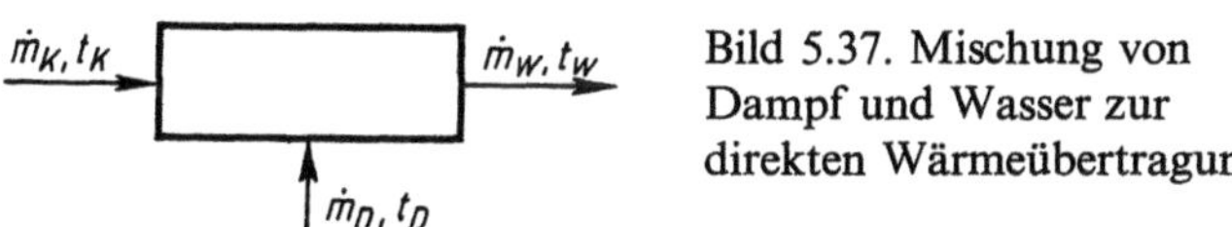

Bild 5.37. Mischung von Dampf und Wasser zur direkten Wärmeübertragung

Die *Massenbilanz* lautet

$$\dot{m}_\mathrm{K} + \dot{m}_\mathrm{D} = \dot{m}_\mathrm{W} \tag{5.100}$$

und die *Energiebilanz* in Analogie zu Gl. (5.18)

$$\dot{m}_\mathrm{K} h_\mathrm{K} + \dot{m}_\mathrm{D} h_\mathrm{D} = \dot{m}_\mathrm{W} h_\mathrm{W}$$

Die Verknüpfung beider Bilanzen führt zu

$$\frac{\dot{m}_\mathrm{K}}{\dot{m}_\mathrm{W}} = \frac{h_\mathrm{D} - h_\mathrm{W}}{h_\mathrm{D} - h_\mathrm{K}} \qquad \frac{\dot{m}_\mathrm{K}}{\dot{m}_\mathrm{D}} = \frac{h_\mathrm{D} - h_\mathrm{W}}{h_\mathrm{W} - h_\mathrm{K}} \tag{5.101 a, b}$$

Für die *Exergiebilanz* gilt in Analogie zu Gl. (5.16) mit den speziellen Bezeichnungen nach Bild 5.37:

$$\dot{m}_\mathrm{K} e_\mathrm{K} + \dot{m}_\mathrm{D} e_\mathrm{D} = \dot{m}_\mathrm{W} e_\mathrm{W} + \Delta \dot{E}_\mathrm{V} \tag{5.102}$$

Für den *Exergieverlust* infolge irreversibler Wärmeübertragung bei endlicher Temperaturdifferenz ergibt sich aus Gl. (5.102)

$$\Delta \dot{E}_\mathrm{V} = T_\mathrm{u}(\dot{m}_\mathrm{K}(s_\mathrm{W} - s_\mathrm{K}) - \dot{m}_\mathrm{D}(s_\mathrm{W} - s_\mathrm{D})) \tag{5.103}$$

als verallgemeinerter Ausdruck der Gl. (5.21), die nur für das Einphasengebiet gilt.

Unabhängig davon, ob der zu analysierende Mischungsprozeß der direkten Wärmeübertragung dient oder als reiner Verlustprozeß zu betrachten ist, kann seine thermodynamische Qualität durch die Angabe des *Gütegrades* nach Gl. (4.5) gekennzeichnet werden. Es gilt

$$v = \frac{\dot{m}_W e_W}{\dot{m}_K e_K + \dot{m}_D e_D} = 1 - \frac{\Delta \dot{E}_V}{\dot{m}_K e_K + \dot{m}_D e_D} \tag{5.104}$$

oder mit den Gln. (5.101 a und b)

$$v = \frac{\dfrac{h_D - h_K}{h_D - h_W} e_W}{e_K + \dfrac{h_W - h_K}{h_D - h_W} e_D} \tag{5.104 a}$$

woraus mit Gl. (5.103) oder auch der Berechnungsgleichung der Exergie weitere spezielle Beziehungen abgeleitet werden können.

Für den Einsatz des Mischungsprozesses für die direkte Wärmeübertragung ist die Definition eines *Wirkungsgrades* in völliger Analogie zum Wärmeübertrager möglich (Gl. (5.50)). Für Prozesse *oberhalb der Umgebungstemperatur* gilt

$$\eta = \frac{\dot{m}_K (e_W - e_K)}{\dot{m}_D (e_D - e_W)} = 1 - \frac{\Delta \dot{E}_V}{\dot{m}_D (e_D - e_W)} \tag{5.105}$$

oder mit Gl. (5.101 b)

$$\eta = \frac{(h_D - h_W)\,(e_W - e_K)}{(h_W - h_K)\,(e_D - e_W)}$$

Als Nutzen ist demnach die Aufwärmung des Kaltwasserstromes angesehen worden. Für spezielle Zwecke lassen sich auch weitere Bewertungsgrößen ableiten. Der Verlustgrad ist wegen nicht vorhandener äußerer Verluste $\sigma = 0$.

Zur Vermittlung einer quantitativen Vorstellung ist in Tabelle 5.2 ein zahlenmäßiges Beispiel für die *isobare Aufheizung von Wasser mit Niederdruckdampf* zusammengefaßt. Gütegrad und Wirkungsgrad erscheinen hierfür repräsentativ. In Bild 5.38 ist das Zahlenbeispiel im h,s-Diagramm veranschaulicht. Der reversible Mischpunkt nach Gl. (5.20) kann auf der Mischungsgeraden aufgetragen werden.

Tabelle 5.2. Beispiel: isobare Mischung von Wasser und Wasserdampf

Zustandspunkt	t in °C	p in Pa	h in J/kg	s in J/kg K	e in J/kg
K	70	$2 \cdot 10^5$	$2{,}931 \cdot 10^5$	$9{,}547 \cdot 10^2$	$2{,}333 \cdot 10^4$
W	110	$2 \cdot 10^5$	$4{,}614 \cdot 10^5$	$1{,}4184 \cdot 10^3$	$6{,}034 \cdot 10^4$
D	130	$2 \cdot 10^5$	$2{,}7275 \cdot 10^6$	$7{,}1803 \cdot 10^3$	$6{,}950 \cdot 10^5$
U	10	10^5	$4{,}22 \cdot 10^4$	$1{,}510 \cdot 10^2$	0

$v = 0{,}865$

$\eta = 0{,}785$

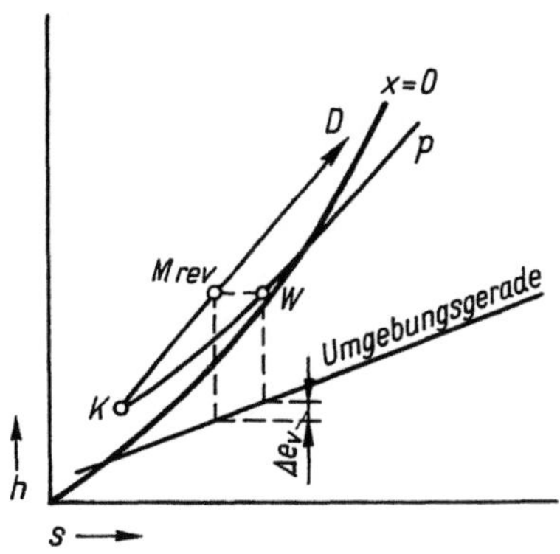

Bild 5.38. Darstellung der Exergieverluste bei isobarer Mischung von Wasser und Wasserdampf im h,s-Diagramm ($\Delta e_{\mathrm{v}} = \Delta\dot{E}_{\mathrm{v}}/\dot{m}_{\mathrm{w}}$)

Den Punkt W findet man mit Hilfe einer Isenthalpen. Auf diese Weise läßt sich der Exergieverlust nach Gl. (5.103) leicht darstellen.

Im allgemeinen kann der Einfluß des Mischungsprozesses in großen Bereichen schwanken (z. B. beträgt der Gütegrad eines Mischungsprozesses für die in einem Löfflerkessel vorliegenden Bedingungen $v = 0{,}975$) und erreicht insbesondere in der Nähe der Umgebungstemperatur niedrige exergetische Bewertungszahlen. Eine Verbesserung der exergetischen Güte ist nur über eine Verminderung der Nichtumkehrbarkeit, d. h. der Temperaturdifferenz der zu mischenden Stoffströme möglich.

Bei Warmwasserspeichern ist das z. B. durch eine definierte Heißwasser- und Kaltwasserzugabe und Warmwasserentnahme unter Berücksichtigung einer stabilen thermischen Schichtung zu beeinflussen.

5.6.2. Dampfstrahlapparat

Mischungsprozesse in Dampfstrahlapparaten spielen aufgrund der einfachen apparativen Gestaltung trotz des relativ schlechten Wirkungsgrades eine nicht unerhebliche Rolle. Ein weiterer Nachteil ist die geringfügige Regelbarkeit, da der Apparat relativ exakt im Auslegungszustand betrieben werden muß. Dampfstrahlapparate werden zur Vakuumerzeugung [5.19], in der Kältetechnik und zur Realisierung offener Wärmepumpenprozesse eingesetzt. Das Schema des Dampfstrahlapparates ist in Bild 5.39 dargestellt, anhand dessen die Funktionsweise erläutert werden kann.

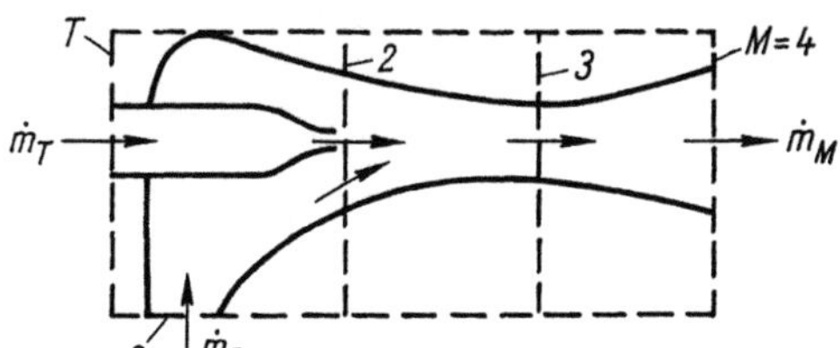

Bild 5.39. Schema eines Dampfstrahlapparates

In der *Düse* wird die potentielle, *thermomechanische Energie* in *kinetische Energie* umgewandelt. Anschließend erfolgt die *Mischung* von Treib- und Saugdampf und gewöhnlich eine weitere Beschleunigung. Im *Diffusor* erfolgt eine Rückverwandlung der *kinetischen Energie* in *thermomechanische Energie*.

Der Zustandsverlauf kann aus Bild 5.40 entnommen werden. Alle Teilprozesse sind mit Irreversibilitäten behaftet, die den Zustandsverlauf prägen.

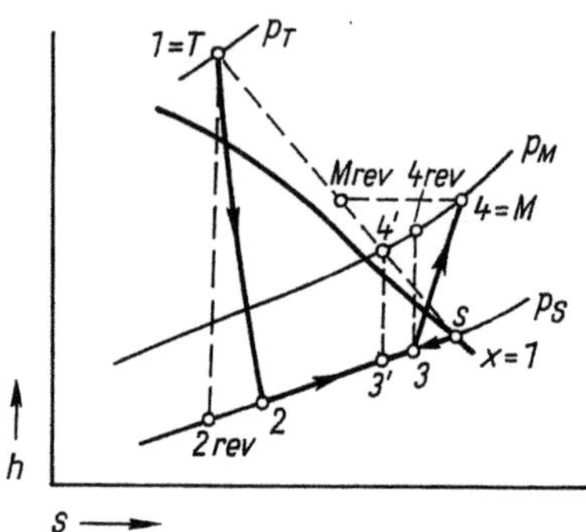

Bild 5.40. Zustandsänderungen im Dampfstrahlapparat

Wenn man von Wärmeverlusten absieht, gelten für den Dampfstrahlapparat die für alle Mischungsprozesse angegebenen *Massen- und Energiebilanzen* (mit Bezeichnungen nach Bild 5.40)

$$\dot{m}_\text{T} + \dot{m}_\text{S} = \dot{m}_\text{M} \tag{5.106}$$

$$\dot{m}_\text{T}h_\text{T} + \dot{m}_\text{S}h_\text{S} = \dot{m}_\text{M}h_\text{M}$$

Zur weiteren Diskussion sind die Energiebilanzen der Teilprozesse erforderlich. Hierbei muß die kinetische Energie berücksichtigt werden. Die Nichtumkehrbarkeiten infolge Reibungsprozessen in der Düse und im Diffusor werden in üblicher Weise durch einen adiabaten Wirkungsgrad erfaßt.

Damit gilt für die *Düse*

$$h_1 = h_\text{T} = h_2 + \frac{c_2^2}{2} \tag{5.107}$$

$$\eta_\text{ad1} = \frac{h_1 - h_2}{h_1 - h_{2\,\text{rev}}} \tag{5.108}$$

und für den *Diffusor*

$$h_3 + \frac{c_3^2}{2} = h_4 = h_\text{M} \tag{5.109}$$

$$\eta_\text{ad2} = \frac{h_{4\,\text{rev}} - h_3}{h_4 - h_3} \tag{5.110}$$

Für den *Mischungsprozeß* gilt als Energiebilanz

$$\dot{m}_\text{T}\left(h_2 + \frac{c_2^2}{c}\right) + \dot{m}_\text{S}h_\text{S} = \dot{m}_\text{M}\left(h_3 + \frac{c_3^2}{2}\right) \tag{5.111}$$

und die *Impulsbilanz*

$$\dot{m}_\mathrm{T} c_2 = \dot{m}_\mathrm{M} c_3 \qquad (5.112)$$

wobei vereinfachend isobare Verhältnisse und das Fehlen äußerer Kräfte angenommen wurden. Außerdem wurde die Saugdampfgeschwindigkeit beim Eintritt in den Apparat als vernachlässigbar angesehen.

Aus den Gln. (5.107) bis (5.112) läßt sich der kennzeichnende Zusammenhang zwischen dem Massenstrom und den thermodynamischen Parametern ableiten. Es gilt:

$$\frac{\dot{m}_\mathrm{S}}{\dot{m}_\mathrm{T}} = \sqrt{\eta_{\mathrm{ad}1}\eta_{\mathrm{ad}2} \frac{h_\mathrm{T} - h_{2\mathrm{rev}}}{h_{4\mathrm{rev}} - h_3} - 1} \qquad (5.113)$$

Gl. (5.113) läßt sich nur iterativ lösen. Für den Fall der reversiblen Mischung ist eine geschlossene Lösung möglich, da hierfür Zustand *3* in *3'* und *4*$_\mathrm{rev}$ in *4'* übergeht. Unter der Voraussetzung, daß

$$h_{4\,\mathrm{rev}} - h_3 \approx h_{4'} - h_{3'} \quad ,$$

ist, kann diese Lösung als Nährungslösung für die Gl. (5.113) Verwendung finden. Als Berechnungsgleichung gilt dann

$$\frac{\dot{m}_\mathrm{S}}{\dot{m}_\mathrm{T}} = \sqrt{\eta_{\mathrm{ad}1}\eta_{\mathrm{ad}2} \frac{h_\mathrm{T} - h_\mathrm{S}}{h_{4'} - h_1} - 1} \qquad (5.113\,\mathrm{a})$$

da auf Grund des Strahlensatzes gilt

$$\frac{h_\mathrm{T} - h_{2\mathrm{rev}}}{h_{4'} - h_{3'}} = \frac{h_\mathrm{T} - h_\mathrm{S}}{h_{4'} - h_\mathrm{S}}$$

Auf der Basis der Massen- und Energiebilanzen können die *Exergiebilanzen* für den gesamten Strahlapparat und für die einzelnen Teilprozesse aufgestellt werden. Nach Gl. (5.16) lautet die *Gesamtbilanz*:

$$\dot{m}_\mathrm{S} e_\mathrm{S} + \dot{m}_\mathrm{T} e_\mathrm{T} = \dot{m}_\mathrm{M} e_\mathrm{M} + \Delta\dot{E}_\mathrm{V} \qquad (5.114)$$

Für die Teilprozesse ergibt sich:

$$\textit{Düse} \quad \dot{m}_\mathrm{T} e_\mathrm{T} = \dot{m}_\mathrm{T}\left(e_2 + \frac{c_2^2}{2}\right) + \Delta\dot{E}_{\mathrm{V}1} \qquad (5.115)$$

$$\textit{Mischung} \quad \dot{m}_\mathrm{T}\left(e_2 + \frac{c_2^2}{2}\right) + \dot{m}_\mathrm{S} e_\mathrm{S} = \dot{m}_\mathrm{M}\left(e_3 + \frac{c_3^2}{2}\right) + \Delta\dot{E}_{\mathrm{V}2} \qquad (5.116)$$

$$\textit{Diffusor} \quad \dot{m}_\mathrm{M}\left(e_3 + \frac{c_3^2}{2}\right) = \dot{m}_\mathrm{M} e_\mathrm{M} + \Delta\dot{E}_{\mathrm{V}3} \qquad (5.117)$$

Die Exergieverluste in der Düse und dem Diffusor können als Reibungsverluste bei entsprechenden Expansions- und Kompressionsvorgängen aufgefaßt werden. Der energetische und exergetische Wert dieser Verluste kann leicht aus dem *h,s*-Diagramm bestimmt werden (Bild 5.41).

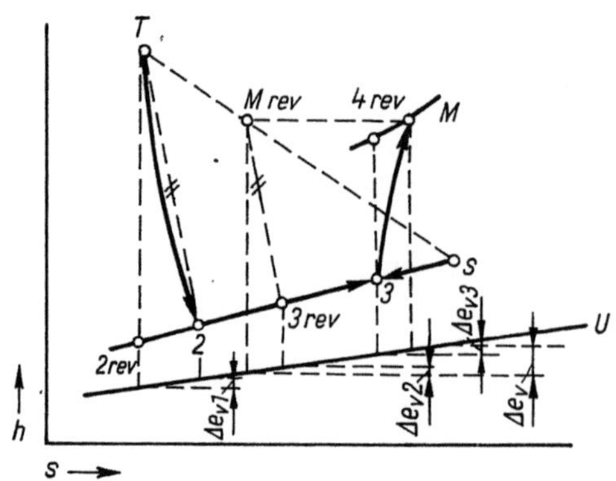

Bild 5.41. Darstellung der Exergieverluste beim Dampfstrahler im h,s-Diagramm
($\Delta e_v = \Delta \dot{E}_v / \dot{m}_M$, $\Delta e_{v1} = \Delta \dot{E}_{v1} / \dot{m}_T$, $\Delta e_{v2} = \Delta \dot{E}_{v2} / \dot{m}_M$, $\Delta e_{v3} = \Delta \dot{E}_{v3} / \dot{m}_M$)

Der energetische Wert ergibt sich als Enthalpiedifferenz unter Bezugnahme auf die jeweilige Isentrope. Der Exergieverlust läßt sich damit unter Benutzung von Parallelen zur Umgebungsgeraden ermitteln.

Unter Benutzung der Gln. (5.108) und (5.110) kann der Zusammenhang zwischen *adiabatem Wirkungsgrad* und *Exergieverlust* auch quantitativ bestimmt werden.

Man erhält

$$\Delta e_{V1} = (1 - \eta_{ad\,1})\,(h_T - h_{2\,rev})\left(1 - \frac{T_u}{T}\right)$$

und

$$\Delta e_{V3} = \left(\frac{1}{\eta_{ad2}} - 1\right)(h_{4\,rev} - h_3)\left(1 - \frac{T_u}{T_m}\right)$$

Zu beachten ist, daß im Diffusor das Heißdampfgebiet erreicht wird. Deshalb muß bei der exergetischen Temperatur eine entsprechende Mitteltemperatur eingesetzt werden.

Erfahrungsgemäß liegen die adiabaten Wirkungsgrade von Düse und Diffusor für Wasser in folgenden Größenordnungen [5.19]:

$$\eta_{ad1} \approx 0{,}90 \ldots 0{,}94$$

$$\eta_{Ed2} \approx 0{,}60 \ldots 0{,}70$$

Der Exergieverlust $\Delta \dot{E}_{V2}$ resultiert aus dem sogenannten *Stoßverlust* in der Mischkammer des Strahlapparates. Auch er läßt sich in einfacher Weise im h,s-Diagramm veranschaulichen. Seine Ermittlung ist etwas komplizierter, wenn man nicht nur Versuchs- oder Betriebsdaten mit dem reversiblen Grenzfall vergleicht. Da zu seiner rechnerischen Abschätzung einige an dieser Stelle getroffene Vereinfachungen nicht mehr aufrechterhalten werden können, wird auf die Literatur verwiesen [5.20].

Der Gesamtverlust läßt sich entweder aus der Summation der Einzelverluste oder global aus Gl. (5.19) ermitteln. Im letzten Fall bezieht man sich auf den reversiblen

Mischungspunkt, der auf der durch die Zustände von Trieb- und Saugdampf gegebenen Mischgeraden liegt und durch die Isenthalpe $h_M = \text{const}$ fixiert ist (Bild 5.41). Damit ergibt sich der Exergieverlust in Gl. (5.114) aus der Beziehung

$$\Delta \dot{E}_V = T_u \dot{m}_M (s_M - s_{M\,rev})$$ (5.118)

Aus dem h,s-Diagramm wird deutlich, daß die Irreversibilitäten sich letzten Endes in einem gegenüber dem reversiblen Grenzfall verminderten Mischdampfdruck äußern. Unter Benutzung entsprechender Zustandswerte kann dieser Exergieverlust auch aus Gl. (5.22) ermittelt werden.

Ausgehend von den Exergiebilanzen können die exergetischen Bewertungszahlen für den Dampfstrahlapparat abgeleitet werden. Die Gln. (5.115) bis (5.117) zeigen, daß es auch möglich ist, für die Teilprozesse Güte- und auch Wirkungsgrade anzugeben. Das dürfte von Interesse sein, wenn verschiedene Dampfstrahlapparate untereinander verglichen werden sollen. Es soll sich aber an dieser Stelle auf die Beurteilung des Gesamtprozesses beschränkt werden, da diese maßgebend für den Einsatz eines Strahlapparates in einem Gesamtverfahren ist. Der *Gütegrad* läßt sich nach Gl. (4.5) in der für alle Mischprozesse gültigen Form angeben

$$\nu = \frac{\dot{m}_M e_M}{\dot{m}_S e_S + \dot{m}_T e_T}$$ (5.119)

Analog zur direkten Wärmeübertragung durch Mischung (Gl. (5.105)) kann auch für Strahlapparate ein *Wirkungsgrad* angegeben werden, wenn die Exergiesteigerung des Saugdampfes als Nutzen und die Exergieabnahme des Treibdampfes als Aufwand angesehen werden. Damit wird

$$\eta = \frac{\dot{m}_S (e_M - e_S)}{\dot{m}_T (e_T - e_M)}$$ (5.120)

Zur quantitativen Illustration sind in den Tabellen 5.3 und 5.4 die Ergebnisse zweier Zahlenwertrechnungen zusammengestellt. Tabelle 5.3 charakterisiert eine *Brüdendampfverdichtung* unter Einsatz eines Dampfes mittleren Druckes zur Erzeugung von Heizdampf niederen Druckes. Es könnte sich um eine Abwärmeverwertung durch den Einsatz eines offenen Wärmepumpenprozesses handeln.

Die gewählte Druckstufung führt zu einem extremen Treibdampfverhältnis. Trotz des geringen exergetischen Wirkungsgrades kann durchaus ein Einsatz des Strahlapparates ökonomisch gerechtfertigt sein, besonders dann, wenn die Brüdenwärme nicht genutzt wird und der gesamte Dampfbedarf z. B. durch Drosselung von Dampf höheren Druckes gedeckt wird.

Im Beispiel nach Tabelle 5.4 wird ein Treibdampf höheren Druckes eingesetzt, dadurch wird der spezifische Treibdampfbedarf geringer. Der exergetische Wirkungsgrad ändert sich nicht wesentlich, der Gütegrad nimmt im Vergleich zu dem Beispiel in Tabelle 5.3 ab. Das ist auf eine Verringerung der Transitexergie zurückzuführen, die sich z. B. in einer Zunahme des technologischen Gütegrades zum Ausdruck bringen läßt. Der Einfluß der Stoßverluste in der Mischkammer hat stark zugenommen. Eine Erhöhung der exergetischen Güte der Dampfstrahlapparate verlangt eine Verminderung der Strömungs- und Stoßverluste, ist also durch eine sorgfältige hydraulische Auslegung und Fertigung des Apparates zu erreichen. Das

Tabelle 5.3. Beispiel 1: Dampfstrahlapparat für $\eta_{ad1} = 0,9$, $\eta_{ad2} = 0,7$

Zustand	p in Pa	t in °C	h in J/kg	s in J/(kg K)	e in J/kg	c in m/s	$e + \dfrac{c^2}{2}$ in J/kg
T	$7 \cdot 10^5$	200	$2,8448 \cdot 10^6$	$6,8873 \cdot 10^3$	$8,9532 \cdot 10^5$	0	$8,9532 \cdot 10^5$
S	$8 \cdot 10^4$	93,5.	$2,6660 \cdot 10^6$	$7,4360 \cdot 10^3$	$5,6115 \cdot 10^5$	0	$5,6115 \cdot 10^5$
2	$8 \cdot 10^4$	93,5	$2,5028 \cdot 10^6$	$6,9909 \cdot 10^3$	$5,2398 \cdot 10^5$	827	$8,6595 \cdot 10^5$
3	$8 \cdot 10^4$	93,5	$2,5400 \cdot 10^6$	$7,0923 \cdot 10^3$	$5,3247 \cdot 10^5$	763	$8,2356 \cdot 10^5$
$M = 4$	$3 \cdot 10^5$	183	$2,8311 \cdot 10^6$	$7,2380 \cdot 10^3$	$7,8232 \cdot 10^5$	0	$7,8232 \cdot 10^5$
U	10^5	10	$4,21 \cdot 10^4$	$1,510 \cdot 10^2$	0	0	0

$$\frac{\dot{m}_s}{\dot{m}_T} = 0,0832, \quad \frac{\Delta \dot{E}_V}{\dot{m}_M} = 8,733 \cdot 10^4 \text{ J/kg}, \quad \frac{\Delta \dot{E}_{V1}}{\dot{m}_M} = 2,711 \cdot 10^4 \text{ J/kg},$$

$$\frac{\Delta \dot{E}_{V2}}{\dot{m}_M} = 1,898 \cdot 10^4 \text{ J/kg}, \quad \frac{\Delta \dot{E}_{V3}}{\dot{m}_M} = 4,124 \cdot 10^4 \text{ J/kg},$$

$$\eta = 0,256, \quad v = 0,900$$

Tabelle 5.4. Beispiel 2: Dampfstrahlapparat für $\eta_{ad1} = 0,9$, $\eta_{ad2} = 0,7$

Zustand	p in Pa	t in °C	h in J/kg	s in J/(kg K)	e in J/kg	c in m/s	$e + \dfrac{c^2}{2}$ in J/kg
T	$1,5 \cdot 10^6$	240	$2,8993 \cdot 10^6$	$6,6635 \cdot 10^3$	$1,0132 \cdot 10^6$	0	$1,0132 \cdot 10^6$
S	$8 \cdot 10^4$	93,5	$2,6660 \cdot 10^6$	$7,4360 \cdot 10^3$	$5,6115 \cdot 10^5$	0	$5,6115 \cdot 10^5$
2	$8 \cdot 10^4$	93,5	$2,4344 \cdot 10^6$	$6,8043 \cdot 10^3$	$5,0842 \cdot 10^5$	964	$9,7307 \cdot 10^5$
3	$8 \cdot 10^4$	93,5	$2,5554 \cdot 10^6$	$7,1343 \cdot 10^3$	$5,3598 \cdot 10^5$	771	$8,3320 \cdot 10^5$
$M = 4$	$3 \cdot 10^5$	194	$2,8526 \cdot 10^6$	$7,2846 \cdot 10^3$	$7,9062 \cdot 10^5$	0	$7,9062 \cdot 10^5$
U	10^5	10	$4,21 \cdot 10^4$	$1,510 \cdot 10^2$	0	0	0

$$\frac{\dot{m}_S}{\dot{m}_T} = 0,2504, \quad \frac{\Delta \dot{E}_V}{\dot{m}_M} = 1,3205 \cdot 10^5 \text{ J/kg}, \quad \frac{\Delta \dot{E}_{V1}}{\dot{m}_M} = 3,209 \cdot 10^4 \text{ J/kg},$$

$$\frac{\Delta \dot{E}_{V2}}{\dot{m}_M} = 5,738 \cdot 10^4 \text{ J/kg}, \quad \frac{\Delta \dot{E}_{V3}}{\dot{m}_M} = 4,258 \cdot 10^4 \text{ J/kg},$$

$$\eta = 0,258, \quad v = 0,857$$

steht im gewissen Widerspruch zu der Tatsache, daß der Dampfstrahlapparat sein Einsatzgebiet aufgrund des einfachen Aufbaus und des geringen Anschaffungspreises gefunden hat.

5.6.3. Extraktionsprozeß

Ein Extraktionsprozeß ist schematisch in Bild 5.42 dargestellt. Danach wird das zu trennende Gemisch F, das aus dem zu extrahierenden Stoff B und dem primären Lösungsmittel A besteht, mit dem Extraktionsmittel S, das im wesentlichen aus dem sekundären Lösungsmittel C besteht, gemischt. Nach der Mischung findet aufgrund des unterschiedlichen Lösungsverhaltens spontan eine *Phasentrennung* in Raffinat R und Extraktphase E statt. Dabei setzt sich die Extraktphase im wesentlichen aus dem zu extrahierenden Stoff und dem Extraktionsmittel zusammen. Die vollständige Abtrennung des Stoffes B verlangt deshalb eine weitere Trennstufe, z. B. eine Rektifikation. Die Extraktion wird zur Stofftrennung eingesetzt, wenn die Abtrennung des Stoffes B aus dem sekundären Lösungsmittel weniger Aufwand verlangt als die aus dem primären Lösungsmittel oder in dieser Form überhaupt erst möglich wird.

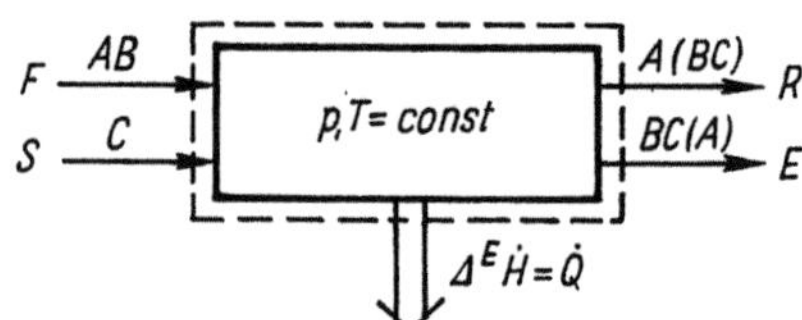

Bild 5.42. Extraktionsprozeß

Der Extraktionsprozeß stellt einen Mischprozeß dar, bei dem die Triebkräfte in erster Linie durch die Konzentrationsdifferenzen gegeben sind. Diese bestimmen auch die wie bei jedem Mischungsprozeß auftretenden Exergieverluste der Extraktion.

Für die Annahme $p, T = $ const, die für die technischen Extraktionsprozesse im allgemeinen getroffen werden kann, läßt sich der Extraktionsprozeß mit dem im *Dreiecksdiagramm* dargestellten *Phasengleichgewicht* veranschaulichen und bilanzieren (Bild 5.43). Der Extraktionsprozeß ist an die Existenz mindestens einer

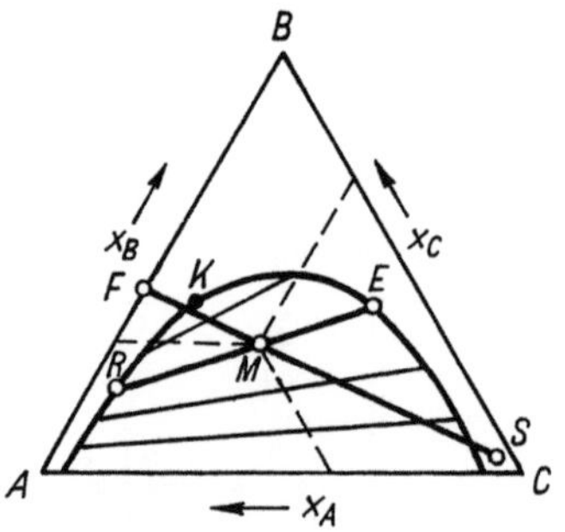

Bild 5.43. Phasengleichgewichtsdiagramm des Stoffgemisches ABC für $p,T = $ const mit einem einstufigen Extraktionsprozeß

Mischungslücke gebunden, was dazu führt, daß das Mischsystem mit Hilfe von *Exzeßgrößen* beschrieben werden muß. Aus diesem Grunde kann bei Isothermie der Prozeß nicht exakt adiabat gefahren werden. Der zahlenmäßig geringe Wert der Differenz der Exzeßenthalpien ermöglicht bei praktischen Rechnungen die Vernachlässigung des Wärmeaustausches. Das gilt um so mehr für die Exergiebilanz, da der Extraktionsprozeß als »kalter« Prozeß in der Nähe der Umgebungstemperatur abläuft und damit der Arbeitswert der übertragenen Wärme zahlenmäßig entsprechend klein wird.

Der Mischungspunkt M läßt sich auf der durch die Zustände F und S gegebenen Mischungsgraden entsprechend den Konzentrationswerten bestimmen. Für den Extraktionsprozeß muß der Mischungspunkt innerhalb der Mischungslücke liegen. Dann kennzeichnet die durch den Mischungspunkt gehende Konnode auf den Grenzkurven der Mischungslücke die Zustände der entstehenden Raffinat- und Extraktphasen. Die zugehörigen Massenanteile können in bekannter Weise aus dem Hebelgesetz bestimmt werden. Die *Gesamtmengenbilanz* um den Extraktionsprozeß lautet:

$$\dot{n}_\mathrm{F} + \dot{n}_\mathrm{S} = \dot{n}_\mathrm{R} + \dot{n}_\mathrm{E} \tag{5.121}$$

und als *Komponentenbilanzen* ergeben sich

$$x_\mathrm{AF}\dot{n}_\mathrm{F} + x_\mathrm{AS}\dot{n}_\mathrm{S} = x_\mathrm{AR}\dot{n}_\mathrm{R} + x_\mathrm{AE}\dot{n}_\mathrm{E} \tag{5.122a}$$

$$x_\mathrm{BF}\dot{n}_\mathrm{F} + x_\mathrm{BS}\dot{n}_\mathrm{S} = x_\mathrm{BR}\dot{n}_\mathrm{R} + x_\mathrm{BE}\dot{n}_\mathrm{E} \tag{5.122b}$$

$$x_\mathrm{CF}\dot{n}_\mathrm{F} + x_\mathrm{CS}\dot{n}_\mathrm{S} = x_\mathrm{CR}\dot{n}_\mathrm{R} + X_\mathrm{CE}\dot{n}_\mathrm{E} \tag{5.122c}$$

dabei kennzeichnet der 1. Index die Komponente und der 2. Index den jeweiligen Stoffstrom.

Für die *Energiebilanz* gilt

$$\dot{n}_\mathrm{F}\bar{h}_\mathrm{F} + \dot{n}_\mathrm{S}\bar{h}_\mathrm{S} = \dot{n}_\mathrm{R}\bar{h}_\mathrm{R} + \dot{n}_\mathrm{E}\bar{h}_\mathrm{E} + \dot{Q} \tag{5.123}$$

wobei für die ausgetauschte Wärme gilt

$$\dot{Q} = (\dot{n}_\mathrm{F} + \dot{n}_\mathrm{s})\, \Delta^\mathrm{E}\bar{h} \tag{5.124}$$

mit den schon diskutierten quantitativen Auswirkungen. Danach läßt sich auch die *Exergiebilanz* des Extraktionsprozesses angeben:

$$\dot{n}_\mathrm{F}\bar{e}_\mathrm{F} + \dot{n}_\mathrm{S}\bar{e}_\mathrm{S} = \dot{n}_\mathrm{R}\bar{e}_\mathrm{R} + \dot{n}_\mathrm{E}\bar{e}_\mathrm{E} + \frac{T_\mathrm{m} - T_\mathrm{u}}{T_\mathrm{m}}\dot{Q} + \Delta\dot{E}_\mathrm{v} \tag{5.125}$$

Die Stoffexergien müssen nach den Gesetzmäßigkeiten der realen Mischsysteme berechnet werden (s. Abschnitt 3.3.4.). Danach gilt:

$$\bar{e} = \bar{e}^\mathrm{id} + \bar{e}^\mathrm{E} \tag{5.126}$$

Der Idealanteil bestimmt sich aus der Beziehung

$$\bar{e}^\mathrm{id} = \int_{T_\mathrm{u}}^{T} \frac{T - T_\mathrm{u}}{T}\left(\sum_\mathrm{k} x_\mathrm{k}\bar{c}_\mathrm{pk}\right) \mathrm{d}T + \bar{R}T_\mathrm{u} \sum_\mathrm{k} (x_\mathrm{k} \ln x_\mathrm{k} - x_\mathrm{k} \ln x_\mathrm{ku}) \tag{5.127}$$

16*

und der Realanteil aus

$$\bar{e}^{E} = \frac{T - T_{u}}{T}\, \bar{h}^{E} + \bar{R}T_{u} \sum_{k} (x_{k} \ln f_{k} - x_{k} \ln f_{ku}) \tag{5.128}$$

Mit diesen Berechnungen kann der *Exergieverlust* in Gl. (5.125) in einfacher Weise bestimmt werden, wenn $T_{m} = T = T_{u}$ gesetzt wird. Man erhält

$$\begin{aligned}
\Delta \dot{E}_{v} = \bar{R}T_{u}(&\dot{n}_{F}(x_{AF} \ln f_{AF}x_{AF} + x_{BF} \ln f_{BF}x_{BF} + x_{CF} \ln f_{CF}x_{CF}) + \\
&+ \dot{n}_{S}(x_{AS} \ln f_{AS}x_{AS} + x_{BS} \ln f_{BS}x_{BS} + x_{CS} \ln f_{CS}x_{CS}) - \\
&- \dot{n}_{R}(x_{AR} \ln f_{AR}x_{AR} + x_{BR} \ln f_{BR}x_{BR} + x_{CR} \ln f_{CR}x_{CR}) - \\
&- \dot{n}_{E}(x_{AE} \ln f_{AE}x_{AE} + x_{BE} \ln f_{BE}x_{BE} + x_{CE} \ln f_{CE}x_{CE}))
\end{aligned} \tag{5.129}$$

In Gl. (5.129) müssen wegen der Realeigenschaften die *Aktivitäten* berücksichtigt werden. Unter der Voraussetzung, daß der Stoffstrom F nur aus den Komponenten A und B besteht und der Stoffstrom C aus dem reinen Lösungsmittel, wird

$$\begin{aligned}
\Delta \dot{E}_{v} = \bar{R}T_{u} \Bigg(&\dot{n}_{F} \left(x_{AF} \ln \frac{f_{AF}x_{AF}}{f_{AM}x_{AM}} + x_{BF} \ln \frac{f_{BF}x_{BF}}{f_{BM}x_{BM}} \right) - \dot{n}_{S} \ln f_{CM}x_{CM} \\
&+ \dot{n}_{R} \left(x_{AR} \ln \frac{f_{AM}x_{AM}}{f_{AR}x_{AR}} + x_{BR} \ln \frac{f_{BM}x_{BM}}{f_{BR}x_{BR}} + x_{CR} \ln \frac{f_{CM}x_{CM}}{f_{CR}x_{CR}} \right) \\
&+ \dot{n}_{E} \left(x_{AE} \ln \frac{f_{AM}x_{AM}}{f_{AE}x_{AE}} + x_{BE} \ln \frac{f_{BM}x_{BM}}{f_{BE}x_{BE}} + x_{CE} \ln \frac{f_{CM}x_{CM}}{f_{CE}x_{CE}} \right) \Bigg)
\end{aligned} \tag{5.129 a}$$

Gl. (5.129 a) ist auf die Aktivität im Mischungspunkt bezogen. Diese Beziehung läßt sich weiter vereinfachen, da die Zustände R, M und E auf einer Konnode liegen. Dafür gilt $\mu_{iE} = \mu_{iR} = \mu_{iM}$, d. h. Gleichheit der chemischen Potentiale. Daraus leitet sich ab

$$f_{AM}x_{AM} = f_{AR}x_{AR} = f_{AE}x_{AE} \tag{5.130a}$$

$$f_{BM}x_{BM} = f_{BR}x_{BR} = f_{BE}x_{BE} \tag{5.130b}$$

$$f_{CM}x_{CM} = f_{CR}x_{CR} = f_{CE}x_{CE} \tag{5.130c}$$

Damit bestimmt sich der Exergieverlust aus der Beziehung

$$\Delta \dot{E}_{v} = \bar{R}T_{u} \left(\dot{n}_{F} \left(x_{AF} \ln \frac{f_{AF}x_{AF}}{f_{AE}x_{AE}} + x_{BF} \ln \frac{f_{BF}x_{BF}}{f_{BE}x_{BE}} \right) - \dot{n}_{S} \ln f_{CE}x_{CE} \right) \tag{5.129 b}$$

Gl. (5.129 b) läßt deutlich werden, daß der Exergieverlust bei der Extraktion aus der Abwertung des Aktivitätsniveaus des Stoffgemisches F und des Extraktionsmittels S auf das der Mischung, was dem Aktivitätsniveau der Extrakt- und der Raffinatphase entspricht, besteht. Für ideale Mischungen würde Gl. (5.129) damit der Gl. (5.23) entsprechen.

Im konkreten Fall können aus den angegebenen Berechnungsgleichungen weitere Näherungsbeziehungen abgeleitet werden. Wenn z. B. die Komponenten A und B ähnliche Stoffe sind, kann ihre Mischung als ideal angesehen werden, und es gilt $f_{AF} = 1$ und $f_{BF} = 1$. Der Zustand R liegt häufig so, daß er in bezug auf B und C als ideal verdünnt angesehen werden kann. Ähnliches gilt für E hinsichtlich A.

Dann kann angenómmen werden

$$f_{AM}x_{AM} \approx f_{\infty A}x_{AE} \tag{5.131a}$$

$$f_{BM}x_{BM} \approx f_{\infty B}x_{BR} \tag{5.131b}$$

Eine Veranschaulichung des Exergieverlustes gelingt, wenn der Verlauf der freien Enthalpie längs einer Konnode dargestellt und mit dem aus den beiden Phasen $P\,1$ und $P\,2$ gebildeten Mischungspunkt M verglichen wird (Bild 5.44). Der reversible Mischungspunkt M_{rev} müßte auf der Konnode liegen. Die Differenz $(M_{rev} - M)$ repräsentiert den Triebkraftabbau bei der Mischung, der für die Realisierung der Phasentrennung zur Verfügung steht.

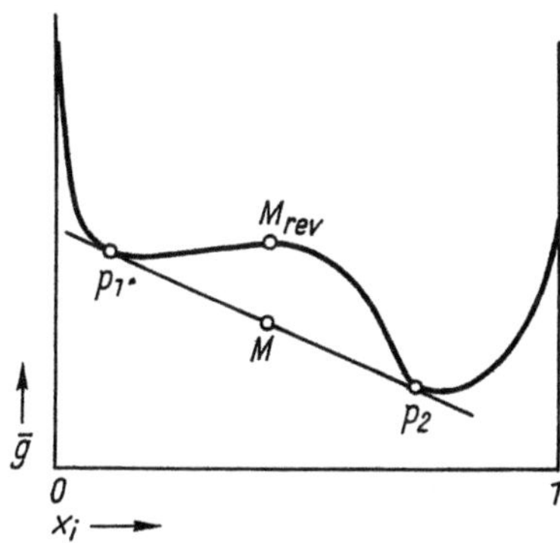

Bild 5.44. Phasenzerfall im $\bar{g},x$-Diagramm entlang einer Konnode

Die energetische Bewertung des Extraktionsprozesses kann mit den in Abschnitt 4. eingeführten Bewertungszahlen erfolgen. Für den *Gütegrad* nach Gl. (4.5) wird

$$v = \frac{\dot{E}_M + \dfrac{T_m - T_u}{T_m}\dot{Q}}{\dot{E}_F + \dot{E}_S} = 1 - \frac{\Delta\dot{E}_v}{\dot{E}_F + \dot{E}_S} \tag{5.132}$$

wobei $\dot{E}_M = \dot{E}_R + \dot{E}_E = \dot{n}_R\bar{e}_R + \dot{n}_E\bar{e}_E$ ist. Bei der Definition des *Wirkungsgrades* kann der Wärmestrom als äußerer Verlust aufgefaßt werden.

$$\eta = \frac{\dot{E}_M}{\dot{E}_F + \dot{E}_S} = 1 - \frac{\Delta\dot{E}_v + \dfrac{T_m - T_u}{T_m}\dot{Q}}{\dot{E}_F + \dot{E}_S} \tag{5.133}$$

Gütegrad und Wirkungsgrad stimmen überein, wenn der Wärmeaustausch vernachlässigt werden kann oder bei Umgebungstemperatur erfolgt. Der Verlustgrad

$$\sigma = \frac{\dfrac{T_m - T_u}{T_m}\dot{Q}}{\dot{E}_F + \dot{E}_S} \tag{5.133a}$$

wird für diese Bedingungen $\sigma = 0$.

Zur Illustration sei die *Extraktion eines Benzen*(C_6H_6)*-Ethylalkohol*(C_2H_5OH)*-Gemisches* mit Wasser betrachtet. Das Phasengleichgewichtsdiagramm (Bild 5.45)

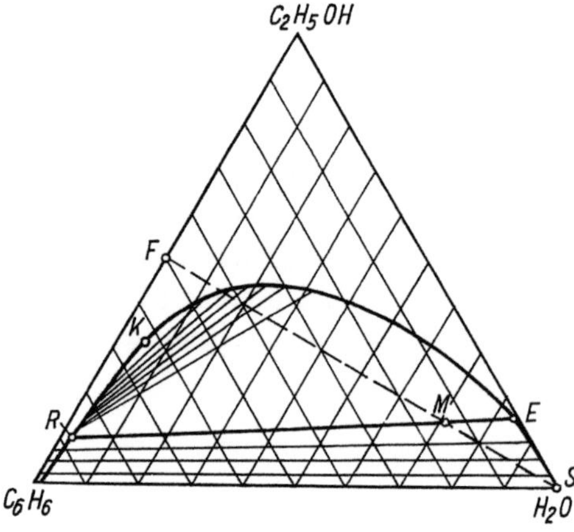

Bild 5.45. Phasengleichgewichtsdiagramm für ein Benzen(C_6H_6)-Ethylalkohol(C_2H_5OH)-Wasser(H_2O)-Gemisch

und die Aktivitäten wurden unter Verwendung der NRTL-Gleichung nach [5.21] berechnet. Der Druckeinfluß ist vernachlässigbar ($p = p_u = 0,1$ MPa). Wärmeübertragungsvorgänge sollen aus der Exergiebilanz herausfallen, deshalb wird $t = t_u = t_M = 25\,°C$ gesetzt. Damit ist $\sigma = 0$ und $\eta = v$.

Die Verteilung der Mengen, wie sie aus der Mengenbilanz bei Vorgabe der Zustandspunkte folgt, ist aus Tabelle 5.5 ersichtlich. Hier sind weiterhin die für die Exergieberechnung notwendigen Konzentrationen und Aktivitätskoeffizienten angegeben. Die Exergiebilanz für das Beispiel geht aus Tabelle 5.6 hervor.

Hierbei werden zwei Fälle der *Festlegung des Umgebungszustandes* untersucht.

Im *ersten Fall* ist der Umgebungszustand gleich dem eines *austretenden Stoffstromes* gesetzt worden. Damit befinden sich die Punkte R und E und alle auf dieser Konnode liegenden Punkte im Phasengleichgewicht mit der Umgebung und haben die Exergie Null. Es ist damit für die Exergieberechnung belanglos, ob man die Raffinat- oder die Extraktphase als Zielprodukt oder als Abprodukt im technischen Sinne auffaßt. Der Extraktionsprozeß stellt sich als reiner Verlustprozeß dar, bei dem die Konzentrationsexergie vernichtet wird. Das drückt sich auch in dem Wirkungsgrad Null aus. Das entspricht einem Transportprozeß. Die Aufgabe der Extraktion besteht also nur in der Transformation einer Trennaufgabe in eine andere, und die eigentliche Trennaufgabe zur möglichst reinen Darstellung der Komponenten von F und Abtrennung des Lösungsmittels S erfordert in einem anderen Trennprozeß wieder eine minimale Trennarbeit. Wird der Umgebungszustand in F oder S gelegt, sind negative Exergien zu erwarten, es wird aber grundsätzlich der gleiche Sachverhalt widergespiegelt.

Im *zweiten Fall* wird die Exergiebilanz mit einem von der Prozeßführung unabhängigen Umgebungszustand aufgestellt. Hierzu wurde als ausgezeichneter Punkt der *kritische Mischungszustand K* gewählt, in dem kein Phasenzerfall mehr stattfindet. Damit ergeben sich andere Exergieströme, und R, E und M sind mit einer positiven Exergie behaftet, wobei sich die Punkte auf der Konnode aus einer reversiblen Mischung von R und E ergeben. Der Exergieverlust durch Irreversibilität muß notwendigerweise mit den beim ersten Umgebungszustand berechneten übereinstimmen. Der Gütegrad wird in diesem Fall recht hoch ausgewiesen, was den großen Einfluß der Umgebungsdefinition beim Beispiel der Extraktion dokumen-

Tabelle 5.5. Mengenbilanz, Konzentrationen und Aktivitätskoeffizienten eines Extraktionsprozesses nach Bild 5.45 ($A \cong C_6H_6$, $B \cong C_2H_5OH$, $C \cong H_2O$)

Zustandspunkt	$\dfrac{\dot{n}}{\dot{n}_F + \dot{n}_s}$	x_A	f_A	x_B	f_B	x_C	f_C
F	0,29007	0,50000	1,70398	0,50000	1,44422	0,00000	
S	0,70993	0,00000		0,00000		1,00000	1,00000
M	1	0,14503	6,38372	0,14503	2,97119	0,70994	1,28845
R	0,15687	0,87411	1,05917	0,10001	4,30868	0,02588	35,34468
E	0,84313	0,00938	98,7281	0,15341	2,80882	0,83721	1,09265
K	—	0,63126	1,41758	0,31669	1,83431	0,05204	9,71870

Tabelle 5.6. Spezifische Exergien und Exergiebilanz eines Extraktionsprozesses nach Bild 5.45 (Fall A: Umgebungszustand fällt mit Punkt E zusammen, Fall B: Umgebungszustand fällt mit Punkt K zusammen)

Bezeichnung	Fall A: $\bar{e}$ in kJ/kmol	$\dot{E}/(\dot{n}_F + \dot{n}_s)$ in kJ/mol	Fall B: $\bar{e}$ in kJ/kmol	$\dot{E}/(\dot{n}_F + \dot{n}_s)$ in kJ/kmol
F	536,493	155,621	208,800	60,567
S	220,767	156,729	1689,544	1199,458
M	−0,190[1]	−0,190[1]	947,502	947,502[2]
R	−0,556[1]	−0,087[1]	37,680	5,911[2]
E	0[1]	0[1]	1116,890	941,683[2]
$\Delta\dot{E}_v$		312,350[3]		312,430[3]
$v = \eta$		0		0,752

[1]) Bei dieser Umgebungsdefinition müssen die Werte exakt Null sein, Abweichungen sind auf Rechenungenauigkeiten zurückzuführen.
[2]) Auf der Konode muß gelten $\dot{E}_E + \dot{E}_R = \dot{E}_M$, Abweichungen sind auf Rechenungenauigkeiten zurückzuführen.
[3]) Die beiden $\Delta\dot{E}_v$ weichen nur durch Rechenungenauigkeiten voneinander ab.

tiert. Der Wirkungsgrad wird nur (und dann immer, wenn man keine Wärmeströme nutzt) Null, wenn die Exergie $\dot{E}_\mathrm{M}$ als Transitexergie aufgefaßt wird. Diese Auffassung würde der Definition von Wirkungsgraden für Stofftrennprozesse entsprechen.

Die absolute Größe der Exergieverluste hängt vom Stoffsystem, von den Konzentrationsverhältnissen bei den eintretenden Strömen und von deren Mengenverhältnis ab.

Weitere Freiheitsgrade liegen bei mehrstufigen Extraktionsprozessen durch eine Variation der Stromführung vor. Solche mehrstufigen Prozesse können aus einer Folge des betrachteten einstufigen Prozesses, der im einfachsten Fall aus Misch- und Absetzbehälter besteht, zusammengesetzt oder in speziellen geschlossenen Apparaten durchgeführt werden. Die exergetische Analyse solcher zusammengesetzter Prozesse kann analog zu dem aufgezeigten Verfahren erfolgen.

5.7. Rektifikation

Die Rektifikation stellt das verbreitetste thermische Trennverfahren in der Industrie dar. Sie besteht bekanntlich aus einer Anzahl von Destillationsstufen, auf denen aufsteigender Dampf und abfließende Flüssigkeit in Wechselwirkung treten. Bei einfachen Rektifikationsprozessen, wie sie schematisch in Bild 5.46 dargestellt sind, erfolgt die erforderliche Wärmezufuhr ausschließlich im Sumpf der Kolonne und die Wärmeabfuhr ausschließlich am Kopf. Auf dieses Prinzip der *einfachen kontinuierlichen Rektifikation* sollen sich die folgenden Bemerkungen beschränken.

Die *Massenbilanz* lautet:

$$\dot{m}_\mathrm{E} = \dot{m}_\mathrm{S} + \dot{m}_\mathrm{D} \tag{5.134}$$

Molmengenbilanz und die Komponentenbilanzen können analog angegeben werden, da bei einfachen Rektifikationen nicht mit einer Änderung der Molzahl z. B. infolge Reaktionen gerechnet werden muß.

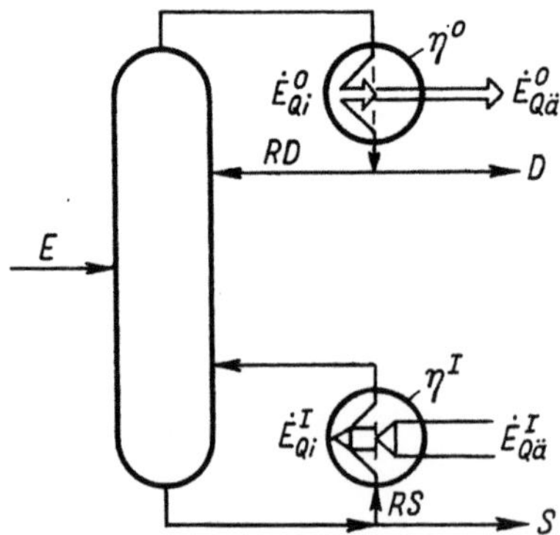

Bild 5.46. Schema einer Rektifikation

Legt man, wie üblich, eine adiabate Prozeßführung zugrunde, gilt als *Energiebilanz*

$$\dot{m}_E h_E + \dot{Q}_S = \dot{m}_S h_S + \dot{m}_D h_D + \dot{Q}_K \tag{5.135}$$

und die *Exergiebilanz* muß lauten

$$\dot{E}_E + \tau_{eqS}\dot{Q}_S = \dot{E}_S + \dot{E}_D + \tau_{eqK}\dot{Q}_K + \Delta\dot{E}_v \tag{5.136}$$

Da die Prozeßführung in den üblichen Rektifikationskolonnen als annähernd isobar anzusehen ist, erscheint es sinnvoll, die Stoffstromexergie in den *thermomechanischen* und den *Konzentrationsanteil* aufzuspalten und ersteren mit Hilfe der exergetischen Temperatur und der Enthalpie abzubilden (s. Gl. (2.67 b)):

$$e = \tau_e h + e_{Konz}$$

Dabei wird der Bezugspunkt der Enthalpie in den Umgebungszustand gelegt und die exergetische Temperatur aus dem Mittelwert zwischen der jeweiligen Temperatur des Stoffstromes und der Umgebungstemperatur bestimmt.

Damit läßt sich die Exergiebilanz umformen, wenn außerdem die *minimale Trennarbeit* eingeführt wird (s. Abschnitt 5.1.4.). Diese ergibt sich aus den Konzentrationsexergien zu (Gl. (5.24))

$$\dot{m}_S e_{Konz\,S} + \dot{m}_D e_{Konz\,D} - \dot{m}_E e_{Konz\,E} = \dot{m}_E w_{t\,min} \tag{5.137}$$

Die Exergiebilanz lautet dann mit den Gln. (5.134) und (5.136)

$$q_S(\tau_{eqS} - \tau_{eqK}) + (\tau_{eE} - \tau_{eqK})\,h_E + (\tau_{eS} - \tau_{eqK})\,sh_S + \\ + (\tau_{eqK} - \tau_{eD})\,(1 - s)\,h_D - w_{t\,min} = \Delta e_v \tag{5.136a}$$

dabei ist gesetzt worden

$$s = \frac{\dot{m}_S}{\dot{m}_E} \qquad q_S = \frac{\dot{Q}_s}{\dot{m}_E} \qquad \Delta e_v = \frac{\dot{E}_v}{\dot{m}_E}$$

Gl. (5.136 a) macht deutlich, daß die Nichtumkehrbarkeiten beim Rektifikationsprozeß als *Abwertungsverluste entsprechender Wärmeströme* aufgefaßt werden können. Eine weitergehende Interpretation gelingt, wenn die minimale Trennarbeit gleichfalls auf Temperaturfunktionen zurückgeführt wird. Das gelingt unter bestimmten Voraussetzungen, die zwar bei realen Prozessen häufig nicht erfüllt sind, aber für die mehr *qualitativen Erörterungen* im vorliegenden Zusammenhang erlaubt sind. Es sind dies

- Das Stoffsystem soll ein ideales Gemisch sein, für das das Phasengleichgewichtsgesetz von RAOULT und DALTON gilt.
- Die Änderung der molaren Verdampfungswärme der einzelnen Komponenten im Zustandsbereich des Prozesses soll vernachlässigt werden.
- Die Konzentrationen am Einlauf, im Sumpfprodukt und im Destillat entsprechen der Gleichgewichtszusammensetzung der entsprechenden Böden.
- Das Flüssigkeitsvolumen kann bei Anwendung der Gleichung von CLAUSIUS und CLAPEYRON vernachlässigt werden.
- Die Kolonne soll unter Umgebungsdruck arbeiten.

Für ein ideales Gemisch kann die minimale Trennarbeit mit Hilfe der Partialdrücke berechnet werden (für $p = \Sigma\, p_i = $ const). Aus Gl. (5.137) ergibt sich der molare Wert der minimalen Trennarbeit zu

$$\bar{w}_{t\,min} = \bar{R}T_u((\Sigma\, x_i \ln p_i)_E - (1 - s)\,(\Sigma\, x_i \ln p_i)_D - s(\Sigma\, x_i \ln p_i)_S) \tag{5.137a}$$

Die Partialdrücke können unter Benutzung der CLAUSIUS-CLAPEYRONschen Gleichung auf die zugehörigen Siedetemperaturen umgerechnet werden. Für $\Delta^{LV}\bar{h} = $ const gilt bekanntlich

$$\Delta^{LV}\bar{h}\left(\frac{1}{T_2} - \frac{1}{T_1}\right) = - \bar{R}(\ln p_2 - \ln p_1) \tag{5.138}$$

Wird Gl. (5.138) in Gl. (5.137) eingesetzt und berücksichtigt, daß aufgrund der Voraussetzungen gilt

$$\Delta^{LV}h_E = (1 - s)\,\Delta^{LV}h_D + s\,\Delta^{LV}h_S \tag{5.139}$$

so läßt sich für die spezifische minimale Trennarbeit schreiben

$$w_{tmin} = s\,\Delta^{LV}h_S\left(\tau_{eqS}\,\frac{M_S}{M_E} - \tau_{eqE}\right) - (1 - s)\,\Delta^{LV}h_D\left(\tau_{eqE} - \tau_{eqK}\,\frac{M_D}{M_E}\right) \tag{5.137b}$$

Nach Gleichung (5.137b) kann die *minimale Trennarbeit* anschaulich gedeutet werden als eine *Aufwertung der Verdampfungswärme* des Sumpfproduktes von der Einlauf- auf die Sumpftemperatur, der eine *Abwertung der Kondensationswärme* des Kopfproduktes von der Einlauf- auf die Kopftemperatur gegenübersteht. Bei Bezugnahme auf reversible Vergleichsprozesse kann die minimale Arbeit als die Differenz der Arbeiten entsprechender Links- und Rechtsprozesse gedeutet werden. Das bedeutet, die Zufuhr der minimalen Trennarbeit setzt gekoppelte Prozesse, z. B. geeignete Wärmetransformationsprozesse, voraus.

Aus der Exergiebilanz Gl. (5.136a) kann unter Benutzung der Gl. (5.137) der *Exergieverlust* der Rektifikation explizit bestimmt werden. Wird eingeführt

$$\dot{Q}_K = \dot{m}_K(1 + v)\,\Delta^{LV}h_D \tag{5.140}$$

$$q_S = [sh_S + (1 - s)\,h_D - h_E] - (1 - s)\,(1 + v)\,\Delta^{LV}h_D \tag{5.141}$$

mit v als dem Rücklaufverhältnis, so läßt sich schreiben

$$\begin{aligned}
\Delta e_v = {}& (s(\tau_{eqS} - \tau_{eS})\,h_S + (1 - s)\,(\tau_{eqS} - \tau_{eD})\,h_K - (\tau_{eqS} - \tau_{eE})\,h_E) \\
& + (1 - s)\,v(\tau_{eqS} - \tau_{eqK})\,\Delta^{LV}h_D \\
& + (1 - s)\left(\tau_{eqS} - \tau_{eqE} - \left(1 - \frac{M_D}{M_E}\right)\tau_{eqK}\right)\Delta^{LV}h_D \\
& + s\left(\tau_{eqS}\,\frac{M_S}{M_E} - \tau_{eqE}\right)\Delta^{LV}h_S
\end{aligned} \tag{5.142}$$

Danach setzt sich der Exergieverlust aus vier Anteilen zusammen: Der erste Term berücksichtigt die Abwertung der Wärme von der Sumpfheizungstemperatur auf die jeweilige Mitteltemperatur der Stoffströme. Da dies unmittelbar durch den Stofftransport und -austausch erfolgt, sind entsprechende Nichtumkehrbarkeiten mit diesen Prozessen verbunden. Sie werden in exergetischen Analysen häufig vernachlässigt.

Der zweite Term kennzeichnet die Wärmeabwertung, die für die Bereitstellung des Rücklaufes erforderlich ist. Er ist direkt proportional dem Rücklaufverhältnis und stellt gewöhnlich den Hauptverlustanteil. Hinter dem dritten und vierten Term steht der schon bei der minimalen Trennarbeit diskutierte Sachverhalt, nur daß in der Gl. (5.142) entsprechende nichtumkehrbare Prozesse stehen, die eine Folge der Stoff- und Wärmetransporterscheinungen sind.

Eine der wesentlichsten Maßnahmen zur Verminderung der Exergieverluste besteht in einer *Verminderung des Rücklaufverhältnisses* bis auf einen Minimalwert, der dann erreicht ist, wenn auf einem bestimmten Boden Phasengleichgewicht herrscht. Aufgrund des Phasengleichgewichtsverhaltens des jeweiligen Stoffes gilt dies für alle anderen Böden nicht, so daß sich *minimale Exergieverluste* ermitteln lassen für den Fall, daß an den Wärmeaustauschbedingungen entsprechend Bild 5.46 festgehalten wird. Durch eine Variation der Wärmeaustauschbedingungen ist dagegen eine weitere Verminderung der Exergieverluste möglich. Durch eine stufenweise Wärmeabfuhr in der Verstärkungskolonne und eine stufenweise Wärmezufuhr in der Abtriebskolonne kann durch eine Variation des inneren Rücklaufs ein besserer Angleich an das Phasengleichgewicht erzielt werden.

Eine weitere Möglichkeit der Verminderung der Exergieverluste ist durch die *Angleichung des Temperaturniveaus* gegeben, bei der die Kolonne nicht mehr isobar, sondern im Grenzfall isotherm gefahren werden muß. Zur Einstellung der Phasengleichgewichtsbedingungen sind im Verstärkungsteil Kompressions- und im Abtriebsteil Expansionseinrichtungen erforderlich. Die technische Realisierung ist dann offensichtlich mit erheblichen Schwierigkeiten verbunden.

Mit der Exergiebilanz, der Ermittlung der minimalen Trennarbeit und der Exergieverluste ist die Definition von Bewertungskriterien möglich, wie das in Abschnitt 5.1.4. angedeutet wurde. Da die Rektifikationseinrichtung nach Bild 5.46 stets aus einer Kolonne und zwei Wärmeübertragern besteht, erscheint es nach Abschnitt 4.3.2. sinnvoll, das Gesamtsystem in ein *inneres* und ein *äußeres System* zu unterteilen. Das innere System beinhaltet nur den Rektifikationsprozeß in der Kolonne. Die Systemgrenze wird gewöhnlich durch die Austauschfläche der Wärmeübertrager festgelegt. In Tabelle 5.7 sind einige mögliche Bewertungskriterien für das innere, das äußere und das Gesamtsystem angegeben.

Der *Gütegrad* v_I bezieht sich auf die in Bild 5.46 dargestellten Bilanzgrenzen, während v_II nur Stoffströme bilanziert, die Bilanzgrenze demnach direkt um die Kolonne gelegt ist. Der Aufwand des äußeren Systems und dessen äußerer Verlust kennzeichnen auch Aufwand und äußere Verluste des Gesamtsystems, so daß die Verlustgrade beider Systeme gleich sind.

Der *Wirkungsgrad* η_I unterscheidet sich von dem Gütegrad durch die Bilanzierung der äußeren Verluste. Da im inneren System keine äußeren Verluste vorhanden sind, stimmen Gütegrad und Wirkungsgrad überein.

Die Wechselwirkung zwischen innerem und äußerem System läßt sich instruktiv mit dem Wirkungsgrad η_II diskutieren. Diese Definition ist auch sinnvollerweise anzuwenden, wenn die thermomechanische Exergie von Destillat und Sumpfprodukt in nachgeschalteten Anlagen genutzt werden und nicht als äußere Verluste des zu betrachtenden Systems angesehen werden müssen.

Tabelle 5.7. Möglichkeiten der Definition von Gütekriterien für die Rektifikation

Inneres System	Äußeres System	Gesamtsystem
$\nu_{Ii} = \dfrac{\dot{E}_D + \dot{E}_S + \dot{E}_{Qi}^0}{\dot{E}_E + \dot{E}_{Qi}^I}$		$\nu_{ges} = \dfrac{\dot{E}_D + \dot{E}_S + \dot{E}_{Qä}^0}{\dot{E}_E + \dot{E}_{Qä}^I}$
	$\nu_ä = \dfrac{\dot{E}_{Qä}^0 + \dot{E}_{Qi}^I}{\dot{E}_{Qi}^0 + \dot{E}_{Qä}^I}$	
$\nu_{II_i} = \dfrac{\dot{E}_D + \dot{E}_{Qi}^0 + \dot{E}_{RD} + \dot{E}_S + \dot{E}_{RS}}{\dot{E}_E + \dot{E}_{RS} + \dot{E}_{Qi}^I + \dot{E}_{RD}}$		
	$\sigma_ä = \dfrac{\dot{E}_v}{\dot{E}_{Aä}}$	$\sigma_{ges} = \dfrac{\dot{E}_v}{\dot{E}_{Aä}} \quad \dot{E}_{Aä} = \dot{E}_{Ages}$
$\eta_{Ii} = \dfrac{\dot{E}_D + \dot{E}_S + \dot{E}_{Qi}^0}{\dot{E}_E + \dot{E}_{Qi}^I}$ für $\tau_{eQ} \gtreqless 0$	$\eta_{Iä} = \dfrac{(\dot{E}_E + \dot{E}_{Qi}^I)(\dot{E}_D + \dot{E}_S + \dot{E}_{Qä}^0 - \dot{E}_v)}{(\dot{E}_E + \dot{E}_{Qä}^I)(\dot{E}_D + \dot{E}_S + \dot{E}_{Qi}^0)}$	$\eta_{Iges} = \dfrac{\dot{E}_D + \dot{E}_S + \dot{E}_{Qä}^0 - \dot{E}_v}{\dot{E}_E + \dot{E}_{Qä}^I}$
$\eta_{IIi} = \dfrac{\dot{E}_D + \dot{E}_S - \dot{E}_E}{\dot{E}_{Qi}^I - \dot{E}_{Qi}^0}$	$\eta_{IIä} = \dfrac{\dot{E}_{Qi}^I - \dot{E}_{Qi}^0}{\dot{E}_{Qä}^I - \dot{E}_{Qä}^0 + \dot{E}_v}$	$\eta_{IIges} = \dfrac{\dot{E}_D + \dot{E}_S - \dot{E}_E}{\dot{E}_{Qä}^I - \dot{E}_{Qä}^0 + \dot{E}_v}$
	$\eta_{IIä} = \dfrac{1 - \varepsilon}{\dfrac{1}{\eta^I} - \eta^0}$	
für $\tau_{eQ} \lesseqgtr 0$	mit $\varepsilon = \dfrac{\tau_{ei}^0 \dot{Q}_i^0}{\tau_{ei}^I \dot{Q}_i^I}$, wenn Verluste nur bei **Wärmeübertragungsprozessen**	
$\eta_{IIIi} = \dfrac{\dot{E}_{KonzD} + \dot{E}_{KonzS} - \dot{E}_{KonzE}}{\dot{E}_{tmE} - \dot{E}_{tmD} - \dot{E}_{tmS} + \dot{E}_{Qi}^I - \dot{E}_{Qi}^0}$ für $\tau_{eQ} \gtreqless 0$	$\eta_{IIIä} = \dfrac{\dot{E}_{tmE} - \dot{E}_{tmD} - \dot{E}_{tmS} + \dot{E}_{Qi}^I - \dot{E}_{Qi}^0}{\dot{E}_{tmE} - \dot{E}_{tmD} - \dot{E}_{tmS} + \dot{E}_{Qä}^I - \dot{E}_{Qä}^0 + \dot{E}_v}$	$\eta_{IIIges} = \dfrac{\dot{E}_{KonzD} + \dot{E}_{KonzS} - \dot{E}_{KonzE}}{\dot{E}_{tmE} - \dot{E}_{tmD} - \dot{E}_{tmS} + \dot{E}_{Qä}^I - \dot{E}_{Qä}^0 + \dot{E}_v}$

Die Definition η_{III} bezieht sich auf die minimale Trennarbeit als Nutzen. Dieser Wirkungsgrad ist besonders geeignet für einen Vergleich des Rektifikationsprozesses mit anderen Trennverfahren.

Zur Illustration der allgemeinen Aussagen sind in den Tabellen 5.8 und 5.9 die Ergebnisse einer exergetischen *Analyse einer speziellen Rektifikationskolonne* zusammengefaßt. Es handelt sich um die Benzindestillation einer Anlage zur primären Erdölverarbeitung (s. Abschnitt 6.). Die Besonderheiten dieser Kolonne bestehen in der Nähe des Arbeitsbereiches (80 bis 180 °C) zur Umgebungstemperatur und in der Höhe der Konzentrationsexergie des Einlaufstromes. Letzteres ist auf die Festlegung des Rohöls als Umgebungszustand zurückzuführen. Aus diesen Besonderheiten folgt, daß die Exergieverluste infolge Wärmeübertragung ein erhebliches Gewicht besitzen und die Festlegung der Konzentrationsexergie des Einlaufes als Transitexergie die Bewertung prägt. Variante A weist keine äußeren Verluste auf, Variante B enthält nur die Wärmeabgabe im Kondensator als äußeren Verlust, Variante C berücksichtigt die thermomechanische Exergie der abgegebenen Stoffströme als äußere Verluste. Tabelle 5.8 enthält die Exergiebilanz und Tabelle 5.9 die Bewertungskriterien. Es werden die schon allgemein diskutierten Sachverhalte deutlich. Insgesamt stellt sich die Rektifikation als thermisches Trennverfahren als Prozeß mit einer geringen energetischen Güte dar, was aber aufgrund der apparativen Einfachheit seine technische Bedeutung derzeitig nicht mindert.

Tabelle 5.8. Exergiebilanz einer Rektifikationskolonne
Beispiel: Zustandswerte entsprechen denen der Kolonne $K\,6$ der Benzindestillation bei der atmosphärischen Rohöldestillation (Beispiel in Abschnitt 6.3.3.), Angaben in MW
Variante A: $\eta^I = \eta^0 = 0{,}7$
Variante B: $\eta^I = 0{,}7, \eta^0 =, 0$
Variante C: $\eta^I = 0{,}7, \dot{E}_v = \dot{E}^0_{Q\ddot{a}} + \dot{E}_{tmD} + \dot{E}_{tmS}$

Bezeichnung	$\dot{E}_{tm}$	$\dot{E}_{Konz}$	$\dot{E}$
E	0,416	1,313	1,729
D	0,098	0,202	0,300
S	1,087	1,296	2,383
RD	0,423	0,766	1,189
RS	1,002	1,195	2,197
$\dot{Q}^0_i$	—	—	0,959
$\dot{Q}^I_i$	—	—	2,759

Bezeichnung	Variante		
	A	B	C
$\Delta\dot{E}_{vi}$	0,846	0,846	0,846
$\Delta\dot{E}_v$	1,470	1,470	1,470
$\dot{E}_v$	0	0,671	1,856
Σ	2,316	2,987	4,172

Tabelle 5.9. Gütekriterien für das Beispiel Kolonne $K\,6$

Inneres System				Äußeres System			Gesamtsystem		
$v_{\mathrm{Ii}} = 0,811$ $v_{\mathrm{IIi}} = 0,893$				$v_{\mathrm{ä}} = 0,700$			$v_{\mathrm{ges}} = 0,592$		
	A	B	C	A	B	C	A	B	C
η	0,811	0,729	0,583	0,326	0,592	0,473	0,264		
σ_{I}	0	0	0,118	0,327	0	0,118	0,327		
η_{II}	0,530	0,550	0,457	0,351	0,292	0,242	0,186		
σ_{II}	0	0	0,170	0,362	0	0,170	0,362		
η_{III}	0,179	0,413	0,326	0,237	0,074	0,058	0,042		
σ_{III}	0	0	0,212	0,426	0	0,212	0,426		

Zur detaillierten Untersuchung der energetischen Verhältnisse eines Rektifikationsprozesses kann auch ein *einzelner Boden* untersucht werden. Nach Bild 5.47 gilt als *Mengenbilanz*:

$$F_{n-1} + D_{n+1} = F_n + D_n \qquad (5.143)$$

Dabei beziehen sich F auf die entsprechenden Flüssigkeits- und D auf die Dampfströme. Die *Exergiebilanz* lautet damit

$$F_{n-1}\bar{e}_{xn-1} + D_{n+1}\bar{e}_{yn+1} = F_n\bar{e}_{xn} + D_n\bar{e}_{yn} + \Delta\dot{E}_v \qquad (5.144)$$

wobei die Konzentrationsangaben in der flüssigen Phase mit x und in der gasförmigen Phase mit y erfolgen. In spezifischer Form lautet die Exergiebilanz

$$f^{\mathrm{I}}\bar{e}_{xn-1} + (1 - f^{\mathrm{I}})\,\bar{e}_{yn-1} = f^0\bar{e}_{xn} + (1 - f^0)\,\bar{e}_{yn} + \Delta\bar{e}_v \qquad (5.144\,\mathrm{a})$$

mit

$$f^{\mathrm{I}} = \frac{\dot{F}_{n-1}}{F_{n-1} + D_{n+1}} \qquad f^0 = \frac{F_n}{F_n + D_n}$$

und

$$\Delta\bar{e}_v = \frac{\Delta\dot{E}_v}{F_n + D_n}$$

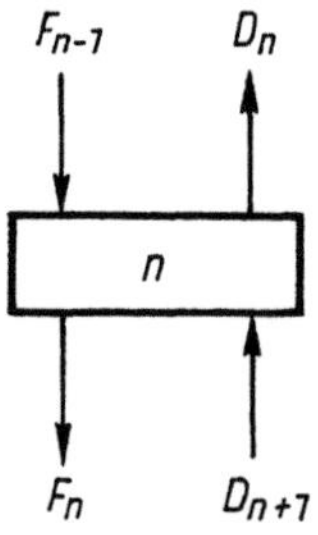

Bild 5.47. Bilanz um den Boden n

Um mit Hilfe der Gl. (5.144a) die Exergieverluste veranschaulichen zu können, wird zur Vereinfachung $f^1 = f^0 = f$, $\Delta^{LV}h = \text{const}$, $c_p = \text{const}$ gesetzt und die Druckverlustarbeit in der flüssigen Phase vernachlässigt. In der Gasphase wird mit den Gesetzmäßigkeiten des idealen Gases gerechnet. Mit diesen Annahmen läßt sich schreiben

$$\Delta \bar{e}_v = f \bar{c}_{pL} \left(T_{n-1} - T_n - T_u \ln \frac{T_{n-1}}{T_n} \right) + (1 - f) \, \bar{c}_{pL} \left(T_{n+1} - T_n - T_u \ln \frac{T_{n+1}}{T_n} \right)$$

$$+ \Delta^{LV}\bar{h} T_u \left(\frac{1}{T_n} - \frac{1}{T_{n+1}} \right) + (1 - f) \, \bar{R} T_u \ln \frac{p_{n+1}}{p_n}$$

$$+ f (e_{\text{Konz}, n-1} - e_{\text{Konz}, n})_x + (1 - f) (e_{\text{Konz}, n+1} - e_{\text{Konz}, n})_y \qquad (5.145)$$

Der erste und der zweite Term beinhalten die *Mischungsirreversibilitäten* aufgrund des endlichen Temperaturgefälles über der Kolonne. Der dritte Term kennzeichnet die *Irreversibilitäten durch Wärmeübertragung* bei endlichem Temperaturgefälle zur Realisierung des Phasenüberganges. Der vierte Term charakterisiert die *Reibungsverluste* und wird durch die hydraulische Gestaltung der Kolonne bestimmt. Der letzte Term schließlich ist ein Maß für die *Verluste beim Konzentrationsaustausch*, der zur Bereitstellung der minimalen Trennarbeit erforderlich ist. Dieser Ausdruck kann bei entsprechender Parameterkombination negativ werden.

Diese formale Aufteilung der Verluste liefert spezielle Ansatzpunkte für eine energetische Verbesserung des Rektifikationsprozesses. Eine im Grenzfall reversible Führung des Prozesses verlangt in jeder Stufe die Realisierung des minimalen Rücklaufverhältnisses und die Einstellung der Gleichgewichtstemperaturen. Diese Bedingungen können durch Wärmeaustauschprozesse für jeden Boden realisiert werden, so daß sich eine *reversible Rektifikation* schematisch durch das Bild 5.48 kennzeichnen läßt. Daraus wird deutlich, daß die durch die Senkung der inneren Verluste erzielten Effekte durch entsprechende Maßnahmen im äußeren Verhalten nutzbar zu machen sind. Auch für einen Boden lassen sich, ausgehend von der

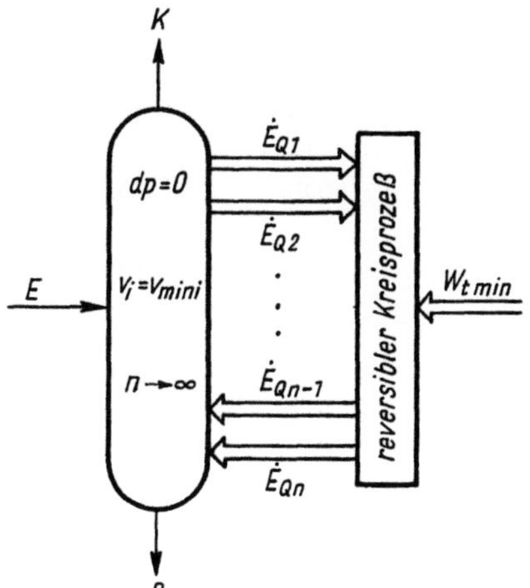

Bild 5.48. Schema einer reversiblen Rektifikation

Exergiebilanz Gl. (5.144a), Bewertungskriterien angeben. Für den *Gütegrad* ergibt sich.

$$v = \frac{f^0 \bar{e}_{xn} + (1 - f^0)\, \bar{e}_{yn}}{f^I \bar{e}_{nx-1} + (1 - f^I)\, \bar{e}_{yn+1}} \tag{5.146}$$

und ein *Wirkungsgrad* läßt sich z. B. in der Form angeben

$$\eta = \frac{(1 - f^0)\, \bar{e}_{yn} + f^0 \bar{e}_{xn} - f^I \bar{e}_{xn-1}}{(1 - f^I)\, \bar{e}_{yn+1}} \tag{5.147}$$

Zur Illustration der exergetischen Verhältnisse für die Böden einer Rektifizierkolonne sind in Tabelle 5.10 die Ergebnisse einer *Beispielsrechnung in zwei Varianten* zusammengefaßt. Die erste Spalte zeigt die breite Streuung der Verluste der einzelnen Böden. Insbesondere der Abtriebsteil weist die größten Verluste auf. Der Einfluß des Rücklaufverhältnisses stimmt mit den qualitativen Überlegungen überein. Der Einfluß der Druckverluste schwankt zwar stark, dies ist aber primär nicht auf die Absolutwerte dieser Verluste zurückzuführen, die sind für alle Böden etwa gleich, sondern auf den Bezugspunkt. Dieser wird im wesentlichen durch die Irreversibilitä-

Tabelle 5.10. Verteilung der Exergieverluste bei der Rektifikation von n-Hexan, Butan
Variante a: $v = 12$, $n = 15$
Variante b: $v = 5{,}35$, $n = 19$

Boden	$\Delta\dot{E}_{vi}/\Delta\dot{E}_{v\,ges}$		$\Delta\dot{E}_{v\,\Delta pi}/\Sigma\,\Delta\dot{E}_{vi}$		$\Delta\dot{E}_{v\,\Delta Ti}/\Sigma\,\Delta\dot{E}_{vi}$	
i	a	b	a	b	a	b
2	0,0094	0,0102	0,355	0,352	0,652	0,662
3	0,0098	0,0103	0,324	0,347	0,683	0,681
4	0,0105	0,0105	0,297	0,342	0,703	0,699
5	0,0115	0,0113	0,265	0,329	0,724	0,722
6	0,0135	0,0113	0,226	0,329	0,744	0,734
7	0,0169	0,0122	0,185	0,306	0,767	0,753
8	0,0219	0,0129	0,152	0,289	0,780	0,778
9	0,0313*	0,0137	0,113*	0,271	0,792*	0,802
10	0,0530	0,0149	0,074	0,250	0,778	0,817
11	0,0957	0,0166	0,046	0,224	0,749	0,836
12	0,1664	0,0190*	0,030	0,083*	0,711	0,925*
13	0,2542	0,0292	0,021	0,127	0,656	0,853
14	0,3059	0,0490	0,018	0,082	0,571	0,825
15		0,0883		0,052		0,784
16		0,1548		0,032		0,735
17		0,2394		0,023		0,669
18		0,2965		0,020		0,580
$\Sigma\,\Delta\dot{E}_v/\Delta\dot{E}_{vges}$	1	1	0,050	0,067	0,666	0,692
$\Sigma\,\Delta\dot{E}_{vb}/\Sigma\,\Delta\dot{E}_{va}$	0,475		0,633		0,493	

* Einlaufboden

ten infolge der Temperaturabwertung bestimmt. Exergieverluste durch Konzentrationsänderungen spielen nur bei hohen Rücklaufverhältnissen (Variante *a*) und besonders in der Abtriebssäule eine Rolle. Ihr Anteil ergibt sich aus der Ergänzung zu *1*, wenn man von der Summe der Spalten *2* und *3* ausgeht. Im Verstärkungsteil der Variante *a* ist dieser Anteil negativ, was in Übereinstimmung mit den allgemeinen Diskussionen steht.

5.8. Reaktionsprozesse

5.8.1. Technischer Verbrennungsprozeß

Die Verbrennung ist eine chemische Reaktion, bei der der Brennstoff im allgemeinen mit der· Umgebungsluft zur Reaktion gebracht wird und Rauch- oder Verbrennungsgase entstehen (Bild 5.49). Die Reaktion verläuft in technischen Aggregaten *annähernd adiabat-isobar*. Da die Verbrennungsreaktion exotherm ist, weisen die Rauchgase nach der Reaktion eine hohe Temperatur auf; sie können deshalb zur Wärmebereitstellung genutzt werden. Das Ziel der Verbrennung besteht demnach in der *Umwandlung der chemischen Exergie* des Brennstoffes *in die thermomechanische Exergie* der Rauchgase.

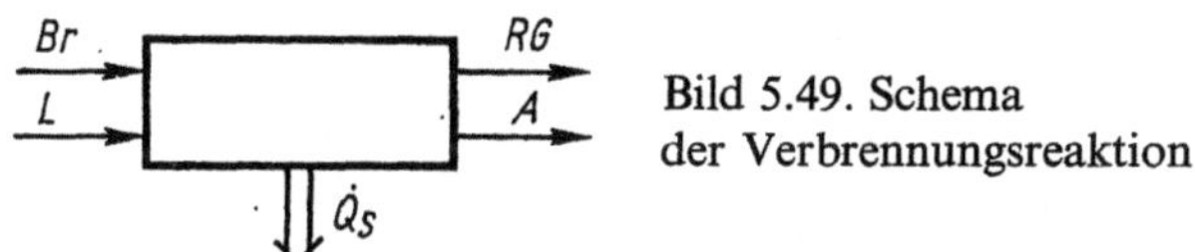

Bild 5.49. Schema
der Verbrennungsreaktion

Zur Durchführung einer exergetischen Analyse sind zunächst die Massen- oder Mengenbilanzen aufzustellen. Nach Bild 5.49 treten aus der Reaktionszone neben den Rauchgasen noch unverbrannte Stoffe, wie Asche oder Schlacke, und unverbrannter Brennstoff aus, die insbesondere für feste Brennstoffe berücksichtigt werden müssen. Für flüssige und gasförmige Brennstoffe kann dieser Anteil im allgemeinen vernachlässigt werden. Die *Massenbilanz* des Verbrennungsprozesses lautet:

$$\dot{m}_{Br} + \dot{m}_L = \dot{m}_{RG} + \dot{m}_A \tag{5.148a}$$

$$\dot{m}_{Br} + \lambda\dot{m}_{L\,min} = \dot{m}_{RG} + \dot{m}_A \tag{5.148b}$$

mit

$$\dot{m}_A = (a + c\beta)\,\dot{m}_{Br} \tag{5.149}$$

wobei $c\beta$ den Anteil an nichtverbranntem Kohlenstoff (unvollständige Verbrennung) kennzeichnet. Die kleinen Buchstaben kennzeichnen wie in Abschnitt 3.4.2. die Massenanteile im Brennstoff entsprechend

$$c + h + o + s + n + a + w = 1$$

Die Verbindung mit dem Chemismus der Reaktion kann über den *minimalen Luftbedarf* $\dot{m}_{L\,min}$ hergestellt werden. $\dot{m}_{L\,min}$ ist die stöchiometrisch erforderliche Luftzufuhr, um die Brennstoffkomponenten bis zu den Endprodukten umzusetzen. Der minimale Luftbedarf hängt von der Art des Brennstoffes ab und wird durch die Reaktionsgleichungen bestimmt. λ ist die Luftüberschußzahl.

Aus den Gleichungen der Hauptreaktionen

$$C + O_2 \rightarrow CO_2 \tag{5.150a}$$

$$H_2 + \frac{1}{2}\,O_2 \rightarrow H_2O \tag{5.150b}$$

$$S + O_2 \rightarrow SO_2 \tag{5.150c}$$

kann der minimale Sauerstoffbedarf unter Berücksichtigung der Massenbilanz Gl. (5.148) ermittelt werden zu

$$\frac{\dot{m}_{O_2\,min}}{\dot{m}_{Br}} = M_{O_2}\left(\frac{c}{M_C} + \frac{1}{2}\frac{h}{M_{H_2}} + \frac{s}{M_S} - \frac{o}{M_{O_2}} - \frac{c}{M_C}\left(\frac{\alpha}{2} + \beta\right)\right)(1 - a) \tag{5.151}$$

Der minimale Luftbedarf ergibt sich daraus zu

$$\dot{m}_{L\,min} = 4{,}311 \cdot \dot{m}_{O_2} \tag{5.152}$$

entsprechend der bekannten Zusammensetzung der Luft. In Gl. (5.151) ist berücksichtigt, daß ein Teil α des Kohlenstoffes entsprechend

$$C + \frac{1}{2}\,O_2 \rightarrow CO \tag{5.150}$$

nicht zu Di-, sondern nur zu Monoxid reagiert, die Verbrennung also unvollkommen verläuft.

Aus den Gln. (5.150), (5.151) und (5.152) kann die *Rauchgaszusammensetzung* ermittelt werden. Man erhält

$$\frac{\dot{m}_{RG\,CO_2}}{\dot{m}_{Br}} = \frac{M_{CO_2}}{M_C}\,c(1 - \alpha - \beta)\,(1 - a) \tag{5.153a}$$

$$\frac{\dot{m}_{RG\,CO}}{\dot{m}_{RG}} = \frac{M_{CO}}{M_C}\,c\alpha(1 - a) \tag{5.153b}$$

$$\frac{\dot{m}_{RG\,H_2O}}{\dot{m}_{Br}} = \left(\frac{M_{H_2O}}{M_{H_2}}\,h + w\right)(1 - a) \tag{5.153c}$$

$$\frac{\dot{m}_{RG\,O_2}}{\dot{m}_{Br}} = (\lambda - 1)\,\frac{\dot{m}_{O_2\,min}}{\dot{m}_{Br}}\,(1 - a) \tag{5.153d}$$

$$\frac{\dot{m}_{RG\,N_2}}{\dot{m}_{Br}} = \frac{\dot{m}_{O_2\,min}}{\dot{m}_{Br}}\left(\frac{\dot{m}_L}{\dot{m}_{O_2}} - 1\right)(1 - a) \tag{5.153e}$$

Für die *Energiebilanz* des Verbrennungsprozesses kann geschrieben werden

$$\dot{m}_{Br}(\Delta_H h + c_{pBr}t_{Br}) + \dot{m}_L c_{pL}t_L = \dot{Q}_S + \dot{m}_{RG}\int_0^{t_{RG}} c_{pRG}\, dt + \dot{m}_A c_{pA}t_A \qquad (5.154)$$

Gl. (5.154) berücksichtigt, daß von der Reaktionszone, der Flamme, oft ein nicht unbeträchtlicher Teil der Energie als *Strahlungswärme* $\dot{Q}_S$ abgegeben werden kann, die Verbrennung nicht adiabat verläuft. Aufgrund der im allgemeinen starken Vermischung der Flamme erfolgt diese Wärmeabgabe bei nahezu isothermen Bedingungen. $\Delta_H h$ kennzeichnet den unteren Heizwert der Verbrennungsreaktion entsprechend

$$\Delta_H h = \Delta_V h - \frac{\dot{m}_{RG\,H_2O}}{\dot{m}_{Br}}\,\Delta h^{LV} \qquad (5.155)$$

$\Delta_V h$ ist der obere Heizwert oder Brennwert. Die Benutzung von $\Delta_H h$ in Gl. (5.154) ist möglich, da das Wasser in den Rauchgasen gasförmig vorliegt. Allerdings muß in Gl. (5.154) die für den Heizwert zugrunde gelegte Bezugstemperatur explizit berücksichtigt werden, da diese auch der Enthalpieermittlung der anderen Stoffströme zugrunde gelegt werden muß (Gl. (5.154) gilt für eine Bezugstemperatur von 0 °C).

Aus der Energiebilanz kann die *Verbrennungstemperatur* ermittelt werden. Von besonderem Interesse, auch für die exergetische Analyse, ist die maximal erreichbare Verbrennungstemperatur t_{Vad}, die aus Gl. (5.154) für $\dot{Q}_S = 0$, also adiabate Prozeßbedingungen, folgt. Da die Verbrennungstemperatur identisch mit der Temperatur der Rauchgase am Austritt aus der Reaktionszone ist, gilt mit $t_{Vad} = t_{RG}$ und $c_p = \text{const}$

$$t_{Vad} = \frac{\dot{m}_{Br}(\Delta_H h + c_{pBr}t_{Br}) + \dot{m}_L c_{pL}t_L - \dot{m}_A c_{pA}t_A}{\dot{m}_{RG}c_{pRG}} \qquad (5.156)$$

Bei nichtadiabaten Verbrennungsprozessen wird eine geringere Verbrennungstemperatur t_V erreicht, die sich aus der Beziehung

$$t_V = t_{Vad} - \frac{\dot{Q}_S}{\dot{m}_{RG}c_{pRG}} \equiv t_{RG} \qquad (5.156a)$$

errechnen läßt. Die Temperaturabsenkung ist eine Funktion der Strahlungswärmeabgabe.

Unter Berücksichtigung der zu der Massen- und Energiebilanz geführten Diskussion kann schließlich die *Exergiebilanz* des Verbrennungsprozesses in der Form angegeben werden:

$$\dot{m}_{Br}e_{Br} + \dot{m}_L e_L = \frac{T_V - T_U}{T_V}\dot{Q}_S + \dot{m}_{RG}e_{RG} + \dot{m}_A e_A + \Delta\dot{E}_V \qquad (5.157)$$

Für die Exergie des Brennstoffes gilt

$$e_{Br} = e_{ch+Konz} + c_{pBr}\left(T_{Br} - T_U - T_U \ln\frac{T_{Br}}{T_U}\right)$$

wobei die chemische Exergie und die Konzentrationsexergie nach Abschnitt 3.4.2 berechnet werden.

Für die Exergie der Luft gilt

$$e_\mathrm{L} = c_\mathrm{pL}(T_\mathrm{L} - T_\mathrm{U}) - T_\mathrm{U} \ln \frac{T_\mathrm{L}}{T_\mathrm{U}}$$

für die Exergie der Rauchgase allgemein

$$e_\mathrm{RG} = e_\mathrm{ch+Konz} + \Delta e_\mathrm{kond} + \int\limits_{T_\mathrm{U}}^{T_\mathrm{V}} \frac{T - T_\mathrm{U}}{T} c_\mathrm{pRG}\, \mathrm{d}T$$

wobei die Berechnung nach Abschnitt 3.3.3. erfolgen kann. Schließlich kann für die Ascheabgabe vereinfachend angegeben werden:

$$e_\mathrm{A} = c_\mathrm{pA}\left(T_\mathrm{A} - T_\mathrm{U} - T_\mathrm{U} \ln \frac{T_\mathrm{A}}{T_\mathrm{U}}\right)$$

Die Aussagen der Exergiebilanz lassen sich *anschaulich in einem h,s-Diagramm* verdeutlichen. In Bild 5.50 ist für eine einheitliche Festlegung von Umgebungsdruck und -temperatur und stofflicher Zusammensetzung der Umgebung $(h - h_\mathrm{u})$ über $(s - s_\mathrm{u})$ aufgetragen. Für $p = p_\mathrm{u}$ ergibt sich für jeden beteiligten Stoff — Brennstoff, Luft und Rauchgase — eine charakteristische Lage der Isobaren. Die *Isobare der Luft* muß, entsprechend der Umgebungsfestlegung, durch den Koordinatenursprung gehen. Die *Isobaren des Brennstoffes* und *der Rauchgase* gestatten, mit Hilfe der signifikanten Ordinatenabschnitte die jeweilige chemische Exergie oder auch Konzentrationsexergie zu ermitteln. Entlang der Isobaren nimmt mit steigenden Werten der Enthalpie und Entropie die Temperatur zu. Es soll zunächst eine adiabate Verbrennung mit $\lambda = 1$, also der *minimalen Luftzufuhr*, betrachtet werden. Es ist zu übersehen, daß sich für diese Bedingungen besonders günstige exergetische Verhältnisse, d. h. geringe Nichtumkehrbarkeiten, ergeben. Der durch die Mischungsregel entsprechend den Gln. (5.151) und (5.152) festgelegte Mischungspunkt von Brennstoff und Verbrennungsluft kennzeichnet den energetischen Ausgangszustand beim Verbrennungsprozeß. Der Endzustand kann auf der Rauchgasisobaren für $h = $ const gefunden werden. Die Temperatur auf der Rauchgasiso-

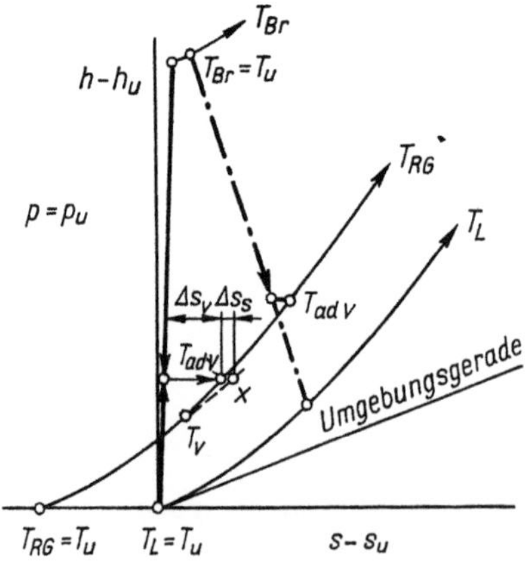

Bild 5.50. Verbrennungsreaktion in *h,s*-Diagramm

——— adiabate Verbrennung

——— Wärmeabgabe bei T_v

—·—· Brennstoff- und Luftvorwärmung

baren entspricht der *adiabaten Verbrennungstemperatur*. Aus Bild (5.50) wird deutlich, daß selbst bei dieser günstigen Führung des Verbrennungsprozesses eine Entropiezunahme vorhanden ist, der z. B. mit Hilfe der Umgebungsgeraden auch geometrisch ein entsprechender Exergieverlust zugeordnet werden kann. Es ist im wesentlichen der Verlust infolge *Irreversibilität der Verbrennungsreaktion*, d. h. infolge der chemischen Umwandlung. Ohne Zuhilfenahme von Arbeitsprozessen kann dieser Verlust nicht vermieden werden. Es ist interessant, daß sich dieser Verlust, im Vergleich zur Geometrie des h,s-Diagrammes für einen einheitlichen Stoff, formal analog dem Verlust beim Drosselvorgang ermitteln läßt.

In diesem Diagramm kann qualitativ der Einfluß einer *Änderung verschiedener Parameter* auf den Verbrennungsprozeß verfolgt werden. So führt z. B. eine Erhöhung der Luftüberschußzahl zu einem Mischungspunkt, der näher an der Abszisse liegt. Damit nimmt zwar die absolute Entropiezunahme ab, aber infolge der Geometrie der Isobaren die Exergie der Rauchgase auch und absolut gesehen, stärker, so daß mit einer solchen Maßnahme ein zunehmendes Gewicht der Irreversibilitäten verbunden ist. Zu berücksichtigen ist außerdem, daß die Rauchgasisobare unter diesen Bedingungen in Richtung der Luftisobaren verschoben wird, was zu einer Zunahme der Irreversibilitäten führt. In ähnlicher Weise können der Einfluß einer Veränderung des Heizwertes und der Übergang zur Sauerstoffverbrennung diskutiert werden.

Wie schon bei der Diskussion der Energiebilanz ausgeführt, ist bei praktischen Verbrennungsprozessen stets eine Wärmeabgabe vorhanden, so daß die *adiabate Verbrennungstemperatur nicht erreicht* wird. Das führt zu einer Erhöhung der Nichtumkehrbarkeit gegenüber dem adiabaten Prozeß, die im Diagramm durch Anlegen der Tangente an die Rauchgasisobare bei der praktischen Verbrennungstemperatur T_V veranschaulicht werden kann (Bild 5.50), da gilt

$$s_x - s(T_V) = \frac{h(T_{Vad}) - h(T_V)}{T_V} \tag{5.158}$$

Diese zusätzliche Nichtumkehrbarkeit und der damit verbundene Exergieverlust entstehen aus der Abwertung der Wärme auf die praktische Verbrennungstemperatur, die mit einer Abnahme des Arbeitswertes der Wärme ausgedrückt werden kann.

Schließlich sei noch auf die *Auswirkung der Vorwärmung* von Verbrennungsluft und Brennstoff hingewiesen, die gleichfalls in Bild 5.50 veranschaulicht ist. Man erkennt, daß durch derartige Maßnahmen eine erhebliche Reduzierung der Irreversibilitäten zu erzielen ist.

Nach den Darstellungen des Abschnittes 4. lassen sich auch für den Verbrennungsprozeß exergetische Bewertungszahlen angeben. Der *Gütegrad* nach Gl. (4.5) lautet

$$\nu = \frac{\dot{m}_{RG} e_{RG} + \dfrac{T_V - T_U}{T_V} \dot{Q}_S + \dot{m}_A e_A}{\dot{m}_{Br} e_{Br} + \dot{m}_L e_L} \tag{5.159}$$

woraus sich im Spezialfall geeignete vereinfachte Beziehungen ableiten lassen.

Für den *exergetischen Wirkungsgrad* nach Gl. (4.4) können zwei Versionen angegeben werden, je nachdem, ob die anfallende Strahlungswärme z. B. in speziellen

Strahlungsheizflächen genutzt wird oder lediglich als äußerer Verlust anzusehen ist. Im ersten Fall lautet der Wirkungsgrad [5.24]

$$\eta_1 = \frac{\dot{m}_{RG} e_{RG} + \dfrac{T_V - T_U}{T_V} \dot{Q}_S}{\dot{m}_{Br} e_{Br} + \dot{m}_L e_L} \tag{5.160}$$

und im zweiten Fall

$$\eta_2 = \frac{\dot{m}_{RG} e_{RG}}{\dot{m}_{Br} e_{Br} + \dot{m}_L e_L} \tag{5.161}$$

Für den Zusammenhang beider gilt

$$\eta_1 = \eta_2 + \varepsilon \tag{5.162}$$

mit

$$\varepsilon = \frac{\dfrac{T_V - T_U}{T_V} \dot{Q}_S}{\dot{m}_{Br} e_{Br} + \dot{m}_L e_L} \tag{5.163}$$

Für die rechentechnische Aufbereitung ist es zweckmäßig, Gl. (5.161) auf die adiabate Verbrennungstemperatur zu beziehen und den Einfluß der praktischen Verbrennungstemperatur durch einen Korrekturfaktor zu berücksichtigen:

$$\eta_2 = \eta_{Vad} \frac{e_{RG}(T_V)}{e_{RG}(T_{Vad})} \tag{5.164}$$

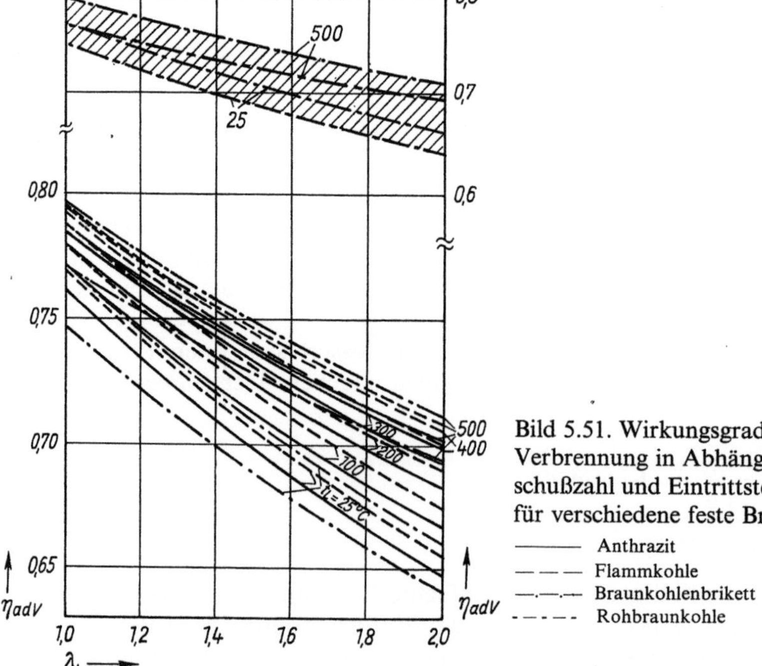

Bild 5.51. Wirkungsgrad bei adiabater Verbrennung in Abhängigkeit von der Luftüberschußzahl und Eintrittstemperatur der Luft für verschiedene feste Brennstoffe

——————— Anthrazit
– – – – – Flammkohle
—·—·—· Braunkohlenbrikett
- - - - - Rohbraunkohle

Ist es möglich, für die Rauchgase die Eigenschaften des idealen Gases zugrunde zu legen, so folgt der Korrekturfaktor aus der Beziehung

$$\frac{e_{\mathrm{RG}}(T_{\mathrm{V}})}{e_{\mathrm{RG}}(T_{\mathrm{Vad}})} = \frac{T_{\mathrm{V}} - T_{\mathrm{U}} - T_{\mathrm{U}} \ln \dfrac{T_{\mathrm{V}}}{T_{\mathrm{U}}}}{T_{\mathrm{Vad}} - T_{\mathrm{U}} - T_{\mathrm{U}} \ln \dfrac{T_{\mathrm{Vad}}}{T_{\mathrm{U}}}} \tag{5.165}$$

Der in Gl. (5.164) enthaltene Wirkungsgrad η_{Vad} ergibt einen *Maximalwert*, der für verschiedene Brennstoffe in Abhängigkeit von der Vorwärmtemperatur der Verbrennungsluft und der Luftüberschußzahl in Bild 5.51 angegeben ist. Danach sind in technischen Verbrennungseinrichtungen maximal Wirkungsgrade zwischen 0,7 und 0,8 zu erreichen. In Diagramm 5.52 ist der Verlauf des Strahlungsterms nach Gl. (5.163) angegeben. Interessant ist das Auftreten von Maxima, die aus der gegenläufigen Tendenz von abgegebener Wärme und zugehöriger exergetischer Temperatur folgen. Für $c_{\mathrm{p}} = \text{const}$ kann die Maximaltemperatur explizit bestimmt werden. Man erhält:

$$T_{\mathrm{V}}(\varepsilon_{\mathrm{max}}) = \sqrt{T_{\mathrm{Vad}} T_{\mathrm{U}}} \tag{5.166}$$

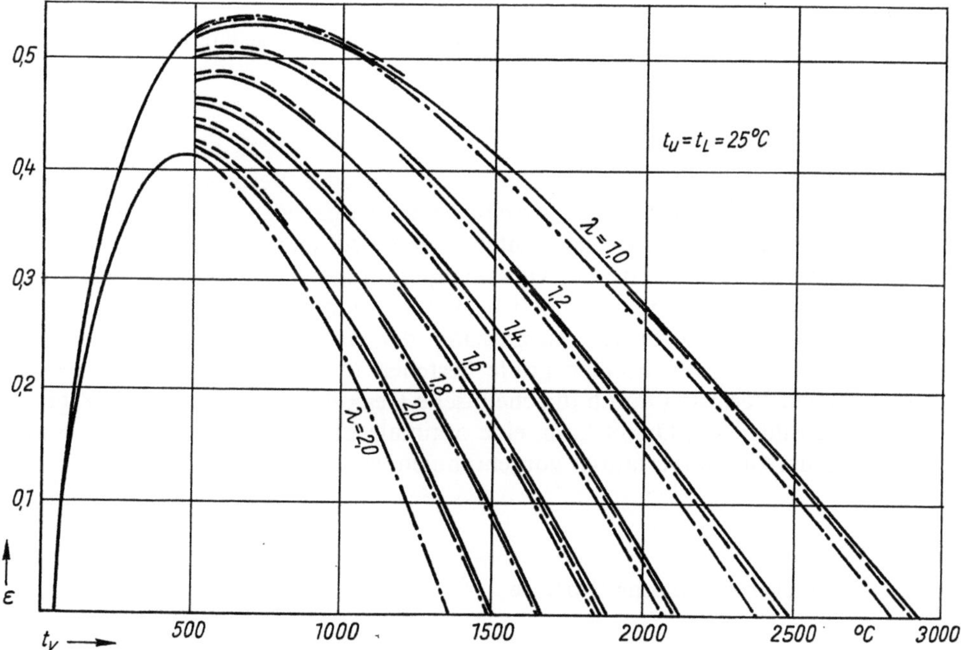

Bild 5.52. Relativer Arbeitswert der durch Strahlung abgegebenen Wärme ε in Abhängigkeit von Verbrennungstemperatur, Luftüberschußzahl und Brennstoff

——— Anthrazit
— — — Flammkohle
—·—·— Braunkohlenbrikett
·—·— Rohbraunkohle

Für den Fall, daß die abgegebene Wärme nicht genutzt wird, stellen der Ausdruck nach Gl. (5.163) und das Diagramm 5.52 den äußeren Verlustgrad und dessen Verhalten dar.

Erfolgt die *Luftvorwärmung regenerativ* mittels Rauchgasen, kann die Exergie der Luft nicht als zusätzlicher Aufwand, sondern als eine Nutzensverminderung aufgefaßt werden. Damit lassen sich statt der Gln. (5.160) und (5.163) die folgenden Beziehungen angeben:

$$\eta_1^* = \frac{(\dot{m}_{RG}e_{RG} - \dot{m}_{L}e_{L}) + \dfrac{T_V - T_U}{T}\dot{Q}_S}{\dot{m}_{Br}e_{Br}} \tag{5.167}$$

$$\eta_2^* = \frac{\dot{m}_{RG}e_{RG} - \dot{m}_{L}e_{L}}{\dot{m}_{Br}e_{Br}} \tag{5.168}$$

Für die Umrechnungen zwischen beiden Betrachtungsweisen gilt:

$$\eta^* = \eta\left(1 + \frac{\dot{m}_{L}e_{L}}{\dot{m}_{Br}e_{Br}}\right) - \frac{\dot{m}_{L}e_{L}}{\dot{m}_{Br}e_{Br}} \tag{5.169}$$

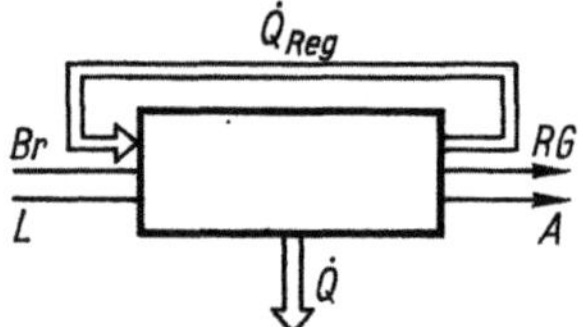

Bild 5.53. Schema der Wärmebereitstellung durch die Verbrennungsreaktion

Wie schon einleitend vermerkt, dient der technische Verbrennungsprozeß der Wärmebereitstellung, die bei den verschiedenen Aufgabenstellungen durch Quantität und Qualität vorgegeben ist. Unter diesen Bedingungen weist der Verbrennungsprozeß Verluste auf, die im vorstehenden aufgezeigt sind. Eine weitere Beeinflussung dieser Verluste ist möglich durch Änderung der Reaktionsführung (MHD-Verfahren) und durch Ausnutzung der äußeren Verluste (Rauchgase, Schlacke). Relativ große Freiheitsgrade bestehen in der Gestaltung des Verhältnisses zwischen Verlusten durch die chemische Reaktion und Wärmeübertragungsverlusten (s. Bild 5.53). Damit kann eine optimale Einordnung des Verbrennungsprozesses in ein Gesamtverfahren vorgenommen werden.

5.8.2. Elektrochemische Prozesse

Unter elektrochemischen Prozessen werden chemische Reaktionen verstanden, die unter unmittelbarer Beteiligung von Elektroenergie ablaufen. Solche Prozesse liegen in galvanischen Elementen, Akkumulatoren, Brennstoffzellen und bei elektrolytischen Verfahren vor. Bei all diesen Prozessen findet eine *unmittelbare Wechselwirkung zwischen chemischer und elektrischer Energie* statt. Im Zusammenhang mit einer Reihe moderner Entwicklungstendenzen gewinnen derartige Prozesse an Bedeutung.

Im allgemeinen Fall wird bei elektrochemischen Prozessen Energie in vier verschiedenen Formen über die entsprechende Bilanzgrenze ausgetauscht (Bild 5.54): die Energie der Stoffströme, der Wärmestrom, die Raumänderungsarbeit und die elektrische Arbeit. Im stationären Fall sind die ein- und austretenden Masseströme gleich, so daß die *Massenbilanz* lautet

$$\sum_i M_i \dot{n}_i^I = \sum_j M_j \dot{n}_j^0 \tag{5.170}$$

und die Raumänderungsarbeit wird gleich Null. Beispiele für stationäre Reaktionen liegen in Brennstoffelementen und bei Elektrolysen vor. Im galvanischen Element und im elektrochemischen Akkumulator verlaufen instationäre Prozesse.

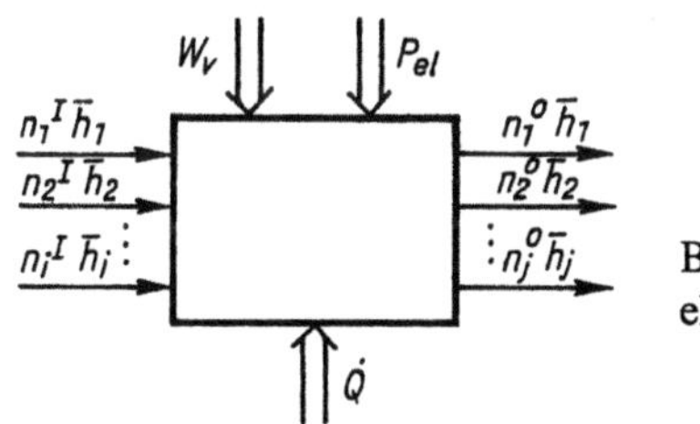

Bild 5.54. Energiebilanz des elektrochemischen Prozesses

Die *Energiebilanz* lautet für den allgemeinen Fall

$$\sum_i n_i^I \bar{h}_i + Q^I + W_{el}^I = \Delta U + \sum_j n_j^0 \bar{h}_j + W_v + W_{el}^0 + Q^0 \tag{5.171 a}$$

und für *stationäre* Bedingungen

$$\sum_i \dot{n}_i^I \bar{h}_i + \dot{Q} + P_{el} = \sum_j \dot{n}_j^0 \bar{h}_j \tag{5.171 b}$$

dabei ist formal gesetzt worden

$$\Delta U = 0, \qquad W_v = 0$$
$$\dot{Q} = \dot{Q}^I - \dot{Q}^0$$
$$P_{el} = \dot{W}_{el}^I - \dot{W}_{el}^0$$

Außerdem ist für $p = $ const und $T = $ const

$$\Delta^R \dot{H}(p, T) = \sum_j \dot{n}_j^0 \bar{h}_j - \sum_i \dot{n}_i^I \bar{h}_i \tag{5.172}$$

die Reaktionsenthalpie.

Die *Exergiebilanz* lautet für stationäre Bedingungen

$$\sum_i \dot{n}_i^I \bar{e}_i + P_{el} + \tau_e \dot{Q} = \sum_j \dot{n}_j^0 e_j + \Delta \dot{E}_v \tag{5.173}$$

Anhand der Exergiebilanz können elektrochemische Prozesse eingeschätzt werden.

Bei Elektrolysen besteht der Nutzen in der Stoffproduktion. Die Wärme kann als äußerer Verlust angesehen werden, so daß sich als *exergetischer Wirkungsgrad* ergibt

$$\eta = \frac{\sum\limits_{j} \dot{n}_j^0 \bar{e}_j - \sum\limits_{i} \dot{n}_i^I \bar{e}_i}{P_{el}} \tag{5.174}$$

Wird die Wärme technologischen Zwecken zugeführt, ist sie als Nutzen zu berücksichtigen. In analoger Form lassen sich auch andere Beurteilungszahlen angeben.

Interessant sind elektrochemische Prozesse in Gestalt der *Brennstoffzellen*, da sie gestatten, unmittelbar aus chemischer Energie Elektroenergie zu erzeugen. Werden auch die austretenden Stoffströme und die abgegebene Wärme genutzt, so ist der exergetische Wirkungsgrad gleich dem Gütegrad

$$\eta = v = \frac{|P_{el}| + \tau_e |\dot{Q}| + \sum\limits_{j} \dot{n}_j^0 \bar{e}_j}{\sum\limits_{i} \dot{n}_i^I \bar{e}_i} \tag{5.175}$$

und der Verlustgrad $\sigma = 0$. In Tabelle 5.11 sind die *exergetischen Wirkungsgrade einiger chemischer Reaktionen* angegeben [5.25] für $T = T_u$ und $p = p_u$, unter der Annahme, daß die austretenden Stoffe als äußere Verluste angesehen werden und die Reaktion selbst reversibel verläuft. Daraus erkennt man, daß die Ausnutzung der Exergie der austretenden Stoffe merklich die Güte dieses Prozesses beeinflußt. Ähnliches gilt natürlich für die Wärmeausnutzung, wenn die Reaktion nicht unter Umgebungsbedingungen abläuft.

Reaktion	Gl. (5.175)	Gl. (5.177)
$H_2 + \dfrac{1}{2} O_2 = H_2O$	0,978	0,83
$H_2 + Cl_2 = 2\,HCl$	0,735	0,79
$N_2H_4 + 2\,H_2O_2 = N_2 + 4\,H_2O$	0,985	1,05
$C + \dfrac{1}{2} O_2 = CO$	0,950	1,24

Tabelle 5.11
Exergetische und ideale Wirkungsgrade elektrochemischer Prozesse

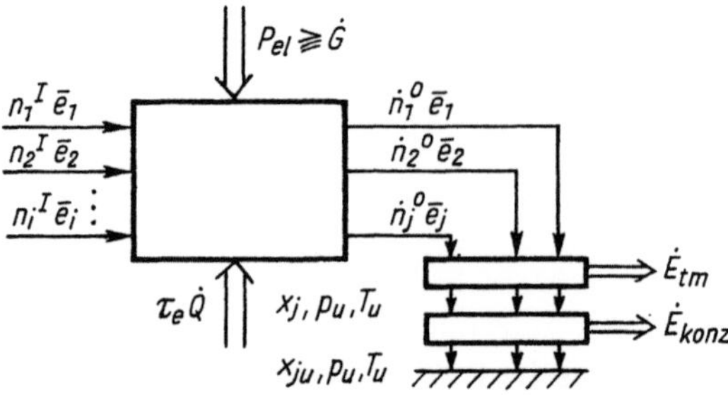

Bild 5.55. Exergiebilanz des elektrochemischen Prozesses

Eine weitergehende Analyse der Brennstoffzelle gelingt, wenn nach Bild 5.55 die Exergie der Stoffströme in ihren thermomechanischen, Konzentrations- und chemischen Anteil zerlegt wird und die entsprechenden Umwandlungsprozesse durch die Bildung von Teilsystemen untersucht werden. Insbesondere müssen dabei die Vorgänge an der Anode und Katode untersucht werden [5.26], was unter Einbeziehung der Exergie der Ionenströme gelingt (s. Abschnitt 3.4.3.). Ausführliche Beispiele der exergetischen Analyse elektrochemischer Prozesse sind in der Literatur zu finden [5.26], [5.27].

Für die *Auswahl von Stoffsystemen* ist die Kenntnis der unter reversiblen Bedingungen auszutauschenden Arbeit von Interesse. Für Brennstoffelemente gibt diese Größe die maximal gewinnbare elektrische Arbeit an, für bestimmte Elektrolysen den minimalen Elektroenergieeinsatz. Nach Gl. (5.33) ergibt sich diese aus dem Ansatz

$$P_{\text{el, rev}} = \left(\sum_j \dot{n}_j^0 \bar{h}_j - \sum_i \dot{n}_i \bar{h}_i \right) - T \left(\sum_j \dot{n}_j^0 \bar{s}_j - \sum_i \dot{n}_i^I \bar{s}_i \right)$$

für isobar-isotherme Bedingungen wird daraus:

$$P_{\text{el, rev}} = \Delta^R \dot{H}(p, T) - T \, \Delta^R \dot{S}(p, T) = \Delta \dot{G} \tag{5.176}$$

Liegen Werte für die Reaktionsenthalpie und -entropie vor, so läßt sich nach Gl. (5.176) der Wert der maximalen Arbeit bestimmen. Da Absolutgrößen keinen Vergleich zulassen, hat man in der Vergangenheit eine Vergleichszahl eingeführt, die in der Literatur auch als Wirkungsgrad [5.28] bezeichnet wird

$$\eta_{\text{id}} = \frac{\Delta G}{\Delta H} \tag{5.177}$$

In Tabelle 5.11 sind für die entsprechenden Reaktionen auch die Werte dieser Vergleichszahl aufgenommen worden [5.29]. Schon aus deren Zahlenwert, der sich aus dem Vorzeichen der Reaktionsentropie ergibt, erkennt man, daß diese Größe sinnvollerweise nicht als Wirkungsgrad bezeichnet werden sollte. Diese Größe ist demnach nichts anderes als ein dimensionsloser Ausdruck der Gl. (5.176). Ein Anschluß an die exergetische Bewertung ist möglich, indem Gl. (5.176) in die Gl. (5.171) eingearbeitet und sie der konkreten Analyse zugrunde gelegt wird. Das bedeutet letzten Endes, daß eine vollständige Beurteilung eines elektrochemischen Prozesses nur unter Berücksichtigung der äußeren Bedingungen und der Irreversibilitäten möglich ist.

Literatur- und Quellenverzeichnis zu Abschnitt 5.

[5.1] Autorenkollektiv: Energetische Analyse von Stoffübertragungsprozessen. Leipzig: VEB Deutscher Verlag für Grundstoffindustrie 1980

[5.2] FRATZSCHER, W., u. F. OTTE: Zur thermodynamischen und energiewirtschaftlichen Bewertung des Wärmetausches. Wiss. Zeitschrift TH Leuna-Merseburg 7 (1965), H. 2, S. 88—90

[5.3]   GREGORIG, R.: Exergieverluste der Wärmeaustauscher. Chemieingenieurtechnik 37 (1965), S. 108—116, 524—531, 956—962

[5.4]   KÜHNE, H.: Über die Bewertung von Wärmeaustauschern. Chemiker Zeitung 87 (1963), H. 12, S. 441—452

[5.5]   FRATZSCHER, W., u. D. KLÖDITZ: Zum Problem der thermodynamischen und thermoökonomischen Bewertung in der Verfahrenstechnik, gezeigt am Beispiel eines regenerativen Wärmeübertragers. Chem. Technik 20 (1968), H. 11, S. 654—657

[5.6]   MICHALEK, K.: Untersuchungen zur optimalen Gestaltung der Energiewirtschaft von Rohöldestillationsanlagen unter besonderer Beachtung des Wärmeübertragersystems. Diss. TH »Carl Schorlemmer« Leuna-Merseburg 1979

[5.7]   PETELA, R.: Exergy of Heat Radiation. Journal of Heat Transfer (1964) may, 187—192. Transactions of the ASME-paper No 63-HT-46, Ser. C 86 (64) 2, 187—192

[5.8]   BOŠNJAKOVIĆ, F.: Zur Thermodynamik des Solarkollektors. VDI-Fortschrittsberichte Reihe 6 (1981), Nr. 89, 60 S.

[5.9]   Brennstoff—Wärme—Kraft 33 (1981), H. 10, S. 425—426 (Kurzf.)

[5.10] FRATZSCHER, W.: Die Verwendung des Exergiebegriffes zur rechnerischen Behandlung von Nichtumkehrbarkeiten — gezeigt am Beispiel des Gasturbinenprozesses. Habilitationsschrift, TU Dresden 1964, Abschnitt 3.4.21

[5.11] БРОДЯНСКИЙ, В. М.: Эксергетический метод термодинамического анализа, стр. 158. Москва: Энергия 1972

[5.12] БРОДЯНСКИЙ, В. М.: Термодинамический анализ низкотемпературных процессов (конспект лекций). Москва: МЭИ 1966

[5.13] ЧИСТЯКОВ, Ф. М.: Об энтропийном методе определения энергетических потерь. Холодилная техника (1955) 4, 47—50

[5.14] FRATZSCHER, W., u. G. SCHÖBEL: Exergetische Beurteilung der mehrstufigen Kompression mit Abwärmeverwertung. Energietechnik 10 (1960), S. 396—400

[5.15] RADCENCO, Vs.: Criterii de optimizare a proceselor termice (irreversible). Bucuresti: editura tenică 1977

[5.16] FRATZSCHER, W.: Die Verwendung des Exergiebegriffes zur rechnerischen Behandlung von Nichtumkehrbarkeiten — gezeigt am Beispiel des Gasturbinenprozesses. Habilitationsschrift, TU Dresden 1964, Abschnitt 3.4.22

[5.17] БРОДЯНСКИЙ, В. М.: Эксергетический метод термодинамического анализа, стр. 166. Москва: Энергия 1972

[5.18] HENATSCH, A.: Über den Zusammenhang zwischen energiewirtschaftlichen und thermodynamischen Bilanzgleichungen und Bewertungsgrößen. Dissertation, HfV Dresden 1968

[5.19] HÄUSSLER, W. (Hrsg.): Taschenbuch Maschinenbau, Bd. 2: Energieumwandlung und Verfahrenstechnik. Berlin: VEB Verlag Technik 1976, S. 854 ff.

[5.20] BAEHR, H. D.: Thermodynamik, 4. Aufl. Berlin/Heidelberg/New York: Springer-Verlag 1978, S. 267 ff.

[5.21] RENON, H., u. a.: Calcul sur ordinateur des équilibres liquide-vapeur et liquide-liquide. Paris: Éditions Techniq 1971

[5.22] LEMPE, D., u. a.: Thermodynamik der Mischphasen, Bde. I und II. Leipzig: VEB Deutscher Verlag für Grundstoffindustrie 1976 u. 1981

[5.23] GÖRMER, L.: Energetische Analyse von Stofftrennprozessen. Diplomarbeit, TH »Carl Schorlemmer« Leuna-Merseburg 1980

[5.24] FRATZSCHER, W.: Exergetische Beurteilung technischer Verbrennungsreaktionen. Energietechnik 12 (1962), H. 4, S. 153—161

[5.25] НЕСТЕРОВ, Б. П., Н. В. КОРОВИН и В. М. БРОДЯНСКИЙ: Электрохимия XII (1976) 5, 50—55

[5.26] Нестеров, Б. П., Н. В. Коровин и В. М. Бродянский: Изв. Вузов. Химия и хим. технология XX (1977) 5, 712—715

[5.27] Нестеров, Б. П., Н. В. Коровин и В. М. Бродянский: Электрохимия XXУ (1980), 814—820

[5.28] Schwabe, K.: Physikalische Chemie, Bd. 2: Elektrochemie. Berlin: Akademie-Verlag 1974, S. 251

[5.29] Дубинский, М. Г.: К термодинамике разделения газа на два·потока с разной энергией. Изв. А. Н. СССР, Энергетика и транспорт (1968) 4, 130—143

6   Analyse technischer Systeme

6.1.   Prinzipien der exergetischen Analyse technischer Systeme

Obwohl die Begriffe Element und System bzw. Prozeß und Verfahren relativ sind, ordnet man in der Technik im allgemeinen und im vorliegenden Zusammenhang im speziellen dem Systembegriff bestimmte *Hierarchieebenen* zu. Das Charakteristische dieser Ebenen ist das Zusammenwirken technischer Grundprozesse, Prozeßeinheiten oder Grundoperationen, die als Elemente angesehen werden können, zu einem Ganzen, was als zusätzlichen Freiheitsgrad und damit Gegenstand der Auseinandersetzung zum Begriff der *Struktur* führt. Unter technischen Systemen sollen deshalb im folgenden solche technische Objekte verstanden werden, deren Eigenschaften in relativ einfacher Form durch Strukturänderungen beeinflußt werden können.

Im weiteren erfolgt eine Beschränkung auf energetische und verfahrenstechnische Systeme, d. h. Systeme, die der Energie- und Stoffwandlung dienen. *Energie- und Stoffwandlung* ist im Rahmen der vorliegenden Betrachtung als eine *naturgesetzliche Einheit* anzusehen, in dem Sinn, daß jede Stoffwandlung mit einer Energiewandlung verbunden ist und auch umgekehrt. Beispiele lassen sich sofort angeben, sind auch in der Literatur zu finden [6.1].

Das Problem der Bewertung gewinnt bei Systemen dieser Art an Bedeutung, da die Anzahl der zu vergleichenden Varianten durch die *zusätzlichen Freiheitsgrade* der Strukturierung um Größenordnungen ansteigen kann. Das Ziel der Bewertung ist auch hierbei die Auswahl der optimalen Variante, des optimalen Systems, die oder das die ins Auge gefaßte Aufgabe unter bestimmten Extremalbedingungen — z. B. minimaler Stoff- und Energieverbrauch oder minimale Gesamtkosten — zu erfüllen gestattet. Auch zur Bewertung von Systemen kann mit Vorteil die exergetische Methode Verwendung finden. Das ist zunächst darauf zurückzuführen, daß mit der Exergie alle Energie- und Stoffströme auf einer einheitlichen Basis abgebildet werden, so daß die naturgesetzliche Einheit von Stoff- und Energiewandlung explizit zum Ausdruck gebracht werden kann und zum anderen eine einheitliche Methode für Systeme der Energie- und Stoffwandlung gegeben ist. Das ist insofern bedeutungsvoll, da diese naturgesetzliche Einheit in Form der integrierten Systeme auch gegenständlich in Erscheinung tritt. Ein weiterer Vorteil der exergetischen Methode besteht darin, daß *keine Vergleichsprozesse* definiert werden müssen. Die Definition von Vergleichsprozessen ist, wenn auch mit bestimmter Willkür, für energetische Systeme möglich. Für verfahrenstechnische oder gekoppelte Systeme erscheint die Benutzung von Vergleichsprozessen nicht sinnvoll. Es kann bei Angabe des Verfahrenszieles mit der Exergie stets der erforderliche Minimalaufwand angegeben werden, der im Grenzfall der Reversibilität zu erbringen ist. Damit ist ein Bezugspunkt gegeben, der Vergleichsprozesse unnötig macht. Auch bei Systemen ist die eindeutige Verlustdefinition, die aus der Exergiebilanz folgt, von wesentlicher Bedeutung. Die verschiedenen Verlustarten werden an ihrem Beitrag zur Entropiezunahme oder Exergieabnahme gemessen. Sie werden so in einem vergleichbaren Maßstab quantifiziert und außerdem exakt lokalisiert. Schließlich gilt ähnliches für die äußeren Verluste, die in der Exergiebilanz in vergleichbarer Form erfaßt und damit Ansatzpunkte für ihre Verminderung oder Nutzung (z. B. im Sinne der Sekundärenergienutzung) gegeben werden. Zum Abschluß sei als Vorteil der exergetischen Methode noch auf die *Verbindung zu ökonomischen Aussagen* verwiesen, auf die in Abschnitt 7. näher eingegangen wird.

Die Durchführung der exergetischen Bewertung technischer Systeme kann in allen Stadien des Reproduktionsprozesses erfolgen, im Rahmen der Konzipierung des Verfahrens, während des Entwurfes, der Projektierung und natürlich des Betriebes des Systems. In den *verschiedenen Realisierungsphasen* eines Systems liegen *unterschiedliche Freiheitsgrade* zur Gestaltung eines optimalen Systems vor, die durch die Analyse aufgedeckt und wobei Methoden zu ihrer Beeinflussung gefunden werden müssen. Signifikant unterschiedlich ist die Situation für im Entwurf und in Betrieb befindliche Systeme. In diesem Sinne ist es zweckmäßig, zwischen *beeinflußbaren* und *nicht beeinflußbaren Verlusten* zu unterscheiden. Es ist klar, daß die beeinflußbaren Verluste im Stadium des Entwurfes sowohl von der Anzahl als auch vom Gewicht her größer als im Betrieb sind. Es gibt Abschätzungen, daß mit der Wahl des Verfahrens etwa 40% der Verluste, mit der Auslegung weitere 40% der Verluste festgelegt und damit im Betrieb nicht beeinflußbar sind. Aus diesem Grunde sind exergetische Untersuchungen insbesondere für das Entwurfsstadium und die Projektierungsphase von Bedeutung. Für den Betrieb reichen häufig durch qualitative exergetische Überlegungen abgestützte spezielle Energiebilanzen. Natürlich ist die jeweilige Entscheidung den konkreten Bedingungen anzupassen. Im folgenden wird die Analyse teilweise für bestehende Anlagen aufgestellt. Bei den Möglichkeiten der Verlustbeeinflussung werden jedoch auch solche Zusammenhänge angesprochen, die durch eine Veränderung des Verfahrens oder des Wirkprinzips zu erzielen sind.

Aus dem Wesen der exergetischen Bewertung, aus den allgemeinen Methoden der Strukturanalyse und aus der Erfahrung im Umgang mit exergetischen Analysen lassen sich einige *Prinzipien* formulieren, die *Ansatzpunkte für eine Verbesserung* von Systemen aufzeigen und einen *qualitativen Vergleich* der Systeme untereinander gestatten. Die mit diesen Prinzipien verbundenen Maßnahmen wird man in allen Systemen wiederfinden.

- Die *minimalen Aufwendungen* sind durch Zustandswerte bestimmt, sie hängen bei verfahrenstechnischen Systemen von der Produktqualität und den Rohstoffeigenschaften ab. Das erste Prinzip muß deshalb sein, festzustellen, ob die geforderte Produktqualität tatsächlich notwendig ist und ob nicht noch andere Rohstoffe alternativ zur Verfügung stehen. Bei energetischen Zielstellungen sind schon an dieser Stelle die möglichen Substitutionsprozesse zu beachten.

- Mit der *Wahl des Wirkprinzips oder Verfahrens* werden bestimmte Verlustarten auch in den Größenordnungen festgelegt. Energetisch am bedeutungsvollsten sind sämtliche Wärmeübertragungsprozesse, insbesondere dann, wenn durch Wärmezufuhr Stofftrennprozesse realisiert werden sollen, und Verdichtungsprozesse. Es ist stets zu überlegen, ob durch eine Änderung der Prozeßführung derartige Prozesse zu umgehen oder alternative Prozesse einsetzbar sind.

- Es sind Möglichkeiten zur *Verminderung der Nichtumkehrbarkeiten* als Quelle der inneren Verluste zu untersuchen, wobei das thermoökonomische Optimum anzustreben ist. Dabei ist zu beachten, daß sich in komplexen Systemen die Nichtumkehrbarkeiten wechselartig bedingen, so daß unterschiedliche Wertigkeiten vorliegen, die z. B. durch Sensibilitätsuntersuchungen zu ermitteln sind, und Suboptima existieren, die wichtige Auslegungsprinzipien vermitteln können.

- Anwendung des Prinzips der *Mehrstufigkeit*. Die Erfahrung zeigt, daß ein zu rascher Abbau großer Triebkräfte zu großen Verlusten führt. Erfolgt der Triebkraftabbau jeweils über kleinere Verfahrensstufen, so können die Verluste wesentlich gesenkt werden, allerdings steigt der anlagentechnische Aufwand. Dieses Prinzip findet vielfältige Anwendungen, um nur einige zu nennen: Verdichteranlagen, Verdampferanlagen, Wärmeübertragerschaltungen, Reaktorkaskaden, Stofftrennanlagen, Kaskadenschaltungen usw.

- Anwendung *regenerativer Schaltungen* zur *Rückführung* von Komponenten-, Stoff- oder Energieströmen. Dieses Prinzip nützt typische Systemeffekte aus. Durch die Rückführung wird die Wechselwirkung mit der Umgebung vermindert, was meistens auch eine Verringerung der äußeren Verluste bedeutet, und der vom System verarbeitete Triebkraftabbau vergrößert, was zu einer spezifisch besseren Auslastung der Aufwendungen führt. Beispiele lassen sich in vielfältiger Form nennen, verwiesen sei nur auf die Rückführung nicht umgesetzter Komponenten bei chemischen Reaktionen und vor allem auf den regenerativen Wärmeaustausch, der sowohl in energetischen wie in verfahrenstechnischen Systemen eine der wirksamsten Maßnahmen zur wirtschaftlichen Gestaltung darstellt.

- Eng verbunden mit den regenerativen Effekten ist das Prinzip der *Integration*, das in der Zusammenfassung verschiedener Funktionen innerhalb eines technischen Systems besteht, so daß im Endeffekt sogenannte integrierte Bau- und Anlagengruppen entstehen. Voraussetzungen hierfür sind Wechselwirkungen innerhalb des Systems, wie sie z. B. durch regenerative Effekte gegeben sein können. Die Integration hat wesentliche energetische Auswirkungen, weil z. B. externe Kreisläufe wegfallen, die spezifische Oberfläche kleiner wird, u. U. Prozeßstufen eingespart werden können u. ä.

- Auch das Prinzip der *Nutzung von Anfallstoffen und -energien* ist eng mit den schon vorgestellten Systemeffekten verbunden, da die Anwendung dieses Prinzips mit der Verminderung der äußeren Verluste verbunden ist. Man unterscheidet zwischen primärer und sekundärer Nutzung. Die primäre Nutzung bedeutet die Rückführung des Anfallstoffes oder der Anfallenergie in das Verursachersystem und ist deshalb eng mit regenerativen Effekten verbunden. Die sekundäre Nutzung bedeutet eine Anwendung außerhalb des Systems und führt zu einer Kopplung oder Kombination unterschiedlicher Systeme, wobei im Einzelfall sogar Maßnahmen zur Erhöhung der qualitativen Parameter der äußeren Energieverluste sinnvoll sein können. Werden die dazu erforderlichen Verteilungs- und Umwandlungsprozesse betrachtet, gewinnt allein dieser Komplex eine selbständige Bedeutung.

Die sekundäre Nutzung äußerer Verluste führt zum Prinzip der *Kombination*, die in der definierten Wechselwirkung unterschiedlicher energetischer und/oder verfahrenstechnischer Systeme besteht. Das klassische Beispiel aus der Energiewirtschaft ist die Wärmekraftkopplung. Neuerdings eröffnen Wärmetransformationsprozesse eine Vielfalt von Kopplungsmöglichkeiten. Im Bereich der Stoffwirtschaft finden sich bei Verfahrenszügen, als Kombinationen von Verfahren, und Verbundsystemen viele Beispiele. Zukünftig wird die definierte Kombination stoff- und energiewirtschaftlicher Anlagen Bedeutung gewinnen, sowohl zur Erhöhung der energetischen Effektivität von Chemieanlagen als auch zur Verminderung von Schadstoffbelastungen aus Energieanlagen. Durch die Kombination wird eine neue Generation von Systemeffekten erschlossen, die für die Wirtschaftlichkeit von erheblicher Bedeutung sind.

Im Sinne dieser Zusammenhänge stellt z. B. die adiabate Fahrweise nicht von vornherein ein ausgezeichnetes Optimum dar.

Sicher ist diese Liste von Prinzipien, die in Auswertung einer Exergieanalyse zu Verbesserungen des technischen Systems führen können, nicht vollständig, und die Prinzipien selbst sind nicht gleichwertig. Die aufgeführten Prinzipien lassen sich durch die folgenden Beispiele veranschaulichen. Die Zusammenstellung an dieser Stelle sollte verdeutlichen, daß es sich dabei nicht nur um spezielle Ergebnisse, sondern um Beispiele tatsächlich verallgemeinerungswürdiger Tendenzen handelt.

6.2.   Analyse technischer Systeme der Energieumwandlung

6.2.1.   Bereitstellung von Wärme

6.2.1.1.   Einstufige Dampfkompressionsanlage

Das Schaltbild einer einstufigen Dampfkompressionsanlage ist in Bild 6.1 dargestellt. Eine derartige Anlage, mit mechanischer Energie angetrieben, kann als Kältemaschine, als Wärmepumpe oder zur Wärme-Kälte-Kopplung eingesetzt werden. Einsatz und Verwendungszweck ergeben sich aus der Lage der Verdampfer- und Kondensatortemperatur in bezug auf die Umgebungstemperatur.

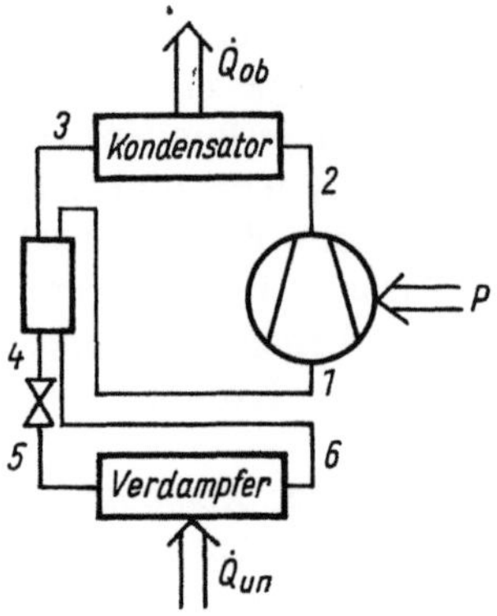

Bild 6.1. Schaltbild einer
einstufigen Dampfkompressionsanlage mit Gegenströmer

Im Verdampfer wird Wärme bei niederer Temperatur aufgenommen, im Kondensator bei höherer Temperatur abgegeben. Da der Prozeß durch das Zweiphasengebiet verläuft, ist mit dieser Temperaturdifferenz eine entsprechende Druckdifferenz verbunden, die durch einen mechanischen Kompressor überbrückt wird. Der
Prozeß wird geschlossen durch eine Drosselung. Vor die Drosselung wird häufig
ein Gegenstromwärmeübertrager eingeordnet, der eine Unterkühlung des Konden-
sats und eine Überhitzung des aus dem Verdampfer austretenden Arbeitsmittels
bewirkt. Letzteres ist für den Betrieb des Verdichters von Vorteil.
Eine qualitative Vorstellung von der energetischen Güte eines solchen Prozesses
vermittelt eine Darstellung im T,s-Diagramm (Bild 6.2). Die Verwendung der Drosselung führt zu prozeßimmanenten Verlusten, die allerdings nicht erheblich sind, da
der Prozeß in der Nähe der linken Grenzkurve verläuft. Der Einfluß der Unterkühlung äußert sich darüber hinaus in einer Abnahme der Drosselverluste. Der
Gegenströmer arbeitet mit einem nicht unerheblichen Temperaturunterschied, so
daß er selbst eine Verlustquelle darstellt. Eine Gegenüberstellung von Temperatur-
und Druckverlusten bietet eine erste Einschätzung des Einsatzes von Gegenströmern.
Über der Verdichtung treten Reibungserscheinungen auf, die sich z. B. durch den
adiabaten Wirkungsgrad erfassen lassen (s. Abschnitt 5.1.2.). Beim realen Prozeß
sind auch die Reibungserscheinungen in den Rohrleitungen zu berücksichtigen.

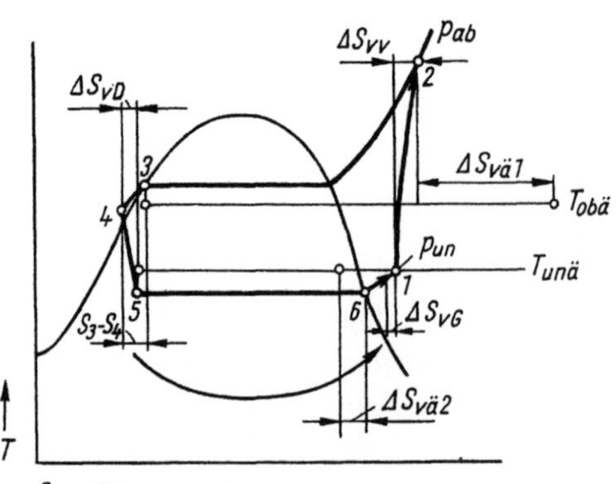

Bild 6.2. Prozeßverlauf des einstufigen Dampf-
kompressionsprozesses im T,s-Diagramm mit
Angabe der inneren und äußeren Irreversibilitäten

Bei der Gesamtbilanzierung können diese jedoch in erster Näherung vernachlässigt werden. Die Verluste durch die Ankopplung des Prozesses an die äußere Umgebung lassen sich mit Hilfe der Temperaturen $T_{obä}$ und $T_{unä}$ über die Gleichheit der Wärmen konstruieren, wobei vereinfachend von Wärmeverlusten im Verdampfer und Kondensator abgesehen wird. Auch die Dissipationseffekte über den Wärmeübertrager lassen sich in erster Näherung vernachlässigen.

Zur Illustration der qualitativen Zusammenhänge ist in Bild 6.3 das *Exergieflußbild einer Kältemaschine* ohne Gegenströmer wiedergegeben. Ausgangswerte sind energetische Kälteleistung 100 kW, Kältemittel R 12, Kühlraumtemperatur $t_{unä} = -30\ °C$, Verdampfertemperatur $t_{un} = -35\ °C$, Kondensatortemperatur $t = 25\ °C$, isentroper Wirkungsgrad des Verdichters $\eta_{is} = 0,73$ [6.2].

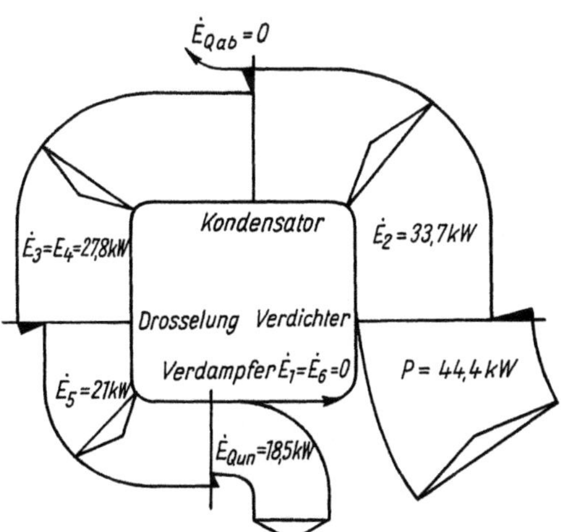

Bild 6.3. Exergieflußbild einer Dampfkompressionskälteanlage für eine Kälteleistung von 100 kW bei —35 °C

Um negative Exergien zu vermeiden, wurde als Bezugszustand der Punkt *1* verwendet. Da äußere Verluste per definitionem nicht vorhanden sind ($\sigma_{ges} = 0$), gilt für den Gesamtwirkungsgrad

$$\eta_{ges} = v_{ges} = 0,417$$

Für die einzelnen Elemente des Prozesses ergibt sich
Verdichter   0,760
Drossel   0,756
Kondensator 0,823
Verdampfer 0,882

In praktischen Beispielen haben auch bei diesem Prozeß die Wärmeübertragungsverluste die größte Bedeutung. Die Ermittlung der optimalen Temperaturdifferenz in den Wärmeübertragern (s. Abschnitt 7.2.) ist deshalb eine der wesentlichsten Maßnahmen zur Verbesserung der energetischen Güte. Eine qualitativ andere Situation ergibt sich bei mehrstufigen Prozessen, hierzu muß auf die Literatur verwiesen werden [6.3].

6.2.1.2 Absorptionswärmepumpe

Absorptionswärmepumpen sind spezielle *Wärmetransformationsanlagen*, die auf nahezu reversible Weise und ohne mechanische Energie Wärme zu übertragen vermögen. Sie besitzen eine große Bedeutung im Zusammenhang mit der Anfallenergienutzung. Insbesondere für die vielfältigen Wärmeübertragungsaufgaben in der chemischen Industrie können sich interessante Anwendungsmöglichkeiten ergeben. Hinsichtlich der damit verbundenen Anforderungen an den Temperaturbereich ist die Absorptionswärmepumpe angepaßt, deren Schaltbild in Bild 6.4 dargestellt ist [6.4].

Die reiche Lösung *1* wird im Austreiber in die arme Lösung *2* und das Arbeitsmittel *5* getrennt. Nach einer Drosselung *3'* kann die arme Lösung im Absorber unter Wärmeabgabe das Arbeitsmittel wieder aufnehmen. Mit einer Lösungsmittelpumpe wird der Kreisprozeß geschlossen. Die Arbeit des Kondensators und Verdampfers ist schon in Abschnitt 6.2.1.1. erläutert worden. Im Vergleich dazu ist der mechanische Verdichter durch einen thermischen ersetzt worden, der auf der

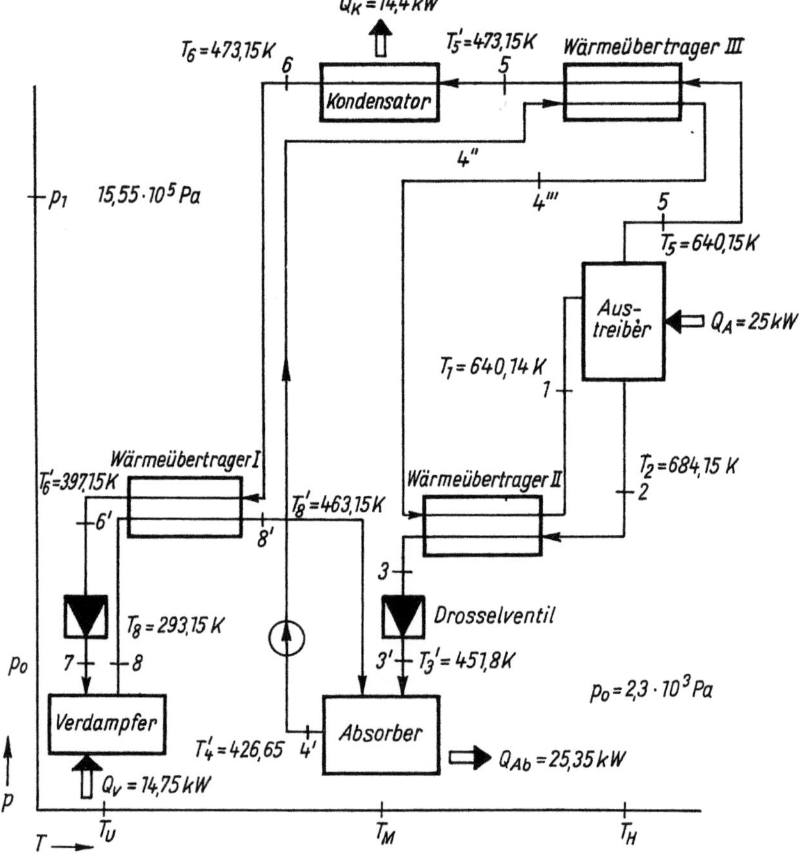

Bild 6.4. Schaltbild einer Schwefelsäure-Wasser-Wärmepumpe in lg p, T-Diagramm

Basis eines Absorptions-Desorptions-Zyklus arbeitet. Die Wärmeübertrager *I, II* und *III* dienen dem regenerativen Wärmeaustausch und vermindern so im Endeffekt die Irreversibilitäten des Gesamtprozesses.

Ein derartiger Absorptionsprozeß arbeitet im allgemeinen zwischen vier Temperaturniveaus, gekennzeichnet durch die thermischen Bedingungen im Austreiber, Absorber, Kondensator und Verdampfer. Häufig fällt das Temperaturniveau von Absorber und Kondensator nahezu zusammen, so daß drei Temperaturniveaus kennzeichnend für den Prozeß sind. Da im Austreiber und Verdampfer Wärme zugeführt und im Absorber und Kondensator solche abgeführt werden muß, läßt sich ein derartiger Prozeß als Synproportionierungsprozeß bezeichnen (s. Abschnitt 4.4.). Das *Energieflußbild* der Absorptionswärmepumpe ist in Bild 6.5 dargestellt. Zur Kennzeichnung der Stoffkreisläufe sind die stoffgebundenen Energien durch einen Linienzug markiert. Die ausgezogene Linie kennzeichnet das Arbeitsmittel, die gestrichelte Linie die arme Lösung, die strichpunktierte Linie die reiche Lösung. Damit läßt sich der erforderliche Energietransit charakterisieren, der durch das Arbeitsmittelgemisch und die Konzentrations- und Massenverhältnisse zwischen armer und reicher Lösung bestimmt wird, die sich innerhalb gewisser Grenzen aus dem Temperaturniveau ergeben. Das Flußbild zeigt weiter, daß bei der Berechnung von äußeren Verlusten abgesehen wurde.

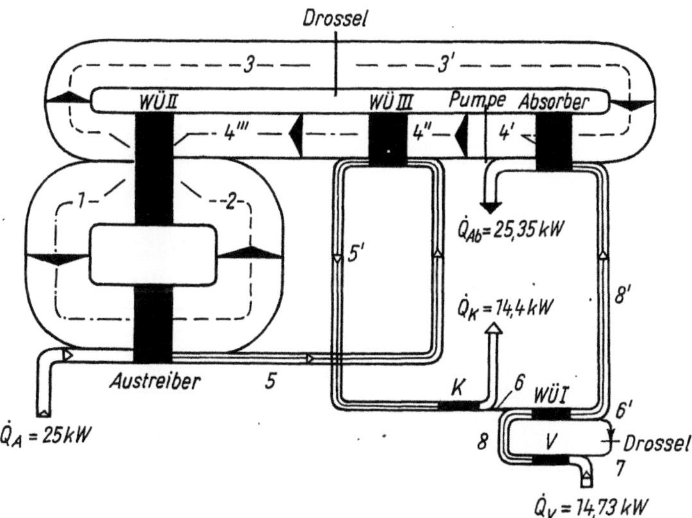

Bild 6.5. Energieflußbild einer Absorptionswärmepumpe

Im *Exergieflußbild* (Bild 6.6) ist die Stromführung der stoffgebundenen Exergien dem Energiefluß analog. Deutlich werden die unterschiedliche Wertigkeit der übertragenen Wärmen und die Exergieverluste infolge Nichtumkehrbarkeiten. Die Wärmezufuhr im Verdampfer erfolgt bei Umgebungsniveau und ist damit exergiefrei. Der exergetische Wirkungsgrad als Verhältnis der Exergieabgabe im Absorber und Kondensator zur Exergieaufnahme im Austreiber beträgt $\eta = 0,84$. Das ist relativ günstig, wenn man bedenkt, daß der reine Wärmeübertragungsprozeß vom

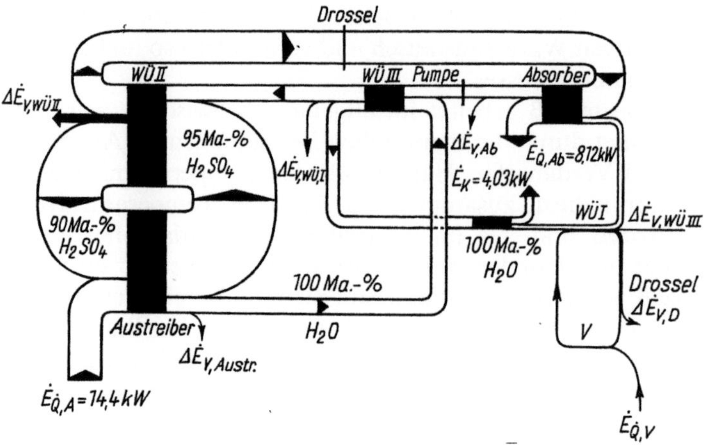

Bild 6.6. Exergieflußbild einer Absorptionspumpe

Tabelle 6.1. Aufteilung der Exergieverluste auf die einzelnen Apparate bei verschiedenen Konzentrationen $\xi_{H_2SO_4}$ der armen Lösung (Entgasungsbreite $\hat{=}$ Konzentrationsdifferenz zwischen armer und reicher Lösung: einheitlich $\Delta\xi_{H_2SO_4} = 0{,}05$, $\dot{Q}$ und $\Delta\dot{E}_v$ in kW, T in K)

Apparat		$\xi_a = 0{,}75$	$\xi_a = 0{,}85$	$\xi_a = 0{,}95$
Austreiber	T_A	563	605	684
	$\dot{Q}_A$	25	25	25
	$\Delta\dot{E}_v$	0,058	0,084	0,141
Absorber	T_{Ab}	343	376	427
	$\dot{Q}_{Ab}$	25,55	25,45	25,35
	$\Delta\dot{E}_v$	0,249	0,163	0,096
WÜ I	ΔT_m	40	40	40
	$\dot{Q}_{WÜ}$	2,59	2,09	1,73
	$\Delta\dot{E}_v$	0,364	0,293	0,244
WÜ II	ΔT_m	11	19	28
	$\dot{Q}_{WÜ}$	2,86	5,32	8,29
	$\Delta\dot{E}_v$	0,944	1,165	1,505
WÜ III	ΔT_m	159	140	107
	$\dot{Q}_{WÜ}$	1,38	1,62	2,1
	$\Delta\dot{E}_v$	0,365	0,355	0,308
Drossel	π	674	674	674
	x	0,185	0,185	0,185
	$\Delta\dot{E}_v$	0,658	0,530	0,530
$\eta_{ges} = v_{ges}$		0,782	0,801	0,804

obeŕen zum mittleren Temperaturniveau einen Wirkungsgrad gleicher Größenordnung aufweist, aber nur 63 % der Wärmeabgabe des Absorptionsprozesses bereitzustellen in der Lage ist.

Die Verluste im Wärmeübertrager *II* stellen den Hauptanteil der Gesamtverluste. Das ist auf die großen Absolutbeträge und die relative große Temperaturdifferenz zurückzuführen, die dieser Wärmeübertrager aufweist. Die Drosselung des Arbeitsmittels erfolgt im Naßdampfgebiet, deshalb nimmt der damit verbundene Verlust beachtliche Werte an. Die Drosselung im Absorptionsmittelkreislauf erfolgt dagegen im flüssigen Gebiet. Die damit verbundenen Verluste sind deshalb vernachlässigbar.

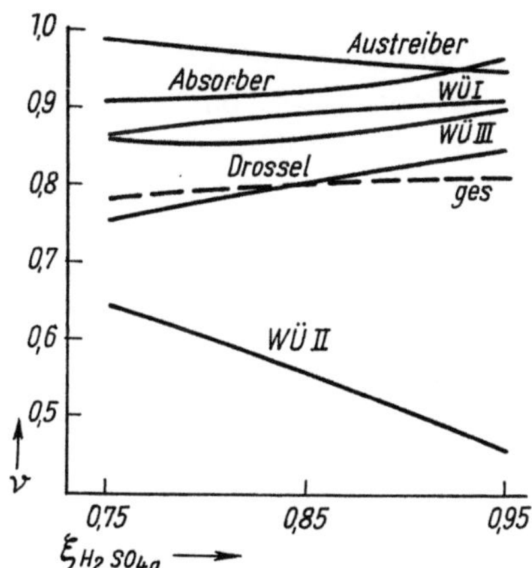

Bild 6.7. Gütegrade der betrachteten Absorptionswärmepumpe und ihrer Elemente bei Variation der Schwefelsäurekonzentration der armen Lösung

Wie schon angeführt, sind die *Freiheitsgrade* bei der Auslegung von einstufigen Absorptionswärmepumpen *stark eingeschränkt*. Durch die Stoffeigenschaften von Arbeitsmittel und Lösungsmittel sind bei Vorgabe der Temperaturniveaus das Druckniveau des Prozesses und die Konzentrationsverhältnisse nahezu festgelegt. Eine Variation in bestimmten Grenzen verändert die Verteilung der Exergieverluste. In Tabelle 6.1 ist das Ergebnis einer Beispielsrechnung zusammengestellt, für die bei Beibehaltung des Temperaturniveaus im Verdampfer und Kondensator und konstanten Druckverhältnissen die Konzentration der armen Lösung variiert wurde. Aus Tabelle 6.1 lassen sich die Absorberverluste entnehmen, Bild 6.7 zeigt die damit verbundene Änderung der Bewertungsziffern der Einzelelemente und des Systems. Im Ergebnis zeigt sich, daß trotz teilweise starker Änderung der Gütegrade einzelner Elemente (Wärmeübertrager *II*) der Gesamtgütegrad nur wenig geändert wird. Allerdings ändern sich auch Austreiber- und Absorbertemperatur, so daß die Ankopplung an die entsprechenden Wärmebehälter gleichfalls stark beeinflußt wird. Da natürlich auch für Absorptionsanlagen die äußeren Verluste ein erhebliches Gewicht haben, kann erst die Gesamtbilanz Aufschluß darüber geben, ob die untersuchte Maßnahme zweckmäßig, d. h. mit einer energetischen Verbesserung verbunden ist oder nicht.

6.2.1.3. Wärmetransformator

Die Umkehrung der Prozesse der Absorptionswärmepumpe liefert einen Prozeß, der als Wärmetransformation bezeichnet wird. Bei diesem Prozeß wird Wärme nur bei mittlerem Temperaturniveau aufgenommen und bei höherem und tieferem Temperaturniveau abgegeben. Es handelt sich mithin um einen Disproportionierungsprozeß (s. Abschnitt 4.4.2.). (Natürlich kann der Begriff der Wärmetransformation auch allgemeiner und als Oberbegriff verwendet werden. An dieser Stelle soll dieser Begriff aber nur in seiner engeren Bedeutung verwendet werden.)

Das *technologische Schema* eines Wärmetransformators ist in Bild 6.8 dargestellt. Nach den Erläuterungen zu Abschnitt 6.2.1.2. läßt sich das Schaltbild leicht interpretieren. Zur Kennzeichnung der energetischen Leistungsfähigkeit eines Wärmetransformators ist in Bild 6.9 ein *Exergieflußbild* für eine spezielle Aufgabe angegeben. Im speziellen sollte ein Stoffstrom von 30 auf 90 °C mit einem Wärmestrom von 2,5 MW aufgeheizt werden. Andererseits war Brüdendampf von 70 bis 90 °C zu kondensieren und auf 35 °C abzukühlen. Das zur Verfügung stehende Rückkühlwasser kann sich von 20 auf 30 °C erwärmen, der zur Verfügung stehende Heizdampf wird als Sattdampf mit einer Kondensationstemperatur von 140 °C betrachtet. Für diese Verhältnisse ist ein Transformationsprozeß mit NaOH—H_2O als Arbeitsstoffpaar durchgerechnet worden, die Entgasungsbreite wurde mit $\Delta\xi = 0,1$ festgelegt [6.5].

Das Exergieflußbild enthält bei diesen Vorgaben auch die äußeren Temperaturabwertungsverluste, die die größten Verlustanteile darstellen. Die Anpassung an die äußeren Wärmebehälter ist für die energetische Güte des Wärmetransformators entscheidend. Von den inneren Verlusten stellen die der regenerativen Wärmeübertragung im Lösungsmittelkreislauf und die der Drosselung Schwerpunkte dar.

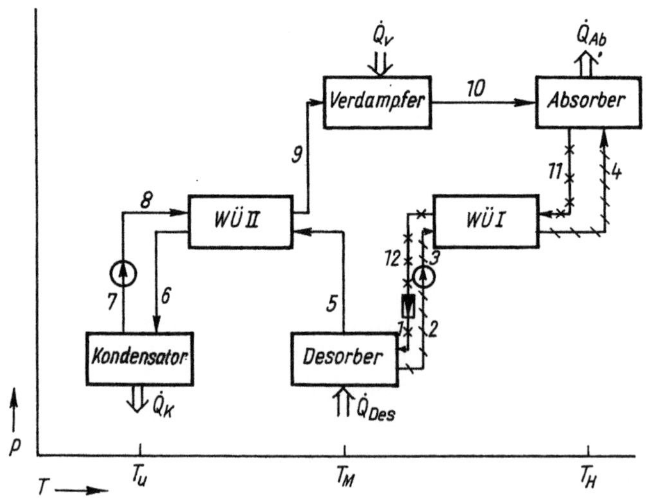

Bild 6.8. Schaltbild eines Wärmetransformators Arbeitsmittel:
×–×–× reiche Lösung
+–+–+ arme Lösung

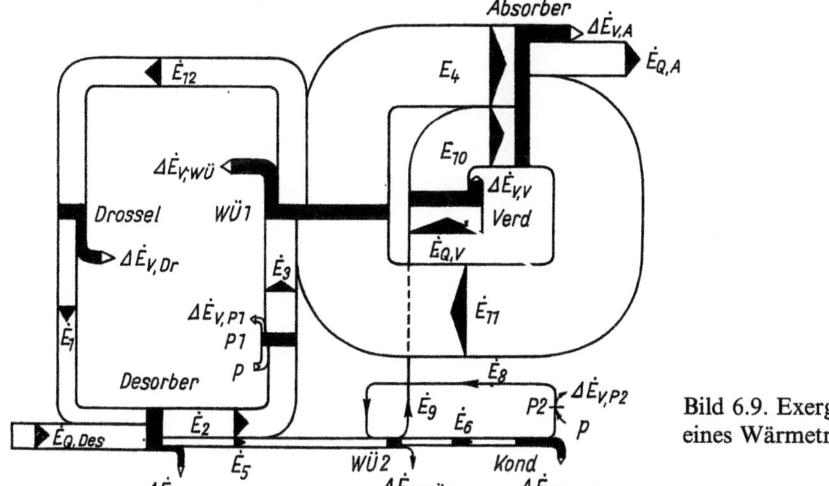

Bild 6.9. Exergieflußbild eines Wärmetransformators

Ihre Beeinflußbarkeit ist jedoch gering, und bei eventuellen Variationen ist die Wechselwirkung zwischen inneren und äußeren Verlusten zu beachten.

Der Wirkungsgrad der untersuchten Schaltung liegt je nach der Abwärmetemperatur zwischen 0,35 und 0,55. Das Exergieflußbild macht auch die Transitexergie deutlich, die zu bewegen ist, um die gewünschten Effekte zu erzielen. Wirkungsgrad und Kostenuntersuchungen zeigen, daß sie unter bestimmten Voraussetzungen mit konventionellen Wärmeübertragerschaltungen nicht nur konkurrieren können, sondern deutlich überlegen sind.

6.2.1.4. Industrieofen

Industrieöfen sind Anlagen zur Erzeugung von *Hochtemperaturwärme* und werden in der Metallurgie und der chemischen Industrie eingesetzt. In der Metallurgie dienen sie der Erwärmung des Metalls vor dem Walzen, dem Schmieden oder Wärmestanzen oder zu Wärmebehandlungszwecken. Vielfältige Anwendungen finden sie auch in der chemischen Industrie, z. B. als Röhrenöfen in der Erdölverarbeitung. Aufgrund der vielfältigen Einsatzzwecke existieren die unterschiedlichsten Bauformen und Betriebsweisen, die sowohl kontinuierlich als auch diskontinuierlich arbeiten. Zur Wärmebereitstellung wird entweder eine Verbrennungsreaktion direkt im Ofen realisiert oder eine Exergiezufuhr in Form von Elektroenergie.

In Bild 6.10 ist ein *Industrieofen mit zweifacher Ofenheizung* zur Erwärmung von Stahlhalbzeugen dargestellt. Folgende Daten kennzeichnen die Anlage:

Leistung 130 t/h Metall, Metalltemperatur am Eintritt 20 °C, am Austritt 1170 °C, Brennstoff Heizöl mit einem Heizwert von $\Delta_H h = 39{,}0$ MJ/kg und einer spezifischen Exergie von $e = 40{,}6$ MJ/kg, Temperatur der Verbrennungsgase am Austritt 800 °C, nach der Schweißzone 1350 °C, Lufttemperatur nach der Vorwärmung 350 °C,

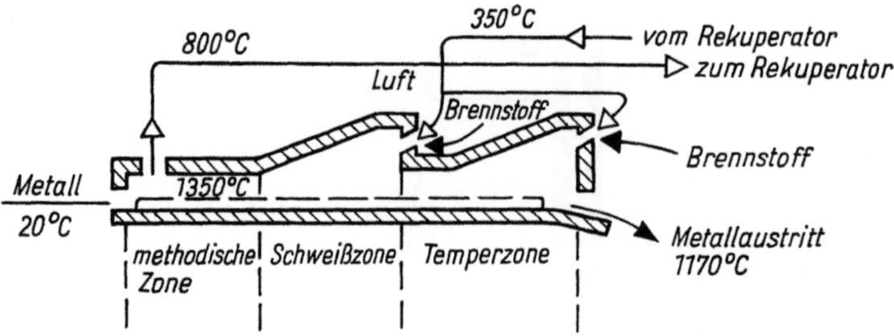

Bild 6.10. Schema eines Industrieofens zur Erwärmung von Metall

Metallabbrand 1,5%. Die Ergebnisse der Energie- und Exergiebilanz sind in Tabelle 6.2 zusammengefaßt [6.6]. Bei der Vielfalt der Industrieöfen sind diese Ergebnisse nur als ein Beispiel zum Aufzeigen der Methode zu werten und keinesfalls als symptomatisch für die Industrieöfen.

Bei der Aufstellung der Energie- und Exergiebilanz taucht das Problem auf, in welcher Form der *Metallabbrand* zu berücksichtigen ist. In thermodynamischer Hinsicht wirkt sich die Oxydation des Metalls in zwei Richtungen aus. Zum einen führt die Oxydation zu einer Brennstoffeinsparung, da die entsprechende Reaktion exotherm ist und die entstehende Wärme genutzt wird. Zum anderen besitzt das Metall eine bestimmte Exergie (6,7 MJ/kg), die für den umgesetzten Teil bis auf den Arbeitswert der genutzten Wärme verlorengeht. Die Abbrandverluste werden in der Energiebilanz durch die nutzlose Erwärmung dieses Anteils berücksichtigt.

Tabelle 6.2. Energie- und Exergiebilanz eines Industrieofens

Bezeichnung der Bilanzanteile	Energieanteil in %	Exergieanteil in %
Aufwand:		
Brennstoff	100	100
vorgewärmte Luft	14,9	4,8
Oxydation des Metalls	7,1	8,7
Summe	122	113,5
Nutzen:		
Erwärmung des Metalls	67,6	41,4
äußere Verluste:		
Abbrand	2,1	1,6
Wärmeverluste durch die Ofenwand	4,0	3,3
Wärmeverluste durch die Ofenöffnung	1,3	1,2
Kühlwasserwärme	6,4	5,5
Verluste mit den Verbrennungsgasen	40,6	20,7
Verluste durch Irreversibilitäten:		
Verbrennung	—	17,5
Wärmeübertragung	—	22,3
Summe	122	113,5

In der Exergiebilanz wird dieser Verlustanteil durch den entsprechenden Verlust an Metallexergie (im Beispiel Eisen) erfaßt.

Tabelle 6.2 zeigt, daß die *energetische* Effektivität des Ofens mit 67,6% recht hoch ist. Dabei ist der Nutzen (Metallerwärmung) auf den Brennstoffaufwand bezogen. Berücksichtigt ist darin die Luftvorwärmung, aber nicht der energetische Effekt des Abbrandes. Den größten Verlust stellen die Abgase mit 25,7% (unter Berücksichtigung der für die Luftvorwärmung eingesetzten Energie). Die restlichen Verluste sind die verschiedensten Wärmeverluste. Die *Exergiebilanz* liefert einen Wirkungsgrad von 41,4%, unter Berücksichtigung der *Abbrandverluste* sogar nur 38,1%. Die wesentlichsten Verluste sind, analog zu allgemeinen Erkenntnissen, die infolge *Nichtumkehrbarkeit der Verbrennung* (17,5%) und durch endliche Temperaturdifferenzen bei der *Wärmeübertragung* (22,3%). Diese Verluste sind kennzeichnend für derartige Anlagen und können ohne Veränderung des Wirkprinzips nicht in der Größenordnung vermindert werden. Eine höhere Aufwärmung des Metalls bedeutet zwar eine Verminderung der Wärmeübertragungsverluste, bringt jedoch nichts, wenn diese hohen Temperaturen aus technologischen Gründen oder aus dem Blickwinkel der Nachverarbeitung nicht erforderlich sind. Tabelle 6.2 zeigt, daß die infolge Oxydation des Metalls freiwerdenden Energie- und Exergiebeträge die Abbrandverluste wesentlich übersteigen. Das bedeutet, daß die Nutzung des Metalls als »Brennstoff« zwar ökonomisch sicher ungünstig, aber thermodynamisch vorteilhaft sein kann. Das beruht zum einen darauf, daß die Metallexergie nicht der energetischen Wertigkeit des Metalls entspricht, weil bei ihrer Berechnung von einem gehemmten Gleichgewicht in der Umgebung ausgegangen wurde. Außerdem sind die energetischen Aufwendungen zur Herstellung des Metalls größer als seine Exergie. Zum anderen sind die thermodynamischen Konsequenzen nur im Sonderfall identisch mit den ökonomischen (s. Abschnitt 7.). Dieses Beispiel macht aber deutlich, wie im einzelnen die Probleme der Stoffwandlung eng mit den energetischen verknüpft sind.

6.2.2.   Kondensationskraftwerk

Kraftwerke dienen der Bereitstellung von Elektroenergie. Die exergetische Analyse von Kraftwerken ist in der Fachliteratur verschiedentlich vorgestellt worden [6.7], [6.8]. Außerdem sind im Abschnitt 5. die Elemente eines Kraftwerkes einer ausführlichen Analyse unterzogen, so daß es ausreichend erscheint, an dieser Stelle global ein zusammenfassendes *Beispiel* vorzustellen. Es handelt sich um ein *Kraftwerk*, das auf der *Basis von Steinkohle* mit einem Heizwert von $\Delta_H h = 23$ MJ/kg und einer spezifischen Exergie von $e = 24{,}84$ MJ/kg betrieben wird [6.9]. Das *Prinzipschaltbild* ist in Bild 6.11 angegeben. Die Dampfparameter sind: vor der Turbine 34,5 MPa, 650 °C, nach der Zwischenüberhitzung 14,0 MPa und 3,2 MPa und jeweils 650 °C. Die Kondensationstemperatur liegt bei 15 °C und damit höher als die Umgebungstemperatur (11 °C).

Die *Aufteilung der Exergieverluste* auf die einzelnen Aggregate des Kraftwerkes ist in Tabelle 6.3 zusammengestellt. Daraus folgt, daß der Gesamtwirkungsgrad

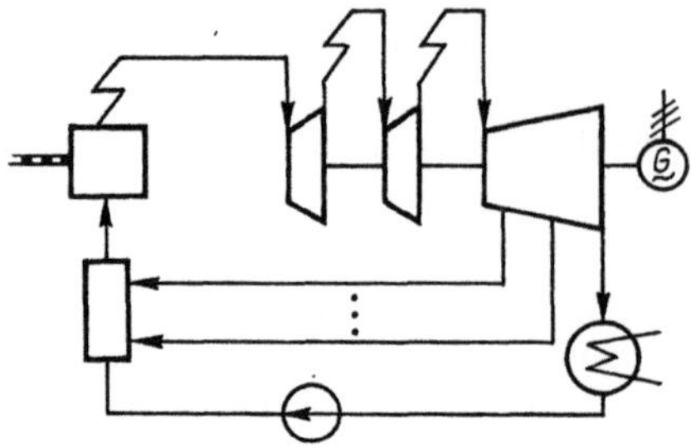

Bild 6.11. Technologisches Grobschema
eines Kondensationskraftwerkes

Bezeichnung	Relativer Verlust in %
Dampferzeuger	50,03
Rohrleitung und Zwischenüberhitzung (hydraulische Verluste)	0,76
Turbine	4,18
Elektrogenerator	6,92
Speisewasserpumpen	0,69
regenerative Speisewasservorwärmer	1,43
Kondensator	1,99
gesamt	66,00

Tabelle 6.3
Aufteilung der Exergie-
verluste auf die Aggregate
eines Kondensations-
kraftwerkes

44 % beträgt. Wie nach den Ausführungen des Abschnittes 5. zu erwarten ist, stellt der *Dampferzeuger* die *Hauptverlustquelle* dar. In ihm geht ungefähr die Hälfte der zugeführten Brennstoffexergie verloren. Dieses Ergebnis läßt sich aus der Energiebilanz nicht ablesen, nach der der Dampferzeuger einen Wirkungsgrad von 91 % aufweist. Die Nichtumkehrbarkeiten der Verbrennung und der Wärmeübertragung sind demnach maßgeblich für die Qualitätsminderung der Energie im Kraftwerk verantwortlich.

Interessant ist, daß der *Zahlenwert des exergetischen Wirkungsgrades* ungefähr mit *dem des thermischen Wirkungsgrades* des Kraftwerkes übereinstimmt. Das ist darauf zurückzuführen, daß die im Brennstoff zugeführte Energie ungefähr der zugeführten Exergie entspricht, und der Nutzen, die mechanische oder elektrische Leistung, reine Exergie darstellt. Allerdings ist die *Verlustverteilung grundverschieden*. Den Hauptverlust in der Energiebilanz mit etwa 50 % stellt die im Kondensator abzuführende Wärme. Da aus technischen und ökonomischen Gründen die Kondensationstemperatur so nahe wie möglich an die Umgebungstemperatur gelegt wird, ist diese Wärme technisch wertlos, was ihrem geringen Betrag in der Exergiebilanz entspricht. Es ist deshalb nicht richtig, die mit der Wärme-Kraft-Kopplung verbundenen Effekte aus einer Verbesserung der Elektroenergiebereitstellung durch Abwärmenutzung zu erklären (s. Abschnitt 6.2.3.).

Wie schon angeführt, liegen die größten Verluste des Kraftwerkes nicht auf der kalten, sondern der heißen Seite. Eine möglichst weitgehende *regenerative Speise-*

wassererwärmung verbunden mit einer *Vorwärmung der Verbrennungsluft* und einer *Zwischenüberhitzung* des Dampfes liefert die Voraussetzung, die Temperatur der Wärmezufuhr zum Kreisprozeß zu erhöhen, und hat somit eine carnotisierende Wirkung. Eine grundsätzliche Erhöhung der Dampfparameter stößt auf technische und ökonomische Grenzen. Eine weitere Verbesserung des Wirkungsgrades durch eine Verminderung der Exergieverluste im Dampferzeuger ist deshalb nur mittels *gekoppelter Prozesse*, also z. B. durch die Vorschaltung eines Gasturbinenprozesses vor den Dampfkraftprozeß möglich. Auch der einem üblichen Kraftwerk vorgeschaltete MHD-Generator wirkt in der gleichen Richtung.

Bei der exergetischen Analyse von *Kernkraftwerken* besteht das besondere Problem in der Ermittlung der Exergie des Kernbrennstoffes. Bekanntlich unterscheidet sich die Brennstoffausnutzung der verschiedenen Reaktortypen entscheidend. Für die Ermittlung der Exergie ist es sinnvoll, sich auf die gesamte Kernspaltung, unabhängig von der technischen Realisierbarkeit, zu beziehen, und den Unterschied zur tatsächlich abgegebenen Exergie dem Verlust des Reaktors zuzurechnen. Bei Einbeziehung der Wiederaufbereitung und der Zusammenarbeit von thermischen Reaktoren und Brütern kann auch eine andere Bewertung sinnvoll sein.

Bezieht man sich auf die reale thermische Leistung des Reaktors, erweist sich die Wärmeübertragung vom Brennelement an das Kühlmittel und schließlich an das Arbeitsmittel als der exergetische Hauptverlust. Er beträgt etwa 45 bis 50% der freigesetzten Exergie. Exergetische Analysen von Kernkraftwerken und die damit zusammenhängenden Schlußfolgerungen können der einschlägigen Fachliteratur entnommen werden [6.10].

6.2.3.   Wärme-Kraft-Kopplung

Die Wärmeerzeugung für industrielle und kommunale Zwecke muß in der Nähe der Verbraucher erfolgen, da thermische Energie nur über relativ geringe Entfernungen transportiert werden kann. Da die Wärmeverbraucher im allgemeinen nur Niedertemperaturwärme benötigen, ist dieser Prozeß mit großen Nichtumkehrbarkeiten behaftet, insbesondere wenn als Rohenergie fossile Brennstoffe zur Verfügung stehen, was der derzeitigen Praxis entspricht. Der Gesamtprozeß kann wesentlich verbessert werden, wenn der *Wärmebereitstellung eine Arbeitserzeugung* mittels eines Kreisprozesses *vorgeschaltet* wird. In diesem Fall spricht man von der gekoppelten Erzeugung von Wärme und Arbeit, wie sie typisch für die Industriekraftwerke ist. Das *Schaltbild* eines solchen Industriekraftwerkes ist in Bild 6.12 schematisch dargestellt. Die wichtigsten Prozeßparameter dieses Kraftwerkes sind in Tabelle 6.4 zusammengefaßt [6.11]. Die elektrische Leistung beträgt 1,8 MW, die Heizleistung 13,9 MW. Als Brennstoff wird Steinkohle (2,45 t/h) mit einem Heizwert von 27,23 MJ/kg und einer spezifischen Exergie von 29,410 MJ/kg eingesetzt. Das Luftverhältnis der Verbrennung beträgt $\lambda = 1,4$. Die Abgase haben eine Temperatur von 140 °C und die folgende Zusammensetzung: 12,9% CO_2, 0,1% CO, 6,8% O_2, 80,2% N_2.

Auf der Grundlage dieser Daten sind das *Energieflußbild* (Bild 6.13) und das *Exer-*

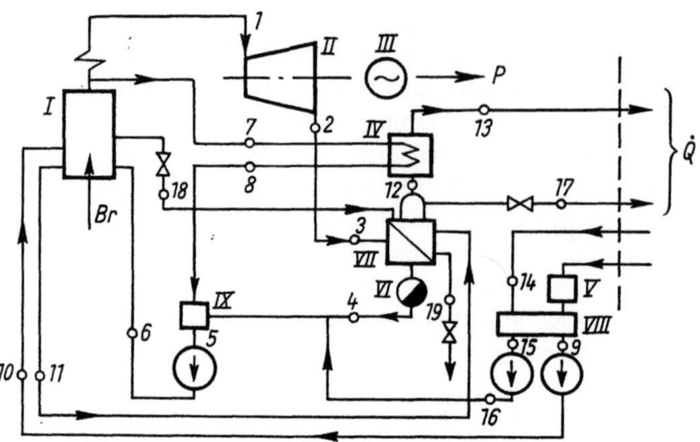

Bild 6.12. Technologisches Grobschema eines Heizkraftwerkes

I	Dampferzeuger	*V*	Entgasung
II	Turbine	*VI*	Kondensatabscheider
III	Elektrogenerator	*VII*	Dampfumformer
IV	Überhitzer für den technologischen Dampf	*VIII, IX*	Kondensatsammler

Tabelle 6.4
Parameter eines
Heizkraftwerkes

Zustandspunkt im technologischen Schema	Massenstrom in t/h	Druck in 10^5 Pa	Temperatur in °C
1	21,00	97,2	400
2	21,00	9,4	178
3	21,00	9,2	17
4	21,00	9,1	177
5	23,57	9,1	175
6	23,57	105,8	175
7	2,02	102,0	315
8	2,02	9,1	177
9	19,15	0,96	70
10	19,15	8,6	70
11	19,15	7,3	130
12	15,82	7,0	165
13	15,82	6,8	280
14	1,90	0,96	104
15	0,55	0,96	70
16	0,55	9,1	70
17	3,38	2,8	150
18	0,55	101,9	313
19	0,55	7,0	165

gieflußbild (Bild 6.14) berechnet. Die Bezeichnungen in diesen Bildern entsprechen
denen von Bild 6.12. In der Bilanz werden die bei der Wärmeübertragung in der
Wasseraufbereitung auftretenden Verluste nicht berücksichtigt, da die Bilanzgrenze
durch den abgegebenen technologischen Dampf und das zurückkehrende Kondensat
verläuft. Die Auswertung der *Exergiebilanz* liefert einen *Gesamtwirkungsgrad* von

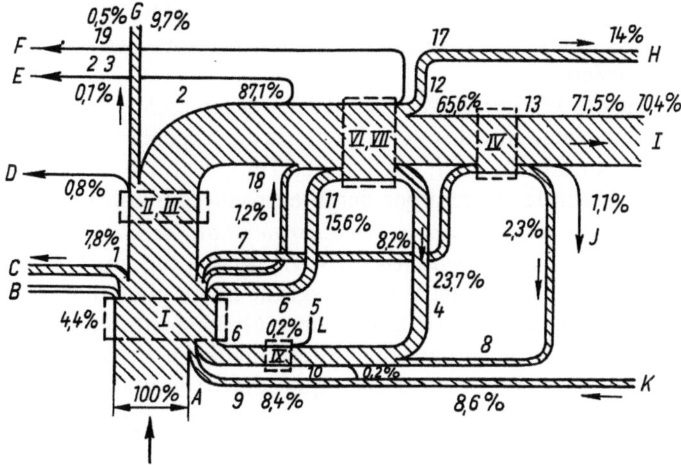

Bild 6.13. Energieflußbild eines Heizkraftwerkes

A Brennstoff	*G* elektrische Leistung
B Schlackenverluste	*H* technologischer Sattdampf
C Rauchgasverluste	*I* überhitzter technologischer Dampf
D Generator	*J* Dampf zur Entgasung
E Rohrleitungsverluste	*K* Kondensatrückführung
F Dampfumformerverluste	*L* Pumpenleistung

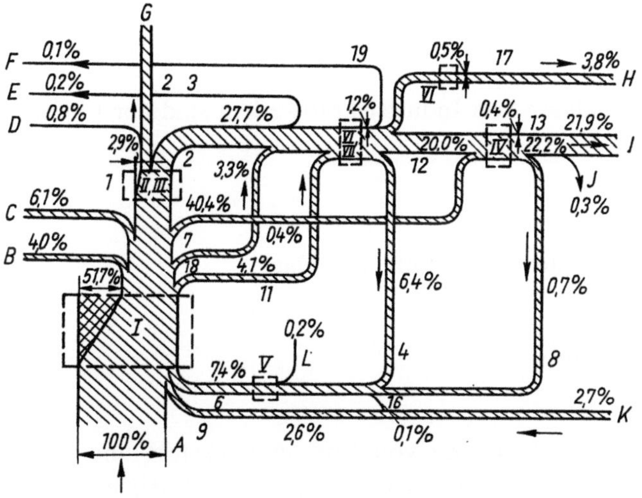

Bild 6.14. Exergieflußbild eines Heizkraftwerkes
Buchstabenbezeichnung wie im Energieflußbild (Bild 6.13)

31,8 %, wenn elektrische Leistung und die beiden Dampfabgaben zu technologischen Zwecken als Abgabe und die Speisepumpenarbeit und die Kondensatrückgabe als Zufuhr berücksichtigt werden. Wie schon im Kraftwerk (Abschnitt 6.2.2.) ist auch im vorliegenden Beispiel der *Dampferzeuger* die größte Verlustquelle. Er besitzt einen exergetischen Wirkungsgrad von 37,8 %. Alle übrigen Verluste sind wesentlich geringer, z. B. betragen die Verluste von *Turbine und Generator* 3,7 %. Eine wesentliche

Verbesserung des exergetischen Wirkungsgrades ist deshalb vordergründig nur am »heißen Ende« des Kraftwerkes zu erzielen mit den gleichen Mitteln, die schon in Abschnitt 6.2.2. diskutiert worden sind.

Aus der *Energiebilanz* folgt als Wirkungsgrad des Kraftwerkes 85,5%. Das entspricht nicht der thermodynamischen Güte des Verfahrens, da der abgegebene Dampf nur nach seinem Energieinhalt und nicht auch nach seiner Temperatur bewertet ist. Die geringere Wertigkeit des Dampfes gegenüber der Elektroenergie kommt nicht zum Ausdruck. Ein *Vergleich der auf der Basis der Energiebilanz gebildeten Wirkungsgrade von Heizkraftwerk und Kondensationskraftwerk* ist aus diesem Grunde *nicht möglich*. Der Vergleich der exergetischen Wirkungsgrade ist möglich und sinnvoll. Das vorliegende Ergebnis zeigt, daß beide in der gleichen Größenordnung liegen, die vorhandene Differenz ist im wesentlichen auf die Unterschiede der Frischdampfparameter zurückzuführen. Auf diese Weise wird auch quantitativ deutlich, daß die *Verbesserung* der gekoppelten Erzeugung von Wärme und Arbeit gegenüber der getrennten *nicht in der Verbesserung der Elektroenergiebereitstellung, sondern in der Wärmebereitstellung* zu suchen ist. Dieses auch für die technisch-ökonomische Bewertung wichtige Ergebnis ist prinzipiell nicht aus der Energiebilanz ableitbar. So hat der Dampferzeuger, energetisch gesehen, einen Wirkungsgrad von 86,6%, scheint also im Gegensatz zu den Aussagen der Exergiebilanz kaum noch verbesserungswürdig. Die bei der gekoppelten Erzeugung erzielte Verbesserung gegenüber der getrennten würde so auf die eingesparte Kondensationswärme führen. Das ist falsch. Der Gewinn folgt aus der Tatsache, daß bei der getrennten Versorgung die Wärmebereitstellung wegen der größeren Differenz zwischen Verbrennungs- und Nutztemperatur größere Nichtumkehrbarkeiten aufweist als bei der gekoppelten.

Ausführliche exergetische Analysen von Industriekraftwerken sind der Literatur zu entnehmen [6.7].

6.3. Analyse technischer Systeme der Stoffumwandlung

6.3.1. Luftzerlegungsanlagen

Luftzerlegungsanlagen dienen der Trennung von Luft in Stickstoff und Sauerstoff. Außerdem werden häufig noch CO_2 und als Nebenprodukte Edelgase gewonnen. Die Trennung erfolgt gewöhnlich durch *Rektifikation*. Da sich der natürliche Zustand der Luft weit oberhalb des kritischen Zustandes befindet, die Rektifikation aber das Flüssigkeits-Dampf-Gleichgewicht ausnutzt, ist eine erhebliche Abkühlung der Luft erforderlich. Aus diesem Grunde gehört die Luftzerlegung zu den *Tieftemperaturverfahren*.

Das *Grobschema* einer Luftzerlegungsanlage ist in Bild 6.15 dargestellt. Die *Energiezufuhr* zum Verfahren erfolgt über eine *Kompression*, die Verflüssigung mit Hilfe des JOULE-THOMSON-Effektes. Entscheidend für die Effektivität des Verfahrens ist die regenerative Wärmeübertragung. Entsprechend diesem Grundaufbau sind alle

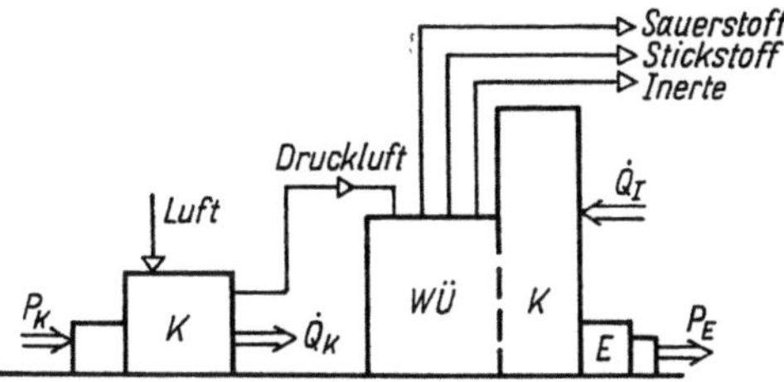

Bild 6.15. Technologisches Grobschema einer Luftzerlegungsanlage

modernen industriellen Luftzerlegungsanlagen aus zwei Komplexen zusammengesetzt, dem *Kompressionsblock K* und dem *Tieftemperaturtrennblock T*. Die Kompression erfolgt bis zu einem Druck von 0,58 bis 0,64 MPa.

Der Trennblock besteht aus zwei Grundbestandteilen: der *Wärmeübertragungsbaugruppe WÜ* und der *Rektifikationskolonne K*. In den Wärmeübertragern wird die Luft im Gegenstrom zu den aus der Rektifikation abgegebenen Produkten (Sauerstoff, Stickstoff) bis zur Kondensationstemperatur abgekühlt. In der Rektifikationskolonne erfolgt die eigentliche Trennung. Zum Trennblock gehört häufig eine Entspannungsmaschine, in der ein Teil der Luft (oder der erhaltene Sauerstoff) adiabat unter Abgabe äußerer Arbeit entspannt wird, mit dem Ziel, die notwendige Abkühlung zu gewährleisten.

Aus Bild 6.15 sind auch schon die energetischen Zusammenhänge sichtbar. Die eintretende Luft hat Umgebungszustand und ist demzufolge exergielos. Die austretenden Komponentenströme unterscheiden sich mindestens durch ihre Konzentrationsexergie, die der minimalen Trennarbeit entspricht. Daraus resultiert die erforderliche Energiezufuhr P_K im Kompressor. Während der *Kompression* erfolgt eine Erwärmung, die äußere Verluste Q_K verursacht. Außerdem sind noch die Reibungsverluste zu berücksichtigen. Beide Ursachen führen zu einer entsprechenden Erhöhung der Energiezufuhr. Weitere *äußere Exergieverluste* werden durch die ungewollte Wärmezufuhr durch die Isolierung des Tieftemperaturblockes verursacht. Weitere *innere Verluste* sind auf die Drosselentspannung, die Reibungserscheinungen in der Entspannungsmaschine, die Nichtumkehrbarkeiten der Rektifikationskolonne und die der regenerativen Wärmeübertragung zurückzuführen. Insgesamt wird dadurch die erforderliche Energiezufuhr beträchtlich größer als die minimale Trennarbeit.

Die quantitativen Verhältnisse sind aus dem *Exergieflußbild* (Bild 6.16) bzw. den Daten der Tabelle 6.5 zu entnehmen. ε_v stellen die Verlustgrade dar, die innere und äußere Verluste beinhalten [6.12]. Daraus ergibt sich, daß die Gesamtanlage mit

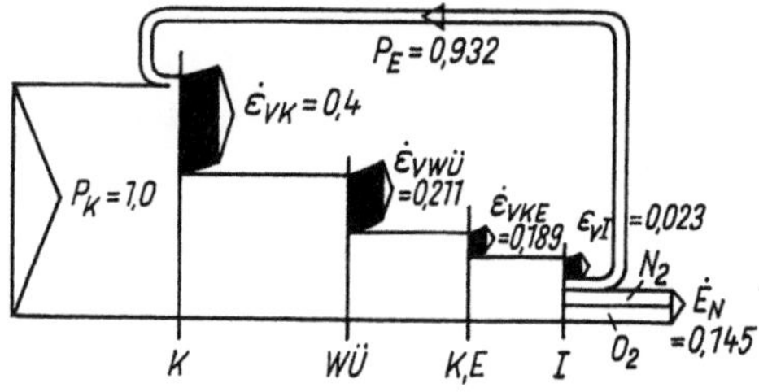

Bild 6.16. Exergieflußbild einer Luftzerlegungsanlage

Bezeichnung	Anteil in %
Nutzen:	
Exergie des Stickstoff- und	
Sauerstoffstromes	23,1
von der Entspannungsmaschine	
abgegebene Arbeit	4,2
Verluste:	
Rektifikationsteil	30,2
Wärmeübertragungsteil	33,6
Entspannungsmaschine	5,2
Isolationsverluste	3,7
Summe der Verluste	72,7

Tabelle 6.5. Aufteilung des Exergieaufwandes im Trennblock einer Luftzerlegungsanlage

einem exergetischen Wirkungsgrad von 14,5 %, der Trennblock mit einem Wirkungsgrad von 24,1 % arbeitet. Dabei ist die Arbeit der Entspannungsmaschine als aufwandsvermindernd aufgefaßt worden. Die Verluste im Trennblock werden etwa zu gleichen Teilen durch die Irreversibilitäten bei der Wärmeübertragung und der Rektifikation verursacht. Bei der Größe der Verluste wird deutlich, daß bei niedrigen Temperaturen schon geringe Temperaturdifferenzen zwischen den einzelnen Stoffströmen beträchtliche Exergieverluste hervorrufen. Von den Gesamtverlusten dieses Teiles in Höhe von 63,8 % entfallen 39,4 %, d. h. etwa $^2/_3$, auf den Wärme- und Stoffaustausch. Die verbleibenden 24,4 % der Verluste sind auf Reibungserscheinungen in den verschiedensten Anlagenteilen zurückzuführen. Aus dem Exergieflußbild (Bild 6.16) wird die Bedeutung des Kompressorblockes für die Effektivität der Gesamtanlage deutlich. Mit 40 % der Verluste besitzt er das gleiche energetische Gewicht wie der Trennblock. Damit wird auch bei diesem Beispiel die große Bedeutung der Kompression offensichtlich.

6.3.2.   Tieftemperaturgaszerlegung

Zur Bereitstellung von Olefinen im allgemeinen und von Ethylen im speziellen aus Spalt- oder Pyrolysegasen hat sich die destillative Tieftemperatur-Gaszerlegung als wirtschaftlich erwiesen. Aufgrund des hohen wirtschaftlichen Wertes der Kälte sind diese Anlagen energetisch außerordentlich ausgereift und können als Beispiele für andere Verfahren dienen. In Bild 6.17 ist das *technologische Schema* der *Ethylenabtrennung* angegeben, das im folgenden näher untersucht werden soll [6.13].

In der *Rohgasverdichtung* wird das Rohgas in zwei parallelgeschalteten fünfstufigen Turboverdichtern auf 3,2 MPa komprimiert. Nach jeder Stufe erfolgt eine Rückkühlung des Rohgases auf 30 °C mittels Kühlwassers sowie eine Abscheidung der Kondensate. Zwischen der 3. und 4. Stufe werden in der Grobwäsche und Laugenwäsche die sauren Bestandteile abgeschieden. Nach der 4. Stufe erfolgt eine Wasserabscheidung durch Glykoltrocknung.

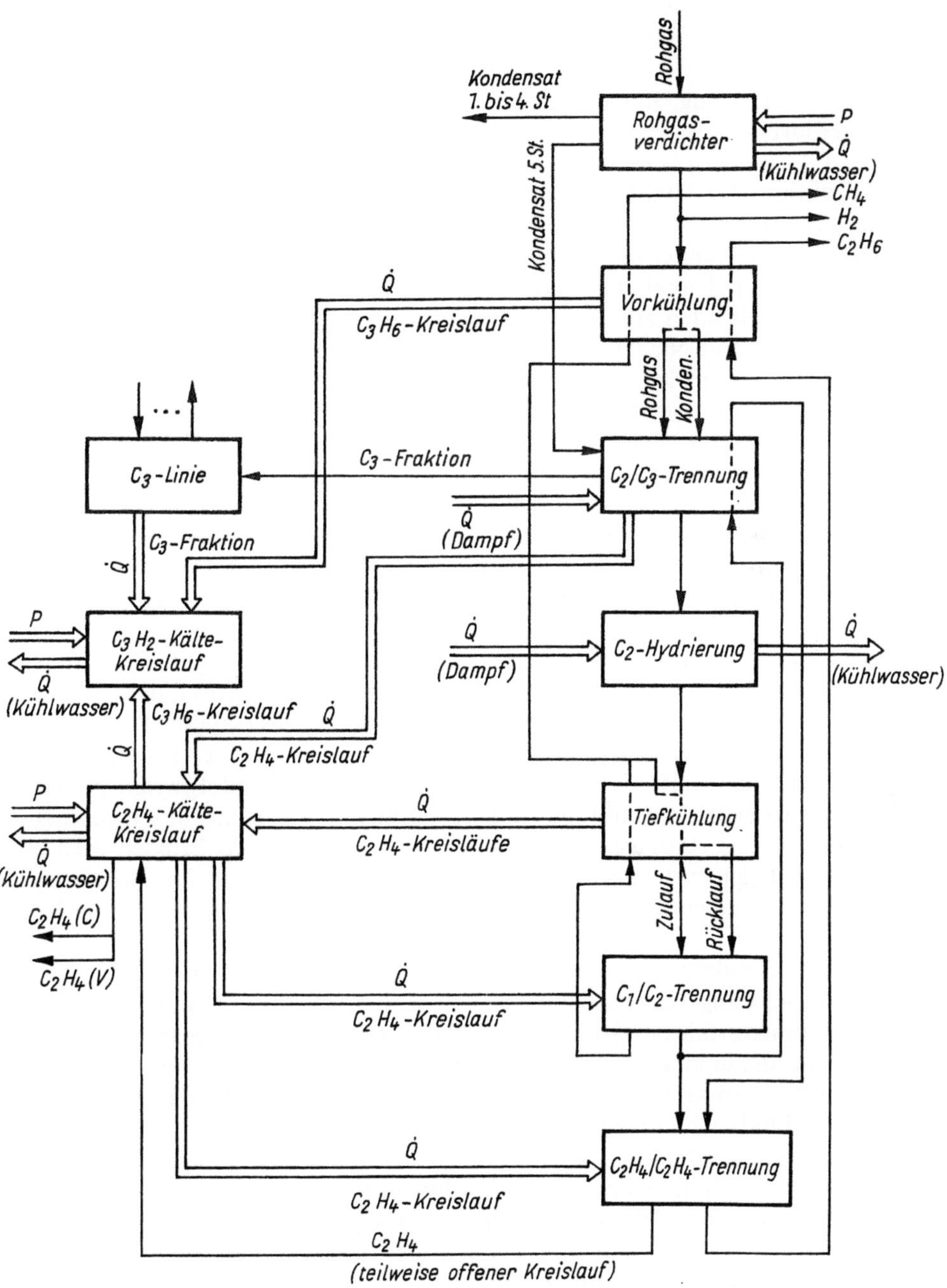

Bild 6.17. Technologisches Grobschema einer Ethylen-Gastrennanlage

In der *Vorkühlung* wird das Rohgas abschnittsweise auf —35 °C abgekühlt. Das erfolgt regenerativ durch rückgeführte Fraktionen und durch Kältemittelverdampfer, die mit Kreislaufpropylen betrieben werden. Während der Abkühlung erfolgt eine Kondensatabscheidung. Kondensat und Rohgas werden getrennt der C_2/C_3-Trennung zugeführt.

Die C_2/C_3-*Trennung* besteht aus einer Rektifikationskolonne, deren Kopfprodukt, die C_2-Fraktion, der Hydrierung zugeführt wird, während das Sumpfprodukt, die C_{3+}-Fraktion, der C_3-Linie zugeleitet wird. Die Wärmezufuhr erfolgt mit Niederdruckdampf, die Kondensation regenerativ mit einem Teilstrom der C_2-Fraktion und über den Propylenkältemittelkreislauf.

In der anschließenden *Hydrierung* wird Ethin zu Ethylen umgesetzt. Der Temperaturverlauf wird mit Niederdruckdampf und Kühlwasser gesteuert.

In der *Tiefkühlung* wird eine Temperatur von —152 °C erreicht. Dabei kondensieren die Kohlenwasserstoffe weitgehend aus, wobei eine Fraktion mit über 90 Mol-% Wasserstoff entsteht. Diese Fraktion wird über eine Drosselung und entsprechende Wärmeübertrager zur Kühlung ausgenutzt. Die vorhergehende Abkühlung erfolgt regenerativ mit Hilfe der CH_4-Fraktion aus der C_1/C_2-Trennung und über drei Ethylen-Kältekreisläufe bei Verdampfungstemperaturen von —56, —80 und —100 °C. Durch die Auskondensation in den einzelnen Stufen können aus der Tiefkühlung Zu- und Rücklauf der C_1/C_2-Trennung getrennt bereitgestellt werden.

In der C_1/C_2-*Trennung* wird Methan, das bei der Tiefkühlung und anschließend in der Vorkühlung regenerativ genutzt wird, und eine C_2-Fraktion, die teilweise bei der C_2/C_3-Trennung zur Kondensation des Kopfproduktes eingesetzt wird, gewonnen. Die Beheizung der Kolonne erfolgt durch kondensierendes Ethylen aus dem Kreislauf. Aus der C_2H_4/C_2H_6-*Trennung* werden Ethan und Ethylen gewonnen. Das Ethan wird in der Vorkühlung zum regenerativen Wärmeaustausch genutzt und anschließend in das Heizgasnetz abgegeben. Das Kopfprodukt Ethylen wird in die 3. Stufe des Ethylenverdichters des Kältekreislaufes eingespeist. Zur Beheizung der Kolonne dient kondensierendes Ethylen, wobei ein Teil als Rücklauf in die Kolonnen fließt.

Aus der Beschreibung der einzelnen Trennstufen wird deutlich, daß der *Ethylenverdichter* gleichzeitig Bestandteil eines Wärmepumpen- bzw. Kältekreislaufes und des Produktionsverfahrens ist. Es liegt also eine offene Wärmetransformationsschaltung vor, die in idealer Weise Stoff- und Energieumwandlung miteinander verbindet. Der Propylenkreislauf ist demgegenüber geschlossen, so daß hier nur die energetischen Verbindungen maßgebend sind.

Das *Exergieflußbild* enthält die thermomechanische und Konzentrationsexergie (Bild 6.18). Das Flußbild macht den *hohen Integrationsgrad* der Anlage deutlich. Die im Bild angegebenen $\dot\varepsilon_v$-Werte sind relative Exergieverluste (bezogen auf die Eingangsströme). Dabei sind zwar innere und äußere Exergieverluste zusammengefaßt, die Verlustangaben sind aber im wesentlichen ein Maß der Irreversibilitäten, da die äußeren Verluste durch Wärmeabgaben über das Kühlwasser gegeben sind, die in erster Näherung vernachlässigt werden können. Die Energiezufuhr ist im wesentlichen durch die mechanische Energie für den Antrieb der Verdichter gegeben. Bezogen auf die Ethylenabtrennung stellt das Verfahren in energetischer Hinsicht eine Umwandlung von mechanischer Energie in Konzentrationsenergie dar, was etwa

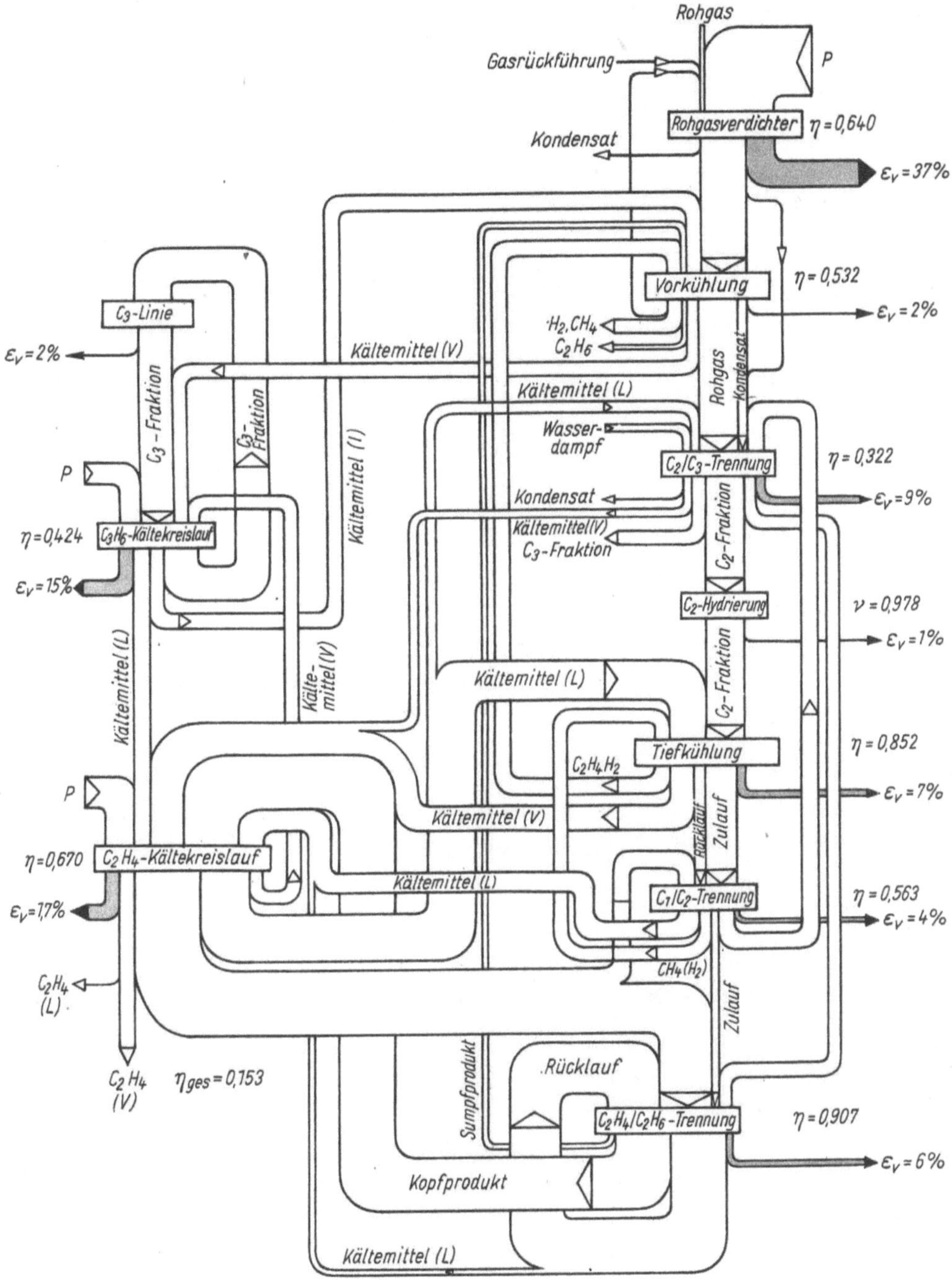

Bild 6.18. Exergieflußbild einer Gastrennanlage

$\dot{\varepsilon}_v$ Anteil der inneren und äußeren Verluste am Gesamtexergieflußbild

mit einem *Gesamtwirkungsgrad* von 15% erfolgt, ein Wert, der für thermische Trennprozesse schon relativ hoch ist.

Die *Verluste* konzentrieren sich auf die Verdichter bzw. Kältekreisläufe, die Wärmeübertragungsprozesse und auf die C_2/C_3-Trennung. Letzteres ist auf den beachtlichen Temperaturunterschied zwischen Kopf und Sumpf der Kolonne zurückzuführen (-39 bis $+97$ °C).

Zur näheren Kennzeichnung sind außerdem die Wirkungsgrade der einzelnen Verfahrensstufen im Flußbild angegeben. Für die Trennoperationen wurden sie entsprechend η_{II} nach Abschnitt 5.7. aus der Differenz der Gesamtexergien der zu- und abgeführten Stoffströme, die als Nutzen angesehen wurde, gebildet. Im allgemeinen liegen die Wirkungsgrade in üblichen Größenordnungen. Ungewöhnlich günstig erscheint die Ethylen-Ethan-Trennung, was auf die geringe Temperaturdifferenz über der Kolonne und die stoffliche Kopplung mit dem Kältekreislauf zurückzuführen ist.

Die Analyse des Verfahrens zeigt, daß in energetischer Hinsicht eine beispielhafte Gestaltung vorliegt, die vordergründig durch die Anpassung der Temperaturniveaus der Kältekreisläufe an die Stofftrennaufgaben erreicht worden ist. Grundsätzliche Verbesserungen dieses Prozesses sind deshalb nur zu erwarten, wenn die Einordnung in vor- und nachgeschaltete Verfahren in Betracht gezogen wird oder zu neuen, andersgearteten Wirkprinzipien der Stofftrennung übergegangen wird.

6.3.3. Rohöldestillationsanlage

Die Rohöldestillationsanlage stellt ein komplexes System von Rektifikationseinrichtungen dar. Die Teilprozesse sind entsprechend Abschnitt 5.7. zu untersuchen.

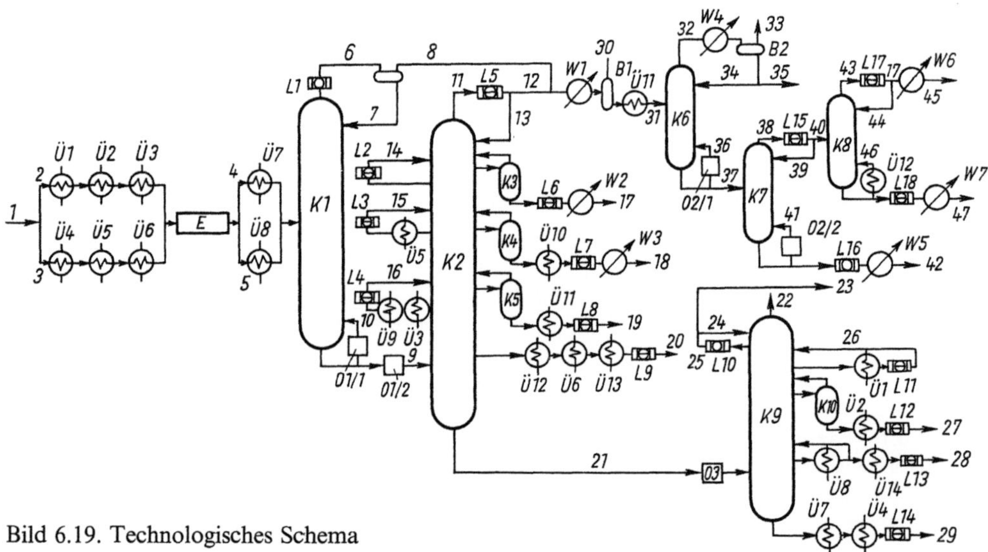

Bild 6.19. Technologisches Schema

Das Rohöl wird in der Anlage in einzelne Fraktionen zerlegt, es finden ausschließlich physikalische Zustandsänderungen statt. Durch Maßnahmen der regenerativen Wärmeübertragung läßt sich bei derartigen Anlagen ein erheblicher Beitrag zur rationellen Energieanwendung erbringen.

Das *technologische Schema* der Anlage ist aus Bild 6.19 ersichtlich. Gleiche Numerierung der Wärmeübertrager weist auf eine strommäßige Kopplung hin. Nach der Rohölvorwärmung, die durch die Entsalzung geteilt ist und in zwei Strängen erfolgt, wird eine erste Trennung in der Vorkolonne *K 1* durchgeführt.

Der wesentlichste Teil der Stofftrennung erfolgt in der atmosphärischen Kolonne *K 2* in Verbindung mit den Stripkolonnen *K 3*, *K 4* und *K 5*. Die Verarbeitung des Rückstandes der atmosphärischen Kolonne erfolgt in der Vakuumkolonne *K 9* mit der Stripkolonne *K 10*. Die Kolonnen *K 6* bis *K 8* dienen der Benzindestillation. Nichtverflüssigbare Gase werden in den Behältern *B 1* und *B 2* abgetrennt.

Für die Rohölvorwärmung wird vorwiegend die Wärmeabfuhr von den zirkulierenden Rückläufen, den Produkten der Vakuumdestillation und den heißesten Produkten und zirkulierenden Rückläufen der atmosphärischen Destillation genutzt. Die Wärmeabfuhr wird vorwiegend über Luftkühlung und bei niedrigem Temperaturniveau über Wasserkühlung realisiert. Die Wärmezufuhr an die Anlage erfolgt fast vollständig über die Röhrenöfen. Regenerativ wird Wärme noch für die Benzindestillation in *Ü 11* und *Ü 12* und für die Heißwasserbereitstellung in *Ü 9*, *Ü 10*, *Ü 14* sowie zur Heizölvorwärmung in *Ü 13* genutzt. Dieser Anteil ist im Vergleich zur Rohölvorwärmung gering.

Die Schaltung der regenerativen Wärmeübertrager ist aus Bild 6.20 ersichtlich. Der Erdölstrom ist dick hervorgehoben. Es ist ersichtlich, daß die Schaltung der Rohölvorwärmung für eine Anlage, die $6 \cdot 10^6$ t/a verarbeitet, bis auf eine Springschaltung recht einfach ist. Die Kompliziertheit kommt nur durch Kreuzschaltungen bei für die Gesamtbilanz unbedeutenden Prozessen, wie Heißwasserbereitstellung und Heizölvorwärmung, zustande.

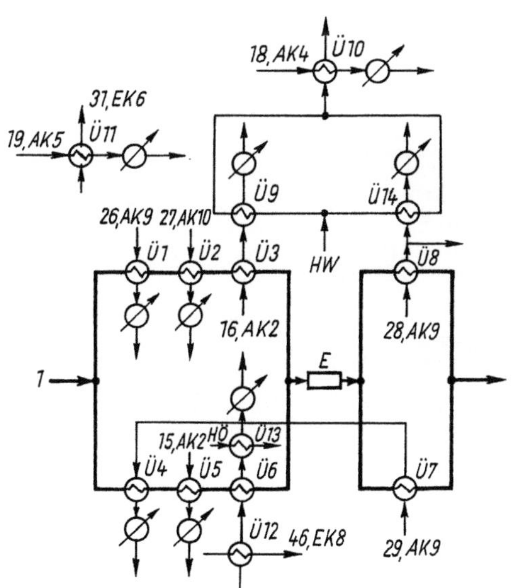

Bild 6.20. Regenerative Wärmeübertragerschaltung

In Bild 6.21 ist das *vereinfachte Energieflußbild* und in Bild 6.22 das *vereinfachte Exergieflußbild* dargestellt. Um die Übersichtlichkeit und Aussagefähigkeit zu erhöhen, wurden die Bilanzen einzelner Anlagenteile zusammengefaßt. Der Energiefluß entspricht damit nicht dem Stofffluß. Es sind nur die zwischen den Anlagen übertragenen Energiemengen eingezeichnet, wodurch die meisten Umlaufströme wegfallen. So entspricht z. B. die von $K\,2$ bis $K\,5$ an die Luftkühler $L\,1$ bis $L\,9$ abgegebene Energiemenge der Summe der Enthalpieabnahmen der in $L\,2$ bis $L\,9$ gekühlten Ströme auf der warmen Seite der Luftkühler. Für das Exergieflußbild wurde analog vorgegangen, so daß die bei der Wärmeübertragung auftretenden Exergieverluste eindeutig den Wärmeübertragern und nicht der Kolonne zugeordnet werden. Die Zufuhr an Elektroenergie, die energetisch 2,5 % und exergetisch 2,7 % ausmacht, ist im Flußbild nicht berücksichtigt. Die Abfuhr von Fraktionen wurde nur dann gekennzeichnet, wenn sie einen nennenswerten Einfluß auf das Energieflußbild

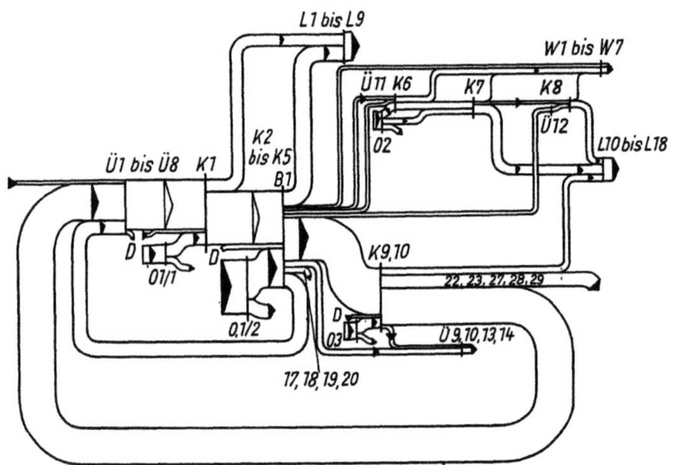

Bild 6.21. Vereinfachtes Energieflußbild der Rohöldestillationsanlage

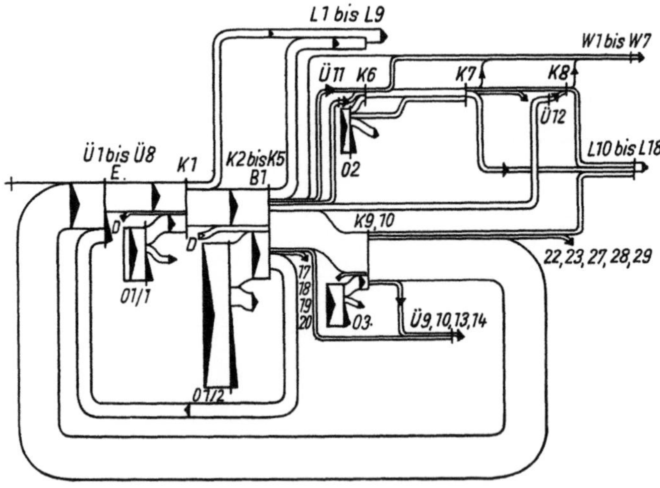

Bild 6.22. Vereinfachtes Exergieflußbild der Rohöldestillationsanlage

hat. Die Wärmeverluste der Kolonnen und Wärmeübertrager, die zwischen 3 und 5% liegen, wurden gleichfalls nicht berücksichtigt.

Aus dem Energieflußbild geht hervor, daß fast die gesamte Energie (90%) über den Brennstoff der Röhrenöfen zugeführt wird. Diese Energie wird im wesentlichen durch Luftkühlung (41%), bei niedrigen Temperaturen durch Wasserkühlung (6%) und als thermische Energie, insbesondere der die Anlage mit höheren Temperaturen verlassenden schweren Produkte und der Rauchgase, abgeführt. Während der Anteil der Stabilisierungskolonne und Benzinredestillation an der Energiezufuhr relativ gering ist, stellen diese Kolonnen fast die gesamten Energieströme zur Wasserkühlung und haben auch an der Energieabfuhr über die Luftkühlung einen relativ hohen Anteil. Die Wärmezufuhr zur regenerativen Rohölvorwärmung erfolgt nur von den Strömen der atmosphärischen Kolonne und der Vakuumkolonne. Die Vakuumkolonne hat mit 70% den bedeutenderen Anteil. Das zeigt, daß nur die heißesten Stoffströme der Anlage regenerativ zur Aufheizung von Stoffströmen bei relativ niedrigen Temperaturen verwandt werden. Im Exergieflußbild unterscheiden sich die Relationen der Ströme wesentlich von denen des Energieflußbildes. Außerdem werden die Verluste durch Irreversibilitäten ausgewiesen. Als Umgebungszustand wurde für die Erdölfraktionen $p_\mathrm{u} = 0{,}1$ MPa, $t_\mathrm{u} = 10\ °C$ und die Zusammensetzung des Rohölstromes festgelegt. Es wird deutlich, daß bei der Energiezufuhr über die *Röhrenöfen* Rauchgasverluste und Irreversibilitäten die *Hauptverluste* darstellen. Die Exergieabfuhr geschieht im wesentlichen durch Luftkühlung. Die die Anlage verlassenden Erdölfraktionen haben vergleichsweise einen geringen Exergiegehalt. Die Exergie zur Rohölvorwärmung wird hauptsächlich vom Vakuumteil und in weitaus geringerem Maße vom atmosphärischen Teil der Anlage zugeführt. Quantitativ wird dies durch die Angaben in Tabelle 6.6 verdeutlicht. 13% der Exergie werden durch Kühlprozesse nutzlos abgeführt, und 10% der Exergie gehen mit den Rauchgasen an die Umgebung. An den Exergieverlusten durch Irreversibilität haben die Röhrenöfen

Tabelle 6.6. Anteil einiger Ströme am Energiefluß

Bezeichnung	Anteil in %
Zufuhr:	
Brennstoff	97,1
Dampf	2,9
Abfuhr:	
erzeugte Fraktionen	3,7
Luftkühlung	12,1
Wasserkühlung	0,5
Rauchgas	10,1
Exergieverluste durch Irreversibilität*), davon	71,2
● bei Öfen	74,1
● bei Kolonnen	16,7
● bei regenerativer Wärmeübertragung	9,2

*) Die Exergieverluste bei Luft- und Wasserkühlung sind in den Strömen zur Luft- und Wasserkühlung enthalten.

Tabelle 6.7. Gütekriterien für das Rektifikationssystem (Bezeichnung entsprechend Abschnitt 5.)

Elemente des inneren Systems	η_{Ii}	η_{IIi}	η_{IIIi}	In die Beurteilung des Gesamtsystems zusätzlich einbezogene Elemente	$\eta_{I\,ges}$	v_{ges}
$K\,1$	0,86	0,028	0,93	01/1, $L\,1$	0,48	0,60
$K\,2, 3, 4, 5$	0,83	0,039	0,82	01/2, $L\,2, L\,3, L\,4, L\,5, \ddot{U}\,3, \ddot{U}\,5, \ddot{U}\,9$	0,34	0,44
$L\,6$	0,82	0,041	0,90	02/1, $\ddot{U}\,11, W\,4$	0,24	0,48
$K\,7$	0,80	0,067	0,90	02/2, $L\,15$	0,12	0,29
$K\,8$	0,89	0,073	0,96	$\ddot{U}\,12, L\,17$	0,22	0,39
$K\,9, 10$	0,88	0,017	0,89	03, $\ddot{U}\,1, \ddot{U}\,8, L\,10, L\,11$	0,43	0,52

Tabelle 6.8. Güte- und Wirkungsgrade der Röhrenöfen

Röhrenöfen	Aufzuheizende Medien	Enthalpiedifferenz der aufzuheizenden Ströme in GJ/h	Temperaturbereich der Aufheizung in °C	$\dfrac{T_m - T_0}{T_m}$	η_{th}	η	v
01/1	Heizkreislauf $K\,1$	103,7	240 … 350	0,50	0,73	0,35	0,54
	Dampf	1,4	215 … 385				
01/2	Erdöl, getoppt	302,6	240 … 370	0,51	0,73	0,36	0,55
	Dampf	4,4	215 … 385				
02	Stabilbenzin	41,3	180 … 230	0,37	0,67	0,24	0,45
	Fraktion 85 bis 130 °C	41,2	144 … 160				
03	Masut	95,0	340 … 400	0,56	0,75	0,40	0,71
	Dampf	2,8	215 … 420				
Komplex		592,4		0,50	0,72	0,35	0,57

mit 74% den größten Anteil. Die *Exergieverluste bei den Wärmeübertragern des regenerativen Systems* und den *Destillationskolonnen* liegen in der gleichen Größenordnung, wobei die Verluste des regenerativen Systems fast vollständig auf die Rohölvorwärmung entfallen und sich die Verluste bei den Destillationskolonnen auf 6 Haupt- und 4 Stripkolonnen aufteilen.

Die Beurteilung des Rektifikationssystems wird aus Tabelle 6.7 ersichtlich. Als *inneres System* werden die Rektifikationskolonnen, als *äußeres System* die unbedingt für den Rektifikationsprozeß erforderlichen Heiz- und Kühleinrichtungen angesehen. Das Gesamtsystem setzt sich aus diesen beiden Teilsystemen zusammen.

Die Größenordnungen der Beurteilungskoeffizienten η_{IIi} und η_{IIIi} (s. Abschnitt 5.7.) verdeutlichen, daß die Kolonnen energetisch gesehen recht günstig arbeiten. Für die Definition von η_{IIIi} ist die minimale Trennarbeit als Nutzen zugrunde gelegt worden. Die Umwandlung von thermischer in Konzentrationsexergie ist demnach bei der Rektifikation nur zu einem geringen Anteil möglich.

Die Bewertungskennziffern der Kolonnensysteme samt der zugehörigen Wärmeübertragungseinrichtungen η_{Iges} und v_{ges} zeigen den *erheblichen Einfluß der Wärmeübergangsprozesse*.

Für die Röhrenöfen sind die signifikanten Bewertungskennziffern in Tabelle 6.8 zusammengefaßt.

Als Nutzen werden die Enthalpie- bzw. Exergiedifferenzen der aufzuheizenden Ströme und als Aufwand die Energiezufuhr durch den Brennstoff angesehen. Während die thermischen Verluste durch das Rauchgas bei 25% liegen (s. η_{th}), betragen die Verluste durch Verbrennung, Abwertung der thermischen Energie und die Exergieverluste durch das Rauchgas etwa 65%, wobei die Exergieverluste durch Abwertung der thermischen Energie im Verhältnis zur gesamten zugeführten Exergie mit 43% ausgewiesen werden. Der hauptsächliche Verlust im Exergieflußbild kommt demnach durch die Abwertung der im Brennstoff gebundenen Energie auf das Temperaturniveau der abgeführten thermischen Energie zustande. Hierbei sind die Bewertungszahlen für $O\,2$ mit der niedrigsten Wärmeabfuhrtemperatur an die Stabilisierung und Benzinredestillation besonders gering.

Bezeichnung	T_{mK} in K	ΔT_m in K	v	η
Ü 1	309	94	0,68	0,30
Ü 2	353	80	0,70	0,52
Ü 3	400	77	0,86	0,69
Ü 4	298	125	0,63	0,19
Ü 5	350	70	0,82	0,62
Ü 6	392	11	0,95	0,94
Ü 7	440	91	0,83	0,71
Ü 8	438	80	0,84	0,71
Ü 9	365	39	0,96	0,77
Ü 10	405	24	0,99	0,91
Ü 11	350	70	0,78	0,58
Ü 12	375	112	0,85	0,60
Ü 13	365	22	0,99	0,80
Ü 14	383	38	0,95	0,79

Tabelle 6.9 Güte- und Wirkungsgrade der Wärmeübertrager des regenerativen Systems

Anlagentyp	η_{ex} in %	v in %
atmosphärische Rohöldestillation	2,3	17,4
Rohöldestillation einstufig	4,1	11,1
dreistufige Rektifikation von C$_5$-Fraktionen	8,3	13,1
integrierte Erdöl- und Rohbenzindestillation	11,4	15,0
untersuchte Anlage	2,0	18,0

Tabelle 6.10. Wirkungsgrad und Gütegrad verschiedener untersuchter Anlagen

Allerdings muß berücksichtigt werden, daß durch eine Abhitzeanlage für den gesamten Ofenkomplex der thermische Wirkungsgrad für den Komplex auf 0,86 und damit der exergetische Wirkungsgrad in etwa proportional angehoben wird. Für die Wärmeübertrager des regenerativen Systems sind die Beurteilungsquotienten in Tabelle 6.9 angegeben. v und η sind entsprechend den Gln. (5.48) und (5.50) definiert.

T_{mk} ist die Mitteltemperatur des kalten Mediums, ΔT_{m} ist die mittlere Temperaturdifferenz. Es ist ersichtlich, daß die Werte der Beurteilungsquotienten stark schwanken und für die vom Bilanzanteil bedeutendsten Wärmeübertrager *Ü 1* bis *Ü 8* sowie *Ü 11* und *Ü 12* mit Ausnahme von *Ü 6* am schlechtesten sind. Das legt nahe, in der Verminderung der Triebkräfte und der Vergrößerung der Wärmeübertragerflächen noch wesentliche Reserven zu sehen. Bei einem Vergleich des berechneten Gesamtwirkungsgrades und -gütegrades mit denen anderer Anlagen (Tabelle 6.10) erscheint die untersuchte Anlage als energetisch recht ungünstig.

Eine derartige Schlußfolgerung wäre aber formal, da sich z. B. *Trennaufgaben unterschiedlicher Stoffsysteme nicht ohne weiteres miteinander vergleichen* lassen. Außerdem sind oftmals technologische Randbedingungen z. B. durch die Einordnung von Zwischentankanlagerung unterschiedlich.

Zusammenfassend läßt sich aus der Analyse feststellen: Die Verluste der Rektifikationskolonnen sind zwar nicht unbedeutend, aber keinesfalls dominierend. Sie können vermindert werden durch eine Annäherung an die *minimalen Rücklaufverhältnisse* in den Kolonnen und eine Erhöhung der Anzahl der *zirkulierenden Rückläufe*, wobei deren thermische Energie zur regenerativen Wärmeübertragung ausgenutzt werden muß.

Die Röhrenöfen weisen die bedeutendsten Verluste auf, die z. B. durch eine *Erhöhung der Produkttemperaturen* vermindert werden könnten. Durch die thermische Stabilität und die Destillationsbedingungen sind bei den Erdölprodukten in dieser Richtung Grenzen gesetzt. Bei der *Dampferzeugung* müßten hohe Zustandsparameter und der Einsatz der Wärme-Kraft-Kopplung angestrebt werden. Wenn Wärme oder Elektroenergie nicht als Koppelprodukt abgegeben werden soll, sind auch in dieser Beziehung die Bilanzanteile vorgegeben und die mögliche Verbesserung begrenzt.

Eine *Verringerung der Triebkräfte im System der regenerativen Wärmeübertragung* und Vergrößerung der Wärmeübertragungsflächen führt zu einer Vergrößerung der übertragenen Wärme. Damit werden die notwendigen äußeren Energieaustauschprozesse der Anlage durch Röhrenöfen und Kühler geringer. Die damit verbundenen Verluste verringern sich gleichzeitig. Das Ansteigen der festen Kosten für das System der regenerativen Wärmeübertragung wird teilweise durch eine Senkung der festen

Kosten für die Röhrenöfen und Kühler kompensiert. Damit ergibt sich ein Schwerpunkt für die optimale Gestaltung der Energiewirtschaft der Anlage, die bessere Ausnutzung der regenerativen Möglichkeiten im Wärmeübertragersystem.

Die Grenzen für die *Gestaltung eines Systems der regenerativen Wärmeübertragung* lassen sich anschaulich im $t,\dot{Q}$-Diagramm darstellen (Bild 6.23). In diesem Diagramm werden die zu- (kalte Ströme K) und abzuführenden (warme Ströme W) Wärmeleistungen kumulativ über der Temperatur aufgetragen. Durch Verschiebung der Kurve W bis zu der Position $\Delta T_{min} = 0$ K läßt sich die *maximal regenerativ austauschbare Wärmeleistung* ermitteln, da unter diesen Bedingungen für alle Wärmeaustauschprozesse $\Delta T \geqq 0$ ist. Beim Einsatz von Kreisprozessen können natürlich andere Grenzbedingungen erreicht werden, hierauf soll aber an dieser Stelle nicht eingegangen werden.

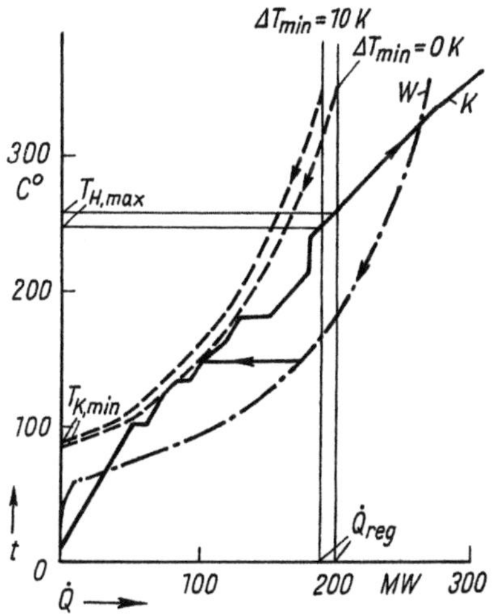

Bild 6.23. $t,\dot{Q}$-Diagramm und Grenzen der regenerativen Möglichkeiten

Praktisch interessante Grenzwerte lassen sich ermitteln, wenn eine bestimmte endliche Grädigkeit zugelassen wird. In Bild 6.23 sind die entsprechenden Verhältnisse für $\Delta T_{min} = 10$ K eingezeichnet. Untersuchungen dieser Art für die bestehende Anlage zeigten, daß die technische Grenze des regenerativen Wärmeaustausches bei 190 MW liegt, was gegenüber der tatsächlich ausgetauschten Leistung von 111 MW eine erhebliche Reserve bedeutet.

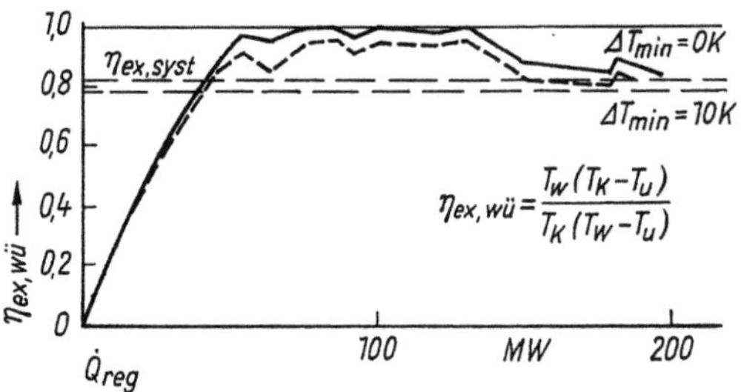

Bild 6.24. Exergetischer Wirkungsgrad der einzelnen Wärmeübertrager und des Systems bei günstigster thermodynamischer Gestaltung (in regenerativen System übertragene Wärme nach der Temperatur geordnet)

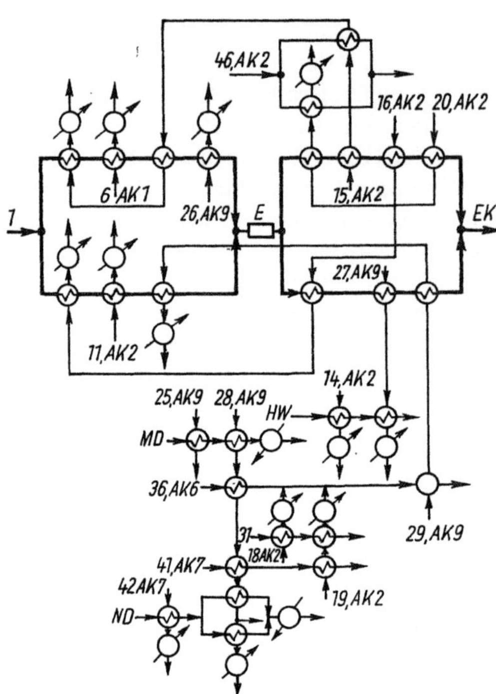

Bild 6.25. Vorschlag für eine regenerative Wärmeübertragerschaltung

Die *optimalen Temperaturverhältnisse* eines solchen *Wärmeübertragersystems* sind mit entsprechenden Wirkungsgraden der Wärmeübertrager in den einzelnen Temperaturbereichen korreliert (Bild 6.24). Interessant ist beim untersuchten Beispiel die starke Schwankungsbreite dieser Wirkungsgrade. Die Ermittlung eines *optimalen Wärmeübertragersystems*, das eine maximale Wärmeausnutzung bei möglichst geringen Investitionskosten und mit möglichst einfachen Strukturen gewährleistet, ist ein typisches Problem der Systemverfahrenstechnik, für dessen Lösung Programme und Algorithmen zur Verfügung stehen [6.14]. Ein auf diese Weise entworfenes System, das im Vergleich zu dem in Bild 6.19 enthaltenen bei relativ geringer Erhöhung der Investitionskosten etwa 50% mehr Wärme regenerativ auszutauschen gestattet, zeigt Bild 6.25. Damit können die äußeren Energieaustauschprozesse entsprechend vermindert werden, was insgesamt zu einer Steigerung der Effektivität führt.

6.3.4. Hydrospaltanlage

Hydrospaltanlagen dienen der tieferen Aufarbeitung des Erdöls. Das vereinfachte *technologische Schema* einer solchen Anlage ist in Bild 6.26 dargestellt. Einsatzprodukte sind Vakuumdestillat und Hydrierkontaktgas. Das Hydrierkontaktgas wird vor dem *Kreislaufverdichter* und das Vakuumdestillat nach dem Verdichten dem Kreislaufgas zuzugeben. Nach einer *regenerativen Wärmeübertragung* erfolgt die Aufwärmung bis zur Reaktionstemperatur in einem Vorheizer, der mit Heizgas betrieben wird. Im *Reaktor* wird durch eine definierte Kaltgaszugabe eine Annäherung an eine isotherme Reaktionsführung angestrebt. Die Reaktionsgase durchströmen den regenerativen Wärmeübertrager und danach den *Produktkühler*, der mit Kühlwasser betrieben wird, und anschließend die Apparate zur Entspannung, Abscheidung, Gaskühlung und -wäsche, in denen eine *Stofftrennung* in Armgas, Reichgas, Abstreifer und Kreislaufgas erfolgt. Die Gaskühlung wird mit Kühlwasser durchgeführt. Die Abscheideverluste stellen eine Zusammenfassung der nicht lokalisierten Massenverluste der Anlage dar.

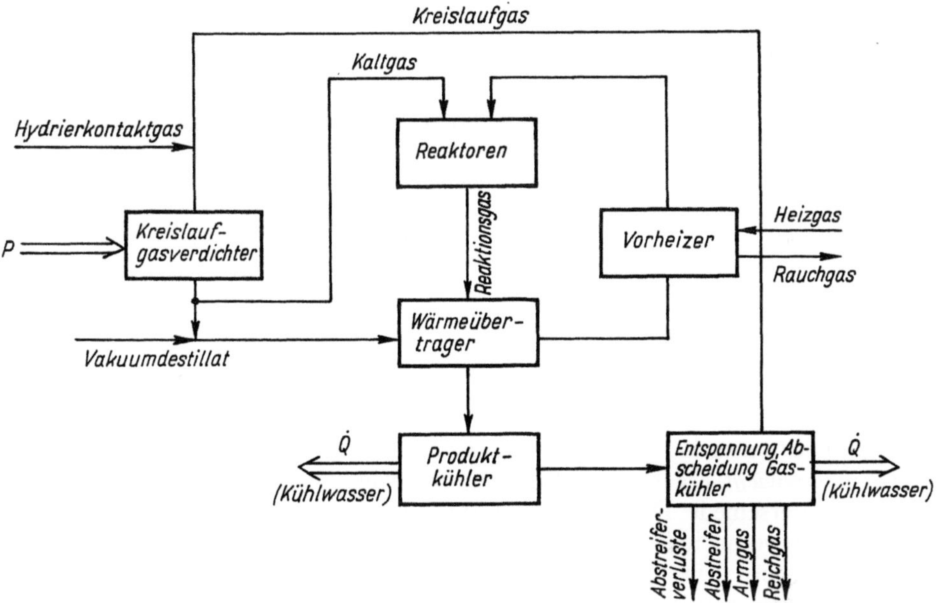

Bild 6.26. Vereinfachtes Schema einer Hydrospaltanlage

Für die Aufstellung der *Exergiebilanz* wurde ein Umgebungszustand von $t_u = 25\ °C$, $p_u = 0,1013$ MPa und für die stoffliche Zusammensetzung das Modell von AHRENDTS [6.15] bei gehemmter Nitratbildung verwendet. Dieses Modell ist dem nach SZARGUT bezüglich der zu analysierenden Stoffe sehr ähnlich. Einige Stoffströme konnten in bezug auf die Zusammensetzung nicht exakt bestimmt werden. Da es sich um Brennstoffe handelte, ließ sich die Brennstoffexergie angenähert aus dem oberen Heizwert und einer abgeschätzten Entropiedifferenz berechnen. Um Energie- und Exergiebilanz vergleichbar zu gestalten, wurde für die Enthalpieberechnung der gleiche Bezugspunkt wie für die Exergiebrechnung zugrunde gelegt. Das bedeutet, daß die chemische Energie der Stoffströme nicht mit Hilfe der Bezugssysteme der chemischen Thermodynamik, sondern über die oberen Heizwerte ermittelt wird [6.16]. Das vereinfachte *Energie- und Exergieflußbild* ist in Bild 6.27 dargestellt. Die Energieströme der regenerativen Wärmeübertrager sind vereinfacht in diesem Diagramm zusammengefaßt, so daß sich hier in der Anordnung eine Abweichung vom technologischen Schema ergibt. Aufgrund der Wahl der Bezugs-

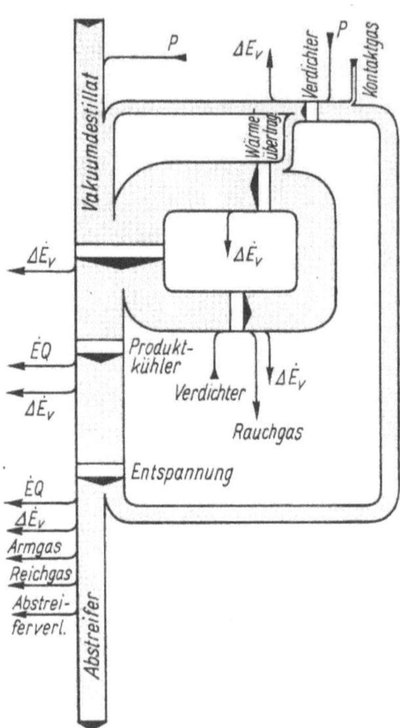

Bild 6.27. Vereinfachtes Energie-
bzw. Exergieflußbild der Hydrospaltanlage

punkte und der Tatsache, daß die *chemische Exergie die thermomechanische Exergie bei weitem überwiegt*, ergeben sich für beide Bilanzen innerhalb der Zeichengenauigkeit kaum Unterschiede. Die Exergieverluste sind im Vergleich zur chemischen Exergie quantitativ vernachlässigbar, so daß auch sie zu keinen Unterschieden in den beiden Flußbildern führen.

Diese Aussagen werden auch durch die Werte der Tabelle 6.11 belegt. Dadurch ergibt sich ein außergewöhnlich hoher Wirkungsgrad, der identisch mit dem Gütegrad ist, da die äußeren Exergieverluste zu vernachlässigen sind. Die Art der chemischen Reaktion bedeutet nur eine geringe Änderung der chemischen Exergie, so daß es gerechtfertigt ist, einen Teil dieser Exergie als *Transitexergie* aufzufassen.

Die *Verlustaufteilung* ist aus dem unteren Teil der Tabelle 6.11 zu entnehmen. Zwischen Energie- und Exergiebilanz ergeben sich zunächst die bekannten Unterschiede. Die *Energiebilanz* enthält als größte Anteile die Kühlwasserwärme, den Vorheizerverlust und den Abstreiferverlust. In der *Exergiebilanz* erscheint als größte Verlustquelle der Vorheizer. Die Größe des Verlustes ist im wesentlichen durch die Irreversibilitäten infolge der vorgegebenen Temperaturverhältnisse festgelegt. In gleicher Größenordnung, aber deutlich unter dem Vorheizverlust, liegen der Wärmeübertrager, der Produktkühler und auch der Reaktor. Von Bedeutung sind in beiden Bilanzen die Abstreiferverluste, die den Einfluß der Dichtheit von Hochdruckanlagen veranschaulichen. Die Kühlwasserverluste werden in der Exergiebilanz deutlich herabgesetzt.

Die Verluste und Verlustverteilung können veranschaulicht werden, wenn ein *Flußbild der thermomechanischen Exergie* aufgestellt wird (Bild 6.28). Eine solche

Tabelle 6.11. Anteile an der Energie- und Exergiebilanz einer Hydrospaltanlage

Aufwand in MW:	Energiebilanz	Exergiebilanz
Vakuumdestillat	1521	1497
Hydrierkontaktgas	117	102
Heizgas	27	26
mechanische Leistung	3	3
gesamt	1668	1628
Nutzen in MW:		
Abstreifer	1467	1441
Armgas	33	31
Reichgas	110	109
gesamt	1610	1581
η	0,965	0,971

Relative Anteile an den Verlusten in %:	Energiebilanz	Exergiebilanz
Wärmeübertrager	3,2	13,3
Vorheizer	24,9	41,1
● darunter Rauchgas	9,4	4,8
Reaktor	6,1	9,1
Produktkühler	—	13,6
Entspannung	1,9	3,4
Verdichtung	1,2	3,6
Abstreiferverlust	12,2	14,5
Kühlwasserabwärme	50,5	1,4
gesamt	100	100

Darstellung ist immer möglich, wenn die chemische Exergie als Transitterm aufgefaßt werden kann. Gewisse Anteile der chemischen Exergie sind für eine thermodynamisch konsistente Darstellung erforderlich. Das betrifft die Brennstoffexergie im Vorheizer und die Reaktionsexergie in den Reaktoren, wobei sich vereinfacht die letzte nur auf die Reaktionswärme bezieht. Mit dieser ist es nicht möglich, den eigentlichen Reaktionsverlust zu quantifizieren. In ähnlicher Weise geht in einer solchen Darstellung das eigentliche Gewicht des Abstreiferverlustes verloren. Andererseits werden in dieser Darstellung die Wärmeübertragungsverluste besonders deutlich.

Bei vorgegebener Verfahrensführung erscheinen *wenige der Verluste als beeinflußbar.* Hinsichtlich der *Anfallenergienutzung* ist sicher der Produktkühler interessant. Die Vorheizerverluste und die Wärmeübertragerverluste werden interessant und beeinflußbar, wenn Kopplungen mit anderen vor- und nachgeschalteten Verfahren möglich erscheinen. Den *Einfluß der Verfahrensführung* auf den Absolutwert und die Struktur der Verluste zeigt ein Vergleich zwischen *isothermer und adiabater Fahrweise der Reaktoren.* Bei adiabater Reaktion kann das Einsatzprodukt nach der

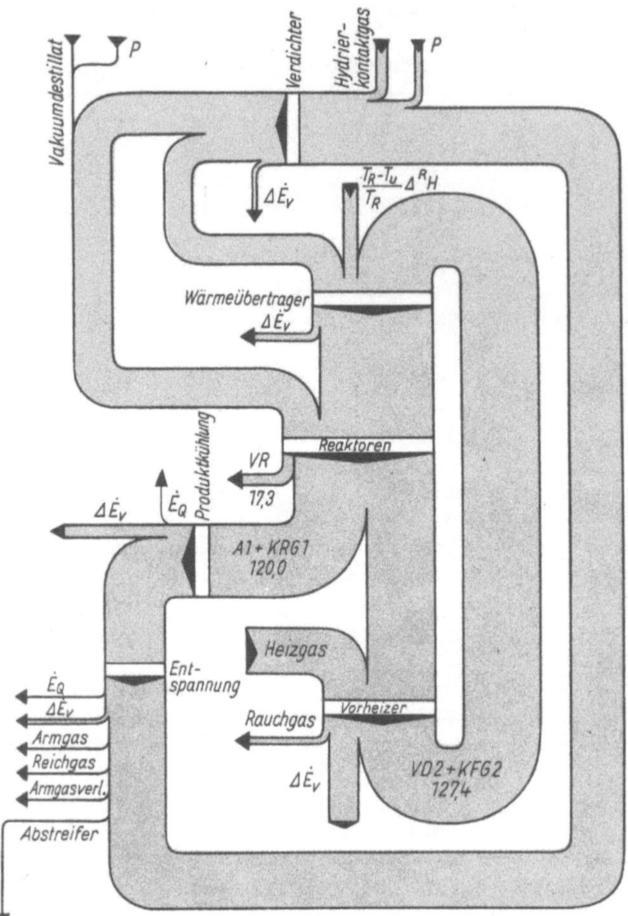

Bild 6.28. Exergieflußbild der thermomechanischen Exergie einer Hydrospaltanlage

Prozeßeinheit	Isotherm	Adiabat
Produktkühler	56,4	35,8
Vorheizer	18,8	—
Reaktor	16,3	16,1
Entspannung	6,2	4,1
Verdichter	1,8	0,8
Regenerator	0,5	0,1
gesamt	100,0	56,9

Tabelle 6.12. Aufteilung der Verlustbilanz bei adiabater und isothermer Fahrweise der Reaktoren (relative Anteile in % bezogen auf die Verluste bei isothermer Fahrweise)

regenerativen Wärmeübertragung unmittelbar in den Reaktor geführt werden, Vorheizer und Kaltgaszumischung können entfallen. Die durch eine solche Maßnahme erreichten Veränderungen sind in Tabelle 6.12 in bezug auf die isotherme Fahrweise und in Bild 6.29 in bezug auf die Bilanz der thermomechanischen Exergie dargestellt. Insgesamt vermindern sich die Exergieverluste um etwa 45%. Relativ

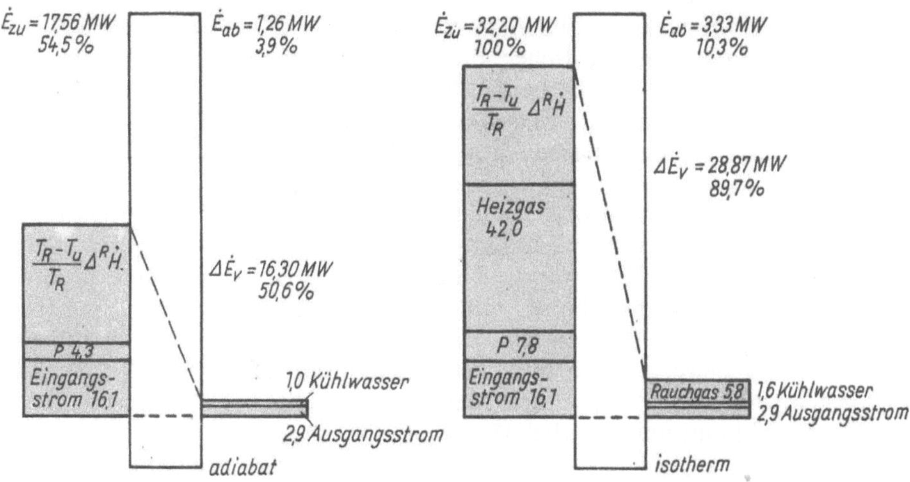

Bild 6.29. Vergleich der Bilanz der thermomechanischen Exergie zwischen adiabater und isothermer Betriebsweise des Reaktors

erhöht wird dadurch der Wert der Verluste im Produktkühler, was die eventuelle Anfallenergienutzung noch notwendiger erscheinen läßt.

6.3.5. Ammoniaksynthese

Die Ammoniaksynthese ist eines der wichtigsten anorganisch-technischen Verfahren. Im folgenden wird nur ein Teil der Ammoniakanlage, die Synthese im engeren Sinn mit dem Synthesekreislauf, untersucht. Das *technologische Schema* dieser Teilanlage ist in Bild 6.30 dargestellt. Das Synthesegas wird vor dem Verdichter, der den Druckabfall der Anlage von 2 MPa überwinden muß, in den Kreislauf eingespeist. Nach der Verdichtung erfolgt die katalytische Umsetzung des Reaktionsgemisches bei einem Druck von 30 MPa. Die notwendige regenerative Aufwärmung des Reaktionsgemisches und auch die entsprechende Abkühlung der Reaktions-

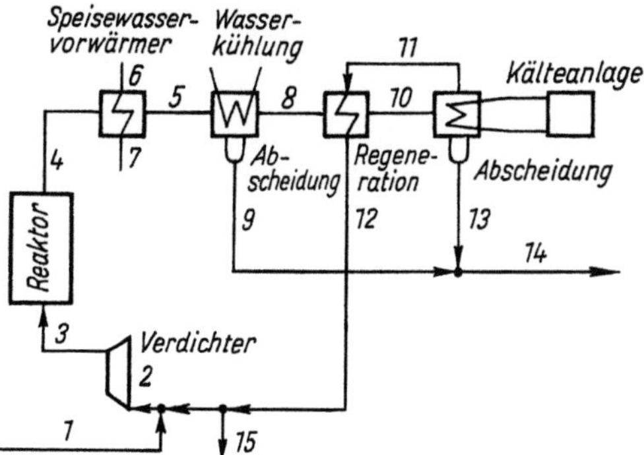

Bild 6.30. Vereinfachtes Schema der NH₃-Anlage

produkte werden in apparativer Einheit im Reaktor durchgeführt. Die erste Kühlstufe der Reaktionsprodukte liegt zwischen 190 und 80 °C, wobei Speisewasser von 68 auf 84 °C vorgewärmt wird. Im anschließenden Wasserkühler wird der Produkt-strom bis auf 30 °C abgekühlt, wobei ein Teil des gebildeten Ammoniaks abge-schieden werden kann. Zur weiteren Abtrennung des Ammoniaks durch Auskonden-sation wird der Produktstrom mit Hilfe einer Ammoniak-Kälteanlage auf −5 °C abgekühlt. Das anfallende flüssige NH_3 wird abgeschieden, während das Restgas den Produktstrom regenerativ nach dem Wasserkühler bis auf 20 °C abkühlt und sich selbst dabei auf 15 °C erwärmt. Dem Kreislauf ist ständig eine bestimmte Menge dieses Gases zu entnehmen, um eine zu starke Anreicherung von Inert-gasen zu verhindern. Der Aufbau des Reaktors ist aus Bild 6.31 zu entnehmen, in dem auch die zur Bewertung wesentlichen Temperaturangaben enthalten sind. Die Reaktionstemperatur der exothermen Reaktion wird durch die Eigenschaften des Katalysators bestimmt und liegt bei 450 bis 500 °C.

Die Kalteinspritzung soll eine Überschreitung der zulässigen Reaktionstemperatur verhindern. Das Reaktionsgas tritt mit 42 °C ein, kühlt den Reaktormantel und er-wärmt sich regenerativ auf 85 °C. In dem eigentlichen regenerativen Wärmeübertra-ger wird anschließend das Reaktionsgemisch bis auf die erforderliche Reaktions-temperatur von 423 °C aufgeheizt. Der weitere Transport durch das Innenrohr des Reaktors führt zu keiner wesentlichen Höhererwärmung. In den einzelnen Reaktions-zonen verläuft die Reaktion nahezu adiabat.

Um eine übersichtliche Darstellung und deutliche Aussagen zu erhalten, werden relativ pragmatische Festlegungen bei der Wahl der Bezugspunkte getroffen. Der Nullpunkt der Enthalpie wurde für den Synthesegaskreislauf bei 15 °C und 28 MPa angenommen, für Ammoniak bei −50 °C und Siedezustand, um negative Enthalpie-

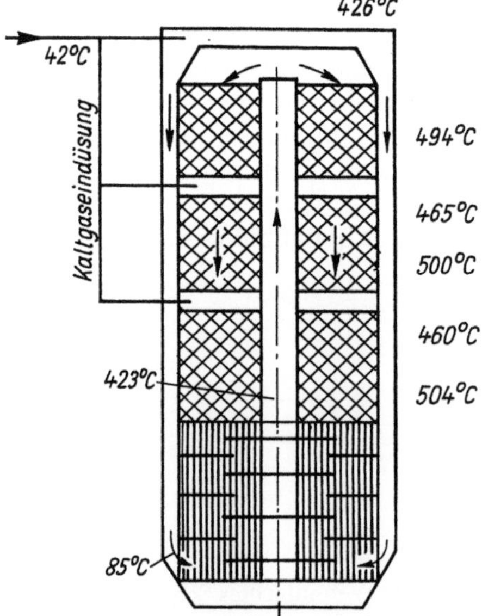

Bild 6.31. Schema des NH_3-Reaktors

ströme zu vermeiden. Als Umgebungszustand wurden 15 °C und 28 MPa sowie als Bezugssubstanzen (die in der Umgebung im gehemmten Gleichgewicht rein vorliegen) Ammoniak, Stickstoff, Argon und Methan gewählt. Dadurch wurden Transitexergien, wie der Druckanteil des Synthesegases und die chemische Exergie des Wasserstoffes, unterdrückt [6.17].

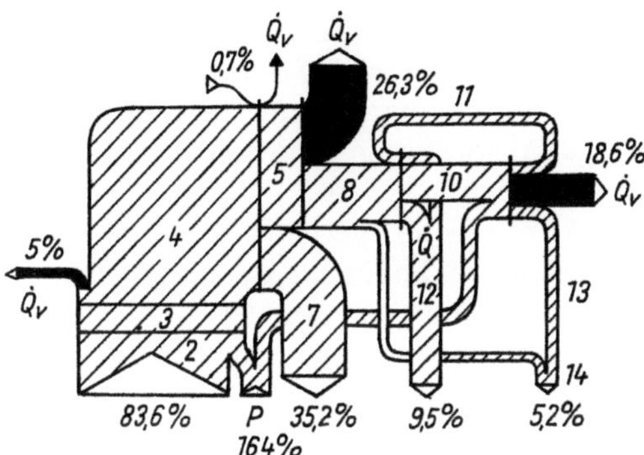

Bild 6.32. Energieflußbild der NH$_3$-Anlage

Das *Energieflußbild* ist in Bild 6.32 dargestellt. Die Energiezufuhr erfolgt über das Frischgas und die Verdichterleistung. 40% der Verdichterleistung werden zum Antrieb der Kälteanlage benötigt, was deren Bedeutung für die Energiewirtschaft der Gesamtanlage illustriert. Die Energieabfuhr erfolgt im wesentlichen über die Enthalpie der austretenden Stoffströme, über das Kühlwasser bei der Kühlung und in der Kälteanlage.

Das *Exergieflußbild* relativiert die Aussagen der Energiebilanz in wesentlichen Positionen (Bild 6.33). Die Verdichterleistung erhält als geordnete Energie ein höheres Gewicht. Der Nutzen der Speisewasservorwärmung wird demgegenüber eingeschränkt, da nur eine relativ geringe Aufwärmung stattfindet. Das Zielprodukt repräsentiert etwa 8% der Aufwendungen. Das erscheint relativ wenig, ist aber da-

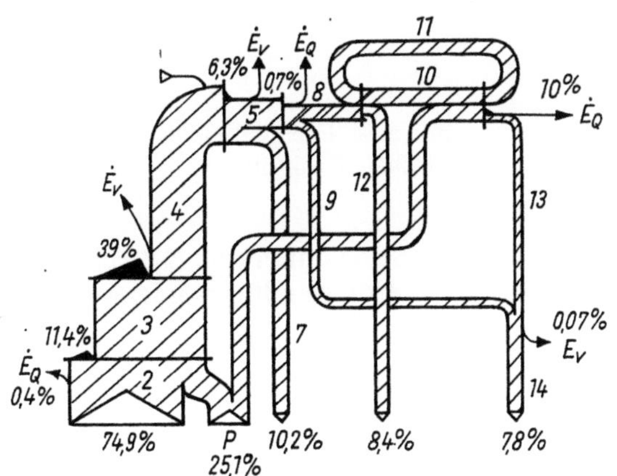

Bild 6.33. Exergieflußbild der NH$_3$-Anlage

durch bedingt, daß die chemische Exergie von NH_3 definitionsgemäß gleich Null gesetzt worden ist. Der angegebene Wert enthält nur die thermomechanische Exergie. Deutlich wird aus dem Exergieflußbild der Einfluß der Irreversibilitäten, die zu entsprechenden Verlusten im Reaktor, dem Verdichter, dem Speisewasservorwärmer und der Kälteanlage führen. Auch Mischungsverluste treten an verschiedenen Stellen des Kreislaufes auf. Die Kühlwasserverluste können gegenüber den inneren Verlusten im allgemeinen vernachlässigt werden.

Der Reaktor weist den größten Verlustanteil auf. Eine tiefergehende Analyse des Reaktors selbst (Bild 6.34) zeigt, daß 40% der Reaktorverluste durch die endlichen Temperaturdifferenzen bei der regenerativen Wärmeübertragung verursacht sind, 20% als Mischungsverluste durch die Kaltgaseinspritzung verursacht werden und 40% durch die chemische Reaktion selbst entstehen.

Diese Verlustanalyse läßt Ansatzpunkte für mögliche energetische Verbesserungen der Ammoniaksynthese erkennen. Naheliegend ist die *Erzeugung von Hochdruckdampf* unmittelbar aus der Reaktionswärme, der entweder in der Anlage selbst (Verdichter) oder in vor- oder nachgeschalteten Anlagen Verwendung finden kann, wie sie z. B. in den FAUSER-MONTECATINI-Reaktoren bereits realisiert ist. Durch Teilung der Regenerators kann auch Dampf an dieser Stelle erzeugt werden (Warmgasofen nach der BASF) oder unmittelbar nach Austritt des Produktgases aus dem Reaktor.

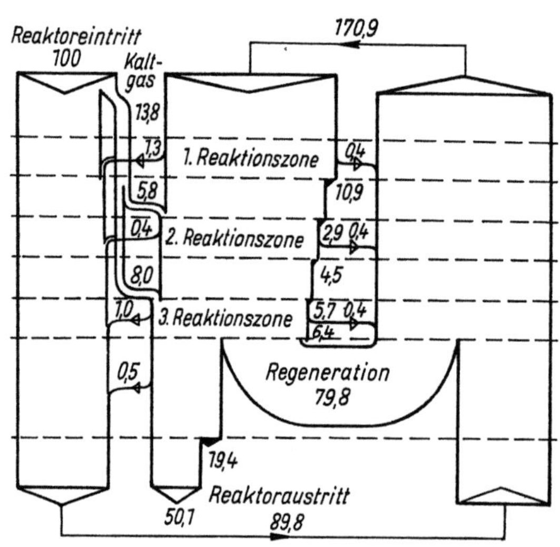

Bild 6.34. Exergieflußbild des NH_3-Reaktors

In der Kälteanlage kann eine energetische Verbesserung durch eine *Entspannungskühlung* des flüssigen Ammoniaks erzielt werden. Allerdings gilt dies nur, wenn zumindest ein Teil des NH_3 gasförmig anfallen kann.

Bei neuen großen Anlagen sind Verbesserungsmöglichkeiten durch die *Kombination* mit anderen Verfahren und Verfahrensstufen zu erzielen. Wird als Rohstoff Erdgas eingesetzt, so kann aus der Steam-Reforming-Anlage Dampf erzeugt werden, dessen Anwendung die Energiewirtschaft der Gesamtanlage prägt.

Literatur- und Quellenverzeichnis zu Abschnitt 6.

[6.1] FRATZSCHER, W.: Wechselbeziehungen und Einheit von Stoff- und Energiewirtschaft. Chemische Technik 24 (1972) 7, 388—392

[6.2] SZARGUT, J.; R. PETELA: Egzergia. S. 245 ff. Warszawa: Wydawnictwa naukowa-techniczne 1965

[6.3] BAEHR, H. D.: Thermodynamik, 4. Aufl. S. 313 ff. Berlin—Heidelberg—New York: Springer Verlag 1978

[6.4] FRATZSCHER, W.: Die Exergie in der Stoffwirtschaft und der II. Hauptsatz der Thermodynamik. Wiss. Zeitschrift TH Leuna-Merseburg 25 (1983) 1, 57—73

[6.5] HEBECKER, D.: Heizwärmebereitstellung und Abwärmenutzung mit Wärmepumpen im Chemiebetrieb. Chemische Technik 35 (1983) 8, 377—432

[6.6] Сидельковский, Л. Н., и Э. Я. Фальков: Эксергетические балансы огнетехнических процессов. Москва: МЭИ 1967

[6.7] KRIESE, S.: Exergie in der Kraftwerkstechnik: Leistungsreaktoren, Dampfkraftwerke, Gasturbinen, Wärme—Kraft—Kopplung. Essen: Classen 1971

[6.8] FRATZSCHER, W.: Einführung des Exergiebegriffes in die Technische Thermodynamik, Anhang in WUKALOWITSCH, M. P., u. I. I. NOWIKOW: Technische Thermodynamik. Leipzig: VEB Fachbuchverlag 1962

[6.9] MUJANOVIĆ, R.: Bilans parnog bloka po drugom zakonu termodinamike (Die Bilanz eines Dampfkraftwerkblockes nach dem Zweiten Hauptsatz der Thermodynamik). Termotechnika (SFR Jugoslawien) 3 (1977) 3, 56—67 (serb.)

[6.10] SIEGEL, K.: Exergieanalyse heterogener Leistungsreaktoren. Brennstoff—Wärme—Kraft 22 (1970) 9, 434—440

[6.11] Шаргут, Я., и Р. Петела: Эксергия. Москва: Энергия 1968

[6.12] Бродянский, В. М.: Энергия и экономика комплексного разделения воздуха. Москва: Металлургия 1966

[6.13] NÖTZOLD, U.: Exergetische Untersuchungen zur Gastrennung einer Ethylenanlage. Diplomarbeit, TH Leuna-Merseburg 1980

[6.14] MICHALEK, K.: Untersuchungen zur optimalen Gestaltung der Energiewirtschaft von Rohöldestillationsanlagen unter besonderer Beachtung des Wärmeübertragersystems. Dissertation. TH Leuna-Merseburg 1978

[6.15] AHRENDTS, J.: Die Exergie chemisch reaktionsfähiger Systeme. VDI-Forschungsheft 579. Düsseldorf: VDI-Verlag 1977

[6.16] WARNKE, B.: Energetische Analyse von Hydrospaltanlagen. Vortrag zur MTT 1982. Forschungsbericht TH Leuna-Merseburg 1982

[6.17] MOEBUS, W.: Beitrag zur thermodynamischen Analyse und Bewertung chemischer Prozesse. Dissertation. TU Dresden 1967

7 Thermoökonomische Modellierung und Optimierung

7.1. Kostenmodelle technischer Systeme

Ziel einer jeden Bewertung ist eine vergleichbare Einschätzung der Eigenschaften eines Systems als Voraussetzung einer Entscheidung über die unterschiedlichen Gestaltungsmöglichkeiten, die sich aus einer Variation des Verfahrens, der Struktur und der Elemente sowie deren Dimensionierung zur Realisierung einer technischen Aufgabenstellung ergeben. Die Verwendung der Exergie für eine solche Entscheidung bedeutet gegenüber der rein stofflichen oder auch energetischen Betrachtung eine wesentliche Verallgemeinerung, vermag jedoch nicht alle technisch bedeutsamen Einflußfaktoren zu erfassen. Es fehlt ein *Maß für den apparativen und anlagentechnischen Aufwand*, der für die Realisierung einer technischen Anlage natürlich genau so bedeutungsvoll wie z. B. der Energieaufwand ist.

Eine qualitative Erfassung aller wichtigen Einflußfaktoren eines technischen Systems gelingt durch die *Verwendung der Kosten als Bewertungsmaßstab*. Damit ist es möglich, die unterschiedlichsten Aufwendungen in einer vergleichbaren Form darzustellen und ein absolutes Maß für die Güte eines technischen Systems zu definieren: Es ist diejenige Anlage die beste, die die gleiche Menge und Qualität eines geforderten Produktes mit den geringsten Kosten zu liefern vermag.

Für die üblichen technischen Aufgabenstellungen ist im allgemeinen die Verwendung der *Jahreskosten K* mit einem zweigliedrigen Ansatz der Art

$$K = K_\mathrm{f} + K_\mathrm{v} \tag{7.1}$$

möglich, wobei

K_f die vom Betrieb des technischen Systems unabhängigen Kosten darstellen, die als feste Kosten oder auch Anlagekosten bezeichnet werden können, da sie im wesentlichen durch die einmaligen Aufwendungen für die Anlage selbst charakterisiert werden können, und

K_v die durch den Betrieb der Anlage verursachten Kosten darstellen, die deshalb als variable oder Betriebskosten bezeichnet werden können.

Mit Gl. (7.1) ist ein einfaches ökonomisches Modell des technischen Systems gegeben, das im Bedarfsfall ohne weiteres durch zusätzliche Terme z. B. zur Erfassung der Aufwendungen für Löhne, Sicherheit und Umweltschutz u. ä. umfassender aufgebaut werden kann. Im Sinne der Bewertungstheorie stellt die Anwendung der Gl. (7.1) für das technische System eine zweidimensionale Bewertung dar, die Einbeziehung weiterer Einflußfaktoren würde dann auf eine mehrdimensionale Bewertung hinauslaufen. An dieser Stelle soll lediglich die Anwendung der Gl. (7.1) illustriert werden, hinsichtlich der allgemeineren Fragestellungen sei auf die Literatur verwiesen [7.1].

Die Anwendung der Gl. (7.1) auf ein technisches System kann im Sinne einer *Kostenbilanz* erfolgen, für die nach Bild 7.1 gilt:

$$\sum_{i=1}^{n} K_i^I + K_f = \sum_{i=1}^{m} K_i^0 \tag{7.2}$$

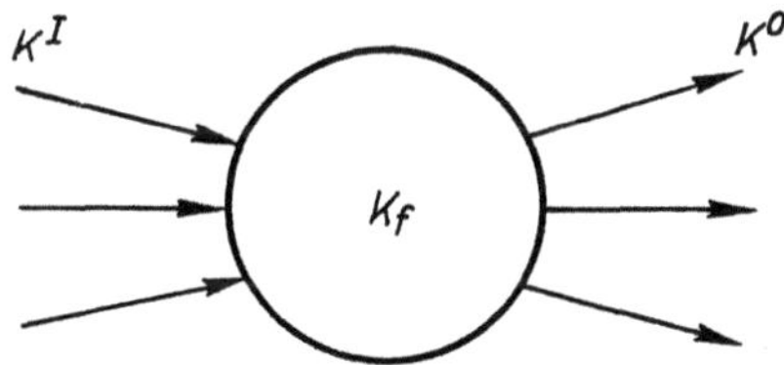

Bild 7.1. Kostenbilanz

Die Kostenterme

$$\sum_{i=1}^{n} K_i^I \quad \text{und} \quad \sum_{i=1}^{m} K_i^0$$

sind bestimmten Stoff- oder Energieströmen zuzuordnen und stellen mithin variable oder Betriebskosten dar. Im Vergleich zu Gl. (7.1) gilt

$$K = \sum_{i=1}^{m} K_i^0 \tag{7.3}$$

was bedeutet, daß die Jahreskosten als Summe der Betriebskosten der austretenden Produkt- oder Energieströme aufgefaßt werden können.

In Analogie zu den Stoff- und Energieflußbildern in Form der SANKEY-Diagramme kann auf der Basis von Gl. (7.2) für jede technische Anlage ein *Kostenflußbild* entsprechend Bild 7.2 angegeben werden. Wie sich leicht überlegen läßt, bestehen offensichtlich zwischen den Kostenflußbildern einerseits und den Entropie- und Exergieflußbildern andererseits enge Beziehungen. Den ein- und austretenden Kostentermen ist jeweils ein Entropie- oder Exergiestrom zuzuordnen. Den festen

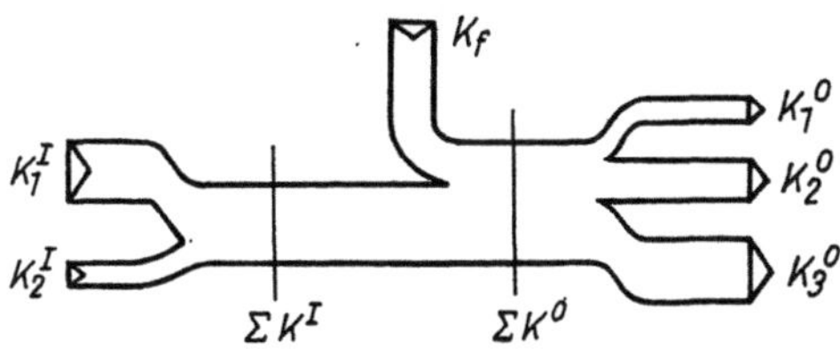

Bild 7.2. Kostenflußbild

oder Anlagekosten entspricht eine Entropiezunahme oder Exergieabnahme, die durch die in der jeweiligen Anlage verursachten Irreversibilitäten bestimmt ist. Damit entsprechen sich Kosten- und Entropieflußbild einer technischen Anlage qualitativ vollständig, während das Exergieflußbild dem Kostenflußbild entgegengesetzt verläuft, indem einer Kostenzunahme durch Anlagekosten eine Exergieabnahme entspricht, wie das einfache Beispiel in Bild 7.3 zeigt.

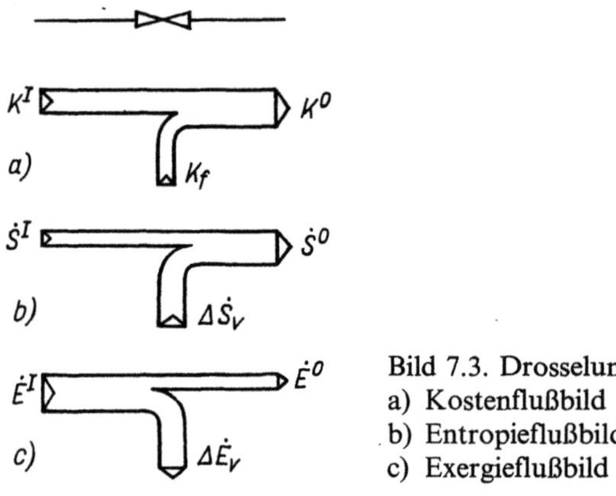

Bild 7.3. Drosselung
a) Kostenflußbild
b) Entropieflußbild
c) Exergieflußbild

Eine entsprechende Analogie zwischen Kostenfluß und Energie- oder gar Stofffluß ist nicht vorhanden, da sich z. B. die Nichtumkehrbarkeiten im inneren Verhalten nicht ohne zusätzliche Informationen in diesen Bilanzen ausdrücken lassen.

Diese offensichtlich zutage tretende Analogie bei dem Verhalten einer technischen Anlage läßt es als wünschenswert und für die Bewertung aussagefähig erscheinen, die Gl. (7.1) mit Hilfe thermodynamischer Zusammenhänge aufzubereiten. Diese Methode wird als *thermoökonomische Modellierung* bezeichnet, da sie *ökonomische und thermodynamische Aussagen miteinander verknüpft*. Die mit entsprechenden Zielfunktionen zu bestimmenden Bestwerte stellen dann thermoökonomische Optima dar. Diese Art der Bezeichnung hat sich auch schon international eingebürgert [7.2].

7.2. Thermoökonomische Struktur der Jahreskosten und optimale Nichtumkehrbarkeit

Zur weiteren Aufbereitung des Kostenansatzes nach Gl. (7.1) ist die Exergiebilanz der Anlage zugrunde zu legen, die in Bild 7.4 veranschaulicht ist. In Untersetzung und Weiterführung der Diskussion im Abschnitt 4. zur Definition der Nutzens- und Aufwandsgrößen soll in Bild 7.4 veranschaulicht werden, daß für die folgenden Überlegungen als Aufwandsstrom nur die an der Umwandlung im jeweiligen technischen System unmittelbar beteiligten Exergien E_A, betrachtet werden können. Aus diesem Grunde kann es erforderlich sein, einen zusätzlichen Transitstrom E_{vT} einzuführen, der der Deckung entsprechender äußerer Verluste dient. Diese Bilan-

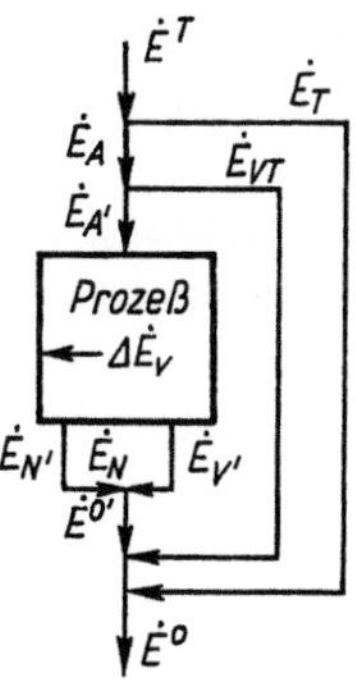

Bild 7.4. Bilanzgrößen für den
zu optimierenden Prozeß

zierung wird im folgenden vorausgesetzt und demzufolge die Kennzeichnung durch den Zeiger weggelassen. Relativ einfach ist die *Modellierung der variablen oder Betriebskosten*, da sie von der Proportionalität der entsprechenden Stoff- oder Exergieströme ausgehen kann. Unter Bezugnahme auf die Exergiebilanz gilt

$$K_v = k_e \dot{E}_A \tau_b = k_e (\dot{E}_N + \dot{E}_v + \Delta\dot{E}_v)\,\tau_b \tag{7.4}$$

$$K_v = k_e (\dot{E}^O + \Delta\dot{E}_v)\,\tau_b$$

wobei τ_b die Jahresbenutzungsdauer ist, die auf die Vollaststunden zu beziehen ist, was insbesondere bei Anlagen mit ausgeprägtem Teillastverhalten zu berücksichtigen ist.

k_e sind die *spezifischen Exergiekosten* der Aufwandsströme, die sich bei mehreren Aufwandsströmen aus dem Ansatz

$$k_e = \sum_{i=1}^{n} \frac{\dot{E}_{Ai}}{\sum \dot{E}_{Ai}}\, k_{ei} = \sum_{i+1}^{n} \frac{\dot{E}_{Ai}}{\dot{E}_A}\, k_{ei} \tag{7.5}$$

ergeben. Die Bezugnahme auf die Exergiebilanz repräsentiert eine allgemeinere Darstellung, da sich in ihr sowohl Stoff- als auch Energieströme abbilden lassen. Da aber die Aufwandsströme natürlich auch dem Energie- und Stofffluß proportional gesetzt werden können, gilt zwischen den verschiedenen spezifischen Kosten die folgende Proportion

$$k_{ei}\dot{E}_i = k_{mi}\dot{m}_i = k_{Qi}\dot{Q}_i \tag{7.6}$$

die eine einfache Umrechnung und insbesondere eine Ermittlung der spezifischen Exergiekosten ermöglicht. Gl. (7.6) zeigt, daß zwischen den spezifischen Kosten Relationen bestehen, die durch thermodynamische Funktionen bestimmt sind. Es ergibt sich

$$\frac{k_{mi}}{k_{ei}} = \frac{\dot{E}_i}{\dot{m}_i} = e_i \tag{7.7a}$$

$$\frac{k_{Qi}}{k_{ei}} = \frac{\dot{E}_i}{\dot{Q}_i} = \tau_{ei} \tag{7.7b}$$

$$\frac{k_{mi}}{k_{Qi}} = \frac{\dot{Q}_i}{\dot{m}_i} = q_i \tag{7.7c}$$

Da auch die Wärmezufuhr unter bestimmten Bedingungen vorgenommen wird (z. B. isobar und damit $q = \Delta h$), lassen sich diese Kostenverhältnisse durch bereits diskutierte rein thermodynamische Abhängigkeiten illustrieren.

Die Modellierung der *festen oder Anlagenkosten* und damit die Beziehung zur Exergiebilanz läßt sich nicht so einfach und unmittelbar aufzeigen. Qualitativ ist eine Abhängigkeit der Art

$$K_f = f \cdot \frac{1}{\Delta E_v}$$

zu vermuten. Dafür spricht auch als Grenzfall, daß die Realisierung reversibler Prozesse unendlich hohe anlagentechnische Aufwendungen verlangen muß. Eine Quantifizierung dieses Sachverhaltes kann z. B. auf folgende Weise vorgenommen werden: Die Anlagekosten müssen in einer geeigneten Form den apparativen Aufwendungen proportional sein, was zum Ausdruck gebracht werden kann, wenn sie als eine Funktion einer aktiven Fläche A dargestellt werden. Diese Fläche kann z. B. charakteristisch für den Impuls-, Stoff- oder Wärmeaustausch sein. Es lassen sich natürlich auch andere Darstellungen denken, da aber im weiteren vordergründig die qualitativen Zusammenhänge aufgezeigt werden sollen, erfolgt eine Beschränkung auf diese im Prinzip mögliche Abhängigkeit. Damit gilt für die Anlagenkosten als einfachster Ansatz

$$K_f = k_A A z \tag{7.8}$$

mit k_A als entsprechenden spezifischen Anlagenkosten und z dem Jahresfestkostensatz, der die einmaligen Aufwendungen auf die Nutzungsdauer der Anlage transformiert. Auf die Problematik seiner Ermittlung soll an dieser Stelle nicht eingegangen werden.

Die *Analogie zwischen Kosten- und Entropieverhalten* technischer Systeme kann in Gl. (7.8) explizit zum Ausdruck gebracht werden, wenn die kinetischen Gesetzmäßigkeiten zur Ermittlung der aktiven Fläche zugrunde gelegt werden. Im allgemeinen sind dies nichtlineare Abhängigkeiten. Es gibt aber auch wichtige Prozesse, die durch lineare Gesetze beschrieben werden können, wie die laminare Strömung, die Diffusion, die Wärmeleitung, bzw. auch solche, für die durch Einführung eines effektiven Transportkoeffizienten ein lineares Gesetz annähernd der Prozeßbeschreibung zugrunde gelegt wird (Wärmeübergang, Wärmeübertrager). Um einfache analytische Beziehungen zu erhalten, sollen der folgenden Ableitung derartige lineare Gesetze zugrunde gelegt werden [7.3]

$$I = \Lambda \, \Delta U = \lambda A \, \Delta U \tag{7.9}$$

Mit I als dem zu transportierenden Strom, ΔU dem kennzeichnenden Potentialunterschied, Λ einem allgemeinen Leitwert, λ dem auf die aktive Fläche A bezogenen Leitwert. Im speziellen erscheint es möglich, Gl. (7.9) in der Form anzugeben

$$\dot{W}^0 = \lambda_e A \, \frac{\Delta \dot{E}_v}{\dot{W}^0} \tag{7.9a}$$

wobei $\dot{W}^0$ der austretende Energiestrom ist. Ermittelt man aus Gl. (7.9a) die aktive Austauschfläche und führt diesen Ausdruck in Gl. (7.8) ein, so ergibt sich

$$\dot{K}_\mathrm{f} = k_\mathrm{A} \frac{(\dot{W}^0)^2}{\lambda_\mathrm{e}\,\Delta\dot{E}_\mathrm{v}}\, z \tag{7.8a}$$

ein Ausdruck, der die qualitativ vermutete Abhängigkeit richtig widerspiegelt. Ein deutlicherer Anschluß an die Exergiebilanz wird erzielt, wenn der austretende Exergiestrom explizit eingeführt wird.

Man erhält

$$K_\mathrm{f} = k_\mathrm{fe} \frac{(\dot{E}^0)^2}{\Delta\dot{E}_\mathrm{v}}\, z \tag{7.8b}$$

mit

$$k_\mathrm{fe} = \frac{k_\mathrm{A}}{\lambda_\mathrm{e}(\tau_\mathrm{e}^0)^2} \tag{7.10}$$

Gl. (7.10) definiert spezifische exergiebezogene Anlagekosten, die nur als konstant angesehen werden können, wenn sowohl λ_e als auch τ_e^0 mit hinreichender Genauigkeit als konstant angesehen werden oder geeignete Mittelwerte definiert werden können.

Mit den Ansätzen nach den Gln. (7.4) und (7.8b) können die Jahreskosten nach Gl. (7.1) als *Gesamtkosten* dargestellt werden. Es ergibt sich

$$K = k_\mathrm{fe} \frac{(\dot{E}^0)^2}{\Delta\dot{E}_\mathrm{v}}\, z + k_\mathrm{e}(\dot{E}^0 + \Delta\dot{E}_\mathrm{v})\, \tau_\mathrm{b} \tag{7.11}$$

Gl. (7.11) ist als das thermoökonomische Modell eines technischen Systems anzusehen. In Bild 7.5 ist diese Beziehung als Funktion des Exergieverlustes infolge der Nichtumkehrbarkeiten veranschaulicht. Es wird der hyperbolische Charakter der Anlagenkosten deutlich. Die Betriebskosten sind linear von dem Exergieverlust abhängig. Für $\Delta\dot{E}_\mathrm{v} = 0$ ergibt sich

$$K_\mathrm{v,rev} = k_\mathrm{e}\dot{E}^0\tau_\mathrm{b} \tag{7.12}$$

was bedeutet, daß die Betriebskosten im reversiblen Grenzfall einen endlichen Grenzwert aufweisen, der durch die hierfür gültige Exergieerhaltung gegeben ist. Den nach Gl. (7.12) definierten Term kann man als reversible variable oder Betriebskosten bezeichnen.

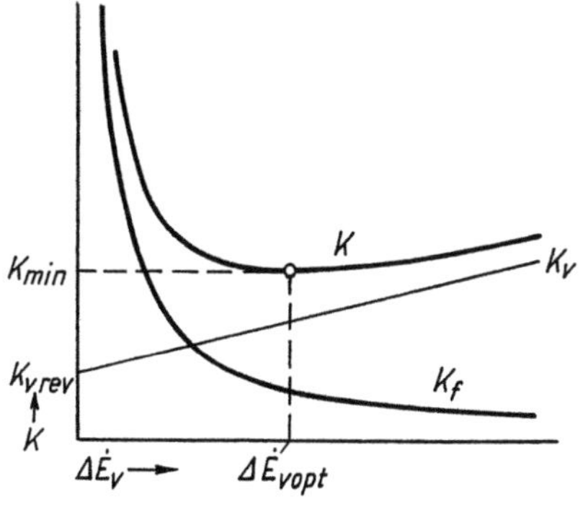

Bild 7.5. Verlauf der Kostenfunktion in Abhängigkeit von den Exergieverlusten durch Irreversibilitäten

Die Gesamtkosten zeigen unter diesen Bedingungen stets ein Minimum, das einen *optimalen Wert der Nichtumkehrbarkeit* definiert. Da bei der Ableitung keine speziellen Eigenschaften bestimmter technischer Systeme eingearbeitet wurden, gilt diese Aussage ganz allgemein. Die Existenz von Optimalbedingungen für jede technische Anlage ist demnach auf den Einfluß der Nichtumkehrbarkeiten zurückzuführen, die sich in einer Erhöhung der variablen oder Betriebskosten und einer Abnahme der festen oder Anlagekosten äußern. Interessant ist, daß sich bei dieser Darstellung das aus vielen Beispielen bekannte asymmetrische Verhalten der Zielfunktion in der Nähe des Optimalpunktes ausdrückt. Zur Verallgemeinerung der Aussage soll die Ermittlung der optimalen Nichtumkehrbarkeit in *dimensionsloser Form* erfolgen. Dividiert man Gl. (7.11) durch $\dot{E}_\mathrm{N} k_\mathrm{e} \tau_\mathrm{b}$, so erhält man

$$\varkappa = Pa \, \frac{v}{n(1-v)} + \frac{1}{nv} \tag{7.13}$$

mit

$$\varkappa = \frac{K}{\dot{E}_\mathrm{N} k_\mathrm{e} \tau_\mathrm{b}} \qquad \text{als den dimensionslosen Jahreskosten}$$

$$v = \frac{\dot{E}^0}{\dot{E}_\mathrm{I}} \qquad \text{als dem Gütegrad nach Gl. (4.5) der Anlage}$$

$$n = \frac{\dot{E}_\mathrm{N}}{\dot{E}_\mathrm{N} + \dot{E}_\mathrm{v}} = \frac{\eta}{\eta + \sigma} \qquad \text{als einen Ausdruck, der die äußeren Verluste explizit ent-}$$
hält

$$Pa = \frac{k_\mathrm{fe} z}{k_\mathrm{e} \tau_\mathrm{b}} \qquad \text{eine dimensionslose Zahl, die Ausdruck der thermoökono-}$$
mischen Ähnlichkeit ist. Sie wird als PAUER-Zahl bezeichnet.

Gl. (7.13) läßt sich auch in der Form angeben

$$\varkappa = \varkappa_\mathrm{f} + \varkappa_\mathrm{v\,rev} + \varkappa_\mathrm{v\,irr} \tag{7.13a}$$

mit

$$\varkappa_\mathrm{f} = Pa \, \frac{v}{n(1-v)} \tag{7.14}$$

den dimensionslosen Anlagekosten

$$\varkappa_\mathrm{v\,rev} = \frac{1}{n} \tag{7.15}$$

den dimensionslosen Betriebskosten für die reversiblen Aufwendungen

$$\varkappa_\mathrm{v\,irr} = \frac{1-v}{nv} \tag{7.16}$$

den dimensionslosen Betriebskosten für die nichtumkehrbaren Aufwendungen.

Die dimensionslosen Gesamtkosten drücken die Kostenzunahme der Nutzexergie in Relation zur Aufwandsexergie aus. Die Rolle eines Scharparameters in der Gl.

(7.13) übernimmt die PAUER-Zahl als ein Verhältnis von spezifischen Anlagen- zu Betriebskosten. Sie ist die kennzeichnende ökonomische Größe, die die optimalen Nichtumkehrbarkeiten bestimmt.

Gl. (7.13) zeigt darüber hinaus den Zusammenhang zwischen thermodynamischen Bewertungskriterien, wie dem Gütegrad, und dem kinetischen Ansatz nach Gl. (7.9). Da für jede auch noch so komplizierte Anlage ein Gütegrad angegeben werden kann, läßt sich der Ansatz nach Gl. (7.9) gedanklich als eine spezielle Form eines Verteilermodells auffassen und damit eine weitere Verallgemeinerung der Modellierung erzielen.

Die *Struktur der Gesamtkosten* zeigen Gl. (7.13a) und die folgenden. In dieser Darstellung können die variablen oder Betriebskosten allein durch entsprechende thermodynamische Bewertungskriterien beschrieben werden. Die reversiblen Aufwendungen $\varkappa_{v\,rev} = 1$ ergeben sich für $n = 1$, was $\sigma = 0$ bedeutet, d. h. daß der Prozeß keine äußeren Verluste aufweist.

Das Kostenminimum bestimmt aus $\left(\dfrac{\partial \varkappa}{\partial v}\right)_n = 0$ die optimale Nichtumkehrbarkeit des Prozesses zu

$$v_{opt} = \frac{1}{\sqrt{Pa} + 1} \tag{7.17}$$

als Wert des optimalen Gütegrades. Für den optimalen Wirkungsgrad ergibt sich

$$\eta_{opt} = \frac{n}{\sqrt{Pa} + 1} \tag{7.18}$$

und für den optimalen Verlustgrad

$$\sigma_{opt} = \frac{1 - n}{\sqrt{Pa} + 1} \tag{7.19}$$

Aus den Gln. (7.17) bis (7.19) wird die zentrale Position der PAUER-Zahl für die Bestimmung des thermoökonomischen Optimums deutlich. Es ist deshalb gerechtfertigt, sie als Kennzahl der *thermoökonomischen Ähnlichkeit* zu bezeichnen [7.4]. Für die gleiche Größe der PAUER-Zahl ergibt sich immer die gleiche optimale Nichtumkehrbarkeit, unabhängig davon, wie die spezifischen Anlagen- und Betriebskosten im Einzelfall liegen. Der Zusammenhang zwischen den thermodynamischen Bewertungsgrößen folgt aus

$$v_{opt} = \frac{\eta_{opt}}{\eta_{rev}} = \frac{\sigma_{opt}}{\sigma_{rev}} \tag{7.20}$$

mit

$$\eta_{rev} = n \quad \text{und} \quad \sigma_{rev} = 1 - n \tag{7.21a, b}$$

wobei sich die Gln. (7.21a und b) auf einen im inneren Verhalten reversiblen Prozeß mit ausschließlich äußeren Verlusten beziehen. Die Struktur der Gesamtkosten im Optimalpunkt erhält man durch Einsetzen von Gl. (7.17) in Gl. (7.13).

Interessant ist, daß sich für

$$\left(\frac{\varkappa_{v,\,irr}}{\varkappa_f}\right)_{opt} = 1 \tag{7.22}$$

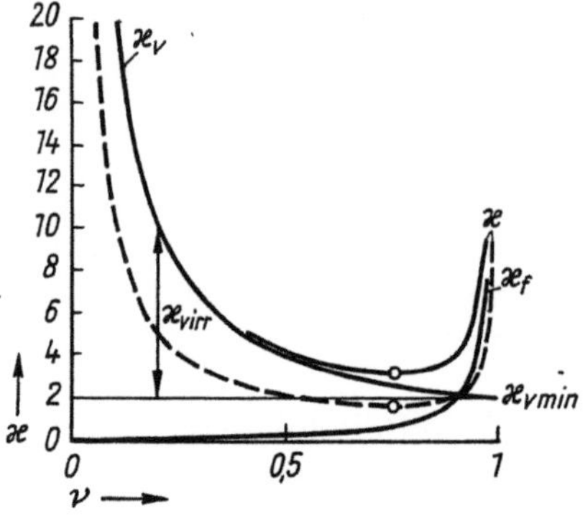

Bild 7.6. Verlauf der dimensionslosen spezifischen Kosten
in Abhängigkeit vom Gütegrad

——— Pa = 0,1; $n = 0,5$
— — — Pa = 0,1; $n = 1$

ergibt. Im Optimalpunkt sind die Anlagekosten gleich den Nichtumkehrbarkeitskosten, unabhängig von den äußeren Verlusten.

Für $Pa = 0,1$ sind die vorstehend diskutierten Zusammenhänge im Bild 7.6 dargestellt, was neben dem Optimalwert selbst einen qualitativen Eindruck auf die Sensibilität der Einflußfaktoren gestattet. Die Forderung »Kampf den Nichtumkehrbarkeiten«, die aus der exergetischen Analyse abgeleitet werden kann, muß aus der Sicht der thermoökonomischen Modellierung präzisiert werden zu »Realisierung der optimalen Nichtumkehrbarkeit«. Die derzeitige Entwicklung zu höheren Rohstoff- und Rohenergiepreisen führt zu kleineren PAUER-Zahlen, da im allgemeinen die Steigerung der spezifischen Anlagenkosten geringer ist. Wie die Gln. (7.17) bis (7.19) zeigen, führt dieser Trend zu größeren Werten des Wirkungs- und Gütegrades und damit zu kleineren Werten der Nichtumkehrbarkeiten, so daß die erste Losung, strategisch gesehen, ihre Bedeutung beibehält. Diese Aussagen gelten nicht nur für Anlagen, sondern auch für Rationalisierungs- und Rekonstruktionsmaßnahmen an bestehenden Anlagen, die in diesem Zusammenhang als Reoptimierungsmaßnahmen bezeichnet werden können.

7.3.   Kostenaufteilung

7.3.1.   Prinzipien der exergetischen Kostenaufteilung

Die *Kostenbilanz* eines technischen Systems mit mehreren als Nutzen anzusehenden Outputströmen (Koppelproduktion) lautet:

$$K_f + \sum_i K_{Ai} = \sum_j K_{Nj} \tag{7.23}$$

Für Entscheidungen in nachgeschalteten technischen Systemen und über die Einsatzmöglichkeiten bzw. die Substitution einzelner Produktströme ist die Kenntnis der zugehörigen ökonomischen Werte K_{Nj} bzw. der spezifischen Kosten k_{Nj} erforderlich.

Die Ermittlung der den einzelnen Nutzenströmen zuzuordnenden Kostenterme K_{Nj} ist aus Gl. (7.23) allein nicht möglich. Hierzu bedarf es zusätzlicher Überlegungen, die unter dem Begriff der Kostenaufteilung zusammengefaßt werden. Die ökonomische Theorie unterscheidet in diesem Zusammenhang zwischen *Aufteilungs-*, *Restwert-* und *Sonderverfahren* [7.5]. Unter Aufteilungsverfahren werden Berechnungsmethoden verstanden, die unter Benutzung physikalischer oder technischer Eigenschaften der Nutzenströme sämtliche K_{Nj} zu ermitteln erlauben. Restwertverfahren gehen davon aus, daß im allgemeinen aus den äußeren Bedingungen den Nutzenströmen spezifische Kosten (oder Preise) zugeordnet werden können, so daß im Grenzfall lediglich für einen Produktstrom aus Gl. (7.23) der zugehörige ökonomische Wert bestimmt werden muß. Im folgenden wird ausschließlich auf *Aufteilungsverfahren* eingegangen.

Von allen physikalischen Größen, die einem solchen Aufteilungsverfahren zugrunde gelegt werden können, scheint der Exergie eine besondere Bedeutung zuzukommen. Natürlich wird damit nicht das eigentliche ökonomische Problem gelöst, sondern ein möglich erscheinender Vorschlag unterbreitet, der sich weitgehend an technischen Bedingungen orientiert. Für die Verwendung der Exergie spricht

- die Tatsache, daß mit der Exergie Stoff- und Energieströme unter Beachtung der Qualität gleichermaßen erfaßt werden können, das führt zu einem allgemeineren Konzept als die Verwendung von Massen-, Mengen- oder Energiebilanzen oder -größen
- der mögliche Verzicht auf die Benutzung von Vergleichsprozessen, der dazu führt, daß z. B. Informationen über alternative Herstellungsverfahren nicht erforderlich sind
- die Tatsache, daß die K_{Nj} ihrem Charakter nach variable Kosten darstellen, die in bezug auf ihren reversiblen Anteil (nach der im Abschnitt 7.2. eingeführten Strukturierung der Kosten) exakt exergieproportional aufgeteilt werden können.

Mit der Exergiebilanz des betrachteten Systems

$$\sum_i \dot{E}_{Ai} = \sum_j \dot{E}_{Nj} + \sum_k \dot{E}_{vk} + \sum_l \Delta\dot{E}_{vl} \tag{7.24}$$

kann für die Aufwands- und Nutzenskostenströme geschrieben werden:

$$K_{Ai} = k_{eAi}\dot{E}_{Ai}\tau_b \tag{7.25a}$$

$$K_{Nj} = k_{eNj}\dot{E}_{Nj}\tau_b \tag{7.25b}$$

Werden die Gln. (7.25a, b) in die Gl. (7.23) eingesetzt, so läßt sich unter Einbeziehung der Exergiebilanz, Gl. (7.24), schreiben

$$\tau_b \sum_j \left(k_{eNj} - \sum_i k_{eAi}\alpha_i\right)\dot{E}_{Nj} = \sum_i k_{eAi}\alpha_i\tau_b \left(\sum_k \dot{E}_v + \sum_l \Delta\dot{E}_v\right) + K_f \tag{7.26}$$

dabei ist

$$\alpha_i = \frac{E_{Ai}}{\sum_i \dot{E}_{Ai}} \quad \text{der Anteil des } i\text{-ten Aufwandsstroms.} \tag{7.27}$$

Die linke Seite von Gl. (7.26) kennzeichnet den spezifischen Wertzuwachs im System, der sich in entsprechenden spezifischen Exergiekosten der Produktströme ausdrückt. Er ist verursacht durch die inneren und äußeren Exergieverluste und die Festkosten.

Die Ermittlung der Kostenströme der Produkte und damit der spezifischen Exergiekosten k_{eNj} mit Hilfe eines Aufteilungsverfahrens kann auf vielerlei Weise erfolgen. Unter Einführung von *Koppelfaktoren c*, für die stets gelten muß

$$\Sigma\, c_i = 1$$

lassen sich folgende Vorgehensweisen charakterisieren:

- gleichmäßige Aufteilung der Gesamtkosten, entsprechend

$$K_{Nj} = c_j\, \Sigma\, K_{Nj} = c_j(\Sigma\, K_{Ai} + K_f) \tag{7.28}$$

- Unterschiedliche Aufteilung der Aufwandströme und der Festkosten, entsprechend

$$K_{Nj} = c_{Aj}\, \sum_i K_{Ai} + c_{fj}K_f \tag{7.29}$$

mit

$$\sum_i K_{Ai} = \sum_j c_{Aj} \sum_i K_{Ai} \quad \text{und} \quad K_f = \sum_i c_{fi}K_f$$

- Unterschiedliche Aufteilung der Verlustkosten und der Festkosten
  Da nach Gl. (7.26) unter Ausnutzung der Aussagen der Exergiebilanz ein bestimmter Teil der Kosten der Aufwandströme den Produktströmen direkt zugeordnet werden kann (der im reversiblen Fall erforderliche ökonomische Minimalaufwand), können die Produktströme auch durch eine Aufteilung der Verlustkosten und natürlich der Festkosten bewertet werden. Nach Gl. (7.26) gilt

$$K_{Nj} - K_{Nj\,rev}$$

$$= \tau_b\Big(k_{eNj} - \sum_i k_{eAi}\alpha_i\Big)\dot{E}_{Nj} = (\sum k_{eAi}\alpha_i\tau_b)\Big(c_{vj}\sum_k \dot{E}_v + c_{\Delta vj}\sum_l \Delta\dot{E}_{vl}\Big) + c_{fi}K_f \tag{7.30}$$

wobei c_{vj} und $c_{\Delta vj}$ Koppelfaktoren für die Aufteilung der äußeren und inneren Exergieverluste sind. Es gilt dann

$$\sum_k \dot{E}_v = \sum_j c_{vj} \sum \dot{E}_v \quad \text{und} \quad \sum_l \Delta\dot{E}_{vl} = \sum_j c_{\Delta vj} \sum \Delta\dot{E}_v$$

Die für den Einzelfall anzuwendende konkrete Lösung hängt von der Struktur des technischen Systems und von der Möglichkeit der ökonomischen Abbildung dieser Struktur durch entsprechende Kostenstellen und Kostenträger ab sowie natürlich von der Art der Aufgabenstellung und den speziellen Restriktionen. Wenn hierüber keine Informationen vorliegen, ist es am einfachsten, eine gleichmäßige Aufteilung nach Gl. (7.28) vorzunehmen, was bedeutet

$$c_j = c_{Aj} = c_{fj} = c_{vj} = c_{\Delta vi} = \frac{\dot{E}_{Nj}}{\sum_j \dot{E}_{Nj}} = \alpha_j \tag{7.31}$$

und diese gleich dem jeweiligen Exergieanteil am Gesamtprodukt zu setzen. Die inneren und äußeren Verluste sowie die Festkosten werden bei diesem Vorgehen gleich aufgeteilt. Dafür kann, zumindest qualitativ, geltend gemacht werden:

- Wenn der Bilanzkreis hinreichend klein gewählt ist, wird im System ein Energie- oder Stoffwandlungsprozeß als einheitlicher Triebkraftprozeß ablaufen. Die durch Druck-, Temperatur- oder Konzentrationsänderungen verursachten Exergie- änderungen lassen sich nur über zusätzliche Vorstellungen ausweisen. Vom Pro- zeß ist deshalb eine eindeutige Zuordnung der Aufwände ohne Willkür nicht möglich. Damit spricht kein Argument gegen eine Aufteilung der irreversiblen Aufwendungen nach dem Maßstab der reversiblen.
- Eine Zuordnung der äußeren Verluste zu Teilvorgängen ist bei einem einheitlichen Prozeß nicht vorhanden. Deshalb erscheint auch für die äußeren Verluste das angegebene Verfahren möglich.
  Zum anderen ermöglicht das vorgeschlagene Verfahren eine Bewertung der äußeren Verluste, die z. B. im Zusammenhang mit der Ausnutzung von Sekundär- energien erforderlich sein kann. In einfachster Weise werden einzelne zu betrach- tende äußere Verlustströme in der Bilanz den Nutzexergieströmen gleichgesetzt. In Verallgemeinerung läßt sich so jeder verlustbehaftete Prozeß als Koppelprozeß auffassen.
- Aus der thermoökonomischen Modellierung (s. Abschnitt 7.2.) wird ersichtlich, daß die festen Kosten unter bestimmten Voraussetzungen als dem Nutzexergie- strom proportional angesehen werden können. Dieser Umstand spricht für eine Aufteilung der festen Kosten nach Gl. (7.31).

Aus Gl. (7.25) kann nun unter Benutzung der Gln. (7.28) und (7.31) der Wert der spezifischen Exergiekosten der Produktströme ermittelt werden. Man erhält

$$k_{eNj} = \frac{K_{Nj}}{\dot{E}_{Nj}\tau_b} = \frac{\alpha_j(\sum K_{Ai} + K_f)}{\dot{E}_{Nj}\tau_b} = \frac{\sum K_{Ai} + K_f}{\dot{E}_{Ni}} = \text{const} \qquad (7.32)$$

d. h., die spezifischen Exergiekosten aller Produktströme sind gleich und können in einfacher Form aus der Gesamtbilanz ermittelt werden. Daraus abgeleitete massen- oder energieproportionale spezifische Kosten unterscheiden sich im all- gemeinen.

7.3.2. Beispiele

7.3.2.1. Wärme-Kraft-Kopplung

In der Fachliteratur stellt die Untersuchung der Wärme-Kraft-Kopplung, d. h. des Industriekraftwerkes, in dem vorliegenden Zusammenhang ein schon nahezu klassisches Beispiel dar [7.6]. In Bild 7.7 ist der prinzipielle Prozeßverlauf im h,s- Diagramm dargestellt. Die Zustandsänderung *34* dient der Bereitstellung der mechanischen Energie, die Zustandsänderung *41* der Bereitstellung der Wärme.

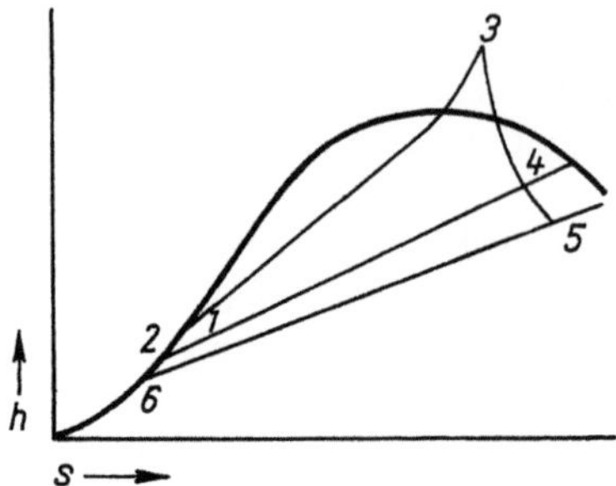

Bild 7.7. Wärmekraftprozeß
1, 2, 3, 4 Prozeßverlauf
6, 2, 3, 5 Vergleichsprozeß zur Kostenaufteilung

Diese Zustandsänderungen repräsentieren die Produktströme. Für eine *exergetische Kostenaufteilung* ergibt sich nach Gl. (7.31)

für die Wärme

$$\alpha_w = \frac{e_4 - e_1}{h_3 - h_4 + e_4 - e_1} \tag{7.33a}$$

für die Arbeit

$$\alpha_e = \frac{h_3 - h_4}{h_3 - h_4 + e_4 - e_1} \tag{7.33b}$$

In der energiewirtschaftlichen Theorie und teilweise auch in der Praxis wird das exergetische Kostenaufteilungsverfahren dem *kalorischen oder energetischen* und dem thermodynamischen Aufteilungsverfahren gegenübergestellt. Im ersten Fall werden die Produktenergieströme zur Definition der Koppel- oder Aufteilungs- verfahren benutzt. Es ergibt sich

für die Wärme

$$\alpha_w^K = \frac{h_4 - h_1}{h_3 - h_1} \tag{7.34a}$$

für die Arbeit

$$\alpha_e^K = \frac{h_3 - h_4}{h_3 - h_1} \tag{7.34b}$$

Die Energieeinheit Wärme kostet genausoviel wie die Energieeinheit Elektroenergie und kostet spezifisch mehr als bei der getrennten Bereitstellung von Wärme und Arbeit. Die bei der gekoppelten Erzeugung zu erzielenden Einsparungen kommen ausschließlich der Elektroenergieerzeugung zugute. Das widerspricht grundsätzlich der thermodynamischen Situation (s. Abschnitt. 6.). Das kalorische Verfahren ist aus diesen Gründen abzulehnen.

Ein Vergleich mit dem *thermodynamischen Verfahren* ist auf die folgende Weise möglich. Die Aufteilungsfaktoren lauten

für die Wärme

$$\alpha_w^T = \frac{h_4 - h_5}{h_3 - h_5} \tag{7.35a}$$

für die Arbeit

$$\alpha_e^T = \frac{h_3 - h_4}{h_3 - h_5} \qquad\qquad (7.35\,\text{b})$$

da das thermodynamische Verfahren mit einem Vergleichsprozeß arbeitet, der bis zum Kondensatordruck ($p_5 = p_6$) entspannt. Die kostenmäßige Bewertung der Wärme erfolgt durch den energetischen Mehraufwand zur Elektroenergieerzeugung infolge Erhöhung des Gegendruckes vom Kondensatordruck bis zu den Heizdampfparametern. Den Zusammenhang mit dem exergetischen Verfahren erkennt man, wenn z. B. Gl. (7.35 b) unter Benutzung der Definitionsgleichung der Exergie umgeformt wird in

$$\alpha_e^T = \frac{h_3 - h_4}{(h_3 - h_4) + (e_4 - e_1) + (e_1 - e_5 + T_u(s_4 - s_5))}$$

Übereinstimmung mit Gl. (7.33 b) wird erreicht, wenn $e_5 = 0$ ist und $e_1 = T_u(s_5 - s_4)$. Die Annahme $e_5 = 0$ ist leicht zu bewerkstelligen, wenn der Kondensatorzustand zur Definition der Umgebungstemperatur herangezogen wird. Da der Zustand 5 gewöhnlich im Naßdampfgebiet liegt, ist damit auch $e_6 = e_5 = 0$. Die zweite Bedingung verlangt, daß die Exergieerhöhung des Speisewassers den Nichtumkehrbarkeiten der Entspannung von 4 nach 5 entsprechen muß. Das ist physikalisch nicht belegbar und ist ausschließlich durch die Festlegung des Vergleichsprozesses bedingt. In praxi ist die Bedingung im einfachsten Fall durch eine Vernachlässigung beider Anteile zu erfüllen, was zahlenmäßig im allgemeinen möglich ist.

Für die durchgeführte Gegenüberstellung beider Verfahren ist ein Vergleichsprozeß zugrunde gelegt worden, der durch die Zustandsänderungen in der Turbine festgelegt wird. Der Vergleichsprozeß läßt sich aber z. B. auch aus dem genannten Kreisprozeß ableiten, was dann dazu führt, daß die Wärmezufuhr zum Kreisprozeß vom Zustand 6 aus erfolgt (und nicht vom Zustand 1). Die Verfolgung dieser Festlegung führt wiederum zu Konsequenzen, die sich in bestimmten Unterschieden zwischen exergetischen und thermodynamischen Verfahren ausdrücken lassen. Ohne diese Überlegung in einzelnen aufzuzeigen, wird damit deutlich, daß die Benutzung von Vergleichsprozessen, auch bei der Kostenaufteilung, bestimmte Willkürlichkeiten enthält, die im konkreten Fall auch zu unsinnigen Aussagen führen können. Dieser Nachteil wird prinzipiell — und damit auch im vorliegenden Fall — durch die Benutzung des Exergiebegriffes vermieden.

Das bedeutet jedoch nicht, daß Vergleichsprozesse grundsätzlich keine Bedeutung besitzen. Wenn ergänzende Informationen aus technischer oder ökonomischer Sicht erforderlich sind, können Vergleichsprozesse zu sinnvollen Modellen und speziellen Ergebnissen führen. So ist es z. B. für eine Reihe von Aufgaben bei der Wärme-Kraft-Kopplung ohne weiteres sinnvoll, die Elektroenergiekosten durch den spezifischen Preis des öffentlichen Netzes festzulegen und den Wärmepreis mittels Restwertmethode zu bestimmen [7.7]. Es ist sofort zu übersehen, daß natürliche Grenzen für die Anwendung dieses Verfahrens existieren.

Die Anwendung der exergetischen Kostenaufteilung zur Ermittlung des Kostenflusses soll an einem *Industriekraftwerk* demonstriert werden, dessen Schaltbild vereinfacht in Bild 7.8 dargestellt ist. Das Speisewasser 1 wird im Dampferzeuger in Frischdampf 3 verwandelt, außerdem wird der Abdampf 10 überhitzt 11. Der

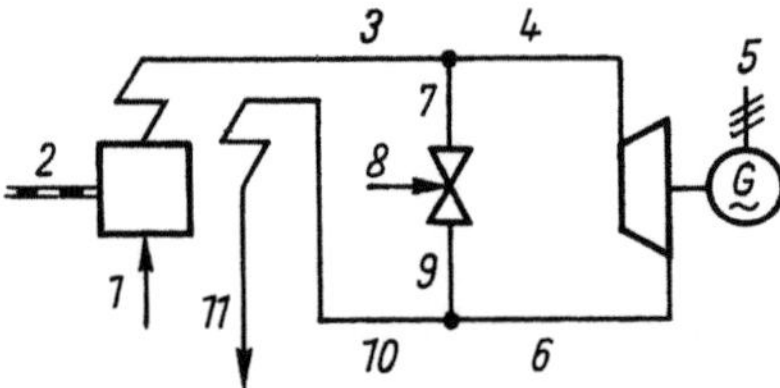

Bild 7.8. Vereinfachtes Schaltbild eines Industriekraftwerkes

größte Teil des Dampfes *4* wird in der Gegendruckturbine entspannt. Ein kleinerer Teil *7* wird bei Kondensateinspritzung *8* auf das Heizdruckniveau gedrosselt. Der gedrosselte Dampf *9* und der Abdampf der Turbine *6* werden leicht überhitzt.

Das *Exergieflußbild* zeigt bei exergetischer Kostenaufteilung den Kostenfluß im Industriekraftwerk (Bild 7.9). Hierzu ist das Kraftwerk in einzelne Bilanzkreise unterteilt. Im Bilanzkreis *I* (Dampferzeuger) sind die Brennstoff-, Speisewasser- und Dampferzeugerkosten auf den Frischdampf und den zu überhitzenden Heizdampf aufzuteilen. Die Erfassung der Speisewasserkosten ist durch die Einbeziehung der Speisewasseraufbereitung möglich und läßt sich z. B. durch eine entsprechende Konzentrationsexergie ausdrücken. Da diese nicht am Umwandlungsprozeß im Kraftwerk beteiligt ist, stellt sie eine Transitexergie dar, die in konstanter Größe durch den gesamten Prozeß geführt wird. Die Exergiebilanz ergibt, daß fast die gesamten Kosten dem Frischdampf zuzuordnen sind.

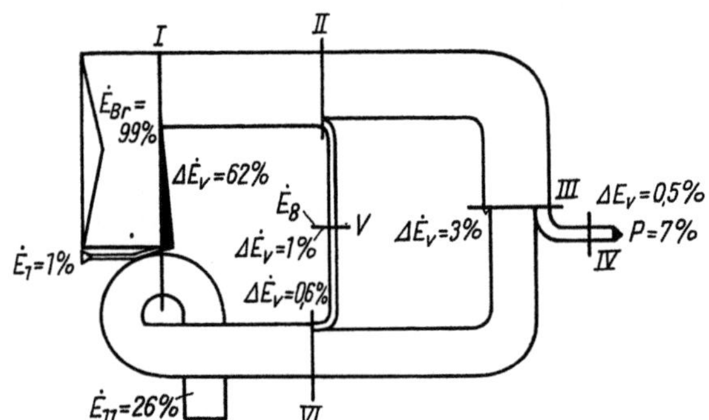

Bild 7.9. Exergieflußbild für das Schema in Bild 7.8

Die Kostenaufteilung im Bilanzkreis *II* (Trennstelle) ist problemlos. Da alle beteiligten Ströme die gleichen Zustandsparameter aufweisen, liefern sowohl die massenproportionale als auch die energie- und exergieproportionale Aufteilung die gleichen Ergebnisse. Im Bilanzkreis *III* (Turbine) werden die Gesamtkosten (Frischdampfkosten *4* plus Turbinenkosten) auf die abgegebene mechanische Energie und die Heizdampfexergie aufgeteilt. Die Bilanzkreise *IV* (Generator), *V* (Drossel- stelle) und *VI* (Mischstelle) sind eindeutig jeweils einem Produkt zuzuordnen.

Die speziellen Gegebenheiten bei dem vorgestellten Industriekraftwerk zeigen, daß die Dampfdrosselung im wesentlichen aus regeltechnischen Gründen betrieben wird. Ebenso hat die Überleitung des Heizdampfes quantitativ nur einen geringen Einfluß. Damit sind auch die Einflüsse auf die Kostenbilanz entsprechend gering. In diesem Fall ist es möglich, bei nicht zu großem Fehler ($< 10\%$) die Gesamtkosten auf die mechanische Energie und die Heizdampfenergie (unter Berücksichtigung der Speisewasservorwärmung) aufzuteilen. Das wird ohnehin erforderlich sein, wenn eine Aufschlüsselung der Gesamtkosten auf die einzelnen Bilanzkreise aus den unterschiedlichsten Gründen nicht möglich ist. Im konkreten Fall ist es jedoch immer von Vorteil, die erhaltenen Ergebnisse durch mehrere Verfahren zu belegen.

7.3.2.2. Rohöldestillationsanlage

In verfahrenstechnischen Systemen tritt die Stoffwandlung stets gekoppelt mit einer Energiewandlung auf, so daß die Kostenaufteilung auf der Basis von Vergleichsprozessen kaum in befriedigender Weise gelöst werden kann.

Im folgenden sollen die Ergebnisse einer exergetischen Kostenaufteilung für eine Rohöldestillationsanlage vorgestellt werden, deren technologisches Schema und Exergieflußbild schon in Abschnitt 6. behandelt worden sind [7.8]. Das Problem besteht darin, daß jede Destillationskolonne mehrere Produktströme liefert und außerdem noch Wärme für regenerative Prozesse zur Verfügung stellt.

Wie schon in Abschnitt 6. erläutert, sind für die verfahrenstechnischen Prozesse im vorliegenden Fall die thermomechanische und die Konzentrationsexergie von Bedeutung. Die chemische Exergie braucht nicht in die Betrachtungen einbezogen zu werden, da der Rohölstrom in seinen stofflichen Komponenten nicht verändert wird. Für die Kostenaufteilung bedeutet dies, daß *nur die Verarbeitungskosten* und nicht die Kosten des Rohölstromes bilanziert und aufgeteilt werden. Zur Ermittlung der Gesamtkosten der einzelnen Fraktionen können dann die Rohölkosten exergetisch, nach dem Heizwert oder auch massenproportional aufgeteilt den jeweiligen Fraktionen zugeschlagen werden.

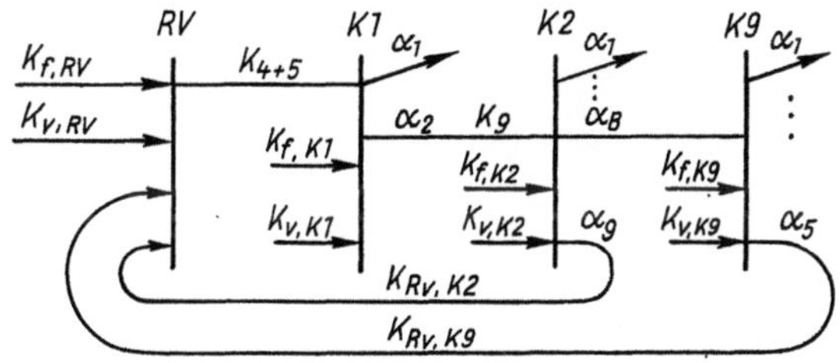

Bild 7.10. Struktur der Kostenbilanz einer Rohöldestillationsanlage zur Bewertung der regenerativen Rohölvorwärmung

Die Kosten der regenerativen Wärmeübertrager werden den Stoffströmen angelastet, die aufgeheizt werden. Die Kosten für Kondensatoren, Umlaufverdampfer und Röhrenöfen werden den Bilanzkreisen der entsprechenden Kolonnen zugeordnet und ebenfalls aufgeteilt. Die Struktur der Kostenbilanz ist im Bild 7.10 wiedergegeben. Durch die Zuordnung von Kosten zu den regenerativen Wärmeströmen entstehen zirkulierende Kostenströme. Die angegebenen α_i entsprechen den Aufteilungsfaktoren des jeweiligen Bilanzkreises. Der Bilanzkreis RV umfaßt die Rohölvorwärmung einschließlich Entsalzung, $K\,1$ die Vorkolonne einschließlich Röhrenofen und Kondensator, $K\,2$ die atmosphärische Kolonne einschließlich Seitenkolonnen, Röhrenofen und Kondensator, $K\,9$ die Vakuumkolonne einschließlich Röhrenofen, Seitenkolonnen und Vakuumerzeugung. Die Ermittlung des Kostenflusses geht von folgenden *Bilanzgleichungen* aus:

$$K_{4+5} = K_{f,RV} + K_{v,RV} + K_{RV,K2} + K_{RV,K9} \tag{7.36}$$

mit

$$K_{\mathrm{RV,V2}} = ((K_{4+5} + K_{\mathrm{f,K1}} + K_{\mathrm{V,K1}})\, \alpha_{2,\mathrm{K1}} + K_{\mathrm{f,K2}} + K_{\mathrm{V,K2}}) \cdot \alpha_{9,\mathrm{K2}} \tag{7.37}$$

$$K_{\mathrm{RV,K9}} = (((K_{4+5} + K_{\mathrm{f,K2}} + K_{\mathrm{V,K1}})\, \alpha_{2,\mathrm{K1}} + K_{\mathrm{f,K2}} + K_{\mathrm{V,K2}})\, \alpha_{8,\mathrm{K2}} + K_{\mathrm{f,K9}} + K_{\mathrm{V,K9}})\, \alpha_{5,\mathrm{K9}} \tag{7.38}$$

Daraus lassen sich die Kosten nach der Rohölvorwärmung angeben zu

$$K_{4+5} = \frac{1}{1 - \alpha_{2,\mathrm{K1}}\alpha_{9,\mathrm{K2}} - \alpha_{2,\mathrm{K1}}\alpha_{8,\mathrm{K2}}\alpha_{5,\mathrm{K9}}}$$
$$\times (K_{\mathrm{f,RV}} + K_{\mathrm{V,RV}} + (K_{\mathrm{f,K1}} + K_{\mathrm{V,K1}})(\alpha_{2,\mathrm{K1}}\alpha_{9,\mathrm{K2}} + \alpha_{2,\mathrm{K1}}\alpha_{8,\mathrm{K2}}\alpha_{5,\mathrm{K9}})$$
$$+ (K_{\mathrm{f,K2}} + K_{\mathrm{V,K2}})(\alpha_{9,\mathrm{K2}} + \alpha_{8,\mathrm{K2}}\alpha_{5,\mathrm{K9}}) + (K_{\mathrm{f,K9}} + K_{\mathrm{V,K9}})\, \alpha_{5,\mathrm{K9}}) \tag{7.39}$$

In bekannter Weise deuten K_{f} auf die festen und K_{V} auf die veränderlichen Kosten hin. Aus Gl. (7.39) folgt, daß dieser Kostenstrom wesentlich größer als ohne Berücksichtigung der regenerativen Wärmeübertragung ist. Das hat nicht nur Konsequenzen für die Bewertung der einzelnen Fraktionen, sondern natürlich auch für die Optimalauslegung der Anlagen.

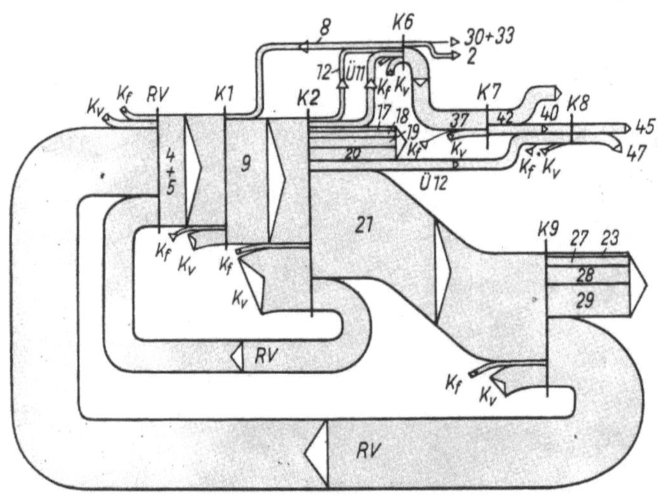

Bild 7.11. Flußbild der Verarbeitungskosten

Die quantitativen Ergebnisse sind aus dem *Kostenflußbild* nach Bild 7.11 zu entnehmen. Die Bedeutung der regenerativen Wärmeübertragung und damit der Betrachtung nach Gl. (7.39) ist augenscheinlich. Dadurch wird offensichtlich, daß die optimale Gestaltung der regenerativen Wärmeübertragersysteme ein außerordentliches Gewicht für das Gesamtverfahren besitzt. Außerdem wird aus dem Kostenflußbild die Bedeutung der variablen Kosten in Gestalt der Energiekosten offensichtlich. Damit wird einmal mehr die rationelle Energieanwendung angesprochen.

Zur Illustration der Ergebnisse sind im Bild 7.12 die *massebezogenen Verarbeitungskosten* der einzelnen Fraktionen für eine massenproportionale und exergetische Kostenaufteilung dargestellt. Die Punkte M stellen jeweils gewichtete Mittel von gleichen oder ähnlichen Fraktionen aus unterschiedlichen Prozeßstufen dar. Bei der massenproportionalen Aufteilung weisen die Fraktionen, die aus einer Kolonne

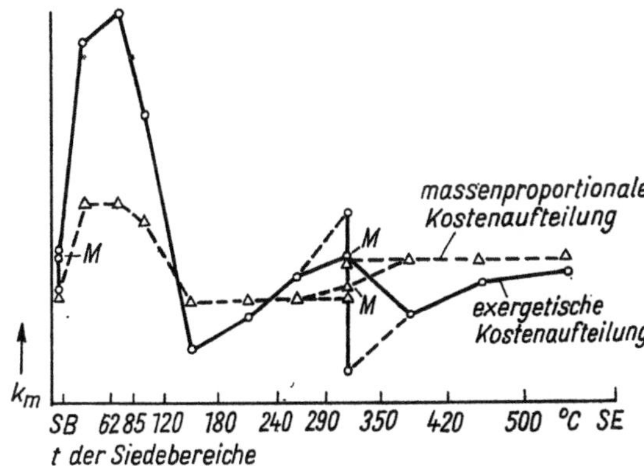

Bild 7.12. Verarbeitungskosten
für die Fraktionen

austreten, die gleichen Kosten auf. Geringe Unterschiede entstehen durch die
Schlußkühlung. Die wesentlichsten Veränderungen sind durch die Anzahl der
Prozeßstufen gegeben, die die einzelnen Fraktionen durchlaufen. Aus diesem Grunde
haben die Produkte der atmosphärischen Destillation das niedrigste Niveau, es
folgen die Produkte der Vakuumdestillation und der Benzindestillation.

Bei der exergetischen Kostenaufteilung werden infolge der Bewertung des regenerativen Wärmeaustausches die Produkte der Benzindestillation stärker und die der
Vakuumdestillation schwächer kostenmäßig belastet. Bei den einzelnen Trennstufen
werden die Produkte außerdem temperaturabhängig bewertet, was mit der notwendigen Bereitstellung entsprechender Energieträger konform geht. Bei den Produkten der atmosphärischen und der Vakuumdestillation ist der Haupteinfluß
auf die Kostenaufteilung durch die thermomechanische Exergie gegeben, bei den
Produkten der Benzindestillation ist die Bedeutung der Konzentrationsexergie relativ groß.

7.3.2.3. Innerbetriebliche Verrechnungspreise für Energieträger

Die exergetische Kostenaufteilung kann auch der Bildung innerbetrieblicher Verrechnungspreise zugrunde gelegt werden. Bild 7.13 zeigt die auf der Basis eines

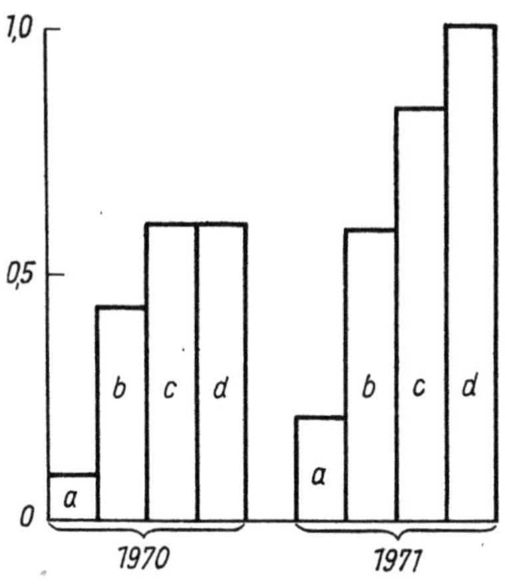

Bild 7.13. Vergleich verschiedener
betrieblicher Verrechnungspreise vor
und nach einer Energieträgerumbewertung (1970 energetische, 1971
exergetische Kostenaufteilung)

a Kondensat   c Mitteldruckdampf
b Niederdruckdampf   d Hochdruckdampf

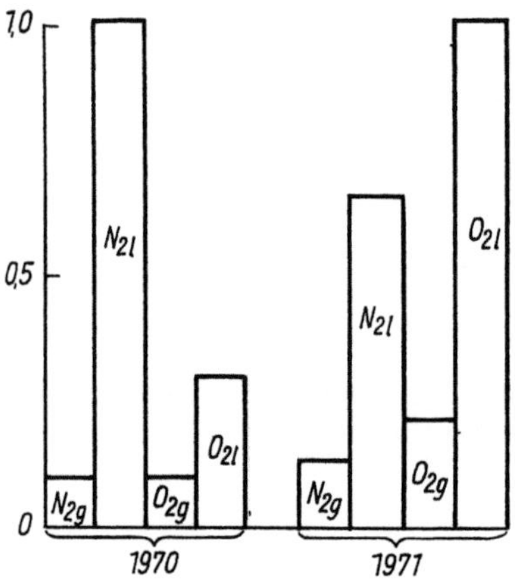

Bild 7.14. Vergleich verschiedener betrieblicher Verrechnungspreise (1970 energetische, 1971 exergetische Kostenaufteilung)

solchen Aufteilungsverfahrens vorgenommenen Änderungen der Relationen der *Dampfpreise* für Hoch-, Mittel- und Niederdruckdampf und der Kondensatpreise [7.9]. Insgesamt ist das Preisniveau infolge veränderter Rohenergiepreise gestiegen. Von Bedeutung im vorliegenden Zusammenhang ist die stärkere Spreizung der spezifischen Preise, die in der Anwendung bei technischen Möglichkeiten eindeutig einen Übergang zu den niederen Druckstufen erbracht hat. Dieser Effekt konnte in der Energiebilanz des Kombinates deutlich festgestellt werden. Auch für die *Produkte der Luftzerlegung* wurde in Verbindung mit einer erforderlichen Umbewertung das exergetische Kostenaufteilungsverfahren zur Bildung innerbetrieblicher Verrechnungspreise zugrunde gelegt [7.9]. Das Ergebnis ist in Bild 7.14 dargestellt. Entsprechend den unterschiedlichen Partialdrücken von N_2 und O_2 ergeben sich für beide Gase sowohl im gasförmigen als auch im flüssigen Zustand technisch begründete Relationen. Auch das Verhältnis von flüssigen zu gasförmigen Produkten ist auf eine physikalisch-technische Basis gestellt worden. Im Ergebnis dieser Bewertung wurde z. B. auf den Einsatz von Sauerstoff zur Abwasserbehandlung zugunsten einer dezentralen Druckluftversorgung verzichtet.

Literatur- und Quellenverzeichnis zu Abschnitt 7.

[7.1] Autorenkollektiv: Systemverfahrenstechnik II. Leipzig: VEB Deutscher Verlag für Grundstoffindustrie 1978

[7.2] EVANS, R. B., u. M. TRIBUS: Thermo-economics of Saline Water Conversion. I. u. EC. Process Design and Development, Vol. 4, No. 2, S. 195—206

[7.3] FRATZSCHER, W.: Bedeutung der thermoökonomischen Modellierung zur Lösung energie- und verfahrenstechnischer Aufgaben. Energieanwendung 22 (1973), S. 243—246

[7.4] SZARGUT, J.: Zastosowanie Egzergii do ustalania uogdnienych wspotzaleznosci techniczno-ekonomicznych. Archiwum Budowy Maszyn 1970 (TOMXVN), S. 105—116

[7.5] HILDEBRAND, H.-J.: Wirtschaftliche Energieversorgung, Bd. I. Leipzig: VEB Deutscher Verlag für Grundstoffindustrie 1975

[7.6] OTTE, F.: Exergetische Kostenaufteilungsmethode bei Koppelprozessen. Dissertation, TH »Carl Schorlemmer« Leuna-Merseburg, 1969

[7.7] HAASE, H. J.: Optimierung von Rohrleitungsnetzen. Dissertation, TH »Carl Schorlemmer« Leuna-Merseburg, 1982

[7.8] MICHALEK, K.: Untersuchungen zur optimalen Gestaltung der Energiewirtschaft von Rohöldestillationsanlagen unter besonderer Beachtung des Wärmeübertragersystems. Dissertation, TH »Carl Schorlemmer« Leuna-Merseburg, 1979

[7.9] FRATZSCHER, W., u. F. ECKERT: Exergetische Bewertung der Gebrauchsenergieträger zur innerbetrieblichen Berechnung in einem Chemiekombinat. Chem. Technik 25 (1973), S. 264—267

Anhang

Definitionen wichtiger Grundbegriffe

Anergie (allgemein) ist der nichtumwandelbare Anteil der Energie. Aus der Anergie ist bei Wechselwirkungen mit der Umgebung auf keine Weise mechanische Energie zu erzeugen. Umgebungsenergie.

Arbeitswert der Wärme (Exergie der Wärme, Wärmeexergie) ist die Arbeit der Wärme, die mit Hilfe reversibler Kreisprozesse, die zwischen der Temperatur T des Wärmeangebotes und der Umgebungstemperatur T_u arbeiten, in mechanische Energie umgewandelt werden kann.

Äußerer Verlustgrad ist eine dimensionale Kennzahl der äußeren Exergieverluste, bezogen auf den Aufwandsstrom. Er ermöglicht eine Einschätzung der Nutzungsmöglichkeiten äußerer Verlustströme.

Bezugssubstanzen sind Elemente oder Verbindungen, deren chemische Exergie bei Umgebungsparametern (Temperatur, Druck, Konzentration) definitionsgemäß gleich Null gesetzt ist.

Chemische Exergie ist der Anteil der Exergie eines Stoffes oder Stoffstromes, der sich aus der chemischen Reaktion der chemisch reinen Bestandteile dieses Stoffes mit den chemisch reinen Bezugssubstanzen bei Umgebungstemperatur und -druck ergibt.

Exergetische Kostenaufteilung ist die Aufteilung der Gesamtkosten oder bestimmter Kostenanteile eines Polyproduktsystems auf die Nutzexergieströme proportional der Exergie.

Exergie (allgemeine Definition) ist der unbeschränkt umwandelbare Anteil der Energie (Maximum an mechanischer Energie), die aus einer beliebigen Energieform bei reversibler Wechselwirkung mit der Umgebung gewinnbar ist. Das heißt, daß Wärmeaustausch- und Stoffaustauschprozesse über die Systemgrenzen ausschließlich bei Umgebungsparametern durchgeführt werden.

Exergiebilanz ist die Gegenüberstellung der einem System über eine Bilanzgrenze zu- und abgeführten Exergien. Für die Exergie gilt kein Erhaltungssatz. Die

Bilanzdifferenz zwischen Zu- und Abfuhr setzt sich deshalb außer aus der Änderung des Exergieinhaltes des Systems noch aus den Exergieverlusten durch Irreversibilitäten zusammen.

Exergie eines Stoffstromes, Stoffstromexergie (häufig auch verkürzt Stoffexergie) ist die maximale technische Arbeit, die bei reversibler Überführung eines Stoffstromes in den Umgebungszustand gewonnen wird, wenn Wärme über die Systemgrenze ausschließlich bei Umgebungstemperatur ausgetauscht wird, *oder* minimale technische Arbeit, die zur reversiblen Erzeugung eines Stoffstromes aus der Umgebung heraus erforderlich ist, wenn Wärmeaustauschprozesse über die Systemgrenze nur bei Umgebungstemperatur stattfinden. Diese Exergie besitzt die Eigenschaften einer Zustandsgröße, wenn Umgebungstemperatur und -druck und die mit dem Stoffstrom in Wechselwirkung stehenden Bezugssubstanzen hinsichtlich ihrer Konzentration in der Umgebung als konstant vorausgesetzt werden.

Exergieverlust (äußerer) ist die Summe der aus dem System austretenden Exergieströme (Outputströme), die keiner weiteren Nutzung zugeführt werden.

Exergieverlust (innerer) ist die Exergieabnahme (-entwertung) im System durch Irreversibilitäten infolge von Ausgleichs- und Dissipationsprozessen.

Exzeßexergie ist der Anteil der Exergie einer Mischung, der die systemspezifischen Eigenschaften enthält (Realanteil). Er kennzeichnet die Differenz zwischen realer und idealer Mischung.

Gütegrad ist ein dimensionsloses Verhältnis von abgegebenen zu zugeführten Exergieströmen eines Systems. Er folgt aus der Exergiebilanz und dient der Bewertung, insbesondere der Exergieverluste durch Irreversibilitäten.

Gütegrad des äußeren Verhaltens ist ein dimensionsloses Verhältnis von Nutzexergieströmen zur Summe der zugeführten Exergieströme. Er ermöglicht eine Bewertung des äußeren Verhaltens des Systems.

Konzentrationsexergie ist der Anteil der Exergie eines Stoffes, der sich aus dem reversiblen Übergang der Zusammensetzung des Stoffes auf die der Umgebung bzw. der Bezugssubstanzen bei Umgebungstemperatur und -druck ergibt.

Spezifischer Primärexergieaufwand ist der einem Nutzexergiestrom insgesamt zuordenbare und auf den Nutzensstrom bezogene Exergieaufwand an der Systemgrenze.

Stoffexergie im geschlossenen System (maximale Arbeit) ist die maximale Arbeit, die bei reversibler Wechselwirkung des Stoffes in einem geschlossenen System (kein Massenaustausch mit der Umgebung) mit der Umgebung gewonnen werden kann, wenn Wärmeaustauschprozesse ausschließlich bei Umgebungstemperatur durchgeführt werden, *oder* minimale Arbeit, die bei reversibler Wechselwirkung (einschließlich des Wärmeaustausches) zwischen dem geschlossenen System und der Umgebung erforderlich ist, um den Stoff auf einen bestimmten Zustand zu überführen. Diese Exergie hat die Eigenschaften einer Zustandsgröße, wenn Umgebungstemperatur und -druck als konstant vorausgesetzt werden.

Strukturkoeffizient ist ein Sensibilitätskoeffizient, der ein Maß des Einflusses von Parameteränderungen in und an Elementen auf die Änderungen entsprechender Größen des Gesamtsystems ist.

Technologischer Gütegrad ist ein dimensionsloses Verhältnis von Aufwandströmen, die unmittelbar an der Energiewandlung des Systems beteiligt sind, zu den insgesamt zugeführten Exergieströmen. Er läßt eine Bewertung des Transitexergiestromes des Systems zu.

Thermomechanische Exergie ist der Anteil der Exergie, der sich aus dem reversiblen Übergang eines Stoffstromes auf Umgebungstemperatur und -druck, bei konstanter Zusammensetzung, ergibt.

Thermoökonomische Modellierung ist die Entwicklung und Ableitung von Kostenansätzen technischer Systeme als Modell zur Kennzeichnung des Einflusses von Exergieströmen und Exergieverlusten auf die energetische Güte und den apparativen Aufwand des Systems.

Thermoökonomische Optimierung ist die Ermittlung der optimalen Nichtumkehrbarkeit eines technischen Systems durch die Minimierung der in thermoökonomischen Modellen dargestellten Kosten.

Transitexergie ist der Exergiestrom oder der Anteil eines Exergiestromes, der am betrachteten Umwandlungsprozeß nicht beteiligt ist und das System ohne Veränderung durchläuft.

Umgebung eines thermodynamischen Systems ist die Gesamtheit aller von diesem System verschiedenen Systeme, die in Wechselwirkung zu dem thermodynamischen System stehen und denen Reservoireigenschaften zugeordnet werden können. Für exergetische Untersuchungen werden als Umgebung Teile der natürlichen Umgebung oder auch bestimmte technische Systeme zugrunde gelegt. Infolge der Reservoireigenschaften ändern sich die intensiven Zustandsgrößen der Umgebung nicht (s. Abschnitte 2. und 3.).

Wirkungsgrad (exergetischer) ist das Verhältnis von exergetischen Nutz- zu exergetischen Aufwandsströmen eines Systems. Er ist eine dimensionslose Zahl, die aus der Exergiebilanz folgt und der Bewertung eines Systems dient. Die Definition des Wirkungsgrades setzt die Festlegung eines Nutzens voraus (s. Abschnitt 4.).

Diagramme

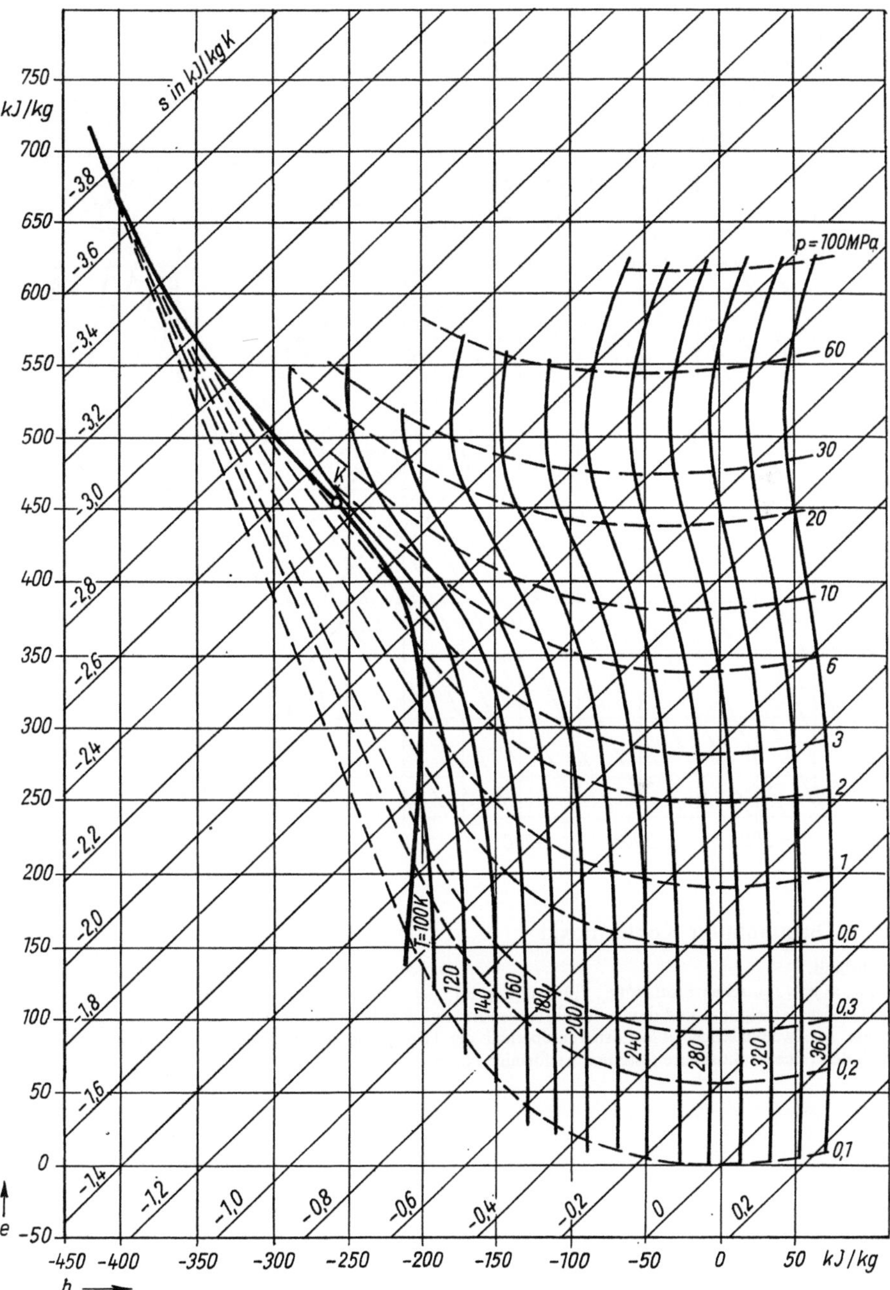

Bild A.1. e,h-Diagramm für Luft

Umgebungszustand:
$T_u = 288$ K, $p_u = 0,1$ MPa, Zusammensetzung der Normalluft, $h(p_u, T_u) = 0$, $s(p_u, T_u) = 0$

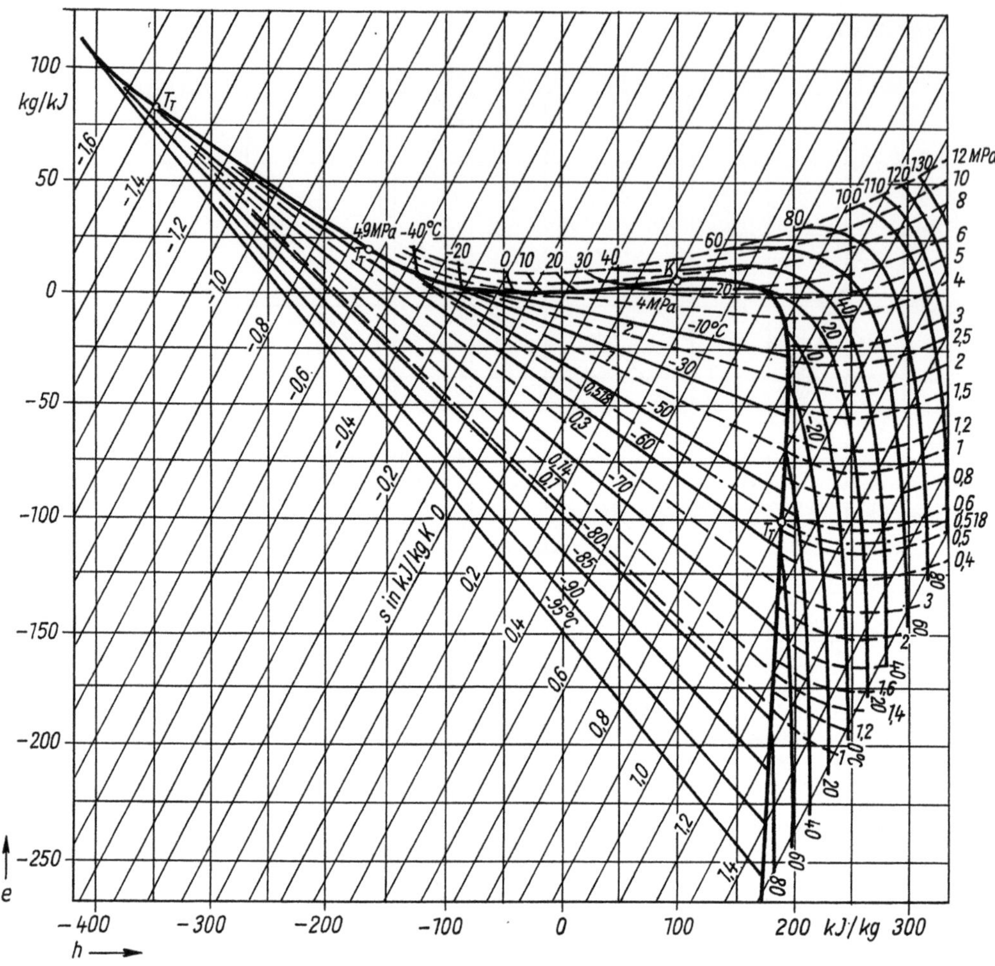

Bild A.2. *e,h*-Diagramm für Kohlendioxid

Umgebungszustand:

$T_u = 290$ K, $p_u = p^{LV}(T_u)$, reiner Stoff, $h^L(p_u, T_u) = 0$, $s^L(p_u, T_u) = 0$

T_T kennzeichnet den Tripelpunkt und damit die Zustandswerte der dort koexistierenden festen, flüssigen und gasförmigen Phase. Im Zweiphasengebiet koexistieren oberhalb der Tripelpunktisobare flüssige und gasförmige Phase und unterhalb der Tripelpunktisobare feste und gasförmige Phase.

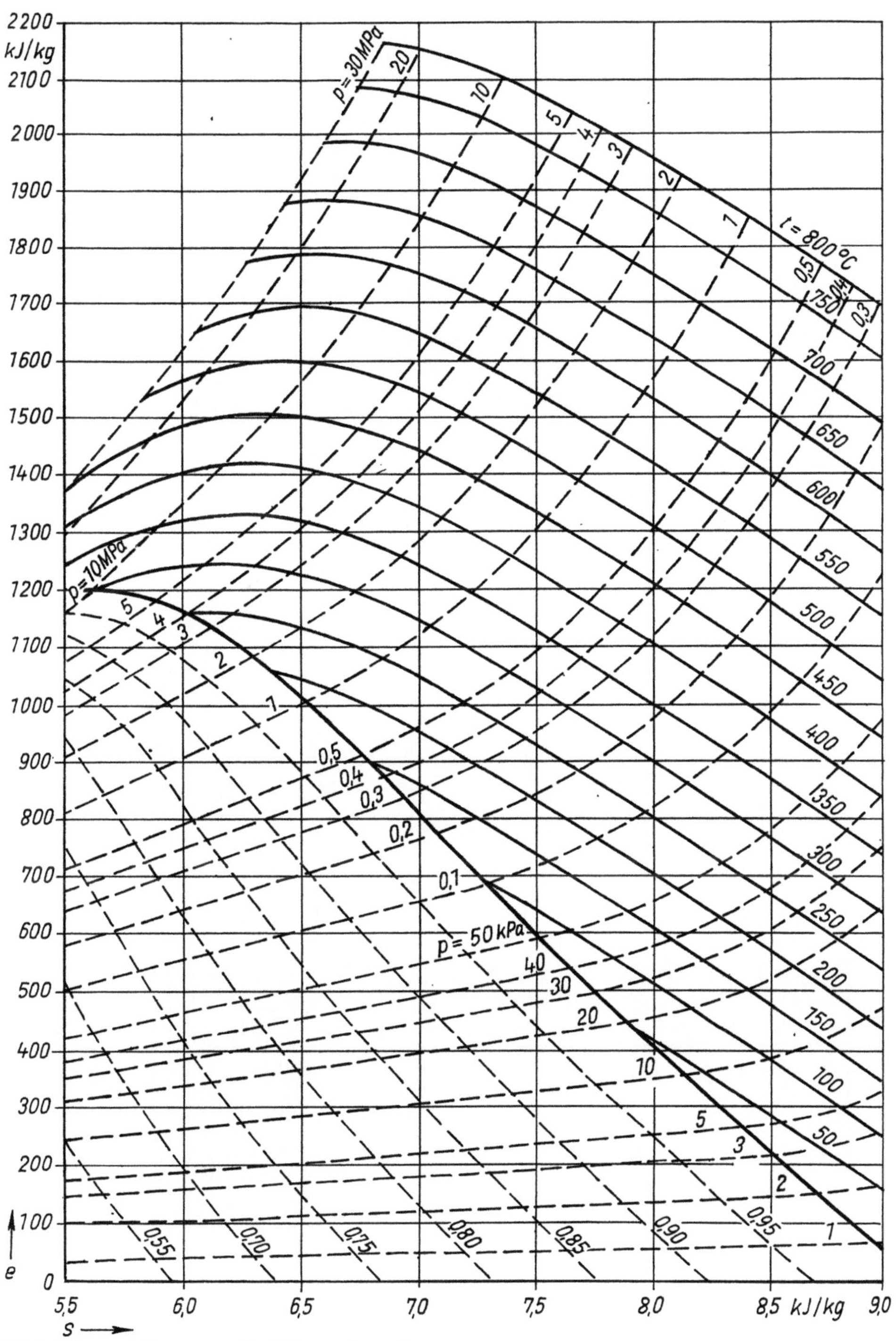

Bild A.3. e,s-Diagramm für Wasserdampf

Umgebungszustand:
$t_u = 10\ °C$, $p_u = p^{LV}(t_u)$, reiner Stoff, s im Tripelpunkt $= 0$

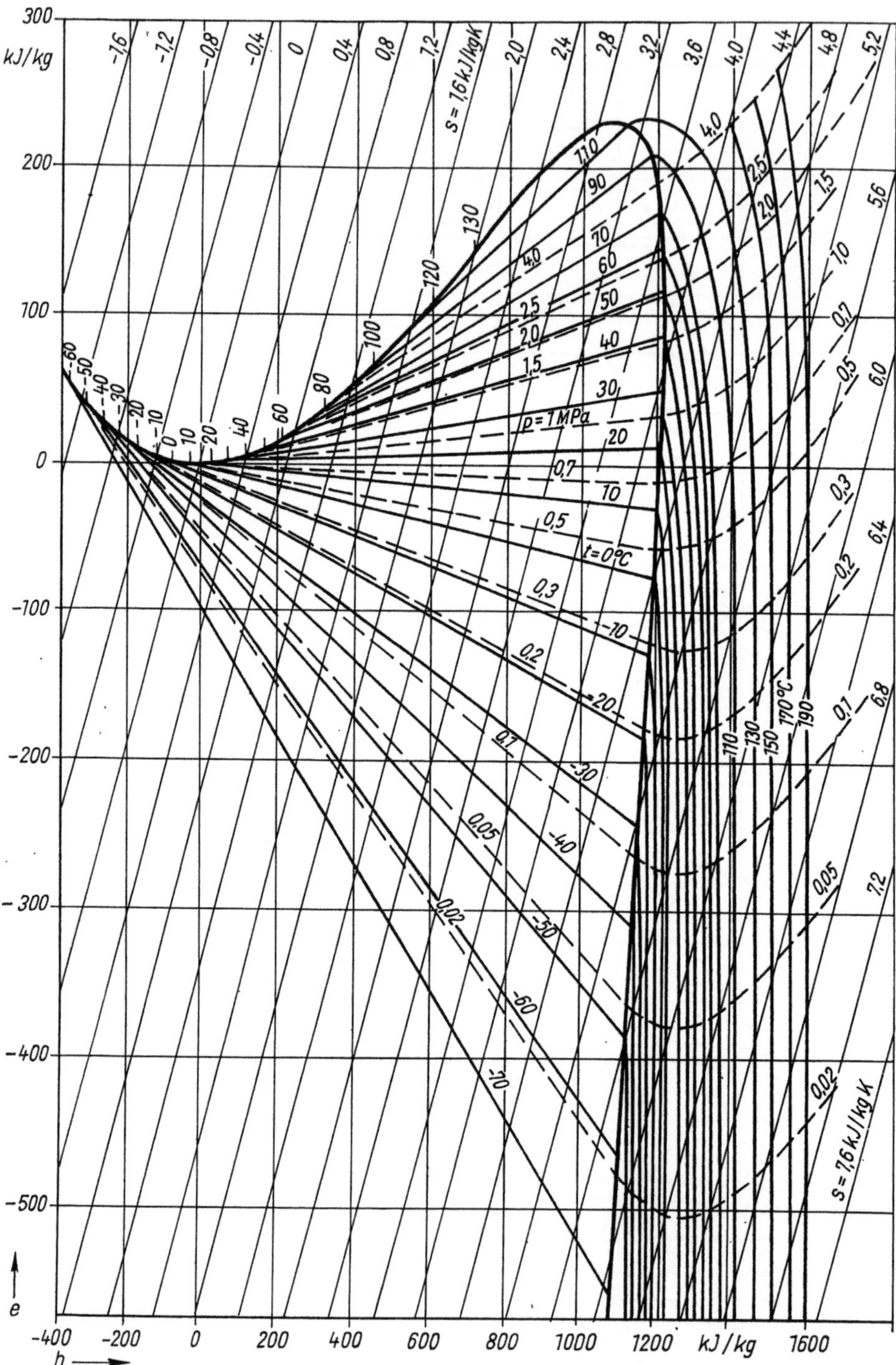

Bild A.4. *e,h*-Diagramm für Ammoniak

Umgebungszustand:
$T_u = 290$ K, $p_u = p^{LV}(T_u)$, reiner Stoff, $h^L(p_u, T_u) = 0$, $s^L(p_u, T_u) = 0$

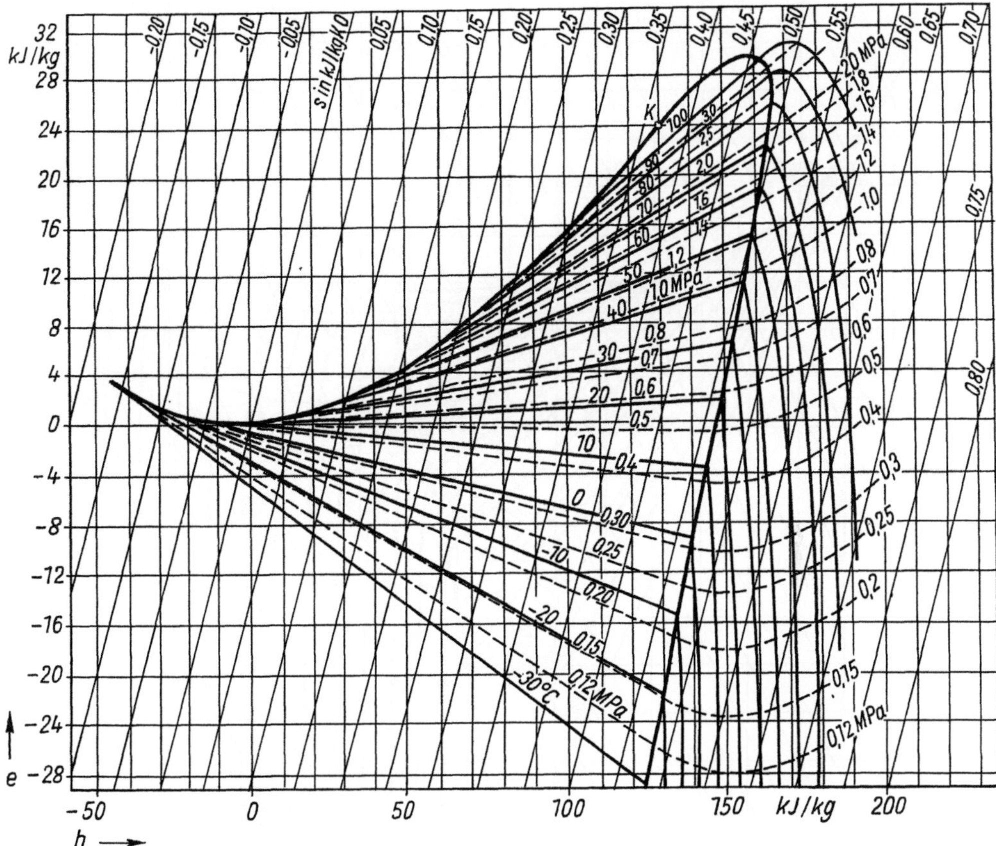

Bild A.5. *e,h*-Diagramm für R 12 (CF_2Cl_2)

Umgebungszustand:
$T_u = 290$ K, $p_u = p^{LV}(T_u)$, reiner Stoff, $h^L(p_u, T_u) = 0$, $s^L(p_u, T_u) = 0$

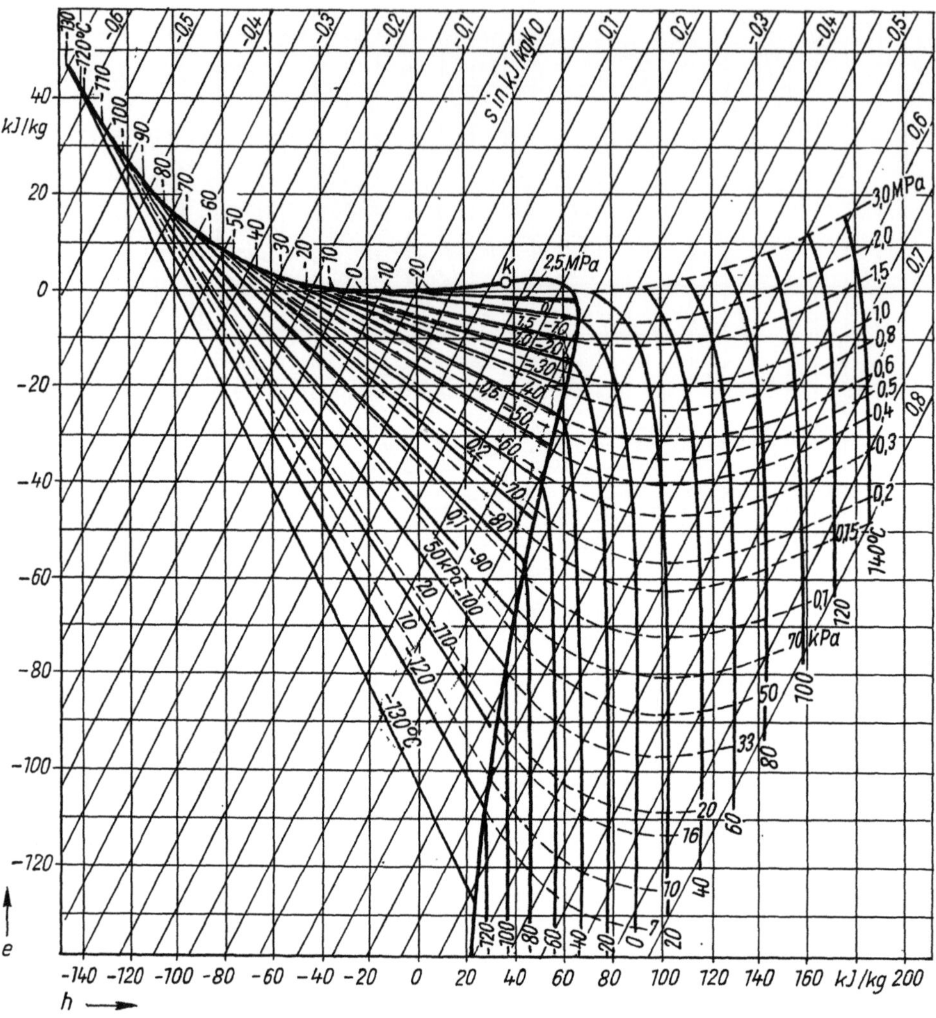

Bild A.6. *e,h*-Diagramm für R 13 (CF$_3$Cl)

Umgebungszustand:
$T_u = 290$ K, $p_u = p^{LV}(T_u)$, reiner Stoff, $h^L(p_u, T_u) = 0$, $s^L(p_u, T_u) = 0$

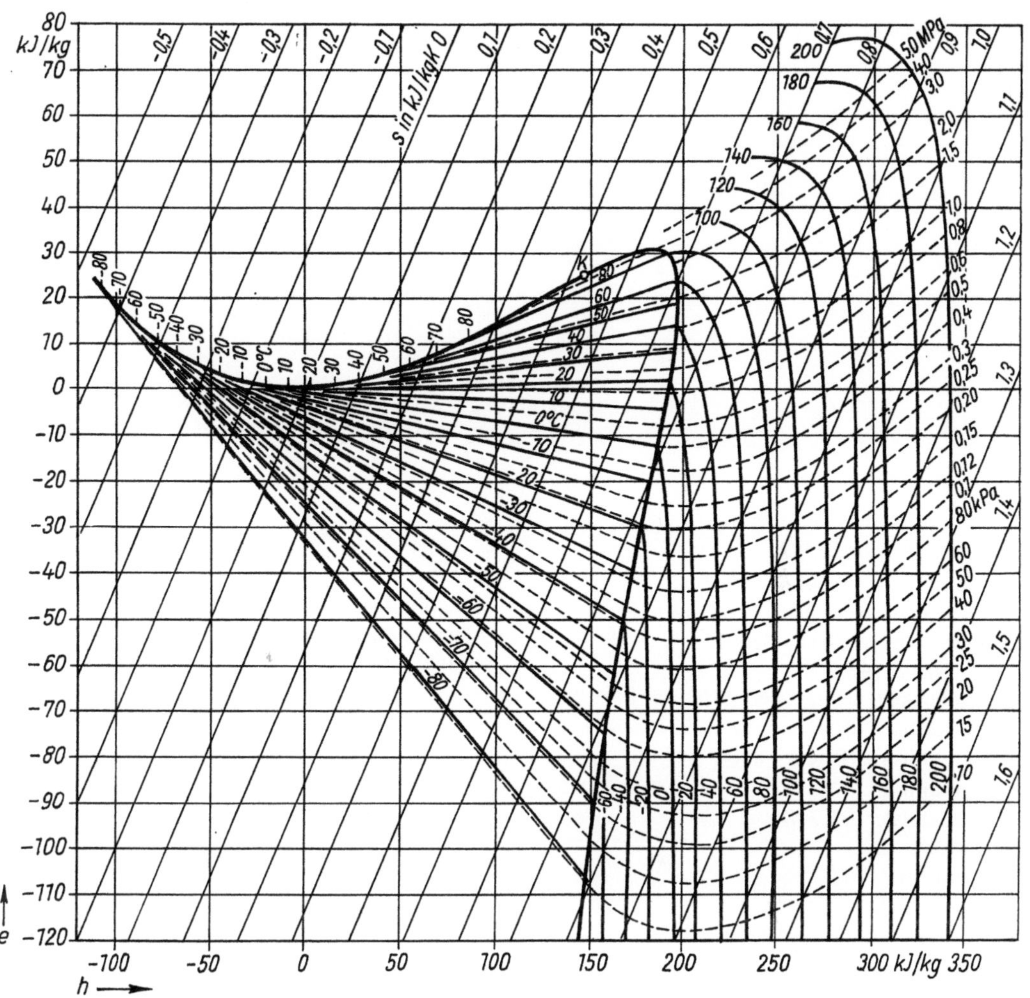

Bild A.7. *e,h*-Diagramm für R 22 (CHF$_2$Cl)

Umgebungszustand:

$T_\mathrm{u} = 290\ \mathrm{K}, p_\mathrm{u} = p^\mathrm{LV}(T_\mathrm{u})$, reiner Stoff, $h^\mathrm{L}(p_\mathrm{u}, T_\mathrm{u}) = 0$, $s^\mathrm{L}(p_\mathrm{u}, T_\mathrm{u}) = 0$

Sachwörterverzeichnis